Praktische Regeltechnik

T0259765

Lizenz zum Wissen.

Sichern Sie sich umfassendes Technikwissen mit Sofortzugriff auf tausende Fachbücher und Fachzeitschriften aus den Bereichen: Automobiltechnik, Maschinenbau, Energie + Umwelt, E-Technik, Informatik + IT und Bauwesen.

Exklusiv für Leser von Springer-Fachbüchern: Testen Sie Springer für Professionals 30 Tage unverbindlich. Nutzen Sie dazu im Bestellverlauf Ihren persönlichen Aktionscode C0005406 auf *www.springerprofessional.de/buchaktion/*

Jetzt
30 Tage
testen!

Springer für Professionals.
Digitale Fachbibliothek. Themen-Scout. Knowledge-Manager.

- Zugriff auf tausende von Fachbüchern und Fachzeitschriften
- Selektion, Komprimierung und Verknüpfung relevanter Themen durch Fachredaktionen
- Tools zur persönlichen Wissensorganisation und Vernetzung

www.entschieden-intelligenter.de

Springer für Professionals

 Springer

Peter F. Orlowski

Praktische Regeltechnik

Anwendungsorientierte Einführung für
Maschinenbauer und Elektrotechniker

10., überarbeitete Auflage

Peter F. Orlowski
Elektrische Antriebe, Regeltechnik, Angewandte Elektronik
Technische Hochschule Mittelhessen
Gießen, Deutschland

ISBN 978-3-642-41232-5   ISBN 978-3-642-41233-2 (eBook)
DOI 10.1007/978-3-642-41233-2

Die Deutsche Nationalbibliothek verzeichnet diese Publikation in der Deutschen Nationalbibliografie;
detaillierte bibliografische Daten sind im Internet über http://dnb.d-nb.de abrufbar.

Springer Vieweg
© Springer-Verlag Berlin Heidelberg 1994, 1999, 2007, 2008, 2009, 2011, 2013
Das Werk einschließlich aller seiner Teile ist urheberrechtlich geschützt. Jede Verwertung, die nicht aus-
drücklich vom Urheberrechtsgesetz zugelassen ist, bedarf der vorherigen Zustimmung des Verlags. Das
gilt insbesondere für Vervielfältigungen, Bearbeitungen, Übersetzungen, Mikroverfilmungen und die Ein-
speicherung und Verarbeitung in elektronischen Systemen.

Die Wiedergabe von Gebrauchsnamen, Handelsnamen, Warenbezeichnungen usw. in diesem Werk be-
rechtigt auch ohne besondere Kennzeichnung nicht zu der Annahme, dass solche Namen im Sinne der
Warenzeichen- und Markenschutz-Gesetzgebung als frei zu betrachten wären und daher von jedermann
benutzt werden dürften.

Gedruckt auf säurefreiem und chlorfrei gebleichtem Papier

Springer Vieweg ist eine Marke von Springer DE. Springer DE ist Teil der Fachverlagsgruppe Springer
Science+Business Media.
www.springer-vieweg.de

wisse Vollendung

getreu den Wurzeln

Vorwort

Die vorliegende zehnte Auflage des bewährten Buches der Regeltechnik wurde in einigen Kapiteln überarbeitet. Es sind mehrere Aufgaben mit Lösungen dazu gekommen.

Weiterhin steht der kostenfreie Download des Simulationsprogramms SIMLER-PC 6.0 und der MATLAB Simulink Benutzeroberflächen mit PID-Algorithmen zur Verfügung.

Auf der Homepage des Fachbereichs ME unter: *www.me.thm.de*

bzw. der Homepage des Autor unter: www.*prof-orlowski.jimdo.com*

Ebenfalls auf der Homepage des Autors finden sich Videos mit regeltechnischen Aufgabenstellungen.

Linden, Sommer 2013   Peter F. Orlowski

Inhaltsverzeichnis

1 Grundbegriffe der Regeltechnik

Die Lösungsmittel zur Führung industrieller Prozesse bzw. Anlagen sind
Steuerungs- und Regeleinrichtungen. Beide unterscheiden sich prinzipiell in
ihrer Wirkungsweise.

1.1 Steuerung

Kennzeichen der Steuerung ist, daß die Signalübertragung nur in einer Richtung erfolgt. Man spricht auch von einem offenen Wirkungsablauf. Die einzelnen Steuerglieder sind hintereinander geschaltet zu einer Steuerkette. Es erfolgt keine Rückmeldung über den augenblicklichen Zustand des zu steuern-
den Prozesses. Bei jedem Steuerglied steht die Eingangsgröße mit der Aus-

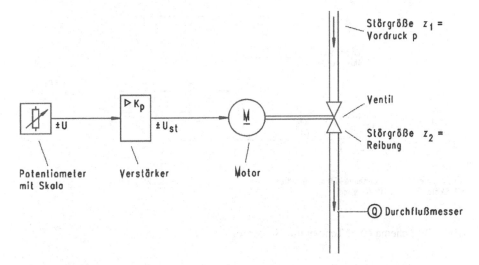

Bild 1.1   Schema einer Durchfluß-Steuerung (Volumenstrom-Steuerung)

gangsgröße in einem festen physikalischen Zusammenhang (z.B. führt die Spannung an einer Relaisspule zum Betätigen der Kontakte).

Zwei Beispiele sollen die Funktion einer Steuerung verdeutlichen helfen. Bild 1.1 zeigt die Steuerung des Durchflusses einer Flüssigkeit mit Hilfe eines Ventils.

An einem Potentiometer wird eine Spannung U eingestellt, die dem Durchfluß (Volumenstrom) Q proportional ist (Poti mit Skala). Der Stellbereich von U liegt gewöhnlich in der Größenordnung von 10 V- und muß daher mit einem Verstärker auf die Steuerspannung U_{st} des Stellmotors angehoben werden.

Je nach Polarität von U_{st} wird dann mit dem Motor das Ventil geöffnet oder geschlossen. Es erfolgt zwar eine Messung der Durchflußmenge, aber die selbsttätige Korrektur einer Durchflußabweichung infolge von Störgrößen unterbleibt.

Genauso verhält es sich mit der in Bild 1.2 dargestellten Temperatursteuerung eines Induktionsofens. Auch hier können Temperaturschwankungen im Ofen, bedingt durch die Störgrößen z_1 und z_2 nicht selbsttätig beseitigt werden.

Ein Vorteil der Steuerung ist jedoch, daß sie nicht auf Stabilität untersucht zu werden braucht, wenn die Steuerglieder in sich stabil sind.

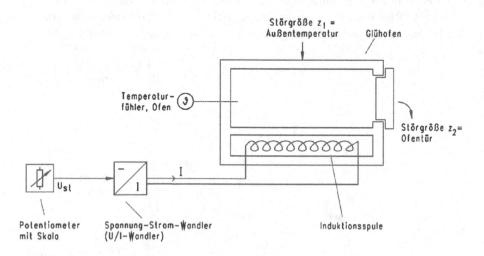

Bild 1.2   Schema einer Temperatur-Steuerung

1.2   Regelung

Das typische Merkmal eines Regelkreises ist sein geschlossener Wirkungsweg mit dem Ziel der Angleichung zwischen zu regelnder Größe und vorgegebener Größe.

Übernimmt der Mensch die Regelung einer technischen Einrichtung, erfaßt sein entsprechendes Sinnesorgan den augenblicklichen Zustand (Volumenstrom, Temperatur usw.) der zu regelnden Größe visuell. Über sein Nervensystem gelangt diese Information in das Gehirn. Hier wird eine Entscheidung darüber getroffen, ob beispielsweise die abgelesene Temperatur mit dem erwünschten Wert übereinstimmt oder von diesem abweicht. Bei einer Abweichung gelangt ein Befehl an die Muskulatur zur sinnvollen Korrektur.

Regeln ist also ein Vorgang, bei dem eine physikalische Größe (Istwert) fortlaufend erfaßt und durch Vergleich mit einer anderen Größe (Sollwert) im Sinne einer Angleichung an diese beeinflußt wird. So verstanden stellt jede Mensch-Maschine-Kommunikation einen Regelkreis dar. Die in diesem Buch behandelten technischen Regelkreise müssen daher Einrichtungen enthalten, die die überlegten Handlungen des Menschen nachempfinden oder ersetzen.

Betrachtet man die Bilder 1.1 und 1.2, so erhält man durch die Rückführung der entsprechenden Istwerte einen Durchfluß- und einen Temperatur-Regelkreis (Bild 1.3 und 1.4).

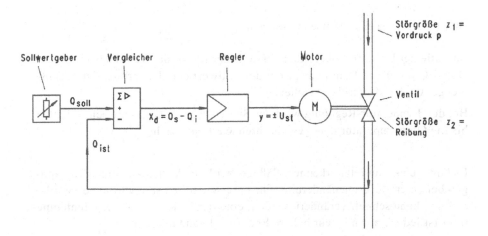

Bild 1.3   Schema einer einfachen Durchfluß-Regelung

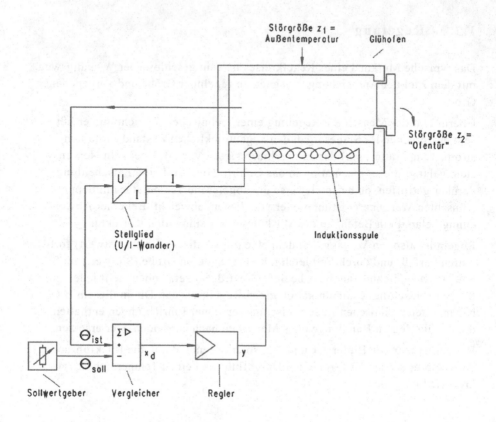

Bild 1.4   Schema einer Temperatur-Regelung

Im Falle der Durchfluß-Regelung verstellt der Motor das Ventil soweit, bis
Q_{soll} - Q_{ist} = 0 ist. Damit entspricht der Sollwert dem Istwert der Durchflußmenge Q; der Motor bleibt stehen.

Bei der Temperatur-Regelung wird der Spulenstrom solange aufrecht erhalten,
bis die Ofentemperatur dem gewünschten Wert entspricht.

Es läßt sich schon jetzt erkennen, daß das zeitliche Verhalten beider Regelungen bei einer Störgrößenänderung sehr unterschiedlich sein wird. Die Ventilstellung kann schnell verändert werden, eine rasche Korrektur der Ofentemperatur ist jedoch nur mit sehr hohem Energieaufwand möglich.

Während bei einer Steuerung nur die Wirkung einer Störgröße beobachtet werden kann, läßt sie sich mit einer Regelung korrigieren, weil die Störgröße in
den Regelkreis mit einbezogen wird.

Der geschlossene Wirkungsablauf einer Regelung bedarf jedoch der Abstimmung des Verhaltens der einzelnen Regelkreisglieder aufeinander. Es ist also eine Stabilitätsbetrachtung unerläßlich.

1.3 Begriffe und Definitionen

Ein Regelkreis wird gewöhnlich in die Strukturen Regeleinrichtung und Regelstrecke aufgeteilt. Beide sind über verschiedene Größen miteinander verknüpft (Bild 1.5). Die erforderlichen Begriffe werden nachfolgend erläutert (siehe DIN EN 60027-6, 19225, 19226, 19227 und 19229).

Regeleinrichtung

Die Regeleinrichtung ist meist in mehrere Komponenten gegliedert. Sie enthält die Elemente zum Erfassen der Regeldifferenz, den Regler und die Anpassung an die jeweilige physikalische Stellgröße (Strom, Spannung usw.). Aufgabe der Regeleinrichtung ist die laufende Minderung oder Beseitigung der Differenz zwischen Führungs- und Regelgröße.

Regelstrecke

Die Regelstrecke entspricht dem zu regelnden Teil einer Anlage. In ihr findet die eigentliche Beeinflussung der Regelgröße statt. Kennzeichnend ist für die Regelstrecke, daß sie vom Hauptenergiefluß durchsetzt ist. Zu ihr gehört das Stellglied als Regelstreckenglied. Motor und Mechanik einer Maschine sind daher ebenfalls Regelstrecken-Glieder.

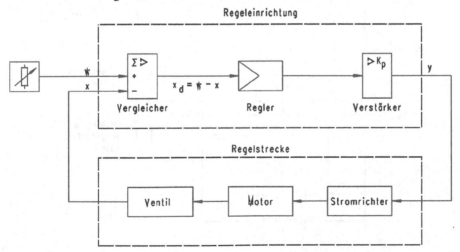

Bild 1.5   Regelung der Ventilstellung mit einem Stromrichter-Motor

Regelgröße x

Die Regelgröße x (Istwert) ist die Größe, die zum Zweck des Regelns erfaßt
und der Regeleinrichtung zugeführt wird. Sie ist damit Ausgangsgröße der
Regelstrecke und Eingangsgröße der Regeleinrichtung.

Stellgröße y

Die Stellgröße y überträgt die steuernde Wirkung des Reglers auf die Regelstrecke. Sie ist Ausgangsgröße der Regeleinrichtung sowie Eingangsgröße der
Regelstrecke.

Führungsgröße w

Die Führungsgröße w (Sollwert) ist das Prozeßziel einer Regelung. Ihr soll die
Regelgröße in endlicher Zeit angeglichen werden. Die Führungsgröße wird
dem Regelkreis von außen zugeführt und ist von der Regelung nicht
beeinflußbar.

Regelabweichung x_w, Regeldifferenz x_d

Die Soll-Istwert-Abweichung, die ausgeregelt (beseitigt) werden soll, läßt sich
als die Regelabweichung oder als Regeldifferenz definieren. Die Regeldifferenz kann auch mit dem Buchstaben "e" bezeichnet werden.

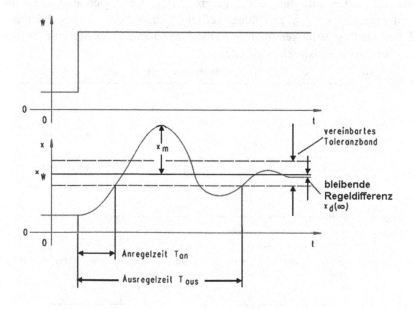

Bild 1.6   Definition der An- und Ausregelzeit und der Überschwingweite

$$x_w = x - w \qquad\qquad (1.1)$$

$$x_d = w - x \qquad\qquad (1.2)$$

An- und Ausregelzeit, Überschwingweite

Die Regelgröße reagiert auf eine sprunghafte Änderung der Führungsgröße mit einem Ausgleichsvorgang (Bild 1.6). Je nach der erforderlichen Genauigkeit ist ein Toleranzband vereinbart (bei SIMLER-PC sind es z.B. 2%), innerhalb dessen sich die Regelgröße nach einer bestimmten Zeit befinden soll.

Die Anregelzeit T_{an} ist dabei die Zeitspanne vom Beginn des Führungsgrößensprungs bis zum erstmaligen Eintritt in das Toleranzband.

Die Ausregelzeit T_{aus} beginnt ebenfalls mit dem Sprung der Führungsgröße und endet, wenn die Regelgröße endgültig in den Toleranzbereich einmündet, ohne ihn wieder zu verlassen (siehe auch Abschnitt 7.1.3).

Die maximale Überschwingweite X_m gibt den größten Betrag der Regelabweichung an, nach dem die Regelgröße den Toleranzbereich erstmals verläßt.

1.4   Wirkschaltplan, Blockschaltplan

Die gerätetechnische Darstellung eines Prozesses nennt man Wirkschaltplan (Schaltplan oder einfach Schaltung). Nochmals abstrahiert, spricht man von einem Übersichtsschaltplan. Beide erfordern spezielle Kenntnisse über Wirkung und Funktion der einzelnen Bauelemente (z.B. Betriebs- bzw. Speisespannungen, Führung der Masse-Leitungen, Abschirmung, Leitungs-Querschnitte, Sicherungen). Sie sind für eine regeltechnische Untersuchung ungeeignet. Um sich nicht mit gerätetechnischen Details befassen zu müssen, verwendet man meist den sogenannten Blockschaltplan (Blockschaltbild) zur Modellbildung des Prozesses. Die zugehörigen Schaltzeichen sind nach EN 60617, EN 736-1 und DIN 40700 Teil 14 genormt.

Gelöst von gerätespezifischen Einzelheiten wird die Regelung entlang des Signalpfades in einzelne, bekannte Strukturen (Regelkreisglieder) unterteilt, die als Blöcke dargestellt werden. Die einzelnen Blöcke enthalten die Kausalzusammenhänge (Ursache - Wirkung) zwischen Ein- und Ausgangsgröße in Form einer Gleichung, der Sprungantwort oder einer Kennlinie. Auf diese Weise wird das Übertragungsverhalten eines Regelkreises veranschaulicht und einer regeltechnischen Berechnung zugänglich gemacht.

In Bild 1.7 ist eine einfache analoge Füllstandsregelung dargestellt, die den Übergang vom Wirkschaltplan zum Blockschaltplan veranschaulicht.

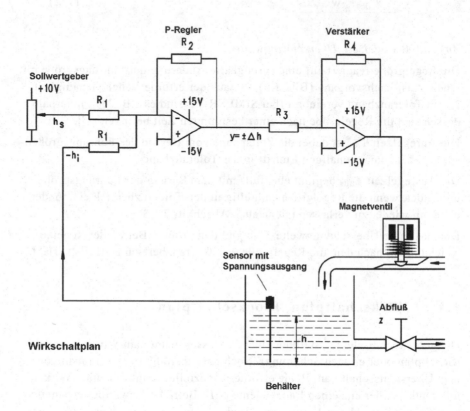

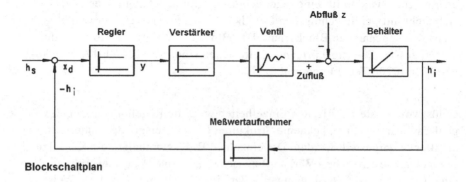

Bild 1.7   Wirk- Blockschaltplan einer einfachen Füllstandsregelung

Kurz zur Funktion der Regelung:

Mit einem Potentiometer gibt man den Füllstandssollwert h_{soll} vor. Er gelangt über den analogen Regler und Verstärker auf ein Magnetventil. Der Füllstand wird über einen kapazitiven Sensor mit Spannungsausgang als Istwert h_{ist} ausgegeben.

Entspricht der Füllstandsistwert dem Füllstandssollwert, ist die Regeldifferenz $x_d = h_{soll} - h_{ist} = 0$ und das Stellventil verharrt in der Nullstellung. Weicht der Istwert vom vorgewählten Sollwert ab, öffnet oder schließt das Ventil, je nach der Polarität von x_d.

Der Blockschaltplan der Füllstandsregelung gibt die regelungstechnisch interessanten Eigenschaften der einzelnen Bauelemente wieder (hier durch Darstellung der jeweiligen Sprungantwort).

Er berücksichtigt auch wichtige Teilvorgänge, die im Inneren der Bauelemente ablaufen. So beispielsweise das zeitliche Verhalten des Magnetventils.

Der Blockschaltplan, der im Allgemeinen aus einem Wirkschaltplan entsteht, ist daher ein wichtiges Hilfsmittel zur Analyse einer Regelung. Er ist hilfreich bei der Optimierung von Regelkreisen und kann direkt in Simulationsmodelle umgesetzt werden.

2 Berechnung von Regelkreisen

Eine Aussage über die Güte einer Regelung wird durch die Betrachtung des stationären und vor allem des dynamischen Verhaltens vorgenommen.

Der zeitliche Verlauf der Regelgröße x einer optimal eingestellten Regelung sollte dabei folgende Kriterien erfüllen:

- Kurzer Ausgleichsvorgang der Regelgröße x (T_{an} und T_{aus} klein)
- Geringes oder kein Überschwingen
- Bleibende Regeldifferenz $x_d(t \to \infty) = 0$
- Weitgehende Parameterunempfindlichkeit der Regelung
- Geringer Einfluß von Störgrößenänderungen auf die Regelgröße x.

2.1   Stationäres Verhalten

Betrachtet man einen Regelkreis im stationären (eingeschwungenen) Zustand, läßt sich der Einfluß von Störgrößen und Verstärkung auf die Regelung leicht bestimmen.

2.1.1 Verstärkungen

Proportionalverstärkung Kp

Ist x_1 die Eingangs- und x_2 die Ausgangsgröße eines Regelkreisgliedes, bezeichnet man den Faktor, um den sich x_1 von x_2 unterscheidet, als Proportionalverstärkung bzw. Proportionalbeiwert K_p (Bild 2.1)

$$K_p = \frac{x_2}{x_1}$$

(2.1)

Die Proportionalverstärkung ist demnach eine dimensionslose Zahl.

Die Gesamtverstärkung mehrerer in Reihe liegender Regelkreisglieder entspricht der Multiplikation der Einzel-Verstärkungen. Es sei

$$K_{p1} = \frac{x_2}{x_1} \quad , \qquad K_{p2} = \frac{x_3}{x_2} \qquad (2.2)$$

dann ist die Gesamtverstärkung:

$$K_{pges.} = K_{p1} \cdot K_{p2} = \frac{x_3}{x_1} \quad . \qquad (2.3)$$

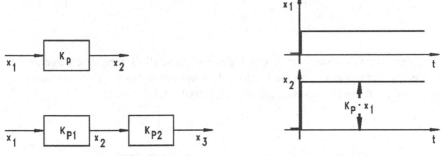

Bild 2.1   Definition der Verstärkung Kp

Regelkreisverstärkung K_0

Trennt man einen Regelkreis in der Rückführung auf, erhält man eine Wirkungskette (Bild 2.2). Die Gesamtverstärkung des offenen Regelkreises läßt sich dann durch die Multiplikation der Einzelverstärkungen ermitteln (siehe Abschnitt 3.3.1, Tabelle 3.5, Nr. 9). Es ergibt sich die sogenannte Regelkreisverstärkung bzw. der Übertragungsbeiwert K_0

$$K_0 = K_R \cdot \prod_i K_{Si} \quad . \qquad (2.4)$$

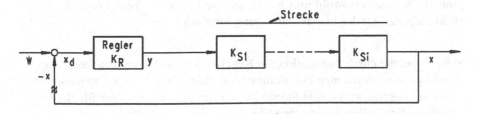

Bild 2.2   Prinzip eines Regelkreises

Mit den bereits bekannten Definitionen kann man entsprechend Bild 2.2 folgende Beziehung zwischen der Regel- und der Führungsgröße ableiten. Durchläuft man den Regelkreis entgegen der Signalflußrichtung, dann gilt:

$$x = y \cdot K_S \quad ,$$

$$y = K_R \cdot x_d \quad ,$$

$$x_d = w - x \quad .$$

Es ergibt sich schließlich

$$x = \frac{K_0}{1 + K_0} \cdot w \qquad\qquad (2.5)$$

Die gefundene Gleichung zeigt, daß Führungsgröße (Sollwert) und Regelgröße (Istwert) einer Regelung im stationären Zustand um so besser übereinstimmen, je größer die Regelkreisverstärkung K_0 ist (Bild 2.3).

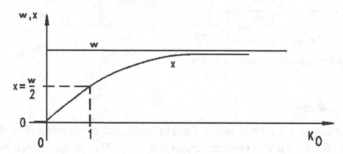

Bild 2.3   Die Regelgröße x als Funktion der Regelkreisverstärkung K_0

2.1.2 Störgrößen

Größen, die meist unbeabsichtigt auf die Regelung einwirken, nennt man Störgrößen. Sie können sowohl im Übertragungsverhalten der Regelkreisglieder als auch in der Art der Signalübertragung begründet sein.

Störgrößen, die durch Summation mit Regelkreis-Signalen auf die Regelung einwirken, bezeichnet man als additive Störgrößen (Bild 2.4). Wirkt beispielsweise auf das Signal y_2 eine Störgröße z, so ergibt sich aus dem Blockschaltbild für die Regelgröße eine Gleichung, die z enthält.

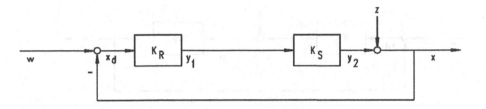

Bild 2.4   Regelkreis mit Störgröße z hinter der Regelstrecke

Es wird

$$x = y_2 + z \; ,$$

$$y_2 = K_R \cdot K_S \cdot x_d = K_0 \cdot (w - x) \; ,$$

$$x = \frac{K_0}{1 + K_0} \cdot w \; + \; \frac{1}{1 + K_0} \cdot z \qquad\qquad (2.6)$$

Das gefundene Ergebnis zeigt deutlich den Vorteil der Regelung gegenüber einer Steuerung. Die Störgröße, die bei einer Steuerkette (entsprechend $x = y_2 + z$) voll zum Signal y_2 addiert wird, kann mit einem geschlossenen Regelkreis um den Faktor $1/(1 + K_0)$ vermindert werden.

Für $K_0 \to \infty$ wird der Einfluß von z eliminiert, und es ergibt sich wieder $x = w$. Allerdings ist eine unendlich große Verstärkung K_0 nicht realisierbar. Die Werte von K_0 liegen bei industriellen Regelungen zwischen 1...1000.

Störgrößen, welche nicht hinter dem letzten Regelkreisglied wirken, sondern zwischen zwei Regelkreisgliedern, lassen sich wie folgt behandeln (Bild 2.5).

Es wird

$$x = K_S \cdot (y_1 + z) \; ,$$

und schließlich

$$x = \frac{K_0}{1 + K_0} \cdot w \; + \; \frac{1}{1 + K_0} \cdot K_S \cdot z \; . \qquad\qquad (2.7)$$

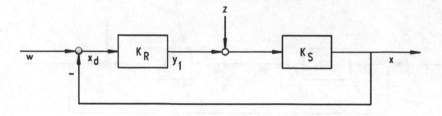

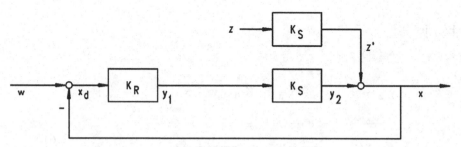

Bild 2.5   Regelung mit der Störgröße z zwischen Regler und Strecke

Auf die Regelgröße x wirkt in diesem Falle die Störgröße z mit dem Faktor $K_S / (1 + K_0)$.

Definiert man $z' = K_S \cdot z$ als einen Block mit der "Störgrößenverstärkung" K_S, so kann man die Summationsstelle der Störgröße hinter die Regelstrecke verlagern (siehe Abschnitt 3.3.1, Tabelle 3.5, Nr. 5). Dann sind die Gleichungen (2.6) und (2.7) äquivalent und es gilt:

$$x = \frac{K_0}{1 + K_0} \cdot w + \frac{1}{1 + K_0} \cdot z' \qquad (2.8)$$

Diese Methode erlaubt es, alle additiv auftretenden Störgrößen auf *eine* Summationsstelle hinter der Regelstrecke einwirken zu lassen.

Die bisher behandelten Störgrößen ließen sich bis auf eine bleibende Regelabweichung ausregeln. Es gibt jedoch auch solche, die sich nicht korrigieren lassen. Ein Beispiel soll dies verdeutlichen (Bild 2.6).

In einer Drehzahlregelung für einen Gleichstrommotor mit Stromrichter sollen die vier Störgrößen $z_1'...z_4'$ auftreten.

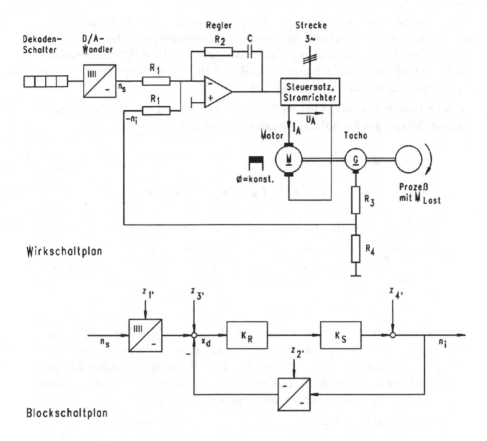

Wirkschaltplan

Blockschaltplan

Bild 2.6   Wirk- und Blockschaltplan einer Drehzahlregelung

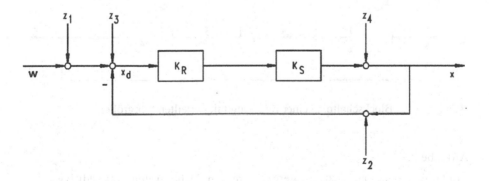

Bild 2.7   Normierter Blockschaltplan der Regelung aus Bild 2.6

Dabei sind z_1' und z_2' Störungen der Soll- bzw. Istwertumwandlung. z_3' entspricht einer Verfälschung der Soll-Istwert-Differenz x_d infolge Verstärkerdrift. z_4' sei die Auswirkung eines Laststoßes auf die Regelung. Bezieht man alle Größen auf ihren Nennwert (z.B. auf 10 V- normiert), ergibt sich der vereinfachte Blockschaltplan (Bild 2.7).

Im ungestörten Zustand ist bekanntlich $z_1 = z_2 = z_3 = z_4 = 0$. Bei dem durch die vier Störgrößen beeinflußten Regelkreis gilt dann

$$x = K_0 \cdot x_d + z_4 \ ,$$

$$x_d = w + z_1 + z_3 - (x + z_2) = w - x \ ,$$

und schließlich ergibt sich für die Regelgröße:

$$x = \frac{K_0}{1 + K_0} \cdot (w + z_1 + z_3 - z_2) + \frac{1}{1 + K_0} \cdot z_4 \qquad (2.9)$$

Man sieht, daß die Störgrößen $z_1 \ldots z_3$ voll als Fehler in die Regelung eingehen, weil sie, unabhängig von K_0, die Führungsgröße w beeinflussen. Die Störgröße z_4 dagegen wird um den Faktor $1/(1+K_0)$ reduziert, d.h. sie kann ausgeregelt werden. Für alle Regelkreise läßt sich daraus folgender Grundsatz ableiten. Nicht korrigierbare Störgrößen sind:

• Fehler der Sollwertbildung   (hier z_1)

• Fehler der Istwert-Erfassung   (hier z_2)

• Drift- bzw. Einstellfehler des Reglers   (hier z_3)

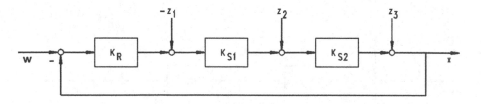

Bild 2.8   Blockschaltplan einer Regelung mit verteilten Störgrößen

Aufgabe 2.1

Ein Glühofen soll auf 1300 °C geregelt werden. Dabei treten drei additive Störgrößen auf, die durch induktive Einkopplung von Starkstromleitungen entstehen und zu folgendem Blockschaltplan führen (Bild 2.8).

Gegeben: $K_R = 10$; $K_{S1} = 2,5$; $K_{S2} = 2$

$w = 10 V- \hat{=} 1300\ °C;$
$z_1 = 800\ mV;\ z_2 = 0,1\ V\ ;\ z_3 = 10\ mV$.

Es ist der vereinfachte Blockschaltplan mit nur einer Summationsstelle der Störgrößen hinter dem letzten Regelkreisglied gesucht, sowie Regelgröße x/V und die Regeldifferenz $x_d/°C$.

Aufgabe 2.2

Der Regler einer einfachen analogen Positionsregelung (Bild 2.9) sowie der nachfolgende Leistungsverstärker weisen eine Ausgangsfehlspannung (Offset-spannung) von $z_1 = z_2 = 20\ mV$ auf. Der Frequenz-Spannungs-Wandler in der Rückführung für den Weg-Istwert hat einen additiven Umsetzfehler von $z_3 = 30\ mV$.

Gegeben: $K_R = 10$; $K_{S1} = 20$ (Leistungsverst.); $K_{S2} = 1$ (Rest-Glieder)

$w = 10\ V- \hat{=} 4\ m$.

Gesucht ist das Blockschaltbild der Wegregelung sowie x_d/m.

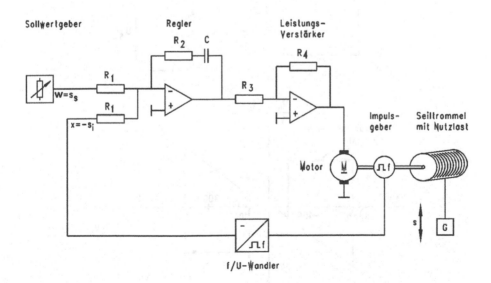

Bild 2.9   Wirkschaltplan einer Positionsregelung mit Seiltrommel

2.1.3 Statische Kennlinien

Das statische Verhalten eines Regelkreisgliedes beschreibt den Zusammenhang
zwischen Eingangs- und Ausgangsgröße im stationären Zustand. Die Kennlinien technisch realisierbarer physikalischer Systeme weisen grundsätzlich nur
in einem bestimmten Bereich Linearität zwischen Ein- und Ausgangsgröße auf
(siehe auch Abschnitt 3.1 und 3.2 sowie Seiten 172, 173).

Tachogenerator

Benutzt man zur Drehzahlerfassung in einer Regelung beispielsweise einen Tachogenerator, so ist seine Ausgangsspannung nur in einem festen, vom Her-
steller angegebenen Bereich der Drehzahl proportional. Nichtlinearitäten treten besonders im unteren Drehzahlbereich auf (Bild 2.10). Der obere Drehzahlbereich ist durch den mechanischen Aufbau der Maschine begrenzt
(Stellgrenze).

Pneumatischer Verstärker

Kennlinien, die nur einen kleinen Linearitätsbereich besitzen, können durch
Verwendung eines Verstärkers verbessert werden. Bild 2.11a und b zeigen den
Wirkschaltplan und die Kennlinie eines pneumatischen Proportionalgliedes mit

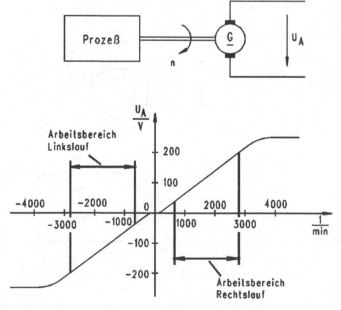

Bild 2.10   Statische Kennlinie eines Tachogenerators

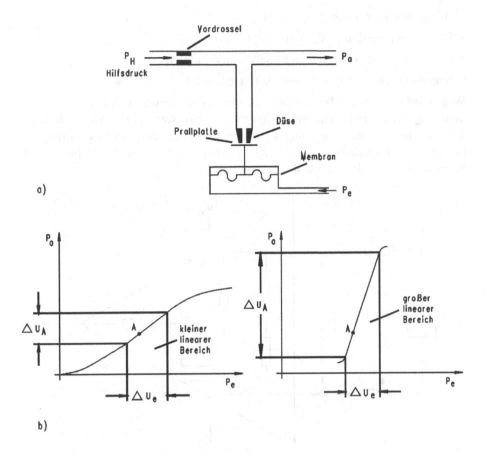

Bild 2.11   Statische Kennlinien eines pneumatischen Verstärkers

einem kleinen linearen Stellbereich. Durch Vergrößern der Verstärkung läßt sich die Lage des jeweiligen Arbeitspunktes A in einem erweiterten Linearitätsbereich verschieben (Bild 2.11b).

Operationsverstärker (OP)

Auch bei elektronischen Verstärkern ist der lineare Stellbereich durch den physikalisch-technischen Aufbau eingeschränkt, wie das Beispiel eines Operationsverstärkers zeigt (Bild 2.12). Die Übertragungsfunktion des OPs hat im linearen Bereich eine sehr einfache Form, wenn er entsprechend Bild 2.12b am Minus-Eingang beschaltet wird /36/.

Wichtige Kennwerte eines realen OPs (zB. OP07-EJ, MAX 420) sind:

- Differenz-Eingangswiderstand $r_D > 10^7 \Omega$

- Gleichtakt-Widerstand $r_G > 10^9 \Omega$

- Ausgangs-Widerstand $r_A < 100\,\Omega$
- Differenzverstärkung $V_D > 10^5$
- Offsetspannung U_{off}, sie liegt im µV-...mV-Bereich
- Spannungsanstiegs-Geschwindigkeit, sie beträgt ca. 0,5V/µs.

Wegen der sehr großen Widerstände r_D und r_G sowie der starken Gegen-kopplung mit der Differenzverstärkung V_D, verhält sich der OP wie ein Regel-kreis, dessen Ausgangsspannung U_a durch die Art der äußeren Beschaltung bestimmt ist (Impedanzen Z_1 und Z_2 - jeweils von $j\omega$ oder p abhängig). Siehe dazu Abschnitt 2.2.3 und 2.2.4 sowie /7/, /36/.

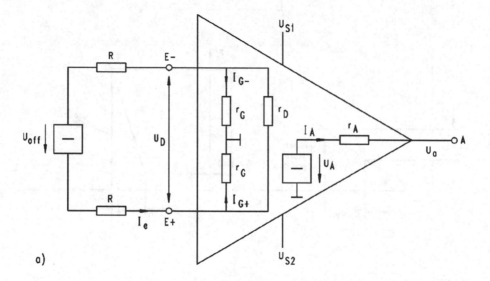

a)

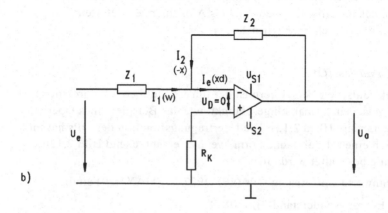

b)

Bild 2.12   Beschalteter Operationsverstärker und sein Ersatzschaltbild

Es gilt dann mit dem I. Kirchhoffschen Satz:

$$I_1 + I_2 - I_e = 0 \quad .$$

Der Operationsverstärker regelt für $V_D \to \infty$ praktisch auf $I_e = 0$ bzw. $U_D = 0$, so daß gilt (hier Laplace-transformiert):

$$I_1 + I_2 = 0 = \frac{U_e(p)}{Z_1(p)} + \frac{U_a(p)}{Z_2(p)} \quad .$$

Man erhält eine sehr einfache Übertragungsfunktion, die durch entsprechende Wahl des Quotienten Z_2/Z_1 beliebigen Erfordernissen angepaßt werden kann. Anwendungen finden sich in allen nachfolgenden Abschnitten.

$$\boxed{\frac{U_a(p)}{U_e(p)} = -\frac{Z_2(p)}{Z_1(p)}} \qquad (2.10)$$

Beschaltet man den OP entsprechend Bild 2.12b nur mit Widerständen, ergibt sich Proportionalität zwischen der Ein- und Ausgangsspannung. Es wird

$$U_a = -\frac{R_2}{R_1} \cdot U_e \quad . \qquad (2.11)$$

Darin ist die Proportionalverstärkung:

$$K_p = \frac{R_2}{R_1} \quad . \qquad (2.12)$$

Für $R_2 \to \infty$ gehen rein rechnerisch $K_p \to \infty$ und $U_a \to \infty$, doch die Ausgangsspannung eines OPs kann nicht über seine Speisespannung Us hinaus anwachsen. Sie geht bereits bei ca. +13,5V und -12,6V an die Stellgrenze, wenn die Speisespannungen auf Us1=+15V- und Us2=-15V- eingestellt wurden (Bild 2.13). Bei einer sinnvollen Normierung regeltechnischer Größen und zur Vermeidung von Sättigungserscheinungen an der Stellgrenze ist es günstig, den Stellbereich der Ausgangsspannung auf ±10V zu begrenzen. Dies ist mit zwei Zener-Dioden in der Gegenkopplung des OPs realisierbar.

Die Ausgangsspannung U_a läßt sich bei Beschaltung am Minus-Eingang des OPs zügig berechnen, wenn man wie folgt vorgeht:

> 1. Verstärkung K_p ausklammern
> 2. Doppelbrüche beseitigen
> 3. Zeitkonstanten definieren

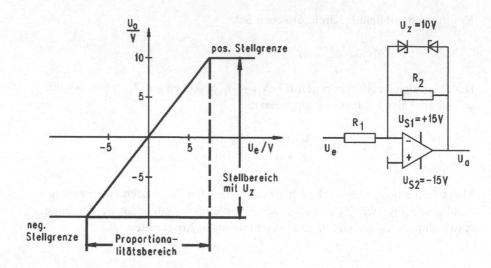

Bild 2.13   Stellbereich und beschalteter OP mit Begrenzung

Magnetisierungskennlinie eines Gleichstrommotors (GS-Motors)

Die Abhängigkeit des magnetischen Flusses Φ vom Erregerstrom I_E eines GS-Motors gibt die sogenannte Magnetisierungs-Kennlinie wieder (Bild 2.14). Sie wird bei konstanter Drehzahl aufgenommen.

Soll der magnetische Fluß, welcher als Rechengröße in vielen Regelungen erforderlich ist (siehe Abschnitt 6), über den linearen Bereich hinaus ausgenutzt werden, ist eine Linearisierung der Kennlinie angebracht.

Dazu wird die Kennlinie aufgenommen und durch Geradenzüge stückweise nachgebildet (Bild 2.15).

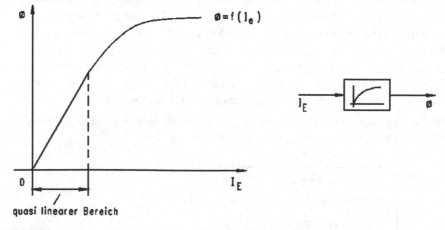

Bild 2.14   Magnetisierungs-Kennlinie eines Gleichstrommotors

Man legt eine Tangente durch den betreffenden Arbeitspunkt und erhält

$$x_{a1} = \Delta x_{e1} \cdot \tan \alpha_1 \qquad \text{für} \quad \text{Arbeitspunkt} \quad A1 \text{ und}$$

$$x_{a2} = \Delta x_{e2} \cdot \tan \alpha_2 \qquad \text{für} \quad \text{Arbeitspunkt} \quad A2 \;.$$

Je weiter man sich von den Arbeitspunkten entfernt, umso größer wird der
Fehler. Für kleine Kennlinienkrümmungen kann man von den realen Werten
auf die Abweichungen Δx_a und Δx_e übergehen.

Soll die Kennlinie ganz durchlaufen werden (Arbeitspunkt A1...An), ist es
sinnvoll, die Approximation mit Hilfe eines Funktionsbildners und entsprechend vielen Knickpunkten (Tangenten) zu realisieren. Damit bleibt der Fehler
vernachlässigbar klein /36/.

Eine weitere Methode zur Linearisierung statischer Kennlinien ist mit der Taylor-Reihe gegeben /1/. Im Arbeitspunkt A ergibt sich die Ausgangsgröße zu:

$$x_a = x_a(A) + \frac{x_e - x_e(A)}{1!} \cdot \dot{x}_a(A) + \frac{x_e - x_e(A)}{2!} \cdot \ddot{x}_a(A) + \dots \qquad (2.13)$$

Bei kleinen Kennlinienkrümmungen läßt sich die Taylor-Reihe nach der ersten
Differentiation abbrechen, so daß gilt:

$$x_a \approx x_a(A) + \dot{x}_a(A) \cdot (x_e - x_e(A)) \;. \qquad (2.14)$$

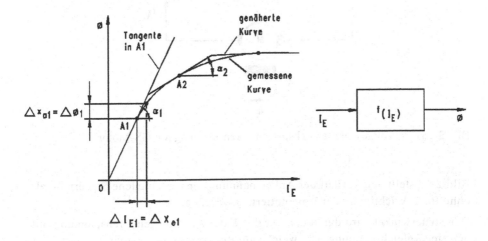

Bild 2.15   Linearisierung der Magnetisierungs-Kennlinie

Steuerkennlinie eines netzgführten Stromrichters

Der Stromrichter ist eines der wichtigsten Stellgeräte der modernen Antriebstechnik. Durch sein fast trägheitsloses Verhalten erfüllt die Dynamik eines
Stromrichterantriebes höchste Anforderungen. Bild 2.16 zeigt eine vollgesteuerte Drehstrombrückenschaltung für einen GS-Antrieb. Mit Hilfe des Steuerwinkels α, der die Zündzeitpunkte der einzelnen Thyristoren bestimmt, kann
die Ankerspannung des GS-Antriebes kontinuierlich gesteuert werden, d.h. die
zugehörigen Drehspannungen werden zu einem arithmetischen Mittelwert $\overline{U}_A$
verändert /5/, /34/, /35/.

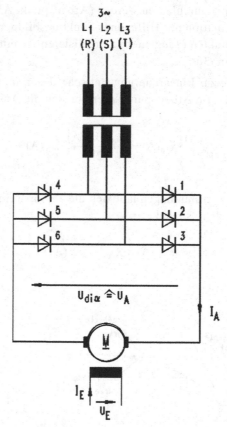

Bild 2.16   Vollgesteuerte Drehstrombrückenschaltung mit GS-Motor

Bild 2.17 stellt den Verlauf der Ankerspannung für verschiedene Steuerwinkel
ohne Berücksichtigung der Kommutierungsvorgänge dar.

Der Steuerwinkel wird durch den Vergleich der zugehörigen Drehspannung mit
der Steuergleichspannung U_{st}, welche am Reglerausgang ansteht, erzeugt.

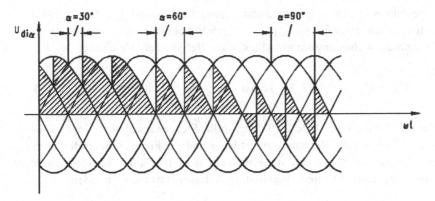

Bild 2.17   Verlauf von $U_{di\alpha}$ bei verschiedenen Steuerwinkeln

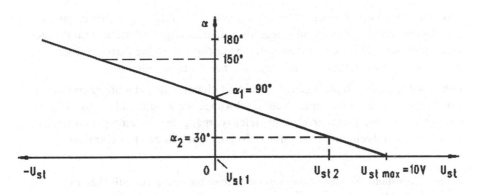

Bild 2.18   Zusammenhang zwischen Steuerwinkel α und Steuersp. Ust

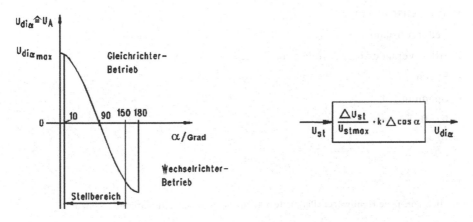

Bild 2.19   Zusammenhang zwischen $U_{di\alpha}$ und dem Steuerwinkel α

Es besteht ein linearer Zusammenhang zwischen α und U_{st} (Bild 2.18). Die gesteuerte Ankerspannung $U_{di\alpha}$ entspricht bei der vollgesteuerten Drehstrombrückenschaltung im nichtlückenden Betrieb der Gleichung:

$$U_A = U_{di\alpha} = 1{,}35 \cdot U_L \cdot \cos\alpha \ , \qquad U_L : \text{Leiterspg.} \qquad (2.15)$$

Diese Kennlinie ist in Bild 2.19 dargestellt. Steuerwinkel $\alpha > 150°$ sind ausgeschlossen, um die Kommutierungsdauer und die Freiwerdezeit der Thyristoren zu berücksichtigen. Bei Steuerwinkeln $\alpha < 10°$ kann das sogenannte Leerlaufpendeln auftreten, daher ist auch dieser Bereich zu meiden.

2.2   Dynamisches Verhalten

Das stationäre Verhalten einer Regelung bzw. eines Regelkreisgliedes ist eine unvollkommene Beschreibung seiner Übertragungseigenschaften. Jeder Regelkreis wird durch äußere Gegebenheiten beeinflußt, die eine Zustandsänderung des Systems in zeitlicher und/oder räumlicher Form hervorrufen.

Die systemeigenen Größen gehen dabei von einem eingeschwungenen (stationären) Zustand in einen anderen eingeschwungenen Zustand über. Die Übergangsphase bezeichnet man als Ausgleichsvorgang der systemeigenen Energiespeicher oder allgemein als das dynamische Verhalten des Regelkreises.

Zeitlich konstante Kennwerte einiger elektrischer und mechanischer Energiespeicher sind beispielsweise [1*]:

• Induktivität L

• Kapazität C

• Trägheitsmoment J

• Federkonstante c_f

Zeitlich veränderliche Größen sind u.a.:

• Strom i

• Spannung u

• Kraft F

• Weg s

[1*] ─────────

Zeitlich konstante Kennwerte (Parameter) kennzeichnen ein zeitinvariantes System.

2.2.1 Differentialgleichungen

Differentialgleichungen beschreiben das dynamische Verhalten eines physikalischen Systems und sind daher auch Grundlage des mathematischen Modells aller Regelkreisglieder. Ihre Ordnungszahl ist gleich der Zahl der voneinander unabhängigen Energiespeicher des betrachteten physikalischen Systems. Sie verknüpfen die Kennwerte des Systems mit den zeitlich veränderlichen Größen /4/, /6/. So ist z.B.

$$u(t) \;=\; L \cdot \frac{d\ i(t)}{dt} \;,\qquad\qquad\qquad (2.16)$$

$$i(t) \;=\; C \cdot \frac{d\ u(t)}{dt} \;,\qquad\qquad\qquad (2.17)$$

$$m(t) \;=\; 2\,\pi\,J \cdot \frac{d\ n(t)}{dt} \;.\qquad\qquad\qquad (2.18)$$

Man kann davon ausgehen, daß die meisten Regelkreisglieder durch eine gewöhnliche lineare Differentialgleichung mit konstanten Koeffizienten ausreichend beschreibbar sind. Nichtlineare physikalische Systeme können durch Linearisierung in der Umgebung eines Arbeitspunktes linearisiert werden (siehe Abschnitt 2.1.3 und 3.2.1 sowie /25/).

Beispiel:

Die Berechnung des zeitlichen Verlaufs der Kondensatorspannung $u_c(t)$ eines Reihenschwingkreises an Gleichspannung führt auf folgende Differentialgleichung (Bild 2.20).

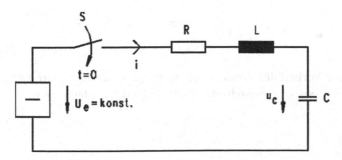

Bild 2.20   Elektrischer Reihenschwingkreis an Gleichspannung

Mit $\Sigma U = 0$ (II. Kirchhoffscher Satz) folgt bei Schließen des Schalters für $t = 0$:

$$U_e = u_c(t) + R \cdot C \cdot \frac{d\,u_c(t)}{dt} + L \cdot C \cdot \frac{d^2 u_c(t)}{dt^2} \quad . \qquad (2.19)$$

Es ergibt sich eine lineare Differentialgleichung 2. Ordnung mit konstanten Koeffizienten und Störglied (Spannungssprung U_e für $t>0$). Die Lösung soll hier mit der inhomogenen Teillösung für den Ausgleichsvorgang und der homogenen Teillösung für den stationären Zustand erfolgen.

Die homogene Teillösung gewinnt man durch den Ansatz

$$u_c(t) = A \cdot e^{\alpha t} \quad .$$

Setzt man den Exponential-Ansatz entsprechend in Gleichung (2.19) ein, erhält man die charakteristische Gleichung der gegebenen Differentialgleichung.

Je nach Art der Wurzeln der charakteristischen Gleichung (reell, konjugiert komplex) erhält man verschiedene Lösungen für die inhomogene Teillösung /1/ - /4/. Auf die Darstellung des Lösungsweges wird hier zugunsten der Carson-Laplace-Transformation (Abschnitt 2.2.4) verzichtet.

Es wird schließlich mit $u_c(0) = 0$ und $i_L(0) = 0$ (energieloser Anfangs-zustand) sowie $U_e(t)$=konst. für $\omega_0 > \alpha$:

$$u_c(t) = U_e \left[1 - e^{-\alpha t} \cdot \left(\cos \omega_e t + \frac{\alpha}{\omega_e} \cdot \sin \omega_e t \right) \right] \quad , \qquad (2.20)$$

$$\text{mit} \quad \alpha = \frac{R}{2L} \, , \quad \omega_0^2 = \frac{1}{LC} \quad \text{und} \quad \omega_e^2 = \omega_0^2 - \alpha^2 \quad .$$

Der zeitliche Verlauf der Kondensatorspannung ist für $\omega_0 \gg \alpha$ (periodischer Fall) und $\omega_0 \ll \alpha$ (aperiodischer Fall) in Bild 2.21 dargestellt.

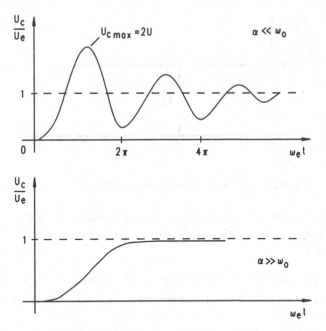

Bild 2.21   Zeitlicher Verlauf der Spannung $U_C(t)$ am Reihenschwingkreis

2.2.2 Sprung-, Rampen- und Fahrkurvenfunktion

Den zeitlichen Verlauf der Ausgangsgröße $x_a(t)$ als Lösung einer gewöhnli-
chen linearen Differentialgleichung mit konstanten Koeffizienten nennt man
die Antwortfunktion des Systems auf die anregende Eingangsgröße $x_e(t)$. Als
Eingangssignale sind Funktionen in Gebrauch, die technisch leicht realisierbar
sind und gleichzeitig eine einfache Laplace-Bildfunktion besitzen.

Sprungfunktion und Sprungantwort

Wie schon beim Reihenschwingkreis gezeigt, wird in der Regeltechnik die
Eingangs- bzw. anregende Größe häufig sprunghaft eingeschaltet. Der Bezug
zur Realität wird dabei durchaus gewahrt (z.B. Schließen eines Schalters oder
Umschalten eines Sollwerts).

Einer solchen Sprungfunktion wird die Einheitssprungfunktion $\sigma_0(t)$ zugrun-
degelegt (Bild 2.22). Sie ist definiert als:

$$\sigma_0(t) = 0 \qquad \text{für} \qquad t < 0$$
$$\sigma_0(t) = 1 \qquad \text{für} \qquad t \geq 0$$

(2.21)

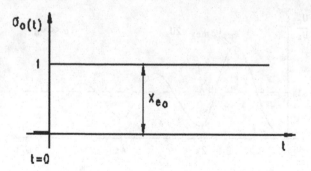

Bild 2.22   Zeitlicher Verlauf der Einheitssprungfunktion

Setzt man die Sprungfunktion als erregende Größe am Eingang eines Regelkreises (Regelkreisgliedes) ein, erhält man am Ausgang die sog.
Sprungantwort.

Die Sprungfunktion $x_e(t)$ setzt sich dann aus der Amplitude x_{e0} bzw. $\hat{x}_e$
(oder einfach x_e) multipliziert mit der Einheitssprungfunktion zusammen.

$$x_e(t) = x_{e0} \cdot \sigma_0(t) \quad . \tag{2.22}$$

Der Sprungantwort kann man bestimmte Eigenschaften entnehmen, die u.a.
den Vergleich verschiedener Regelkreisglieder untereinander erleichtern helfen. Sie ist jedem Regeltechniker ein bekannter Begriff.

Eine von der Höhe der Eingangssprungfunktion unabhängige Darstellung ergibt sich, wenn die Sprungantwort durch die Amplitude x_{e0} dividiert wird.
Diese bezogene Sprungantwort heißt auch Übergangsfunktion $h(t)$.

$$\boxed{h(t) = \frac{x_a(t)}{x_{e0}}} \tag{2.23}$$

Beispiel:

Von zwei analogen Meßinstrumenten soll die Sprungantwort betrachtet werden
(siehe auch Abschnitt 4.4).

Viele elektrische und mechanische Meßinstrumente lassen sich wegen der ge-
ringen Masse des Meßwerkes durch eine gedämpfte Feder ausreichend beschreiben (Bild 2.23).

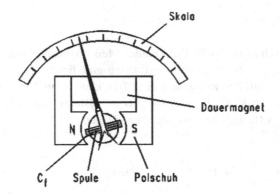

Drehspulinstrument

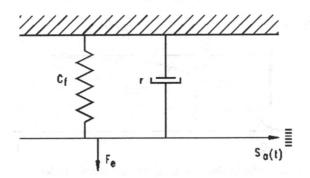

Bild 2.23   Drehspulinstrument und sein mechanisches Ersatzschaltbild

Bei einem Drehspulinstrument ist die anregende Kraft dem Strom I und der magnetischen Flußdichte B proportional. Die Kraft F_e führt zur Wegänderung $s_a(t)$ entlang der Anzeigeskala. Es gilt:

$$F_e = B \cdot I \cdot l \cdot N \quad ,$$

l: dem Magnetfeld ausgesetzte Spulenlänge,

N: Windungszahl der Spule.

Ein Kraftmeßinstrument (Druckmeßdose) reagiert auf den Druck p über eine konstante Meßwerksfläche (Membrane) A ebenfalls mit einer Wegänderung $s_a(t)$. Es gilt hier für die anregende Kraft:

$$F_e = p \cdot A \quad .$$

Da das mechanische Ersatzschaltbild beider Meßinstrumente nur die Feder als wirksamen Energiespeicher enthält, ergibt sich eine lineare Differentialgleichung 1. Ordnung mit den konstanten Koeffizienten c_f und r. Bei sprunghafter Anregung mit der Kraft $F_e(t) = F_e \cdot \sigma_0(t)$ lautet die Lösung bezüglich der Auslenkung $s_a(t)$ des Meßinstrumenten-Zeigers:

$$s_a(t) = \frac{F_e}{c_f} \cdot \left(1 - e^{-\frac{r \cdot t}{c_f}} \right) \quad \text{mit} \quad T = c_f / r \,. \qquad (2.24)$$

Es handelt sich um eine e-Funktion, die für $t \to \infty$ die Größe des Eingangssignals F_e / c_f erreicht (Bild 2.24).

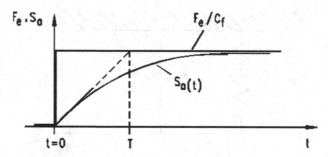

Bild 2.24   Sprungantwort eines Systems mit gedämpfter Feder

Aufgabe 2.3

An eine Reihenschaltung aus Widerstand und Induktivität wird bei $t=0$ die Gleichspannung U_e angelegt (Bild 2.25).

Gegeben: $R = 10\Omega$, $L = 0,2$ H, Ue = 20 V

Gesucht: Die Sprungantwort des Stroms i.

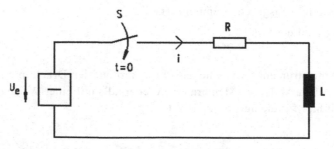

Bild 2.25   R-L-Reihenschaltung an Gleichspannung

Aufgabe 2.4

Einem beschleunigten Körper der Masse m wirkt eine geschwindigkeitspro-
portionale Reibung entgegen (Bild 2.26). Die Reibungskraft ist

$$F_r = -r \cdot \frac{d s_a}{dt}$$

und die Beschleunigungskraft nach dem Newtonschen Aktionsprinzip

$$F_b = -m \cdot \frac{d^2 s_a}{dt^2} \quad .$$

Gegeben: Fe=konstant, r, m ,

Gesucht: Die Sprungantwort s_a (t) des Systems.

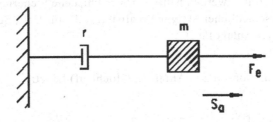

Bild 2.26   Beschleunigte Masse mit Reibung

Rampenfunktion und Fahrkurvenfunktion w(t)

Die Vorgabe von Sollwerten nach Art der Einheitssprungfunktion σ_0 (t) ist
bei geregelten Antrieben wegen der Unstetigkeitsstelle bei t=0
problematisch.

Es kommt speziell beim Anfahren und Bremsen von Antrieben der Fördertechnik, Walzwerkstechnik, bei Papiermaschinen, Schienenfahrzeugen, Industrierobotern, Meßtischen u.ä. zu unerwünschten Ausgleichsvorgängen der
entsprechenden Regelgrößen.

Die stetige und häufig auch zeitoptimale Vorgabe der Führungsgröße ist daher
für die Betriebssicherheit, Produktqualität und den Fahrkomfort von großer
Bedeutung /35/, /39/, /59/, /60/, /77/.

Eine Sollwertfunktion, die diese Anforderungen erfüllt, ist die sogenannte Fahrkurve. Sie besteht aus stückweise stetigen und differenzierbaren Funktionen. In Bild 2.27 sind verschiedene Fahrkurven w(t) und deren zeitliche Ableitung für das Anfahren und Bremsen dargestellt.

Von t=0 bis zur sog. Verschliffzeit T_{VE} entspricht die Fahrkurve einer Parabel mit positiver Steigung. Im Intervall T_L - T_{VE} verläuft w(t) entlang einer Geraden mit positiver Steigung.

Den stetigen Übergang von der konstanten, positiven Steigung auf den konstanten Endwert realisiert man mit einer Parabel negativer Steigung innerhalb der Zeit $T_{HE} - T_L = T_{VE}$. Die Verschliffzeit und die sog. Hochlaufzeit T_{HE} sind damit die bestimmenden Parameter einer Fahrkurvenfunktion.

Der Fahrkurvenverlauf für den Bremsvorgang wird analog zu dem des Anfahrvorgangs erzeugt. Dabei werden häufig für verschiedene Sicherheits-Stufen Kurven mit unterschiedlicher Steigung realisiert (z.B. für Halt, Schnell-Halt oder Not-Halt einer Anlage).

Die Fahrkurvenfunktion für das Anfahren (Hochlauf) lautet:

$$w(t) = B1 \cdot t^2 \, |_0^{TVE} \quad + \quad 2 B1 (t - T_{VE}) T_{VE} \, |_{TVE}^{TL} \quad +$$

$$ \tag{2.25}$$

$$+ \quad [M1 - B1(T_{HE} - t)^2] |_{TL}^{THE} \quad .$$

Das Differential der Fahrkurve entspricht beispielsweise bei Geschwindigkeits-Regelungen der Beschleunigung dv/dt eines Antriebs, oder es wird bei Positionier-Aufgaben der Regelung als Geschwindigkeit ds/dt zugeführt. Die zugehörige Funktion lautet:

$$\frac{d\,w(t)}{dt} = 2 B1 \cdot t \, |_0^{TVE} \quad + \quad 2 B1 (T_L - t) |_{TL}^{THE} \quad . \tag{2.26}$$

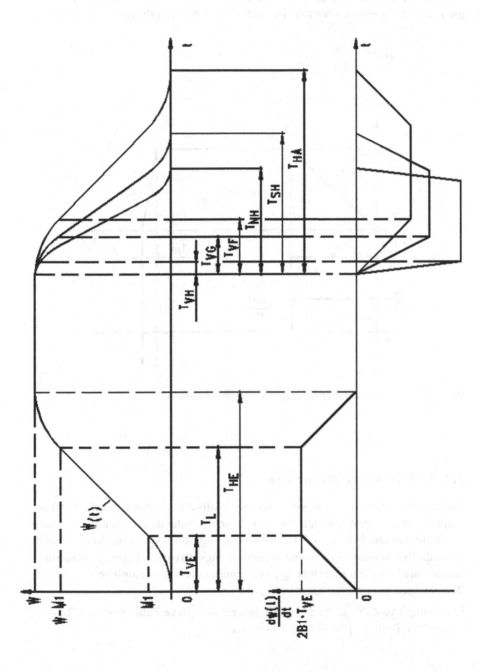

Bild 2.27   Verschiedene Fahrkurven und deren zeitliche Ableitung

Setzt man die Verschliffzeit $T_{VE}=0$, ergibt sich die Rampenfunktion mit Begrenzung. Ihr zeitlicher Verlauf ist in Bild 2.28 dargestellt und entspricht:

$$w\,(t) \;=\; \frac{w}{T_{HE}} \cdot t\,\big|_0^{THE} \qquad . \tag{2.27}$$

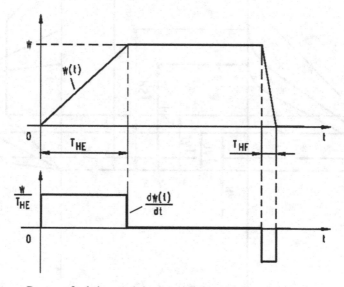

Bild 2.28   Rampenfunktion und deren zeitliche Ableitung

2.2.3 Komplexe Rechnung

Die Beschreibung *zusammengesetzter* physikalischer Systeme durch Differentialgleichungen erweist sich allgemein als sehr umständlich. Eine Betrachtung im Frequenz- und Bildbereich mit Hilfe der Laplace-Transformation ist meist vorteilhafter. Wegen des engen Zusammenhangs zwischen Laplace-Transformation und komplexer Rechnung sollen zunächst einige komplexe Beziehungen kurz erklärt werden /2/, /3/.

Eine komplexe Zahl $\underline{Z}$ und eine konjugiert komplexe Zahl $\underline{\underline{Z}}$ sind mit der imaginären Einheit $j = \sqrt{-1}$ definiert als

$$\underline{Z} = a + j\,b \qquad \text{und} \qquad \underline{\underline{Z}} = a - j\,b \quad . \tag{2.28}$$

Bei einer elektrotechnischen Deutung der Gleichung (2.28) entspricht der Realteil a dem ohmschen Widerstand R. Der Term jb besteht aus der elektrischen Schaltung der komplexen Widerstände $\underline{X}_L$ und $\underline{X}_C$. Diese sind der Induktivität und der Kapazität zugeordnet.

$$\underline{X}_L = j \omega L \qquad \text{und} \qquad \underline{X}_C = \frac{1}{j \omega C} \, . \qquad (2.29)$$

Die komplexe Zahl $\underline{Z}$ läßt sich in der Gaußschen Zahlenebene als Vektor (Zeiger) darstellen, der durch graphische Addition von Real- und Imaginärteil beschrieben werden kann (Bild 2.29). Die Spiegelung von $\underline{Z}$ an der reellen Achse entspricht der konjugiert komplexen Zahl $\underline{Z}$.

Der Vektor $\underline{Z}$ wird auch durch seinen Betrag (Länge) und den Winkel zur reellen Achse (Re) beschrieben. Es gilt:

$$|\underline{Z}| = \sqrt{a^2 + b^2} \qquad (2.30)$$

$$\varphi = \arctan \frac{b}{a} = \arctan \frac{\text{Im}(\underline{Z})}{\text{Re}(\underline{Z})} \qquad (2.31)$$

Die Darstellung von $\underline{Z}$ als trigonometrische Funktion ist besonders in der Wechselstromtechnik verbreitet. Es ist dann:

$$\underline{Z} = |\underline{Z}| \cdot (\cos \varphi + j \cdot \sin \varphi) \quad ,$$

Mit der Eulerschen Gleichung

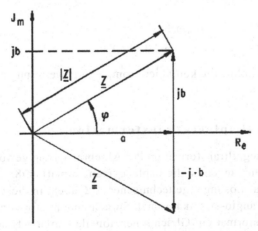

Bild 2.29   Zur Definition der komplexen und konjugiert komplexen Zahl

$$e^{\pm j\varphi} = \cos \varphi \pm j \cdot \sin \varphi \qquad\qquad (2.32)$$

ergibt sich schließlich die Exponentialform einer komplexen Zahl.

$$\underline{Z} = |\underline{Z}| \cdot e^{j\varphi} \quad . \qquad\qquad (2.33)$$

Aufgabe 2.5

Es liegt ein passives Netzwerk mit zwei unabhängigen aber gleich großen Energiespeichern C vor (Bild 2.30).

Gegeben: $U_e(t) = U_e \cdot \sigma_0(t)$,

Gesucht: Die komplexe Form der Ausgangsspannung $U_a(j\omega)$.

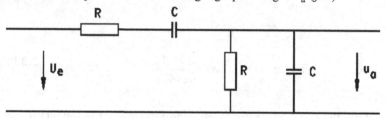

Bild 2.30   Elektrisches R-C-Netzwerk

Aufgabe 2.6

Es soll aus der komplexen Funktion $\underline{F}$ der zugehörige Phasenwinkel φ ermittelt werden.

Gegeben: $\underline{F} = \dfrac{1 + j\omega T_1}{1 + j(\omega T_2 - \omega^3 T_3^{\,3})}$,

Gesucht: $|F(j\omega)|$, ohne die konjugiert komplexe Erweiterung zu benutzen.

2.2.4 Carson-Laplace-Transformation

Die wichtigste Integraltransformation zur Algebraisierung gewöhnlicher linearer Differentialgleichungen ist die Laplace-Transformation /8/, /9/. Sie eignet sich daher auch zur Lösung regeltechnischer Aufgaben. In diesem Buch wird jedoch auf die im anglo-amerikanischen Sprachraum häufig verwendete Carson-Laplace-Transformation (Gleichdimensionelle Laplace-Transformation) zurückgegriffen. Die Unterschiede zwischen beiden Transformationen werden nachfolgend erläutert. Es sind jeweils nur die wichtigsten Voraussetzungen zur

Anwendbarkeit der Gleichungen genannt. Für ein vertieftes Verständnis der Laplace-Transformation sollte der Leser die einschlägige Literatur studieren (siehe Abschnitt 10.1).

Eine Originalfunktion f(t), für die gilt

$$f(t) = 0 \quad \text{für} \quad t < 0$$

und die sonst ungleich Null ist, wird mit Hilfe des Laplace-Integrals

$$L[f(t)] = F(s) = \int_0^\infty f(t) \cdot e^{-st} \cdot dt \qquad (2.34)$$

in den Bildbereich transformiert. Es liegt nun eine Bildfunktion F(s) mit der komplexen Variablen

$$s = \sigma + j\omega$$

vor. Für alle technisch realisierbaren physikalischen Systeme konvergiert das Integral bezüglich des gewählten Wertes von s. Damit ist die Gleichung (2.34) eine Formel für die Transformation vom Zeitbereich in den Bildbereich und ordnet jeder Originalfunktion f(t) eindeutig eine Bildfunktion F(s) zu.

Die Rücktransformation (auch inverse Laplace-Transformation genannt) zur Bestimmung der Originalfunktion erfolgt mit dem Umkehrintegral. Dieses lautet für t > 0:

$$f(t) = \frac{1}{2\pi j} \cdot \int_{\sigma - j\infty}^{\sigma + j\infty} F(s) \cdot e^{st} \cdot ds \quad . \qquad (2.35)$$

Es zeigt sich aber, daß ein um p erweitertes Laplace-Integral einige Vorteile bringt, ohne seine Existenzberechtigung zu verlieren. Im Anschluß an die Arbeiten von O. Heaviside haben J.R. Carson und vor allem K.W. Wagner /10/, /11/, /12/ folgendes Laplace-Integral angegeben:

$$L[f(t)] = F(p) = p \cdot \int_0^\infty f(t) \cdot e^{-pt} \cdot dt \quad . \qquad (2.36)$$

Die komplexe Variable ist zur Unterscheidung nun benannt mit:

$$p = \sigma + j\omega \ .$$

Für die Originalfunktion f(t) und die Konvergenz des Integrals gelten die gleichen, zuvor genannten Bedingungen.

Somit ist die Gleichung (2.36) eine Transformationsformel für die Carson-Laplace-Transformation, die folgende Vorteile aufweist:
- Bildfunktion F(p) und Originalfunktion haben die gleiche Dimension
- Eine Laplace-Transformierte Konstante bleibt konstant
- Die Laplace-Transformierte der Einheitssprungfunktion $\sigma_0(t)$ ist 1.

Gewöhnliche lineare Differentialgleichungen werden mit der Carson-Laplace-Transformation in rein algebraische Gleichungen überführt und lassen sich dann elementar lösen (Bild 2.31).

Dabei spielt der von O. Heaviside und speziell von K.W. Wagner eindeutig begründete Operatorenbegriff eine große Rolle.

Für lineare Systeme, die sich im eingeschwungenen Zustand befinden bzw. für die der energielose Anfangszustand gilt, läßt sich die zugehörige Differentialgleichung mit Hilfe des Operators p direkt in den Bildbereich transformieren. Es ist dann formal zu setzen:

$$\boxed{p = \frac{d}{dt}}$$ (2.37)

In allen anderen Fällen gilt die allgemeine Form des Differentiationssatzes als Transformationsvorschrift (Tabelle 2.1, Nr.1 Mitte).

Die Funktion F(p) ist zunächst für beliebige Werte $p = \sigma + j\omega$ definiert. Bei rein imaginärem p befindet sich die zugehörige Originalfunktion f(t) im eingeschwungenen Zustand mit sinusförmigen Schwingungen der Kreisfrequenz ω.

Bekanntlich kann nach Fourier jeder nicht periodische physikalische Vorgang als ein kontinuierliches Spektrum von Dauerschwingungen dargestellt werden.

Es ist daher oft angebracht, für komplexe Funktionen den Operator

$$p = j\omega \tag{2.38}$$

zu benutzen. Zumal in diesem Fall die Übertragungsfunktion $F(p)$ in den für die Regeltechnik wichtigen Frequenzgang $F(j\omega)$ übergeht.

Die Rücktransformation zur Bestimmung der Originalfunktion kann mit dem Umkehrintegral erfolgen. Es lautet für $t > 0$:

$$f(t) = \frac{1}{2\pi j} \cdot \int_{\sigma - j\infty}^{\sigma + j\infty} \frac{F(p) \cdot e^{pt}}{p} \, dp \quad . \tag{2.39}$$

Das Umkehrintegral braucht jedoch meist nicht berechnet zu werden. Man benutzt vielmehr Korrespondenztabellen (Tabelle 2.2), die mit den Rechenregeln der Carson-Laplace-Transformation (Tabelle 2.1) erstellt wurden. In diesen Tabellen ist jeder Bildfunktion $F(p)$ eindeutig eine Originalfunktion $f(t)$ zugeordnet.

Kann die Bildfunktion nicht direkt tabellarisch in den Zeitbereich rücktransformiert werden, führen der Entwicklungssatz von Heaviside, der Residuensatz und die Partialbruchzerlegung in der Regel zur Lösung.

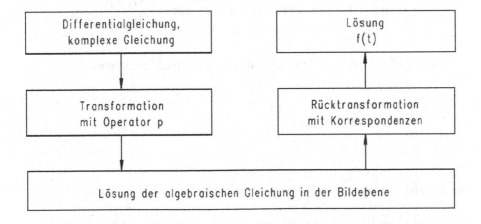

Bild 2.31   Schema bei Verwendung der Carson-Laplace-Transformation

Entwicklungssatz von Heaviside

Die gebrochene rationale Funktion $F(p)=G(p)/H(p)$ erfülle folgende Bedingungen [1*]:

- Der Grad des Polynoms $H(p)$ sei größer oder gleich dem von $G(p)$
- $H(p)$ besitzt nur einfache Nullstellen p_k mit $k=1,2,3,...,n$
- $p_k=0$ ist keine Nullstelle von $H(p)$ bzw. keine Polstelle von $F(p)$.

Die genannten Bedingungen sind für viele technisch realisierbare physikalische Systeme erfüllt. Es ergibt sich mit $H'(p)=dH(p)/dp$ folgende Formel zur Berechnung der Originalfunktion:

$$f(t) = \frac{G(0)}{H(0)} + \sum_{k=1}^{n} \left[\frac{G(p)\cdot e^{pt}}{p\cdot H'(p)} \right] p = p_k \qquad (2.40)$$

Beispiel:

Die Funktion $\qquad F(p) = \dfrac{G(p)}{H(p)} = \dfrac{p^2 + \alpha p}{p^2 + \omega^2}$

soll mit Gleichung (2.40) in den Zeitbereich rücktransformiert werden.
Es wird

$$G(0) = 0 \quad \text{und} \quad H(0) = \omega^2, \quad \text{also} \quad \frac{G(0)}{H(0)} = 0.$$

Weiter folgt für $H'(p)=2p$. Mit den Nullstellen des Nennerpolynoms

$$p_{1,2} = \pm j\omega$$

[1*] Reguläre (oder analytische) Funktionen sind in einem Gebiet C an jeder Stelle von C differenzierbar. Ganze Funktionen sind regulär in der ganzen p-Ebene, mit Ausnahme unendlich vieler p-Werte. Funktionen, die überall regulär sind, bis auf endlich viele Pole, heißen rationale (oder meromorphe) Funktionen. Jede rationale Funktion ist als Quotient zweier ganzer Funktionen darstellbar.

erhält man

$$H'(p_1) = +j2\omega \qquad \text{und} \qquad H'(p_2) = -j2\omega \quad,$$

sowie

$$G(p_1) = -\omega^2 + j\alpha\omega \qquad \text{und} \qquad G(p_2) = -\omega^2 - j\alpha\omega \quad.$$

Mit Gleichung (2.40) ergibt sich nun die Originalfunktion zu:

$$f(t) = \frac{\omega - j\alpha}{2\omega} \cdot e^{j\omega t} + \frac{\omega + j\alpha}{2\omega} \cdot e^{-j\omega t} \quad.$$

Mit der Eulerschen Gleichung (2.32) umgeformt erhält man schließlich

$$f(t) = \cos\omega t + \frac{\alpha}{\omega} \cdot \sin\omega t \quad.$$

Wie man sieht, entspricht dieses Beispiel der Korrespondenz Nr. 21 aus der Tabelle 2.2.

Residuensatz und Partialbruchzerlegung

Die Berechnung der Originalfunktion f(t) ist auch mit Hilfe des Residuenkalküls möglich. Dabei wird F(p) gegebenenfalls in endlich viele Partialbrüche zerlegt, deren Zeitfunktionen aus der Korrespondenztabelle 2.2 bekannt sind oder mit dem Residuenkalkül bestimmt werden.

Ist die gebrochene rationale Funktion F(p)=G(p)/H(p) der komplexen Veränderlichen $p = \sigma + j\omega$ in einem abgeschlossenen Gebiet der Gaußschen Zahlenebene mit der Randkurve C_0 in p analytisch, mit Ausnahme endlich vieler isolierter Pole p_k, so ist das Linienintegral entlang C_0 gleich der Summe der Residuen R_k der Funktion $F(p) \cdot e^{pt}/p$ an der Stelle $p = p_k$:

$$\frac{1}{2\pi j} \cdot \oint_{C_0} \frac{F(p) \cdot e^{pt}}{p} \, dp = \sum_{k=1}^{n} R_k \quad. \qquad (2.41)$$

Die Pole p_k (oder Nullstellen p_k des Nennerpolynoms) treten stets reell und/oder konjugiert komplex auf.

Für folgende Bedingungen bezüglich der Funktion F(p)=G(p)/H(p) erhält
man die Residuen und mit ihnen die gesuchte Originalfunktion f(t):

• Der Grad des Polynoms H(p) sei größer oder gleich dem von G(p)

• G(p) und H(p) haben keine gemeinsamen Nullstellen

• H(p) besitzt nur einfache Nullstellen p_k mit k=1,2,3,...,n.

$$R_k = \lim_{p \to pk} \left[\frac{F(p) \cdot e^{pt}}{p} \cdot (p - p_k) \right]$$

$$f(t) = \sum_{k=1}^{n} R_k$$

(2.42)

Treten mehrfache Nullstellen des Nenners H(p) mit der Vielfachheit bzw. Potenz m auf, können die Koeffizienten (Residuen bei $p=p_k$) und daraus die Originalfunktion mit verschiedenen Ansätzen zur Zerlegung von F(p)/p bestimmt werden. Ein relativ allgemein verwendbarer Ansatz soll hier gezeigt
werden. Es gelten nun für die Bildfunktion F(p)/p die Bedingungen:

• Der Grad des Polynoms H(p) sei größer oder gleich dem von G(p)

• G(p) und H(p) haben keine gemeinsamen Nullstellen

• $p \cdot H(p)$ besitzt m-fache Nullstellen $(p - p_k)^m$ mit k,m=1,2,3,...,n

  sowie j=1,2,3,...,m als Lauf-Nr. der Partialbruch-Koeffizienten R_j.

$$R_j = \frac{1}{(m-j)!} \cdot \lim_{p \to pk} \frac{d^{m-j}}{dp^{m-j}} \left[\frac{F(p)}{p} \cdot (p - p_k)^m \right]$$

$$f(t) = \sum_{j=1}^{m} \frac{R_j}{(j-1)!} \cdot t^{j-1} \cdot e^{p_k t}$$

(2.43

Es bleibt anzumerken, daß die Korrespondenztabellen für die Carson-
Laplace-Transformation bei Division der Bildfunktion durch p und Umbenen-
nen der Variablen "p" in "s" denen der Laplace-Transformation entsprechen,
also:

$$\frac{F(p)}{p} \iff F(s)$$

Beispiel:

Für die Bildfunktion $\dfrac{F(p)}{p} = \dfrac{p+2}{p^2(p+1)^2}$

soll die Originalfunktion $f(t)$ mit Gleichung (2.43) ermittelt werden.

Die Nullstellen des Nennerpolynoms sind:

$$p_{1,2} = 0 \qquad \text{und} \qquad p_{3,4} = -1$$

Die Vielfachheit beider Nullstellenpaare ist somit $m=2$. Folgende Partialbruchzerlegung der Funktion $F(p)/p$ ist hier anzusetzen:

$$\frac{F(p)}{p} = \frac{A_1}{p} + \frac{A_2}{p^2} + \frac{B_1}{p+1} + \frac{B_2}{(p+1)^2} \quad .$$

Die Koeffizienten A_1 bis B_2 lassen sich nun mit der Gleichung (2.43) bestimmen:

$$A_1 = \frac{1}{1!} \lim_{p \to 0} \frac{d}{dp} \left[\frac{p+2}{(p+1)^2} \right] = -3 \quad ,$$

$$A_2 = \frac{1}{0!} \lim_{p \to 0} \left[\frac{p+2}{(p+1)^2} \right] = +2 \quad ,$$

$$B_1 = \frac{1}{1!} \lim_{p \to -1} \frac{d}{dp} \left[\frac{p+2}{p^2} \right] = +3 \quad ,$$

$$B_2 = \frac{1}{0!} \lim_{p \to -1} \left[\frac{p+2}{p^2} \right] = +1 \quad .$$

Damit ergibt sich die Originalfunktion $f(t)$ als Summe der gliedweise rücktransformierten Summanden der Partialbruchzerlegung.

$$f(t) = -3 + 2 \cdot t + 3 \cdot e^{-t} + t \cdot e^{-t} \quad .$$

Tabelle 2.1   Wichtige Rechenregeln der Carson-Laplace-Transformation

Nr.	Bildfunktion $F(p)$	Originalfunktion $f(t)$
1	**Differentiation der Originalfunktion**	
	$p \cdot F(p) - p \cdot F(0)$	$\dfrac{df(t)}{dt}$
	$p^n \cdot F(p) - \sum\limits_{k=0}^{n-1} p^{n-k} \cdot \dfrac{d^k F(0)}{dt^k}$	$\dfrac{d^n f(t)}{dt^n}$ 1*
	$p^n \cdot F(p)$	$\dfrac{d^n f(t)}{dt^n}$ 2*
2	**Integration der Originalfunktion**	
	$\dfrac{1}{p} \cdot F(p)$	$\int\limits_0^t f(\tau)\, d\tau$
	$\dfrac{1}{p^n} \cdot F(p)$	$\underset{n-\text{fach}}{\int\limits_0^t \int\limits_0^t \ldots \int\limits_0^t} f(\tau)\, d\tau^n$
3	**Ähnlichkeitssätze für a > 0**	
	$F(ap)$	$f(t/a)$
	$F(p/a)$	$f(at)$
4	**Verschiebung der Originalfunktion für b > 0**	
	$F(p) \cdot e^{-bp}$	$f(t-b)$ für $t > b$
		0 für $t < b$

1* ————

Mit $F(0)$ und seinen Ableitungen endlich, also mit vorhandenen Anfangswerten.

2* ————

Mit $F(0)$ und seinen Ableitungen gleich Null (d.h. energieloser Anfangszustand des Systems vor dem Einschalten).

Tabelle 2.1 (Fortsetzung)

Nr.	Bildfunktion F(p)	Originalfunktion f(t)
	Verschiebung der Bildfunktion für a beliebig	
5	$\dfrac{p}{p\pm a}\cdot F(p\pm a)$	$e^{\mp at}\cdot f(t)$
	Grenzwertsätze	
6	$\lim\limits_{p\to 0} F(p)$	$=\qquad \lim\limits_{t\to\infty} f(t)$
	$\lim\limits_{p\to\infty} F(p)$	$=\qquad \lim\limits_{t\to 0} f(t)$
	Faltung der Originalfunktion	
7	$\dfrac{F_1(p)\cdot F_2(p)}{p}$	$\displaystyle\int_0^t f_1(\tau)\cdot f_2(t-\tau)\,d\tau$

2.2.5 Übertragungsfunktion und Frequenzgang

Lineare, zeitinvariante physikalische Systeme sind durch eine gewöhnliche lineare Differentialgleichung mit konstanten Koeffizienten ausreichend beschrieben. Der Quotient aus Laplace-Transformierter Ausgangs- und Eingangsgröße solcher Systeme stellt eine gebrochene rationale Funktion in p dar, die man Übertragungsfunktion [1*]

$$F(p) = \frac{x_a(p)}{x_e(p)} = \frac{b_0+b_1 p+\ldots+b_m p^m}{a_0+a_1 p+\ldots+a_n p^n} \qquad (2.44)$$

nennt. Damit ist die Übertragungsfunktion eine wichtige Gleichung zur Beschreibung regeltechnischer Fragestellungen.

Nun ist es in der Regeltechnik üblich, die Übertragungseigenschaften eines Regelkreises auf Führungs- und Störgrößen-Änderungen getrennt zu untersuchen. Dazu dienen folgende Begriffbestimmungen.

[1*] Für F(p) eines technisch realisierbaren physikalischen Systems gilt $m\le n$.

Führungsverhalten

Aus dem in Bild 2.2 dargestellten einschleifigen Regelkreis wurde die Gleichung (2.5) für eine ungestörte Regelung im stationären Zustand abgeleitet. Ersetzt man in dieser Gleichung die Verstärkung $K_0 = K_R \cdot K_S$ durch das Produkt aus Regler- und Strecken-Übertragungsfunktion, erhält man äquivalent dazu die Übertragungsfunktion des offenen Regelkreises

$$F_0(p) = F_R(p) \cdot F_S(p),$$

und daraus die Führungs-Übertragungsfunktion des geschlossenen Kreises

$$F_W(p) = \frac{x(p)}{w(p)} = \frac{F_0(p)}{1 + F_0(p)} \qquad (2.45)$$

Sie beschreibt das Übertragungsverhalten der Regelgröße $x(p)$ bei Änderung der Führungsgröße $w(p)$, also das Führungsverhalten.

Störverhalten

Eine Störgröße am Ende der Regelstrecke (siehe Bild 2.4) hat im stationären Zustand den bereits mit der Gleichung (2.6) gezeigten Einfluß.

Betrachtet man nun lediglich den rechten Term dieser Gleichung (also für w=0) und ersetzt wieder K_0 durch $F_0(p)$, ergibt sich die sog. Stör-Übertragungsfunktion

$$F_z(p) = \frac{x(p)}{z(p)} = \frac{1}{1 + F_0(p)} \qquad (2.46)$$

Der so beschriebene Einfluß der Störgröße $z(p)$ auf das Übertragungsverhalten der Regelgröße $x(p)$ wird Störverhalten genannt.

Frequenzgang

Die Beurteilung des dynamischen Verhaltens von Regelkreisen wird auch oft im Frequenzbereich vorgenommen. Anstelle der Zeit t benutzt man die Frequenz ω als unabhängige Variable.

Der Frequenzgang ist demnach gleich dem Quotienten aus Ausgangs- und Eingangsgröße mit der variablen Kreisfrequenz ω bzw. gleich dem Quotienten bei sinusförmigem Eingangssignal ($\hat{x}_e \cdot \sin(\omega t)$ mit $\hat{x}_e = $ konst.) bezogen auf die eingeschwungene Ausgangsamplitude und Phasenlage, $\hat{x}_{a(\omega)} \cdot \sin(\omega t + \varphi(\omega))$.

Somit ergibt sich:

$$F(j\omega) = \frac{x_a(j\omega)}{x_e(j\omega)} = \frac{\hat{x}_{a(\omega)}}{\hat{x}_e} \cdot e^{j\varphi(\omega)} \qquad\qquad (2.47)$$

Die Parallelen zur Übertragungsfunktion sind klar erkennbar, denn für $p=j\omega$ hat die Übertragungsfunktion die Bedeutung des Frequenzgangs.

Damit ist $F(j\omega)$ ein Zeiger der Länge (des Betrages) $|F(j\omega)|$, der in Abhängigkeit von ω die Gaußsche Zahlenebene durchläuft. Die entsprechende punktweise Darstellung nennt man Ortskurve des Frequenzgangs (Bild 2.32). Die logarithmische Darstellung von $|F(j\omega)|$ über der Frequenz wird als Amplitudengang bezeichnet. Der jeweilige Abstand des Zeigers von der reellen Achse ist durch den Phasenwinkel φ gegeben.

$$\varphi = \arctan \frac{\mathrm{Im}[F(j\omega)]}{\mathrm{Re}[F(j\omega)]} \qquad\qquad (2.48)$$

Die Darstellung von φ über der logarithmisch aufgetragenen Frequenz ω nennt man auch Phasengang.

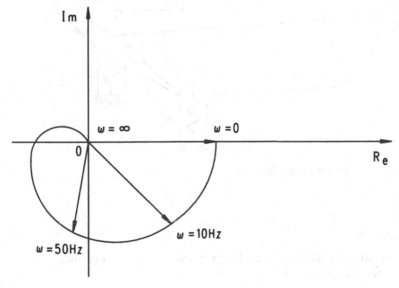

Bild 2.32   Darstellung einer Ortskurve

Aufgabe 2.7

Für die lineare Differentialgleichung I. Ordnung

$$T \frac{d\,x_a}{dt} + x_a = x_e(t)$$

mit dem Störglied $x_e(t) = x_{e0} \cdot \sigma_0(t)$ ist die Übertragungsfunktion sowie die Sprungantwort gesucht.

Aufgabe 2.8

Ein Maschinenfundament, wie in Bild 2.33 dargestellt, führt auf ein gedämpftes Feder-Masse-System. Es soll sinusförmig angeregt werden.

Der zeitliche Verlauf des Weges $x_a(t)$ ist gesucht für

$$m \cdot \frac{d^2 x_a}{dt^2} + r \cdot \frac{d\,x_a}{dt} + c_f \cdot x_a = x_e(t) = \hat{x}_e \cdot \sin \omega t \; .$$

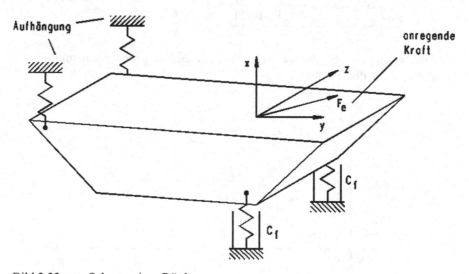

Bild 2.33   Schema eines Rüttlers

Aufgabe 2.9

Ein Operationsverstärker hat im Eingang und der Gegenkopplung je ein R-C-Netzwerk (Bild 2.34).

Geg.: R_1, R_2, C_1, C_2 und $U_e(t) = U_e \cdot \sigma_0(t) = 1V \cdot \sigma_0(t)$,

Ges.: Die Ausgangsspannung $u_a(t)$ für $T_1 = T_2 = 1s$ und $Kp = R_2/R_1 = 10$.

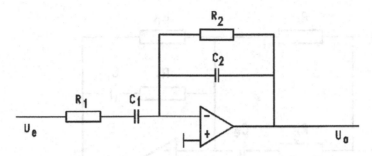

Bild 2.34   Operationsverstärkerschaltung als Bandpaß

Aufgabe 2.10

Ein elektrisches Netzwerk (Bild 2.35) wird zur Zeit t=0 an Gleichspannung gelegt. Zur Zeit t =t_1 wird die Spannung abgeschaltet und das Netzwerk über einen zweiten Schalter kurzgeschlossen.

Gegeben: R_1, R_2, L, U,

Gesucht: Verlauf des Stromes i(t) beim Ein- und Ausschalten von U.

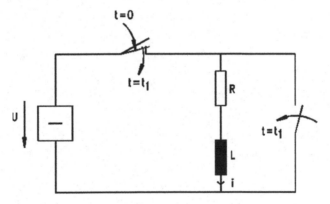

Bild 2.35   R-L-Reihenschaltun an Gleichspannung

Aufgabe 2.11

Es ist der Frequenzgangbetrag einer Operationsverstärker-Schaltung zu bestimmen (Bild 2.36).

Gegeben: alle Beschaltungs-Elemente

Gesucht: $|F(j\omega)|$

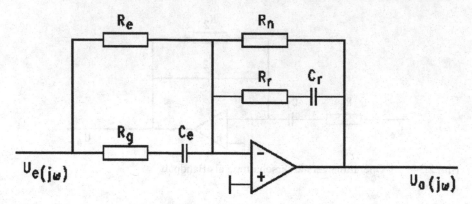

Bild 2.36   Operationsverstärker-Schaltung mit zwei R-C-Netzwerken

Tabelle 2.2 Korrespondenztabelle der Carson-Laplace-Transformation

Nr.	Bildfunktion $F(p)$		Originalfunktion $f(t)$	
1	1	konst.	$\sigma_0(t)$	konst.
2	$1 - e^{-pT_1}$		$\sigma_0(t) - \sigma_0(t - T_1)$	
3	$e^{-pT_1} - e^{-pT_2}$		$\sigma_0(t - T_1) - \sigma_0(t - T_2)$	
4	$\dfrac{1}{p^n}$		$\dfrac{t^n}{n!}$	
5	$\dfrac{p}{(p \pm a)^n}$		$\dfrac{t^{n-1}}{(n-1)!} \cdot e^{\mp at}$	
6	$\dfrac{\pm a}{p \pm a}$		$1 - e^{\mp at}$	
7	$\dfrac{a^2}{(p \pm a)^2}$		$1 + (\mp at - 1) \cdot e^{\mp at}$	
8	$\dfrac{a^n}{(p + a)^n}$		$1 - e^{-at} \cdot \sum\limits_{m=1}^{n} \dfrac{(at)^{n-1}}{(n-1)!}$	
9	$\dfrac{ab}{p(p \pm a)}$		$\pm bt - \dfrac{b}{a}(1 - e^{\mp at})$	
10	$\dfrac{ab}{(p + a)(p + b)}$		$1 + \dfrac{be^{-at} - ae^{-bt}}{a - b}$	

mit m,n = 1,2,3, ...

mit a,b,c,d > 0

Tabelle 2.2 (Fortsetzung)

Nr	Bildfunktion $F(p)$	Originalfunktion $f(t)$
11	$\dfrac{abc}{(p+a)(p+b)(p+c)}$	$1-\dfrac{bc(c-b)e^{-at}}{(a-b)(a-c)(c-b)}+$ $+\dfrac{ab(a-b)e^{-ct}-ac(a-c)e^{-bt}}{(a-b)(a-c)(c-b)}$
12	$\dfrac{p+a}{p+b}$ $\qquad$ $\dfrac{p-a}{p+a}$	$\dfrac{a}{b}+(1-\dfrac{a}{b})e^{-bt}$ $\qquad$ $2e^{-at}-1$
13	$\dfrac{p-a}{(p+b)^2}$	$\dfrac{a}{b^2}[(1+bt+\dfrac{b^2}{a}t)e^{-bt}-1]$
14	$\dfrac{p}{(p+a)(p+b)}$	$\dfrac{e^{-bt}-e^{-at}}{a-b}$
15	$\dfrac{p+a}{(p+b)(p+c)}$	$\dfrac{a}{bc}+\dfrac{(1-\frac{a}{b})e^{-bt}-(1-\frac{a}{c})e^{-ct}}{c-b}$
16	$\dfrac{p(p+a)}{(p+b)(p+c)}$	$\dfrac{(c-a)e^{-ct}-(b-a)e^{-bt}}{c-b}$
17	$\dfrac{(p+a)(p+b)}{(p+c)(p+d)}$	$\dfrac{ab}{cd}+\dfrac{a+b-c-\frac{ab}{c}}{d-c}e^{-ct}$ $-\dfrac{a+b-d-\frac{ab}{d}}{d-c}e^{-dt}$
18	$\dfrac{\omega p}{p^2+\omega^2}$ $\qquad$ $\dfrac{\omega p}{p^2-\omega^2}$	$\sin\omega t$ $\qquad$ $\sinh\omega t$
19	$\dfrac{p^2}{p^2+\omega^2}$ $\qquad$ $\dfrac{p^2}{p^2-\omega^2}$	$\cos\omega t$ $\qquad$ $\cosh\omega t$

Tabelle 2.2   (Fortsetzung)

Nr.	Bildfunktion F(p)	Originalfunktion f(t)
20	$\dfrac{a^2}{p^2 + a^2}$	$1 - \cos at$
21	$\dfrac{p^2 + ap}{p^2 + \omega^2}$	$\cos \omega t + \dfrac{a}{\omega} \sin \omega t$
22	$\dfrac{p(p+a)(p+b)}{a(p^2+\omega^2)}$	$(1+\dfrac{b}{a})\cos \omega t + (\dfrac{b}{\omega}-\dfrac{\omega}{a})\sin \omega t$
23	$\dfrac{\omega_o^2}{p^2 + 2ap + \omega_o^2}$	$1 - e^{-at}(\cos \omega_e t + \dfrac{a}{\omega_e}\sin \omega_e t)$ für $\omega_o > a$ $1 + \dfrac{p_2}{2w}e^{p_1 t} - \dfrac{p_1}{2w}e^{p_2 t}$ für $\omega_o < a$
24	$\dfrac{p}{p^2 + 2ap + \omega_o^2}$	$\dfrac{e^{-at}}{\omega_e}\sin \omega_e t$ für $\omega_o > a$ $\dfrac{1}{2w}(e^{p_1 t} - e^{p_2 t})$ für $\omega_o < a$
25	$\dfrac{p + 2a}{p^2 + 2ap + \omega_o^2}$	$\dfrac{e^{-at}}{\omega_e}(1 - \dfrac{2a^2}{\omega_o^2})\sin \omega_e t +$ $+ \dfrac{2a}{\omega_o^2}(1 - e^{-at}\cdot\cos \omega_e t)$ für $\omega_o > a$

Argumente trigon. Funktionen ohne Klammer, z.B. $\sin \omega t \stackrel{\wedge}{=} \sin(\omega t)$

$$\omega_e^{\,2} = \omega_o^{\,2} - a^2 \qquad\qquad w^2 = a^2 - \omega_o^{\,2}$$

$$p_{1,2} = -a \pm w$$

Tabelle 2.2 (Fortsetzung)

Nr.	Bildfunktion $F(p)$	Originalfunktion $f(t)$
26	$\dfrac{p^2}{p^2 + 2ap + \omega_o{}^2}$	$e^{-at} \cdot (\cos \omega_e t - \dfrac{a}{\omega_e} \sin \omega_e t)$ für $\omega_o > a$ $\dfrac{1}{2w}(p_1 e^{p_1 t} - p_2 e^{p_2 t})$ für $\omega_o < a$
27	$\dfrac{\pm p(p+a)\sin\varphi_o + \omega p \cos\varphi_o}{(p+a)^2 + \omega^2}$	$e^{-at} \cdot \sin(\omega t \pm \varphi_o)$
28	$\dfrac{ap^2}{(p+a)(p^2+\omega^2)}$	$\dfrac{a^2}{a^2+\omega^2}(\cos\omega t + \dfrac{\omega}{a}\sin\omega t - e^{-at})$
29	$\dfrac{\omega^3 p}{(p^2+\omega^2)^2}$	$\dfrac{1}{2}(\sin\omega t \; - \; \omega t \cdot \cos\omega t)$
30	$\dfrac{p^2}{(p^2+a^2)(p^2+\omega^2)}$	$\dfrac{\cos\omega t \; - \; \cos at}{a^2 - \omega^2}$
31	$\dfrac{\omega p}{p^2+\omega^2} \cdot \dfrac{\omega_o{}^2}{p^2+2ap+\omega_o{}^2}$	$\dfrac{\omega_o{}^2(\omega_o{}^2 - \omega^2)}{(\omega_o{}^2 - \omega^2)^2 + 4a^2\omega^2}\sin(\omega t + \varphi_o)$ $- \dfrac{2a\omega_o{}^2}{(\omega_o{}^2 - \omega^2)^2 + 4a^2\omega^2}\cos(\omega t + \varphi_o)$ $+ \dfrac{e^{-at} \cdot \omega_o{}^2}{2\omega_e} \cdot$ $\left[\dfrac{a\cos(\text{Arg1}) + (\omega - \omega_e)\sin(\text{Arg1})}{\omega_o{}^2 - 2\omega\omega_e + \omega^2} \right.$ $\left. - \dfrac{a\cos(\text{Arg2}) - (\omega + \omega_e)\sin(\text{Arg2})}{\omega_o{}^2 + 2\omega\omega_e + \omega^2} \right]$ für $\omega_o > a$ mit $\text{Arg1} = \omega_e t + \varphi_o$ $\text{Arg2} = \omega_e t - \varphi_o$

Tabelle 2.2 (Fortsetzung)

Nr.	Bildfunktion F(p)	Originalfunktion f(t)
32	$\dfrac{p(p^2-a^2)}{(p^2+a^2)^2}$	$t \cdot \cos at$
33	$\dfrac{2ap^2}{(p^2+a^2)^2}$	$t \cdot \sin at$
34	$\dfrac{p^2+2a^2}{p^2+4a^2}$ $\bigg\vert$ $\dfrac{p^2-2a^2}{p^2-4a^2}$	$\cos^2 at$ $\bigg\vert$ $\cosh^2 at$
35	$\dfrac{2a^2}{p^2+4a^2}$ $\bigg\vert$ $\dfrac{2a^2}{p^2-4a^2}$	$\sin^2 at$ $\bigg\vert$ $\sinh^2 at$
36	$\dfrac{2abp^2}{N}$	$\sin at \cdot \sin bt$
37	$\dfrac{p^2(p^2+a^2+b^2)}{N}$	$\cos at \cdot \cos bt$
38	$\dfrac{ap(p^2+a^2-b^2)}{N}$	$\sin at \cdot \cos bt$
39	$\dfrac{p \cdot \cos\left(\varphi + \arctan\dfrac{a}{p}\right)}{\sqrt{p^2+a^2}}$	$\cos(at+\varphi)$
40	$\dfrac{p \cdot \sin\left(\varphi + \arctan\dfrac{a}{p}\right)}{\sqrt{p^2+a^2}}$	$\sin(at+\varphi)$

$$N \;=\; (p^2+a^2+b^2)^2 - 4a^2b^2$$

Tabelle 2.2   (Fortsetzung)

Nr.	Bildfunktion F(p)	Originalfunktion f(t)
41	$p \cdot \arctan \dfrac{a}{p}$	$\dfrac{\sin at}{t}$
42	$p \cdot \arctan \dfrac{a}{p+b}$	$\dfrac{e^{-bt} \cdot \sin at}{t}$
43	$p \cdot \lg \dfrac{\sqrt{p^2+a^2}}{p}$	$\dfrac{1 - \cos at}{t}$
44	$\dfrac{2p^2(p^2-3a^2)}{(p^2+a^2)^3}$	$t^2 \cdot \cos at$
45	$\dfrac{2ap(3p^2-a^2)}{(p^2+a^2)^3}$	$t^2 \cdot \sin at$
46	$\sqrt{p}$	$\dfrac{1}{\sqrt{\pi t}}$
47	$\dfrac{1}{\sqrt{p}}$	$2\sqrt{\dfrac{t}{\pi}}$
48	$\dfrac{p\sqrt{\pi}}{\sqrt{p+a}}$	$\dfrac{e^{-at}}{\sqrt{t}}$
49	$\dfrac{p}{p \pm \lg a}$	$a^{\mp t}$
50	$p \cdot \lg \dfrac{p-a}{p-b}$	$\dfrac{e^{bt} - e^{at}}{t}$
51	$\dfrac{p}{\sqrt{p^2+a^2}}$	$J_0(at)$ Besselfunktion 1.Art 1.Ordnung

Tabelle 2.2 (Fortsetzung)

Nr.	Bildfunktion $F(p)$	Originalfunktion $f(t)$
52	$\dfrac{p\left[\dfrac{\sqrt{p^2+a^2}-p}{a}\right]^n}{\sqrt{p^2+a^2}}$	$J_n(at)$ Besselfunktion 1. Art n. Ordnung mit $\mathrm{Re}(n) > -1$
53	$\tanh\left(p\dfrac{T}{4}\right)$	
54	$\dfrac{1}{2\cdot\cosh\left(p\dfrac{T}{4}\right)}$	
55	$\dfrac{\sinh\left(p\dfrac{T}{8}\right)}{\cosh\left(p\dfrac{T}{4}\right)}$	
56	$\coth(pT)$	
57	$\dfrac{1-e^{-pT_1}}{p}$	Rampenfunktion

3 Regelkreisglieder

Es wurde bereits in den vorangegangenen Abschnitten gezeigt, daß es sinnvoll ist, ein Regelkreis-Modell in Form der beiden Hauptstrukturen Regler und Strecke zu verwenden. Gelingt es, die gesamte Strecke in einzelne rückwirkungsfreie und bekannte Strukturen (Regelkreisglieder) zu zerlegen, vereinfacht sich die Berechnung der Regelung bzw. des Reglers erheblich. Außerdem lassen sich Parameteränderungen zur Verbesserung des Übertragungsverhaltens gezielt durchführen.

Es gibt einige Grundstrukturen von Regelkreisgliedern, die aus technisch realisierbaren Bauelementen bzw. Prozessen hergeleitet sind. Auch komplexere Regelkreisglieder werden möglichst auf diese Grundstrukturen zurückgeführt, soweit dabei die vorgenommene Vereinfachung nicht zu grob ausfällt. Entsprechende Umformungs-Regeln sind im Abschnitt 3.3 in den Tabellen 3.5, 3.6 aufgeführt.

Zu jedem nachfolgend besprochenen Regelkreisglied wird der technische Bezug durch einige typische Beispiele anschaulich hergestellt. Eine Zusammenfassung der wichtigsten Regelkreisglieder mit der zugehörigen Modell-Beschreibung (Differentialgleichung, Bode-Diagramm, Ortskurve usw.) ist in der Tabelle 3.1 enthalten. Die Größenordnung von Zeitkonstanten verschiedener Regelstrecken der Antriebs- und Verfahrenstechnik kann mit Hilfe der Tabelle 3.2 abgeschätzt werden. Außerdem befinden sich am Ende dieses Abschnitts in der Tabelle 3.3 weitere praktische Beispiele industrieller Regelstrecken und deren Modell-Beschreibung.

> Bei allen Herleitungen in diesem Abschnitt wird als Eingangsgröße üblicherweise die Sprungfunktion (Gl. 2.23) verwendet. Die zugehörige Bildfunktion $x_e(p)$ wird der Einfachheit halber nur x_e genannt.

Tabelle 3.1   Zusammenfassung der wichtigsten linearen Regelkreisglieder

Name	Gleichung bzw. Differentialgleichg.	Sprungantwort $x_a(t)$	Übertragungsfunktion $F(p) = x_a(p)/x_e =$
P	$x_a = K_p \cdot x_e$		K_p
I	$x_a = \dfrac{1}{T_i} \int_0^t x_e \, dt$		$\dfrac{1}{pT_i}$
D	$x_a = T_D \dfrac{dx_e}{dt}$		pT_D
PI	$x_a = K_R(x_e + \dfrac{1}{T_N} \int_0^t x_e \, dt)$		$K_R \dfrac{1 + pT_N}{pT_N}$
PD	$x_a = K_R(x_e + T_V \dfrac{dx_e}{dt})$		$K_R(1 + pT_V)$
PID	$x_a = K_R(x_e + \dfrac{1}{T_N} \int_0^t x_e \, dt + T_V \dfrac{dx_e}{dt})$		$K_R \dfrac{(1 + pT_N)(1 + pT_V)}{pT_N}$ für $T_N \gg T_V$
PT₁	$x_a + T_1 \dfrac{dx_a}{dt} = K_p \cdot x_e$		$K_p \dfrac{1}{1 + pT_1}$
PT₂	$x_a + 2dT_2 \dfrac{dx_a}{dt} + T_2{}^2 \dfrac{d^2 x_a}{dt^2} = K_p x_e$		$K_p \dfrac{1}{1 + 2dpT_2 + p^2 T_2{}^2}$
PTₙ	$a_0 x_a + a_1 \dot{x}_a + \ldots + a_n \overset{n}{x}_a = K_p x_e$		$\displaystyle\prod_{i=1}^{n} \dfrac{K_{pi}}{1 + pT_i}$
PTₜ	$x_a = K_p \cdot x_e(t - T_t)$		$K_p \cdot e^{-pT_t}$
PTₐ	$x_a + T_a \dfrac{dx_a}{dt} = K_p(x_e - T_a \dfrac{dx_e}{dt})$		$K_p \dfrac{1 - pT_a}{1 + pT_a}$

Tabelle 3.1 (Fortsetzung)

Frequenzgang $F(j\omega) = x_a(j\omega)/x_e =$	Frequenzgangbetrag $\lvert F(j\omega)\rvert =$
K_p	K_p
$-j\dfrac{1}{\omega T_i}$	$\dfrac{1}{\omega T_i}$
$j\omega T_D$	ωT_D
$K_R(1+j\dfrac{-1}{\omega T_N})$	$K_R \cdot \sqrt{1+\dfrac{1}{\omega^2 T_N^2}}$
$K_R(1+j\omega T_V)$	$K_R \cdot \sqrt{1+\omega^2 T_V^2}$
$K_R\left[1+j(\omega T_V-\dfrac{1}{\omega T_N})\right]$	$K_R \cdot \sqrt{1+(\omega T_V-\dfrac{1}{\omega T_N})^2}$
$K_p\dfrac{1-j\omega T_1}{1+\omega^2 T_1^2}$	$K_p\dfrac{1}{\sqrt{1+\omega^2 T_1^2}}$
$K_p\dfrac{1-\omega^2 T_2^2-j2d\,\omega T_2}{(1-\omega^2 T_2^2)^2+4d^2\omega^2 T_2^2}$	$K_p\dfrac{1}{\sqrt{(1-\omega^2 T_2^2)^2+4d^2\omega^2 T_2^2}}$
——	——
$K_p(\cos\omega T_t-j\sin\omega T_t)$	K_p
$K_p\dfrac{1-\omega^2 T_a^2-j2\omega T_a}{1+\omega^2 T_a^2}$	K_p

Tabelle 3.1 (Fortsetzung)

Darstellung $\|F(j\omega)\|/dB$	Phasenwinkel Gleichung $\varphi =$	Phasenwinkel Darstellung	Ortskurve
	$0°$		
	$-90°$		
	$+90°$		
	$-\arctan\dfrac{1}{\omega\,T_N}$		
	$\arctan\omega\,T_V$		
	$\arctan\left(\omega\,T_V-\dfrac{1}{\omega\,T_N}\right)$		
	$-\arctan\omega\,T_1$		
	$-\arctan\dfrac{2d\,\omega\,T_2}{1-\omega^2\,T_2^{\,2}}$		
	$-\dfrac{\omega\,T_t\cdot 180°}{\pi}$		
	$-\arctan\dfrac{2\omega\,T_a}{1-\omega^2\,T_a^{\,2}}$		

k: $20\lg K_R$ bzw. $20\lg K_S$ oder allgemein $20\lg K_p$

m1: -20dB/Dekade ω m2: +20dB/Dekade ω

3.1   Lineare Regelkreisglieder

Erfüllt ein physikalisches System das Superpositions- und Verstärkungsprinzip, ist es linear (/24/ S.79...84, /26/ Bd.I, S.48...49). Wenn die Eingangsgrößen x_1 und x_2 die Antwortfunktionen $f(x_1)$ und $f(x_2)$ hervorrufen, dann gilt das

$$f(x1 + x2) = f(x1) + f(x2) \qquad \text{Superpositionsprinzip und}$$

$$f(K_p x_1) = K_p \cdot f(x_1) \qquad \text{Verstärkungsprinzip.}$$

3.1.1   P-Glied

Das dynamische Verhalten bzw. die Sprungantwort eines Proportional-Gliedes ist bereits bekannt (vergleiche mit Bild 2.1). Die Ausgangsgröße x_a ist lediglich um die Proportionalverstärkung Kp größer als die Eingangsgröße x_e, so daß für die Sprungantwort

$$x_a(t) = K_p \cdot x_e \qquad\qquad (3.1)$$

gilt. Damit lautet die Übertragungsfunktion

$$F(p) = \frac{x_a(p)}{x_e} = K_p \qquad\qquad (3.2)$$

und der Frequenzgangbetrag lautet dann entsprechend Gleichung 2.30:

$$|F(j\omega)| = K_p \qquad\qquad (3.3)$$

Das P-Glied wird im Blockschaltplan mit einem Sprungantwort-Symbol oder seiner Übertragungsfunktion dargestellt (Bild 3.1). Die Darstellung des Frequenzgangbetrages erfolgt meist in dB, es ist dann zu schreiben:

$$\frac{|F(j\omega)|}{dB} = 20 \ \lg K_p$$

Der Phasenwinkel des P-Gliedes ist Null, denn es gilt entsprechend der Gleichung (2.31)

$$\varphi = \arctan \frac{\text{Im } F(j\omega)}{\text{Re } F(j\omega)} = 0 \qquad\qquad (3.4)$$

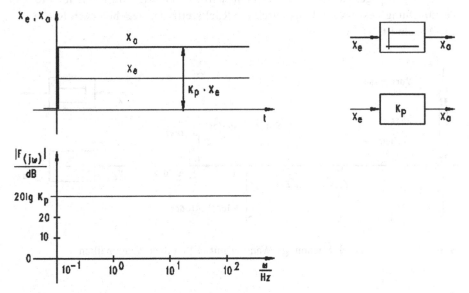

Bild 3.1   Sprungantwort und Frequenzgangbetrag des P-Gliedes

Beispiele für P-Glieder:

Druck-Spannungs-Wandler

Viele mechanische Meßfühler, Meßgeräte oder Verstärker beruhen auf dem Hebelarm-Prinzip (Waagen, elektromech. Umformer, Fluidiks usw.). Arbeiten diese Systeme mit Druck, ist eine Realisierung mit dem Düse-Prallplatte-System möglich. Bild 3.2 zeigt das Prinzip eines so aufgebauten Druck-Spannungs-Wandlers. Am linken Ende des Waagebalkens ist eine Prallplatte angebracht, auf die der Eingangsdruck p_e wirkt. Das rechte Ende ist mit dem Abgriff (Schleifer) eines Potentiometers verbunden. Eine Rückstellfeder hält das System bei $p_e = 0$ in der Ruhelage, die der Ausgangsspannung $U_a = 0$ entspricht.

Tritt nun eine Druckänderung auf, so wird über den Waagebalken proportional dazu die Spannung U_a am Potentiometerabgriff geändert, so daß man für die Übertragungsfunktion

$$F(p) = \frac{U_a(p)}{p_e} = \frac{l_2}{l_1}$$

schreiben kann. Der Druck-Spannungs-Wandler muß so ausgelegt sein, daß für $p_{emax} \cdot l_2 / l_1$ gerade $U_{amax}=U_s$ erreicht wird. Es ist allerdings eine leichte Verfälschung des P-Verhaltens durch die Rückstellfeder gegeben (vergleiche mit Abschnitt 3.1.7).

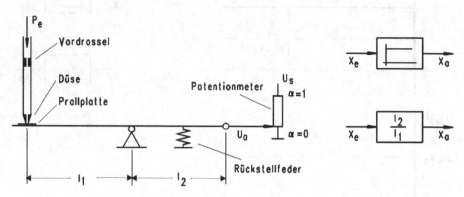

Bild 3.2   Druck-Spannungs-Wandler mit Hilfe eines Waagebalkens

Pneumatischer Verstärker

Ein pneumatischer Verstärker mit annähernd P-Verhalten ergibt sich, wenn man den Vordruck p_v über ein Düse-Prallplatte-System mit Hilfe einer Membran beeinflußt (Bild 3.3).

Je größer das Produkt aus Eingangsgröße p_e und wirksamer Membranfläche A_M ist, desto kleiner wird die Luftsäule zwischen Düsenaustritt und Prallplatte ($A_R = D \pi h$). Für konstanten Vordruck p_v ergibt sich näherungsweise P-Verhalten:

$$F(p) = \frac{p_a(p)}{p_e} = \frac{A_M \cdot p}{A_R \cdot p_v} = K_p \quad .$$

Ohne Prallplatte hat der Querschnitt der Austrittsdüse sein Maximum bei $A_{max} = d^2\pi/4$ erreicht, so daß $A_{Rmax} = A_{max}$ ist für $h = d/4$. Damit ist ein Stellbereich von $h = h_{min} \dots d/4$ möglich. Die Wirkung der Membran als Feder wurde in diesem Beispiel vernachlässigt.

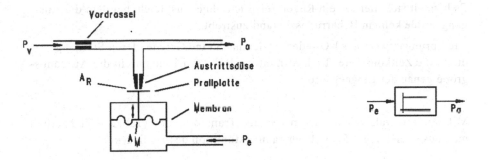

Bild 3.3   Pneumatischer Verstärker mit annähernd P-Verhalten

Operationsverstärker

Beschaltet man einen Operationsverstärker im Eingang und in der Gegenkopplung mit Widerständen, ergibt sich innerhalb seines Spannungs-Stellbereiches
ein proportionaler Zusammenhang zwischen Ein- und Ausgangsspannung
(Bild 3.4). Entsprechend der Gleichung 2.10 gilt dann

$$F(p) = \frac{U_a(p)}{U_e} = -\frac{R_2}{R_1} = -K_p \quad .$$

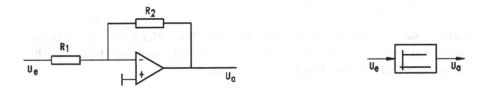

Bild 3.4   Operationsverstärker als P-Glied beschaltet

3.1.2 I-Glied

Beim Integral- oder I-Glied ist die Ausgangsgröße das Integral der Eingangsgröße über der Zeit (Bild 3.5).

$$x_a(t) = \frac{1}{T_i} \int_0^t x_e \, d\tau \qquad (3.5)$$

Es handelt sich hier um ein Regelkreisglied ohne Ausgleich, bei dem die Ausgangsgröße keinem Beharrungszustand zustrebt.

Die Sprungantwort des I-Gliedes ist demnach eine Gerade, deren Steigung durch die Zeitkonstante $T i$ bestimmt ist. Bei $t = T i$ entspricht die Ausgangsgröße genau der Eingangsgröße.

Mit dem Integralsatz der Carson-Laplace-Transformation (Tab. 2.1 Nr.2) erhält man aus Gleichung 3.5 die Übertragungsfunktion des I-Gliedes.

$$F (p) = \frac{x_a (p)}{x_e} = \frac{1}{p\, T i} \qquad (3.6)$$

Setzt man den Laplace-Operator $p = j\omega$ ein, ergibt sich der Frequenzgang

$$F (j\omega) = j \frac{-1}{\omega\, T i}$$

und schließlich die Gleichung des Frequenzgangbetrages

$$| F (j\omega) | = \frac{1}{\omega\, T i} \qquad (3.7)$$

Der Frequenzgangbetrag fällt in logarithmischer Darstellung um 20dB/Dekade der Frequenz ω ab. Bei $\omega = 1 / T i$ erfolgt der Nulldurchgang durch die Abszisse. Der Phasenwinkel ist konstant und lautet:

$$\varphi = \arctan \frac{-1 /(\omega\, T i)}{0} = - 90\,° \qquad (3.8)$$

Beispiele für I-Glieder:

Spindelantrieb

Die Position eines Meßtisches wird sich bei vorgegebener Motor-Drehzahl (n=konst.) mit Hilfe einer Spindel linear verstellen. Es handelt sich also um ein I-Glied (Bild 3.7). Denn mit

$$v = \alpha \cdot n = \frac{ds}{dt} \qquad \text{bzw.} \qquad s = \alpha \cdot \int_{0}^{t} n\, d\tau$$

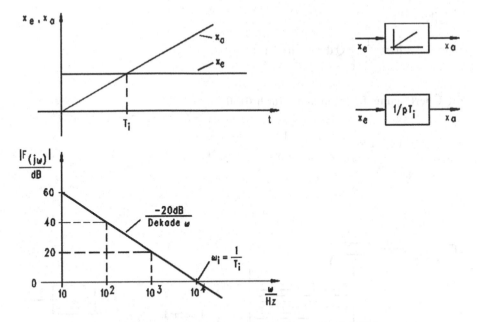

Bild 3.5   Sprungantwort und Frequenzgangbetrag des I-Gliedes

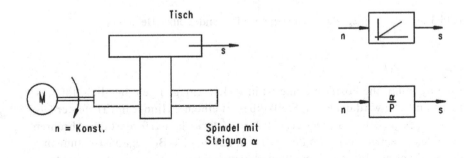

Bild 3.6   Meßtischantrieb mit Hilfe einer Spindel

folgt

$$F(p) = \frac{s(p)}{n} = \frac{\alpha}{p} \quad .$$

Füllstand von Behältern

Der Füllstand h eines Behälters steigt linear an, wenn der Volumenstrom
(Durchfluß) Q in der Zuleitung konstant ist (Bild 3.7). Dabei wird ein konstanter Querschnitt A entlang der Füllhöhe vorausgesetzt /27/.

Es gilt

$$h = \frac{1}{A} \int_0^t Q\, d\tau + h(0) \quad ,$$

die Übertragungsfunktion lautet für h(0)=0

$$F(p) = \frac{h(p)}{Q} = \frac{1}{p\,A} \quad .$$

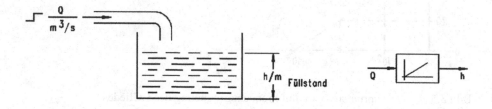

Bild 3.7   Integrales Verhalten des Füllstandes eines Behälters

Hydraulik-Zylinder

Eine hydraulische Positionierung ist in vielen Anlagen gebräuchlich. Im einfachsten Falle wird dabei ein Stellkolben in einem Zylinder mit Hilfe der Ölsäule bewegt (Bild 3.8). Der geschlossene Ölkreislauf erfordert das Abführen des Öles in einen Tank. Die Positionierung in beiden Bewegungsrichtungen des Kolbens erfolgt mit einem Steuerkolben. Wird der Steuerkolben elektromagnetisch bewegt, spricht man von einem Servoventil (siehe Abschnitt 3.1.8).

Bei sprunghaft eingeleitetem Volumenstrom Q_e ändert sich dann reziprok proportional zur Kolbenfläche A_K der Kolbenhub s_a über die Zeit, so daß ein integrales Verhalten vorliegt:

$$F(p) = \frac{s_a(p)}{Q_e} = \frac{1}{p \cdot A_K} \quad .$$

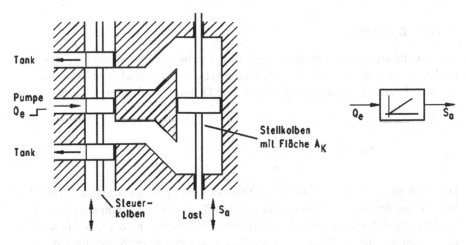

Bild 3.8   Positionierung mit einem Hydraulik-Zylinder

Operationsverstärker

Ein Operationsverstärker läßt sich leicht als Integrierer beschalten, wenn in der Gegenkopplung ein Kondensator und im Eingang ein Widerstand eingebaut sind (Bild 3.9). Auf diese Weise läßt sich ein I-Regler realisieren bzw. eine Integral-Strecke analogtechnisch simulieren.

Nach Gleichung (2.10) gilt für U_e=konstant mit der Integrationszeitkonstanten $T i = R \cdot C$

$$F(p) = \frac{U_a(p)}{U_e} = \frac{\frac{-1}{pC}}{R} = - \frac{1}{pTi} \quad .$$

Die Integration der Eingangsspannung endet an der Stellgrenze des Operationsverstärkers (siehe Bild 2.13). Die meisten Verstärker werden mit $U_S = \pm 15$ V- versorgt, so daß es sinnvoll ist, den Ein- und Ausgangsspannungs-Stellbereich auf ± 10V festzulegen.

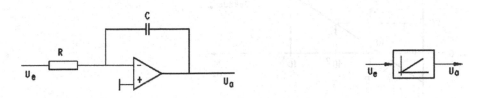

Bild 3.9   Operationsverstärker als Integrierer beschaltet

3.1.3 D-Glied

Ein rein differentielles Verhalten liegt einem technisch realisierbaren physikalischen System nicht zugrunde. Als Regler ist das D-Glied aber in Verbindung
mit dem P- oder PI-Glied sehr sinnvoll. Die Differentialgleichung lautet:

$$x_a(t) = T_D \cdot \frac{dx_e}{dt}$$

(3.9)

Demnach ist die Sprungantwort des D-Gliedes ein Sprung nach ∞ und zurück
auf Null an der Stelle $t=0$. Es ist also $x_a(t)=0$ für $t \neq 0$. Man nennt diese
Funktion auch Einheitsstoß oder Dirac'sche Deltafunktion $\delta_0(t)$. Sie hat bei
der Abtastung von Zeitfunktionen die Bedeutung einer Gewichtsfunktion
(siehe Abschnitt 5.7).

Eine solche Sprungantwort ist allerdings nicht technisch realisierbar. Der reale
Sprung bei $t=0$ geht nur bis zu einem gerätetechnisch bedingten Grenzwert
(Stellgrenze) und wird entlang einer e-Funktion abklingen (Bild 3.10). Man
spricht dann vom DT_1-Verhalten.

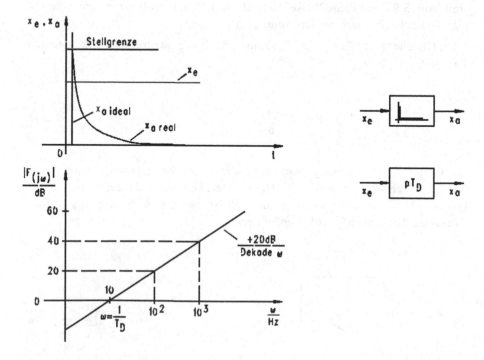

Bild 3.10   Sprungantwort und Frequenzgangbetrag des D-Gliedes

Durch direkte Laplace-Transformation mit dem Operator p erhält man aus der
Gleichung 3.9 die Übertragungsfunktion des D-Gliedes:

$$F(p) = \frac{x_a(p)}{x_e} = p\,T_D \qquad (3.10)$$

Für den Frequenzgang ergibt sich direkt $F(j\omega) = j\omega\,T_D$, so daß sein Betrag lautet:

$$|F(j\omega)| = \omega\,T_D \qquad (3.11)$$

Er nimmt in logarithmischer Darstellung im Gegensatz zum I-Glied um +20
dB/Dekade ω zu und hat seinen Nulldurchgang bei $\omega = 1/T_D$. Der Phasenwinkel ist konstant und beträgt

$$\varphi = \arctan\frac{\omega\,T_D}{0} = +90° \qquad (3.12)$$

3.1.4 PI-Regler

Durch die Summation des P- und I-Gliedes ergibt sich ein Regelkreisglied mit
PI-Verhalten, das ausschließlich als Regler Verwendung findet (Bild 3.16). Die
entsprechende Gleichung lautet mit der gemeinsamen Verstärkung K_R:

$$y(t) = K_R\left[x_d(t) + \frac{1}{T_N}\int_0^t x_d(\tau)\,d\tau\right] \qquad (3.13)$$

Die Sprungantwort besteht somit aus einem Sprung der Größe $K_R \cdot x_d$, zu
dem der I-Anteil addiert wird. Beim realen PI-Regler endet die Integration an
der Stellgrenze. Dieser Regler hat den Vorteil, daß jede Regeldifferenz
$x_d = w - x$ mit Hilfe des Integralanteils beseitigt ("wegintegriert") wird. Die
Übertragungsfunktion ist:

$$F(p) = \frac{y(p)}{x_d} = K_R\left(1 + \frac{1}{p\,T_N}\right) = K_R\,\frac{1 + p\,T_N}{p\,T_N} \qquad (3.14)$$

Aus dieser Gleichung erhält man den Frequenzgang

$$F(j\omega) = K_R (1 + j\frac{-1}{\omega T_N}) \quad ,$$

und schließlich die Gleichung des Frequenzgangbetrages

$$|F(j\omega)| = K_R \sqrt{1 + \frac{1}{\omega^2 T_N^2}} \qquad (3.15)$$

Der Phasenwinkel des PI-Reglers lautet:

$$\varphi = -\arctan\frac{1}{\omega T_N} \qquad (3.16)$$

Der Frequenzgangbetrag geht in logarithmischer Darstellung kontinuierlich vom I-Anteil in den P-Anteil über (Bild 3.11). Der Übergang ist durch die Eckfrequenz $\omega_N = 1 / T_N$ gekennzeichnet, bei der sich der exakte Verlauf von der asymptotischen Näherung nur um 3dB unterscheidet.

Die Integrationszeitkonstante des PI-Reglers wird auch Nachstellzeit T_N genannt.

In den meisten Fällen läßt sich der Frequenzgangbetrag mit ausreichender Genauigkeit durch die Asymptoten des P- und I-Anteils darstellen. Dazu sind nur zwei Parameter notwendig, die Verstärkung K_R und die Eckfrequenz ω_N.

Die Asymptote des P-Anteils verläuft von ω_N beginnend in Höhe des Wertes $20 \lg K_R$. Die Asymptote des I-Anteil läuft mit einer Steigung von -20dB/Dekade ω in Höhe von $20 \lg K_R$ auf die Eckfrequenz ω_N zu. Der Integralanteil kann allerdings auch mit Hilfe der Frequenz $\omega_1 = K_R \cdot \omega_N$ konstruiert werden.

Bei der Konstruktion des Phasenwinkels in asymptotischer Darstellung geht man wie folgt vor:

Vom linken Abszissenrand bis zur Frequenz $\omega_N / 10$ verläuft der Phasenwinkel in Höhe von -90°. Von der Frequenz $10 \cdot \omega_N$ bis ∞ beträgt der Phasenwinkel 0°. Dazwischen verläuft er geradlinig und bei ω_N genau durch den Wert -45°.

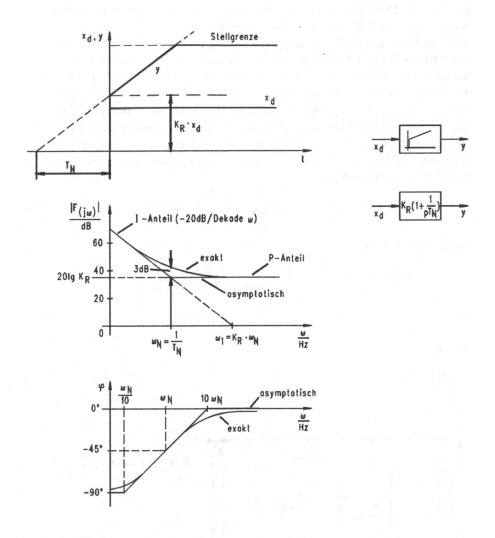

Bild 3.11   Sprungantwort und Bode-Diagramm des PI-Reglers

Beispiele für PI-Regler:

Pneumatik

Das pneumatische PI-Verhalten läßt sich durch das Düse-Prallplatte-System in
Verbindung mit einem Waagebalken und zwei Stellventilen für die getrennte
Einstellung von T_N und K_R realisieren (Bild 3.12).

Die Regeldifferenz x_d ergibt sich beim pneumatischen PI-Regler aus der
Druckdifferenz $p_w - p_x$, die man durch entgegengesetzt angeordnete Faltenbäl-
ge erzeugt. Bei einer sprunghaften Regelgrößenänderung wird über den Waa-

gebalken die Düse zugesteuert. Dies hat eine Druckerhöhung am Verstärker
zur Folge, die sich als proportionale Stellgrößenänderung Δp_y auswirkt.
Ihre Amplitude (Verstärkung K_R) kann mit der Stelldrossel 1 verstellt werden. Mit der Drossel 2 trägt ein Teil des Verstärker-Ausgangsdruckes zum weiteren Verschließen der Düse bei und realisiert so die Nachstellzeit T_N. Wegen
des angeschlossenen Druckbehälters 3 wirkt sich dieses Verschließen allerdings nur verzögert aus (siehe Abschnitt 3.1.7), so daß der zeitliche Verlauf
von p_y das PI-Verhaltens lediglich näherungsweise nachbildet (Bild 3.13).
Der pneumatische PI-Regler enthält also zusätzlich ein Verzögerungsglied I.
Ordnung, den Druckbehälter 3. Die Übertragungsfunktion des Gesamtsystems
läßt sich aus der Gleichung

$$p_y + T_1 \cdot \frac{dp_y}{dt} = K_R \left(x_d + \frac{1}{T_N} \int_0^t x_d \, d\tau \right)$$

formulieren und lautet:

$$F(p) = \frac{p_y(p)}{x_d} = K_R \cdot \frac{1 + pT_N}{pT_N(1 + pT_1)} \quad .$$

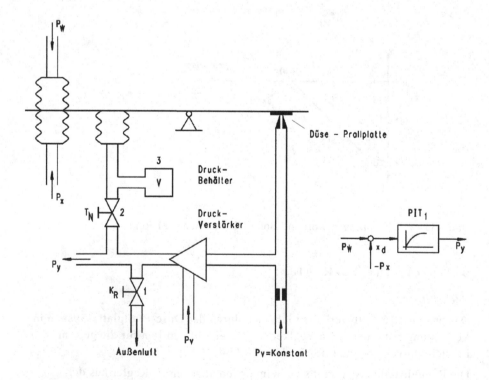

Bild 3.12   Schema eines PI-Reglers mit getrennter Einstellung von K_R und T_N

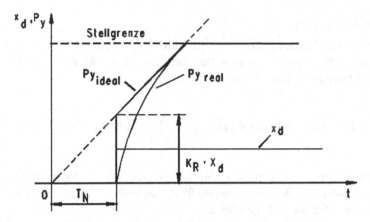

Bild 3.13   Sprungantworten eines pneumatischen PI-Reglers

Operationsverstärker

Ein Operationsverstärker zeigt PI-Verhalten, wenn seine Gegenkopplung aus der Reihenschaltung von Widerstand und Kondensator besteht (Bild 3.14).

Abgesehen von der gerätetechnisch bedingten Stellgrenze des Verstärkers (siehe Abschnitt 2.1.3), erhält man mit Hilfe der Gleichung 2.10 folgende Übertragungsfunktion

$$F(p) = \frac{U_a(p)}{U_e} = - \frac{R_2 + \dfrac{1}{pC_2}}{R_1} = - \frac{R_2}{R_1} \cdot (1 + \frac{1}{pR_2C_2})$$

und mit $\;K_R = \dfrac{R_2}{R_1}\;$ und $\;T_N = R_2C_2\;$ folgt

$$F(p) = -K_R(1 + \frac{1}{pT_N}) \quad .$$

Weitergehende Schaltungen werden in Abschnitt 4.1 besprochen.

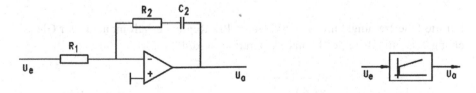

Bild 3.14   Operationsverstärker mit PI-Verhalten

Mikrorechnertechnik

Die Gleichung 3.13 des PI-Reglers wird durch Digitalisieren des Integral-Anteils in einen PI-Algorithmus überführt. Mit den Tastpunkten k und der Rechenschrittweite T_z folgt dann:

$$y(kT_z) = K_R \left[x_d(kT_z) + \frac{T_z}{T_N} \cdot \sum_{i=0}^{k} x_d(iT_z) \right] .$$

Das Integral entspricht in diesem Algorithmus der Summe aus infinitesimal kleinen Rechtecken. Weitere Hinweise über Regler-Algorithmen sind in den Abschnitten 5.5.5 und 7.1.3 zu finden.

3.1.5 PD-Regler

Das PD-Glied wird ausschließlich als Regler eingesetzt und entspricht der Addition aus einem P- und D-Glied. Seine Differentialgleichung lautet mit der Verstärkung K_R und der sog. Vorhaltzeit T_V:

$$y(t) = K_R \left[x_d(t) + T_V \cdot \frac{d x_d(t)}{dt} \right] \qquad (3.17)$$

Die Sprungantwort des idealen PD-Reglers ist ein Sprung nach ∞ an der Stelle t=0, der anschließend auf den Proportionalanteil $K_R \cdot x_d$ zurückgeht (Bild 3.15).

Eine solche Sprungstelle bei t=0 ist technisch nicht realisierbar. Es stellt sich vielmehr eine gerätetechnisch bedingte Stellgrenze ein, die nicht überschritten werden kann.

Danach fällt die Stellgröße entlang einer e-Funktion bis zum Wert $K_R \cdot x_d$ ab, so daß beim realen PD-Regler zusätzlich eine Verzögerungsglied I. Ordnung wirkt.

Für die Übertragungsfunktion des idealen PD-Reglers erhält man aus der Gleichung 3.17 mit Hilfe des Laplace-Operators p=d/dt sofort:

$$F(p) = \frac{y(p)}{x_d} = K_R (1 + p T_V) \qquad (3.18)$$

Aus dieser Gleichung ergibt sich der Frequenzgang

$$F(j\omega) = K_R(1 + j\omega T_V)$$

und schließlich die Gleichung des Frequenzgangbetrages

$$|F(j\omega)| = K_R \sqrt{1 + \omega^2 T_V^2} \qquad (3.19)$$

sowie die des Phasenwinkels

$$\varphi = \arctan \omega T_V \qquad (3.20)$$

Der Frequenzgangbetrag geht im Bode-Diagramm kontinuierlich vom P- Anteil in den D-Anteil über. Der Übergang ist durch die Eckfrequenz $\omega_V = 1/T_V$ markiert, bei der sich die Asymptote vom exakten Verlauf um 3dB unterscheidet (Bild 3.15).

Die Konstruktion der asymptotischen Näherung, die in den meisten Fällen für eine regeltechnische Betrachtung ausreicht, erfordert lediglich die Parameter K_R und ω_V.
Dabei verläuft der P-Anteil mit $20 \lg K_R$ bis hin zur Eckfrequenz ω_V. Der D-Anteil kann wahlweise mit Hilfe der Frequenz $\omega_2 = \omega_V / K_R$ oder der Steigung dieser Asymptote von +20dB/Dekade ω konstruiert werden.

Die asymptotische Darstellung des Phasenwinkels (Phasengangs) erfordert nur den Parameter ω_V, da in der Gleichung des Phasenwinkels die Verstärkung K_R fehlt.

Der Phasenwinkel verläuft bis zur Frequenz $\omega_V/10$ auf $0°$ und wächst dann bis zur Frequenz $10 \cdot \omega_V$ linear auf den Wert +90° an. Danach verläuft er unverändert auf +90°. Bei der Frequenz ω_V stimmen asymptotischer und exakter Verlauf des Phasenwinkels genau überein.

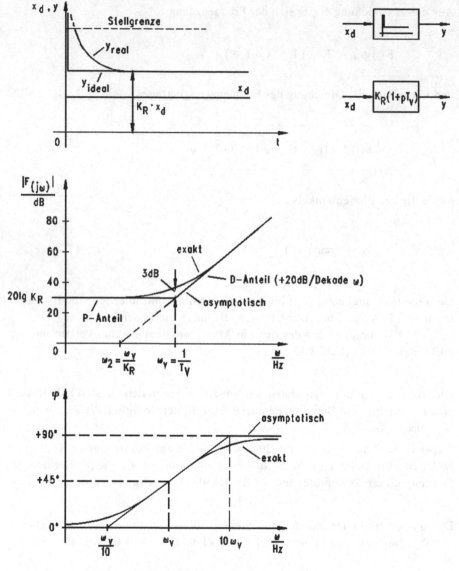

Bild 3.15   Sprungantwort und Bode-Diagramm des PD-Reglers

Beispiel für PD-Regler:

Operationsverstärker

Ein Operationsverstärker hat PD-Verhalten, wenn sein Eingangssignal differenziert wird (Bild 3.16a). Dies läßt sich durch eine Parallelschaltung aus Widerstand und Kondensator am Eingang realisieren.

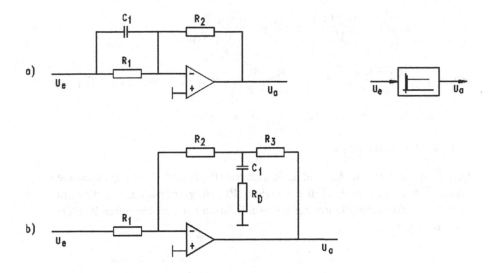

Bild 3.16   OP mit a) PD-Verhalten und b) PDT₁-Verhalten

Bleibt die gerätetechnisch bedingte Stellgrenze des Verstärkers unberücksichtigt, erhält man mit Gleichung 2.10 für die Schaltung a) folgende Übertragungsfunktion:

$$F(p) = \frac{U_a(p)}{U_e} = - \frac{R_2}{\dfrac{R_1 \cdot \dfrac{1}{pC_1}}{R_1 + \dfrac{1}{pC_1}}} = - \frac{R_2}{R_1}(1 + pR_1C_1)$$

und mit $K_R = \dfrac{R_2}{R_1}$ und $T_V = R_1C_1$ folgt

$$F(p) = -K_R(1 + pT_V) \; .$$

Bei der Schaltung b) wird das PD-Verhalten durch einen Tiefpaß in der Gegenkopplung des Verstärkers realisiert.

Zur Vermeidung von Schwingungen bei Frequenzen größer als ω_V sollte der Tiefpaß mit dem Dämpfungswiderstand $R_D \ll R_2, R_3$ erweitert werden. Es ergibt sich insgesamt ein PDT1-Verhalten mit der Übertragungsfunktion

$$F(p) = \frac{U_a(p)}{U_e} = -K_R \frac{1 + pT_V}{1 + pT_1} \quad,$$

mit $K_R = \dfrac{R_2 + R_3}{R_1}$, $T_V = (\dfrac{R_2 \cdot R_3}{R_2 + R_3} + R_D)C_1$ und $T_1 = R_D C_1$.

3.1.6 PID-Regler

Faßt man die drei grundlegenden Strukturen (P-, I- und D-Glied) zusammen, ergibt sich der sehr universell einsetzbare PID-Regler (Bild 3.17). Die entsprechende Gleichung lautet dann einschließlich der gemeinsamen Reglerverstärkung K_R:

$$y(t) = K_R [x_d(t) + \frac{1}{T_N} \int_0^t x_d(\tau)d\tau + T_V \frac{d x_d(t)}{dt}] \qquad (3.21)$$

Die Sprungantwort des idealen PID-Reglers besteht somit aus einem Sprung der Größe $K_R \cdot x_d$, zu dem der Integral-Anteil addiert wird. Hinzu kommt der differenzierende Anteil bei $t=0$. Der Frequenzgangbetrag des idealen PID-Reglers läßt sich aus der Gleichung 3.21 ermitteln.

$$F(p) = \frac{y(p)}{x_d} = K_R (1 + \frac{1}{pT_N} + pT_V)$$

bzw.

$$F(p) = \frac{y(p)}{x_d} \approx K_R \frac{(1 + pT_N)(1 + pT_V)}{pT_N}$$

$$\text{für} \quad T_N \gg T_V$$

$$(3.22)$$

Der reale PID-Regler enthält zusätzlich ein Verzögerungsglied I. Ordnung (PIDT1-Regler). Die Übergangsfunktion nähert sich nach einem differentiellen Sprung an die Stellgrenze asymptotisch dem I-Anteil. Die Integration endet an der Stellgrenze. Es wird:

$$F(p) = \frac{y(p)}{x_d} = K_R(1 + \frac{1}{pT_N} + \frac{pT_V}{1 + pT_1})$$

Manche Literaturstellen setzen $K_I = K_R / T_N$ und $K_D = K_R \cdot T_V$.

Aus Gleichung 3.22 erhält man den Frequenzgang des idealen PID-Reglers

$$F(j\omega) = K_R [1 + j(\omega T_V - \frac{1}{\omega T_N})]$$

und schließlich die Gleichung des Frequenzgangbetrages

$$|F(j\omega)| = K_R \sqrt{1 + (\omega T_V - \frac{1}{\omega T_N})^2} \qquad (3.23)$$

Der Phasenwinkel des idealen PID-Reglers lautet:

$$\varphi = \arctan(\omega T_V - \frac{1}{\omega T_N}) \qquad (3.24)$$

Der Frequenzgangbetrag geht im Bode-Diagramm kontinuierlich vom I- Anteil in den Proportional- und schließlich in den D-Anteil über. Der Übergang ist durch die Eckfrequenzen $\omega_N = 1/T_N$ und $\omega_V = 1/T_V$ markiert, bei denen sich die jeweilige Asymptote vom exakten Verlauf um den Wert $20 \lg \sqrt{2} \approx 3dB$ unterscheidet. Aus der Gleichung 3.23 läßt sich ersehen, daß bei der Frequenz $\omega^* = 1/\sqrt{T_N T_V}$ der asymptotische mit dem exakten Verlauf übereinstimmt.

Die Konstruktion der asymptotischen Näherung erfordert lediglich die Parameter K_R, ω_N und ω_V.

Dabei verläuft der P-Anteil mit $20 \lg K_R$ von ω_N bis zur Eckfrequenz ω_V. Der Integral-Anteil fällt mit -20dB/Dekade ω ab und triff bei ω_N auf die Asymptote des P-Anteils. Der D-Anteil steigt von ω_V beginnend mit +20dB/Dekade ω an.

Integral- und D-Anteil können auch wahlweise mit Hilfe der Frequenzen $\omega_1 = K_R \cdot \omega_N$ und $\omega_2 = \omega_V / K_R$ konstruiert werden.

Die asymptotische Darstellung des Phasenwinkels erfordert nur die Parameter ω_N und ω_V, da in der Gleichung des Phasenwinkels die Verstärkung K_R fehlt. Der Phasenwinkel verläuft bis zur Frequenz $\omega_N/10$ auf -90° und steigt dann bis zur Frequenz $10 \cdot \omega_V$ auf den Wert +90° an. Danach verläuft er unverändert auf +90°. Bei der Frequenz ω_N beträgt der Phasenwinkel exakt -45°, bei $\omega^* = 1/\sqrt{T_N T_V}$ beträgt er 0° und bei ω_V genau +45°.

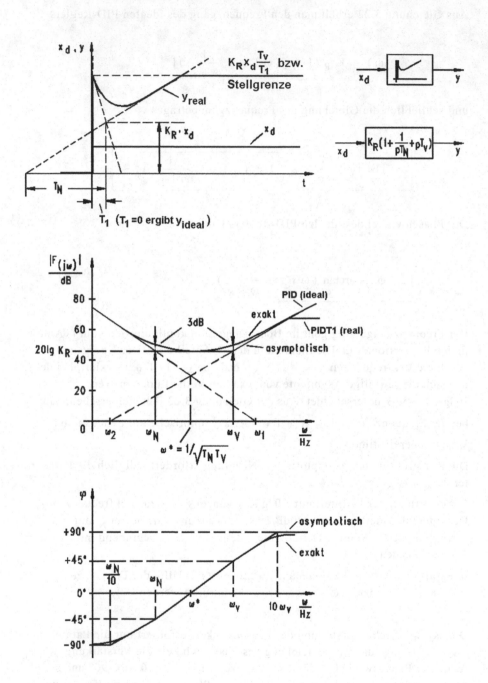

Bild 3.17   Sprungantwort und Bode-Diagramm des PID-Reglers

Beispiele für PID-Regler:

Pneumatik

Ein pneumatischer PID-Regler ergibt sich näherungsweise durch eine verzögert nachgebende Druckrückführung (Bild 3.18).

Mit der Drossel 1 kann die Verstärkung K_R eingestellt werden. Ein sprunghafter Druckanstieg p_{xd} führt zu einem Druckanstieg Δp_y, der über die Drossel 2 und den Druckbehälter 3 verzögert gegengekoppelt wird. Dies entspricht dem PDT1-Verhalten. Die Gegenkopplung wird gleichzeitig über die Drossel 4 (I-Anteil) wieder aufgehoben, jedoch mit $T_N > T_V$, so daß sich insgesamt das PIDT1-Verhalten ergibt.

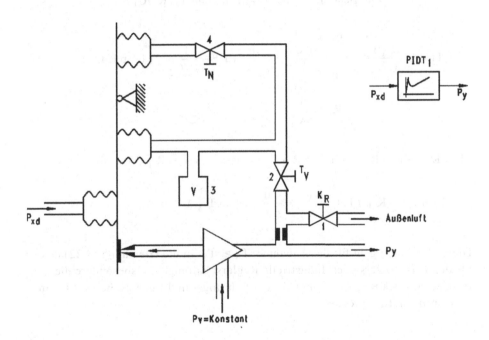

Bild 3.18   Schema eines pneumatischen PID-Reglers

Operationsverstärker

Ein Operationsverstärker hat PID-Verhalten, wenn sein Eingangssignal differenziert und die Gegenkopplung mit einer Reihenschaltung aus Widerstand und Kondensator beschaltet wird (Bild 3.19).

Bleibt die gerätetechnisch bedingte Stellgrenze des Verstärkers unberücksichtigt, erhält man mit Gleichung 2.10 für die Schaltung des idealen PID-Reglers folgende Übertragungsfunktion.

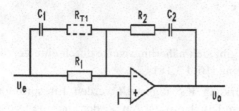

Bild 3.19   Operationsverstärker mit idealem PID-Verhalten, und real
                      (gestrichelt) mit PIDT1-Verhalten für $T_1 = R_{T1}C_1$

$$F(p) = \frac{U_a(p)}{U_e} = - \frac{R_2 + \dfrac{1}{pC_2}}{\dfrac{R_1 \cdot \dfrac{1}{pC_1}}{R_1 + \dfrac{1}{pC_1}}} = - \frac{R_2}{R_1}(1 + \frac{1}{pR_2C_2})(1 + pR_1C_1)$$

Mit $K_R = R_2/R_1$, $T_N = R_2 C_2$ und $T_V = R_1 C_1$ folgt

$$F(p) = -K_R(1 + \frac{T_V}{T_N} + \frac{1}{pT_N} + pT_V) \ .$$

Diese Gleichung geht für die Annahme $T_N \gg T_V$ in die Gleichung (3.22) des
idealen PID-Reglers über. Industrielle Reglerschaltungen, insbesondere die
Beschaltung des Reglereingangs für die Führungs- und Regelgröße, werden in
Abschnitt 4.1.1 besprochen.

Mikrorechnertechnik

In Gleichung 3.21 werden der Integral- und Differentialanteil in Summen- und
Differenzbildung überführt. Mit dem Laufindex k, der Rechenschrittweite bzw.
Abtastzeit T_z und dem Abtastzeitpunkt $k \cdot T_z$ folgt dann für die Stellgröße:

$$y(kT_z) = K_R \cdot \{ x_d(kT_z) + \frac{T_z}{T_N} \cdot \sum_{i=0}^{k} x_d(iT_z) + \frac{T_V}{T_z} \cdot [x_d(kT_z) - x_d(kT_z - 1)]\}$$

Weitere Hinweise zu diesem sog. Stellungsalgortihmus und anderen Regeleral-
gorithmen finden sich in den Abschnitten 5.5.5 und 7.2.3 sowie in /82/.

3.1.7 PT₁-Glied

Das PT$_1$-Glied ist ein Verzögerungsglied I. Ordnung. Es kommt praktisch in jedem technischen Prozeß mehrfach vor. Seine Ausgangsgröße folgt einer sprunghaften Änderung der Eingangsgröße verzögert und ist für $t \to \infty$ der Eingangsgröße proportional.

Derartige physikalische Systeme enthalten einen unabhängigen Energiespeicher und führen auf eine lineare Differentialgleichung I. Ordnung mit konstanten Koeffizienten. Diese lautet

$$x_a(t) + T_1 \cdot \frac{d x_a(t)}{dt} = K_p \cdot x_e \qquad (3.25)$$

Mit Hilfe des Laplace-Operators $p = d/dt$ ergibt sich die Übertragungsfunktion

$$F(p) = \frac{x_a(p)}{x_e} = K_p \cdot \frac{1}{1 + p T_1} \qquad (3.26)$$

Teilt man Zähler und Nenner der Gleichung 3.26 durch T_1 und setzt dann $a = 1/T_1$, liefert die Korrespondenz Nr. 6 Tabelle 2.2 die Sprungantwort dieses Regelkreisgliedes (Bild 3.20)

$$f(t) = \frac{x_a(t)}{x_e} = K_p (1 - e^{-t/T_1}) \quad .$$

Die Ausgangsgröße $x_a(t)$ folgt einer e-Funktion mit der Zeitkonstanten T_1 der Eingangsgröße. Aus der Übertragungsfunktion erhält man mit $p = j\omega$

$$F(j\omega) = K_p \cdot \frac{1 - j\omega T_1}{1 + \omega^2 T_1^2}$$

und schließlich die Gleichung des Frequenzgangbetrages

$$|F(j\omega)| = K_p \cdot \frac{1}{\sqrt{1 + \omega^2 T_1^2}} \qquad (3.27)$$

Der Phasenwinkel des idealen PT_1-Gliedes lautet:

$$\varphi = -\arctan\ \omega\,T_1$$ (3.28)

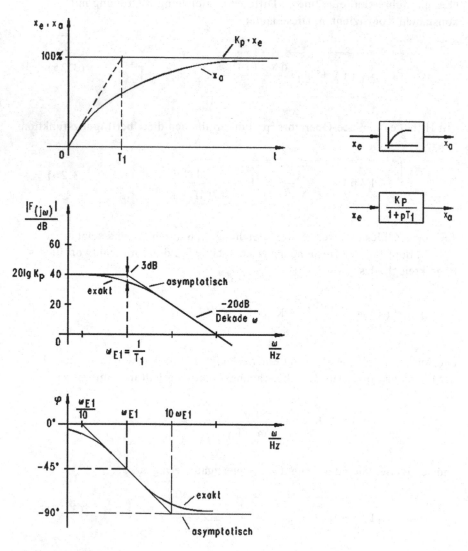

Bild 3.20   Sprungantwort und Bode-Diagramm des PT_1-Gliedes

Der Frequenzgangbetrag geht im Bode-Diagramm kontinuierlich vom P- Anteil in den Tiefpaß-Anteil über. Der Übergang ist durch die Eckfrequenz $\omega_{E1} = 1 / T_1$ markiert, bei der sich die Asymptote vom exakten Verlauf um 3dB unterscheidet.

Die Konstruktion der asymptotischen Näherung erfordert lediglich die Parameter K_p und ω_{E1}. Dabei verläuft der P-Anteil mit $20 \lg K_p$ bis zur Eckfrequenz ω_{E1}. Danach folgt der Tiefpaß-Anteil mit einer Steigung von -20dB/Dekade ω.

Zur asymptotischen Darstellung des Phasenwinkels benötigt man nur den Parameter ω_{E1}.

Der Phasengang verläuft bis zur Frequenz $\omega_{E1} / 10$ auf $0°$ und fällt dann bis zur Frequenz $10 \cdot \omega_{E1}$ linear auf den Wert $-90°$ ab. Danach verläuft er unverändert auf $-90°$. Bei der Frequenz ω_{E1} stimmen asymptotischer und exakter Verlauf des Phasenwinkels genau überein.

Beispiele für PT_1-Glieder:

Druckbehälter

In Bild 3.21 ist ein Druckbehälter mit dem Volumen V dargestellt. Über eine Rohrleitung wird durch den Druck p_1 der Behälterdruck p_2 aufrechterhalten. Bei einer plötzlichen Druckänderung von p_1 verläuft der Behälterdruck einer e-Funktion auf den geänderten Wert von p_1. Setzt man laminare Strömung voraus, ergibt sich folgender Zusammenhang zwischen p_1 und p_2.

Der in den Druckbehälter eintretende Massenstrom ist der Druckdifferenz proportional. Mit dem Strömungswiderstand K_S folgt dann:

$$\frac{dm}{dt} = K_S (p_1 - p_2) \quad .$$

Die Zustandsgleichung des idealen Gases nach der Zeit abgeleitet

$$\frac{dm}{dt} = \frac{V}{R \cdot \Theta} \cdot \frac{d p_2}{dt}$$

und in die obige Gleichung eingesetzt, führt auf eine lineare Differentialgleichung I. Ordnung mit konstanten Koeffizienten

$$p_2 + \frac{V}{R \cdot \Theta \cdot K_S} \cdot \frac{d\,p_2}{dt} = p_1 \;.$$

Die Übertragungsfunktion lautet schließlich

$$F(p) = \frac{p_2(p)}{p_1} = \frac{1}{1 + pT_1} \qquad \text{mit} \quad T_1 = \frac{V}{R \cdot \Theta \cdot K_S} \;.$$

R: Gaskonstante, Θ: absolute Temperatur.

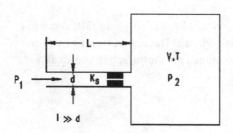 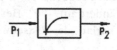

Bild 3.21   Druckbehälter (Druckspeicher)

Elektrischer Durchlauferhitzer

Die von einem Heizdraht auf das durchströmende Wasser einwirkende elektrische Leistung P_E erwärmt die Flüssigkeit. Die Temperaturzunahme
$\Delta\theta = \theta_a - \theta_e$ zeigt PT_1-Verhalten, wenn folgende zulässige Vereinfachungen gelten (Bild 3.22):

• Die Eintrittstemperatur θ_e sowie der Massenstrom $\dot{m}$ sind konstant.

• Der Erhitzer enthält stets die Wassermenge m_w.

• Wärmekapazität von Behälterwand und Heizdraht sind vernachlässigbar.

• Der Behälter ist ideal isoliert.

$$\dot{m}c_w \cdot \Delta\theta(t) + m_w c_w \cdot \frac{d\,\Delta\theta(t)}{dt} = P_E \;.$$

Diese Differentialgleichung I. Ordnung mit konstanten Koeffizienten ergibt die Übertragungsfunktion:

$$F(p) = \frac{\Delta\theta(p)}{P_E} = K_S \cdot \frac{1}{1 + pT_1}$$

$$\text{mit} \quad K_S = \frac{1}{\dot{m}c_w} \quad \text{und} \quad T_1 = \frac{m_w}{\dot{m}} \;.$$

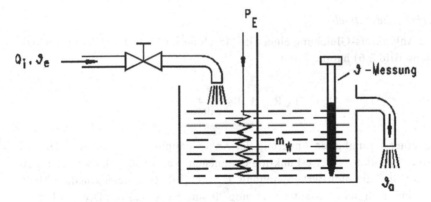

Bild 3.22   Schema eines Durchlauferhitzers

Meßtechnik

Viele analog arbeitende elektrische und mechanische Meßinstrumente lassen sich bei guter Dämpfung (d > 1) des Meßwerkes als gedämpfte Feder darstellen (Bild 3.23).

Es liegt dann eine lineare Differentialgleichung I. Ordnung mit konstanten Koeffizienten vor

$$F_e = c_f \cdot s(t) + r \cdot \frac{d\,s(t)}{dt} \quad .$$

Die anregende Kraft für ein Drehspulinstrument ist $F_e = B \cdot I \cdot l \cdot N$ und für eine Druckmeßdose $F_e = p \cdot A$. Die Übertragungsfunktion mit der Zeitkonstanten $T_1 = r/c_f$ lautet dann:

$$F(p) = \frac{c_f \cdot s(p)}{F_e} = \frac{1}{1 + p\,T_1} \quad .$$

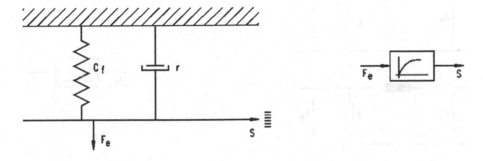

Bild 3.23   Meßwerk als gedämpfte Feder dargestellt

Elektrische Antriebe

Die Ankerkreis-Gleichung einer GS-Maschine im Motorbetrieb bei Rechtslauf (siehe Bild 2.6) hat die Form

$$U_A = U_q + I_A R_A + L_A \frac{d I_A}{dt} \quad .$$

Bei einer sprunghaften Änderung der Ankerspannung U_A wird sich der Anker-strom I_A entlang einer e-Funktion dem neuen Wert nähern. Dabei setzt man voraus, daß die induzierte Spannung $U_q = C_1 \cdot \Phi \cdot n$ nahezu konstant bleibt. Dies läßt sich bei konstanter Erregung Φ und Regelung der Drehzahl n leicht realisieren.

Mit der Ankerkreiszeitkonstanten $T_A = L_A / R_A$ lautet die Übertragungsfunktion schließlich

$$F(p) = \frac{R_A \cdot I_A(p)}{U_A - U_q} = \frac{1}{1 + p T_A} \quad .$$

Allgemeine Elektrotechnik

In Bild 3.24 sind zwei elektrische Netzwerke dargestellt, die PT_1-Verhalten aufweisen. Dies ist aus ihren Übertragungsfunktionen sofort ersichtlich. Es gilt für das R-C-Netzwerk mit $T_1 = RC$

$$F(p) = \frac{U_a(p)}{U_e} = \frac{\frac{1}{pC}}{R + \frac{1}{pC}} = \frac{1}{1 + p T_1} \quad ,$$

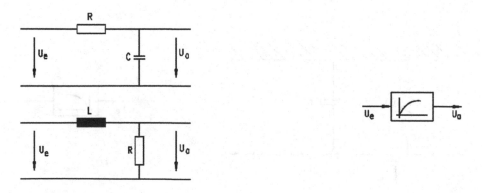

Bild 3.24   R-C- und R-L-Netzwerk als PT₁-Glied (Tiefpaß)

und für das R-L-Netzwerk gilt mit $T_1 = L/R$

$$F(p) = \frac{U_a(p)}{U_e} = \frac{R}{R + pL} = \frac{1}{1 + pT_1} \quad .$$

Operationsverstärker

Die Operationsverstärker-Schaltung als PT_1-Glied (Tiefpaß) kann direkt mit
Gleichung 2.10 berechnet werden (Bild 3.25).

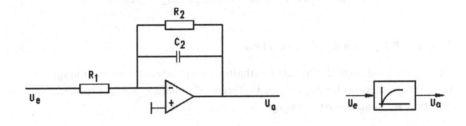

Bild 3.25   Zwei Operationsverstärker als PT_1-Glied beschaltet

Es gilt:

$$F(p) = \frac{U_a(p)}{U_e} = - \frac{R_2 \cdot \dfrac{1}{pC_2}}{R_2 + \dfrac{1}{pC_2}} \Bigg/ R_1 = -K_s \cdot \frac{1}{1 + pT_1}$$

mit $K_s = \dfrac{R_2}{R_1}$ und $T_1 = R_2 C_2$.

Mikrorechnertechnik

Nach dem Differentiationssatz der Laplace-Transformation ergibt sich für ein digitalisiertes PT_1-Glied mit der Anfangsbedingung $y_a(kTz) > 0$, dem Laufindex k, der Abtastzeit T_z und dem Abtastzeitpunkt $k \cdot T_z$ die folgende Rekursionsgleichung:

$$y_a(kTz) = y_a(kTz\text{-}1) \cdot e^{-Tz/T1} + K_p \cdot x_e(kTz)(1 - \cdot e^{-Tz/T1})$$

mit $y_a(kTz)$:   Ausgangsgröße
$\quad\; x_e(kTz)$:   Eingangsgröße
$\quad\; K_p$:   Proportionalverstärkung
$\quad\; T_1$:   Zeitkonstante des Verzögerungsgliedes

3.1.8 PT₂- und PTn-Glied

Verzögerungsglieder II. Ordnung enthalten zwei voneinander unabhängige Energiespeicher. In der zugehören Differentialgleichung kommt folglich die I. und II. Ableitung der Ausgangsgröße nach der Zeit vor.

$$x_a(t) + T_1 \frac{dx_a(t)}{dt} + T_2{}^2 \frac{d^2 x_a(t)}{dt^2} = K_p \cdot x_e$$

$$\text{bzw. mit} \quad d = \frac{T_1}{2 T_2} \tag{3.29}$$

$$x_a(t) + 2 d T_2 \frac{dx_a(t)}{dt} + T_2{}^2 \frac{d^2 x_a(t)}{dt^2} = K_p \cdot x_e$$

Gebräuchlicher ist die Gleichung bei Verwendung der Dämpfung d, mit der man folgende Übertragungsfunktionen erhält:

$$F(p) = \frac{x_a(p)}{x_e} = K_p \cdot \frac{1}{1 + 2 d p T_2 + p^2 T_2{}^2}$$

$$\text{bzw. mit} \quad \omega_o = \frac{1}{T_2} \tag{3.30}$$

$$F(p) = \frac{x_a(p)}{x_e} = K_p \cdot \frac{\omega_o{}^2}{p^2 + 2 d \omega_o p + \omega_o{}^2}$$

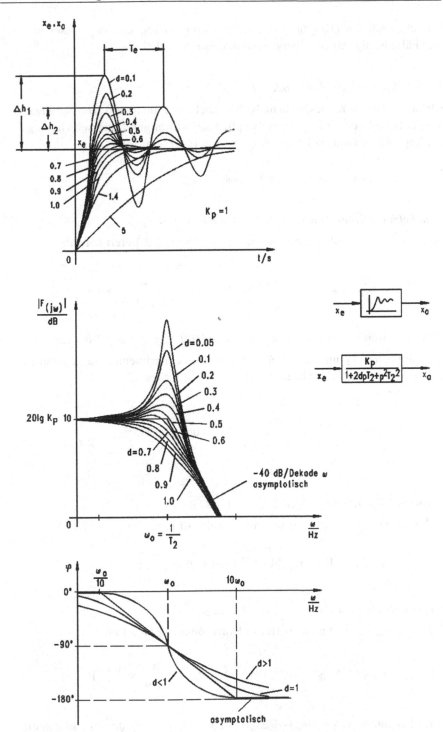

Bild 3.26   Sprungantwort und Bode-Diagramm des PT$_2$-Gliedes

Je nach Größe der Dämpfung d und der Resonanzfrequenz ω_0 lassen sich vier Fälle bezüglich der Übergangsfunktion unterscheiden.

1. periodischer Fall, d = 0 oder T_1 = 0.

Für d=0 wird in Korrespondenz Nr.23 Tabelle 2.2 auch a=0. Die Sprungantwort entspricht damit einer ungedämpften sinusförmigen Dauerschwingung. Die Eigenkreisfrequenz ist $\omega_e = \omega_0$, so daß insgesamt folgt:

$$x_a(t) = K_p \cdot x_e \cdot (1 - \cos \omega_0 t) \quad .$$

2. mehrfaches Überschwingen, d << 1 oder T_1 << T_2.

Hier gilt $\omega_0 > a$ und Korrespondenz Nr.23 Tabelle 2.2 liefert sofort:

$$x_a(t) = K_p \cdot x_e \cdot [1 - e^{-d \cdot t/T_2} \cdot (\cos \omega_e t + \frac{d}{T_2 \cdot \omega_e} \cdot \sin \omega_e t)]$$

Diese und weitere Sprungantworten sind in Bild 3.26 für K_p=1 dargestellt.

Die Parameter T_2 und d lassen sich aus einer experimentell aufgenommenen Sprungantwort zurückrechnen. Es gilt mit $T_e = 2\pi / \omega_e$:

$$d = \frac{\ln(\Delta h1 / \Delta h2)}{\sqrt{4\pi^2 + (\ln(\Delta h1 / \Delta h2))^2}} \quad \text{und} \quad T_2 = \frac{T_e \cdot \sqrt{1 - d^2}}{2\pi}$$

3. aperiodischer Grenzfall, d=1 bzw. T_1=2T_2.

In diesem Fall geht $\omega_e \rightarrow 0$ und man erhält mit Korrespondenz Nr.23

$$x_a(t) = K_p \cdot x_e \cdot [1 - e^{-t/T_2} \cdot (1 + \omega_0 t)] \quad .$$

4. aperiodischer Fall, d > 1 bzw. $T1 > 2T_2$.

Hier gilt $\omega_0 < a$ und man erhält mit Korrespondenz Nr.23 nun:

$$x_a(t) = K_p \cdot x_e \cdot [1 + \frac{p_2}{2w} e^{p_1 t} - \frac{p_1}{2w} e^{p_2 t}] \quad .$$

Darin bedeuten $p_{1,2} = \omega_0(-d \pm \sqrt{d^2 - 1})$ und $w = \omega_0 \sqrt{d^2 - 1}$, so daß die Sprungantwort aus der Summe zweier e-Funktionen besteht.

Der Frequenzgang des PT$_2$-Gliedes ergibt sich aus Gleichung (3.30) zu

$$F(j\omega) = K_p \cdot \frac{1}{1 - \omega^2 T_2^2 + j2d\omega T_2} \quad .$$

Somit lautet nach kurzer Rechnung der Frequenzgangbetrag:

$$|F(j\omega)| = \frac{K_p}{\sqrt{(1-\omega^2 T_2^2)^2 + 4d^2\omega^2 T_2^2}} \qquad (3.31)$$

Für d=1 geht die Gleichung 3.31 in folgende Form über

$$|F(j\omega)| = \frac{K_p}{\sqrt{(1+\omega^2 T_2^2)^2}} = \frac{K_p}{\sqrt{1+\omega^2 T_2^2}} \cdot \frac{1}{\sqrt{1+\omega^2 T_2^2}} \quad .$$

Das PT$_2$-Glied läßt sich also für d=1 aus zwei in Reihe liegenden PT$_1$-Glie-
dern aufbauen, da die Reihenschaltung von Regelkreisgliedern der Multiplikation (z.B. ihrer Frequenzgangbeträge) entspricht. Auf diese Weise lassen sich
auch Verzögerungsglieder höherer Ordnung realisieren.

Der Phasenwinkel des PT$_2$-Gliedes lautet:

$$\varphi = -\arctan \frac{2d\omega T_2}{1 - \omega^2 T_2^2} \qquad (3.32)$$

Der Frequenzgangbetrag des PT$_2$-Gliedes geht im Bode-Diagramm kontinuierlich vom P- Anteil in einen Tiefpaß-Anteil über. Der Übergang ist durch die
Resonanzfrequenz $\omega_0 = 1/T_2$ markiert. Bei einer Dämpfung von d=1 unterscheidet sich die Asymptote vom exakten Verlauf bei ω_0 um 6dB.

Die Konstruktion der asymptotischen Näherung erfordert nur die Parameter
K_p und ω_0. Dabei verläuft der Proportional-Anteil mit $20\lg K_p$ bis zur
Resonanzfrequenz ω_0. Daran schließt sich ein Tiefpaß-Anteil mit einer Steigung von -40dB/Dekade ω an.

Zur asymptotischen Darstellung des Phasenwinkels benötigt man nur die Resonanzfrequenz ω_0. Der Phasenwinkel verläuft bis zur Frequenz $\omega_0/10$ auf 0° und fällt dann bis zur Frequenz $10 \cdot \omega_0$ linear auf den Wert -180° ab. Danach verläuft er unverändert auf -180°. Bei der Frequenz ω_0 stimmen asymptotischer und exakter Verlauf des Phasenwinkels genau überein.

Beispiele für PT_2- und PTn-Glieder:

Mechanik

Das in Bild 3.27 gezeichnete Feder-Masse-System mit Dämpfung bzw. Reibung entspricht einem PT_2-Glied, denn es enthält die beiden Energiespeicher Feder und Masse. Mit einer äußeren Kraft F_e angeregt, erfolgt eine Wegänderung des Systems, die durch eine lineare Differentialgleichung II. Ordnung mit konstanten Koeffizienten beschreibbar ist

$$c_f \cdot s(t) \quad + \quad r \cdot \frac{ds(t)}{dt} \quad + \quad m \cdot \frac{d^2 s(t)}{dt^2} \quad = \quad F_e \; .$$

Rückstellkraft   Reibkraft   Beschleunigungskraft   Anregende Kraft

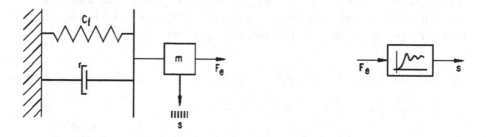

Bild 3.27   Feder-Masse-System mit Dämpfung

Das mechanische Modell einer Schachtförderanlage stellt beispielsweise ein Feder-Masse-System fünfter Ordnung dar /34/, /49/ (Bild 3.28). Es läßt sich jedoch auf ein System II. Ordnung reduzieren, wenn folgendes beachtet wird (vergleiche mit Abschnitt 6.1.4):

• Lastunabhängige Regelung der Seiltrommeldrehzahl
• Rutschen der Förderseile wird ausgeschlossen.

Mit diesen realisierbaren Bedingungen sind die Schwingungssysteme beider Förderkörbe entkoppelt und können getrennt betrachtet werden.

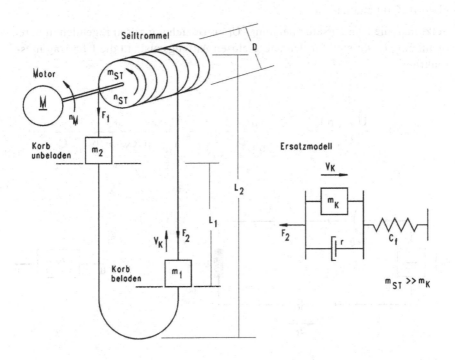

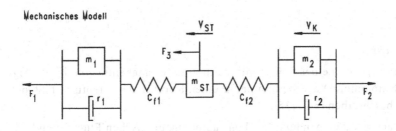

Bild 3.28   Schema eines Schachtförderers und sein mechanisches Modell

Allgemeine Elektrotechnik

Der in Bild 3.29 gezeigte Reihenschwingkreis enthält die beiden unabhängigen Energiespeicher Spule und Kondensator und stellt damit ein Verzögerungsglied II. Ordnung dar.

Setzt man die Kondensatorspannung U_C in Beziehung zur anregenden äußeren Spannung, ergibt sich für den energielosen Anfangszustand die Übertragungsfunktion:

$$F(p) = \frac{U_C(p)}{U_e} = \frac{\dfrac{1}{pC}}{R + pL + \dfrac{1}{pC}} = \frac{1}{1 + pRC + p^2 LC} .$$

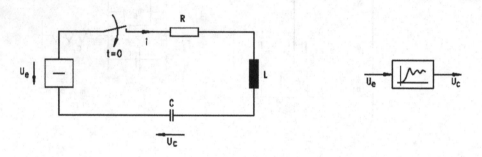

Bild 3.29   Elektrischer Reihenschwingkreis als PT_2-Glied

Antriebstechnik

Das Anfahrverhalten eines Scheibenläufermotors (permanentmagnetisch erregter Gleichstrommotor) als Stellmotor für einen Koordinaten-Meßtisch läßt sich wie folgt beschreiben /34/, /35/:

Mit konstanter Ankerspannung U_A, konstantem magnetischen Fluß Φ und $M_A \gg M_L$ erhält man die Gleichungen

$$U_A = C_1 \Phi n(p) + I_A(p) R_A (1 + p T_A)$$

und

$$M_M(p) = C_2 \Phi I_A(p) \approx M_A(p) = 2\pi J \cdot p \cdot n(p) .$$

Mit $C_1 = 2\pi C_2$ folgt dann

$$\frac{U_A}{C_1 \Phi} = n(p)[1 + p \cdot \frac{J R_A}{C_2^2 \Phi^2}(1 + p T_A)] \ .$$

M_A: Beschleunigungsmoment,

M_l: Lastmoment,

M_M: Motormoment,

J: Gesamtträgheitsmoment,

C_1, C_2: Motorkonstante.

Mit den Zeitkonstanten $T_A = L_A / R_A$ und $T_M = J \cdot R_A / (C_2^2 \Phi^2)$ erhält man die Übertragungsfunktion eines PT_2-Gliedes

$$F(p) = \frac{n(p)}{\dfrac{U_A}{C_1 \Phi}} = \frac{1}{1 + p T_M + p^2 T_A T_M} \ .$$

Ein weiteres Beispiel der Antriebstechnik ist in Bild 3.30 dargestellt. Es handelt sich um ein elastisch gekoppeltes Zweimassen-System, bei dem ein Motor über eine torsionselastische Welle mit der Arbeitswalze eines Walzgerüstes verbunden ist.

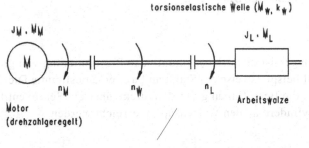

Bild 3.30   Elastisch gekoppeltes Zweimassen-System (Motor, Walze)

Betrachtet man die Auswirkung eines Laststoßes $M_L = k_L \cdot n_L$ an der Arbeitswalze auf das Moment M_w an der Welle, lassen sich folgende Gleichungen angeben:

$$M_w(t) = 2\pi k_w \cdot \int_0^t n_w(\tau)d\tau = k_L \cdot n_L(t) + 2\pi J_L \frac{d n_L(t)}{dt} \ .$$

k_L: Laststoß-Konstante in Nms,

k_w: Torsionsfederkonstante der Welle in Nm/rad,

J_L: Trägheitsmoment der Arbeitswalze,

J_M: Trägheitsmoment des Motors.

Infolge der Drehzahlregelung des Antriebs hat der Laststoß keinen Einfluß auf die Motordrehzahl $n_M = $ konstant $= n_w(t) + n_L(t)$. Diese Bedingung hat die Bedeutung von $J_M = \infty$ und vereinfacht die Berechnung.

Ersetzt man nun $n_w(t)$ durch $M_w(t)$, ergibt sich eine Differentialgleichung II. Ordnung mit konstanten Koeffizienten.

Die gesuchte Übertragungsfunktion lautet schließlich für den energielosen Anfangszustand:

$$F(p) = \frac{M_w(p)}{k_L \cdot n_M} = \frac{\dfrac{k_w}{J_L}}{p^2 + \dfrac{k_L}{2\pi J_L} \cdot p + \dfrac{k_w}{J_L}} \ .$$

Man erhält für $\omega_o = \sqrt{k_w / J_L} > a = k_L / (4\pi J_L)$ mit Korrespondenz Nr. 23 Tabelle 2.2 die bekannte Übergangsfunktion einer abklingenden Schwingung (siehe z.B. Bild 3.26).

Hydraulik

In vielen Anlagen ist die elektrohydraulische Positionierung von großer Bedeutung. Soll beispielsweise ein Stahlband auf eine bestimmte Dicke gewalzt werden, kann die Beeinflussung der Banddicke über ein Servoventilpaar mit Hydraulik-Zylindern an den Walzenzapfen erreicht werden.

Ein Verändern des Kolbenhubs (Bild 3.31a) in den Zylindern wird über den Volumenstrom (Durchfluß) Q bewirkt. Er berechnet sich aus dem Pumpendruck p_u, dem Zylinderdruck p_z und der Ventilschieberstellung y zu:

$$Q = C \cdot y \cdot \sqrt{p_u - p_z} \qquad \text{mit} \quad C: \text{Systemkonstante} \ .$$

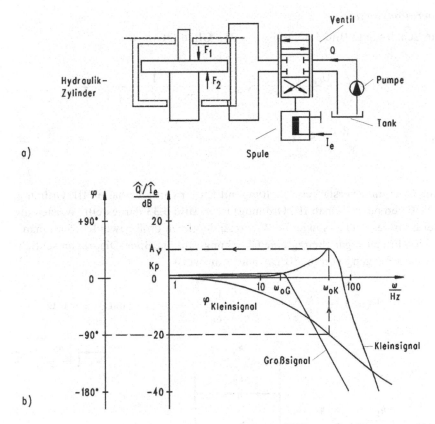

Bild 3.31   Servoventil und Frequenzgang bei Klein- und Großsignalbetrieb

Die Messung des Frequenzgangbetrages (Bild 3.31b) zeigt, daß ein Servoventil bei Klein- und Großsignalbetrieb näherungsweise einem PT_2-Glied entspricht. Angesteuert mit großen Signalen (z.B. 50% des Nennwertes) erhält man eine geringere Resonanzfrequenz ω_o, so daß die Dynamik des Servoventils merklich abnimmt /62 - 64/ (siehe auch Abschnitt 4.3.2).

Die Parameter des Servoventils lassen sich (z.B. für Kleinsignalbetrieb) mit Hilfe von Bild 3.31b bestimmen. Man liest aus der Grafik die Resonanzfrequenz von $\omega_{ok} = 1/T_2$ ab; des weiteren eine Verstärkung von $K_p \approx 1,2$ sowie bei $\varphi = -90°$ eine Amplitude von $A_v \approx 10\,dB \;\hat{=}\; 3,162$. Die Gleichung 3.31 liefert dann für $\omega = \omega_{ok} = 1/T_2$ eine Formel für die Dämpfung d des Servoventils.

$$d = \frac{K_p}{2 \cdot A_v} \qquad\qquad \text{mit} \quad A_v = |F(j\omega)|(\omega_{ok})$$

Im hier gezeigten Beispiel errechnet sich die Dämpfung zu $d \approx 0,19$.

Operationsverstärker

Die Schaltung in Bild 3.32 ergibt ein PT_2-Glied /36/ mit

$$F(p) = \frac{U_a(p)}{U_e} = -K_S \cdot \frac{1}{(1 + pT_1)(1 + pT_2)}$$

und $\quad T_1 = \frac{R_1 R_2}{R_1 + R_2} \cdot C_1 \;, \qquad T_2 = R_3 C_2 \;, \qquad K_S = \frac{R_3}{R_1 + R_2}$

Eine Operationsverstärker-Schaltung mit Butterworth-Verhalten III. Ordnung (PT_3-Glied oder Tiefpaß III. Ordnung) ist in Bild 3.33 dargestellt. Werden die drei Energiespeicher sowie die Widerstände gleich groß gewählt, erhält man für den Frequenzgangbetrag eine Gleichung, die im Bode-Diagramm schließlich eine Steigung von -60dB/Dekade ω aufweist.

$$|F(j\omega)| = \frac{|U_a|}{|U_e|} = \frac{1}{\sqrt{1 + \omega^6 T^6}} \qquad \text{mit} \quad T = RC \;.$$

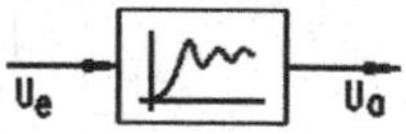

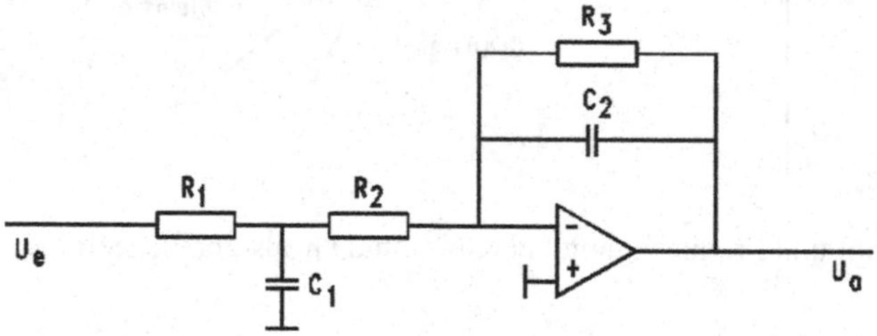

Bild 3.32   Operationsverstärker als PT_2-Glied beschaltet

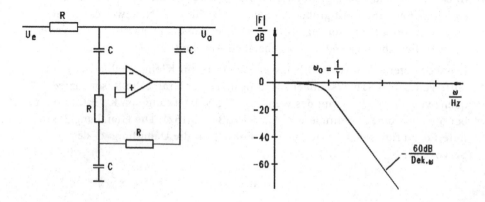

Bild 3.33   Operationsverstärker als Tiefpaß-Filter III. Ordnung beschaltet

3.1.9 PTt-Glied

Das Totzeitverhalten beschreibt Laufzeiteffekte von Signalen bzw. Meß-
wert-Umwandlungen. Es entsteht unabhängig von der Form des Eingangssignals eine konstante Laufzeit (Totzeit) T_t. Für Zeiten $t < T_t$ ist die Ausgangsgröße Null (Bild 3.34). Beim Totzeitglied entspricht die Ausgangsgröße der
um die Zeit T_t verschobenen Eingangsgröße einschließlich der Verstärkung K_p

$$x_a(t) = K_p \cdot x_e(t - T_t) \qquad \text{für} \quad t \geq T_t$$
$$x_a(t) = 0 \qquad \qquad \qquad \text{für} \quad t < T_t$$

(3.33)

Mit dem Verschiebungssatz der Laplace-Transformation erhält man die Übertragungsfunktion des Totzeitgliedes (Tabelle 2.1 Nr. 4)

$$F(p) = \frac{x_a(p)}{x_e} = K_p \cdot e^{-pT_t}$$

(3.34)

Der Frequenzgang läßt sich mit der Eulerschen Gleichung in einen Real- und
Imaginärteil aufspalten

$$F(j\omega) = K_p \cdot e^{-j\omega T_t} = K_p \cdot (\cos \omega T_t - j \sin \omega T_t) \ .$$

Mit dem Additionstheorem $\cos^2 x + \sin^2 x = 1$ lautet der Frequenzgangbetrag
dann

$$|F(j\omega)| = K_p$$

(3.35)

Der Phasenwinkel in Grad ergibt sich zu:

$$\varphi = -\frac{\omega T_t \cdot 180°}{\pi}$$

(3.36)

Im Bode-Diagramm verläuft der Frequenzgangbetrag auf dem konstanten Wert
$20 \lg K_p$. Der Phasenwinkel des Totzeitgliedes nimmt mit der Frequenz sehr
stark ab.

Wie an Beispielen im Abschnitt 5.2 später noch gezeigt wird, hat dieses Verhalten folgende Konsequenz. Regelkreise mit Totzeit, bei denen T_t in der Größenordnung anderer Regelstrecken-Zeitkonstanten liegt, sind kaum regelbar.

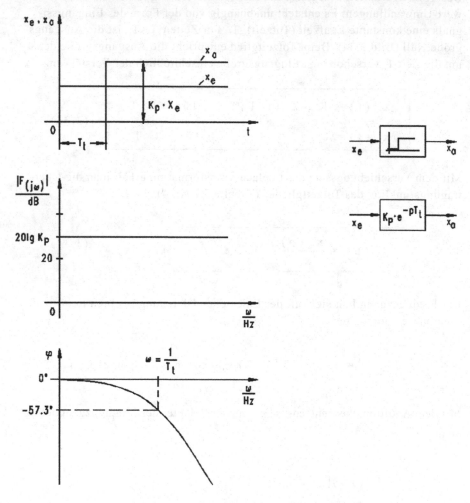

Bild 3.34   Sprungantwort und Bode-Diagramm des PTt-Gliedes

Beispiele für PTt-Glieder:

Stofftransport und -mischung

Jeder Materialtransport, der in eine Regelung einbezogen ist, enthält ein Totzeitverhalten. Dazu zwei typische Beispiele. Bild 3.35 zeigt ein Förderband, bei dem der Materialfluß mit einem Schieber beeinflußt werden soll. Die Stoffmenge x_e kommt erst nach der Totzeit

$$T_t = \frac{L}{v}$$

am Bestimmungsort an. Daraus läßt sich schließen, daß überall dort Totzeiten auftreten, wo die Meßwerterfassung der Regelgröße örtlich getrennt ist von deren physikalischer Beeinflussung, also auch bei Mischvorgängen der Verfahrenstechnik.

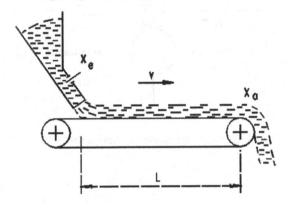

Bild 3.35   Stofftransport mit einem Förderband

Dies wird besonders deutlich bei der Regelung von Walzprozessen. Hier ist die Banddicke der Stoffbahn (z.B. Aluminium) im Walzspalt eine wichtige Regelgröße (Bild 3.36). Sie wird mit Hilfe der Walzkraft F_W oder der Dehnung des Bandes beeinflußt /51/, /52/.

Es ist jedoch nicht möglich, die Banddicke direkt im Walzspalt zu erfassen. Ersatzweise wird die Messung der Dickenabweichung

$$\Delta h = h_e - h_a$$

zur Regelung der Banddicke benutzt. Dabei entsteht eine Totzeit, denn die Banddicken-Meßgeräte befinden sich ca. 0,5m vom Walzspalt entfernt.

Läßt man Anfahr- und Bremsvorgänge des Walzvorgangs unberücksichtigt, ist die Totzeit konstant und lautet für $v_1 \approx v_2 = v$:

$$T_t = \frac{L_1 + L_2}{v} \quad .$$

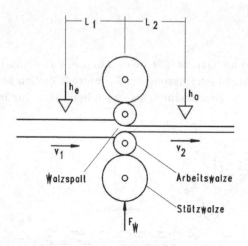

Bild 3.36   Banddickenmessung an einem Walzgerüst

Meßtechnik

Jede Signalwandlung und -übertragung, sei es D/A-, A/D-, U/f- oder
f/U-Wandlung, bringt eine Totzeit mit sich. Es vergeht also vom Auftreten des
Signals am Wandlereingang bis zur Übertragung an den Ausgang eine feste,
nicht zu umgehende Laufzeit. Bei guten Wandlern liegt die Totzeit im μs-Be-
reich. Sie kann aber auch einige zehn Millisekunden betragen.

Liegt die Größenordnung der Totzeit im Bereich anderer Strek-
kenzeitkonstanten, ist sie in der Regelung zu berücksichtigen und nicht vernachlässigbar (siehe auch Abschnitt 4.4).

Elektrische Antriebe

Ein Stromrichter ist das Stellgerät zwischen der Regeleinrichtung und dem
Motor. Er wird vom Hauptenergiefluß durchsetzt und stellt einen Stromverstär-
ker dar. Setzt man einen Gleichstrommotor ein, ist die Beeinflussung der Ankerspannung U_A bzw. des Ankerstromes wichtig. Dazu bedient man sich meist
der vollgesteuerten Drehstrombrückenschaltung (Bild 3.37).

Die Netzspannung der Drehstromseite wird mit Hilfe der Zündzeitpunkte der
Thyristoren zur Bildung der Ankerspannung benutzt (siehe auch Abschnitt
2.1.3 Bild 2.17). An jedem Thyristor kann nur einmal pro Periode ein Zündim-
puls wirken. Eine Sollwert- bzw. Störgrößenänderung macht sich also erst mit
Beginn der nächsten Periode bemerkbar. Folglich ist der Stromrichter ein
Totzeitglied.

Die Totzeit hängt von der Periodendauer T, der Anzahl der Thyristorumschal-
tungen (Kommutierungen) pro Periode und der statistischen Verteilung der tatsächlichen Zündzeitpunkte ab. Die Kommutierungszahl beträgt für diesen
Stromrichter p=6. Es ergibt sich etwa:

$$T_t \approx \frac{T}{2 \cdot p} \quad .$$

Die Verstärkung des Stromrichters wird in Abschnitt 4.3.1 behandelt.

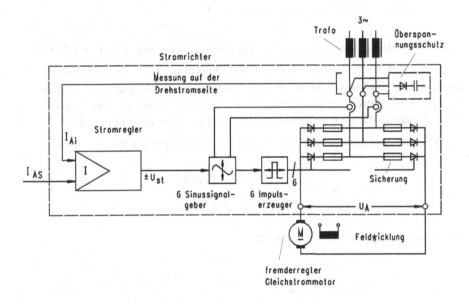

Bild 3.37   Stromrichter als Totzeitglied

3.1.10 PTa-Glied

Mit dem Kürzel PTa-Glied ist ein Allpaß I. Ordnung gemeint /17/, /21/. Dieses
regeltechnisch besonders unangenehme Verhalten hat folgende Differentialgleichung:

$$x_a(t) + T_a \cdot \frac{d x_a(t)}{dt} = K_p \cdot (x_e - T_a \cdot \frac{d x_e}{dt}) \qquad (3.37)$$

Daraus erhält man die Übertragungsfunktion

$$F(p) = \frac{xa(p)}{x_e} = K_p \cdot \frac{1 - pT_a}{1 + pT_a} \qquad (3.38)$$

Es läßt sich mit der Korrespondenz Nr. 12 Tabelle 2.2 direkt die Sprungantwort des Allpasses I. Ordnung angeben (Bild 3.38 für n=1)

$$x_a(t) = K_p \cdot x_e \cdot (1 - 2e^{-\frac{t}{T_a}}) \quad .$$

Mit der Schnittpunktzeit T_{Sch} läßt sich näherungsweise angeben $T_a \approx 1,5 \cdot T_{Sch}$
Sie zeigt, daß die Ausgangsgröße erst eine Reaktion "in die falsche Richtung"
erzeugt. Mit dem sonst fast universell einsetzbaren PID-Regler sind Allpaß-
behaftete Regelstrecken nur unzureichend regelbar. Einen besseren Regler-
Algorithmus enthält das Programm SIMLER-PC (siehe Abschnitt 7.2.3).

Der Frequenzgang lautet mit dem Laplace-Operator $p = j\omega$ dann

$$F(j\omega) = K_p \cdot \frac{1 - \omega^2 T_a^2 - j2\omega T_a}{1 + \omega^2 T_a^2} \quad ,$$

und schließlich der Frequenzgangbetrag:

$$|F(j\omega)| = K_p \qquad (3.39)$$

Der Phasenwinkel ergibt sich zu:

$$\varphi = -\arctan \frac{2\omega T_a}{1 - \omega^2 T_a^2} \qquad (3.40)$$

Die asymptotische Darstellung des Phasenwinkels verläuft im Bode-Diagramm
kontinuierlich von 0° bei der Frequenz $\omega_a/10$ bis auf -180° bei der Frequenz $10\omega_a$. Sie beträgt bei $\omega_a = 1/T_a$ genau -90°.

Der Frequenzgangbetrag ist mit dem des Totzeitgliedes identisch und verläuft
im Bode-Diagramm in Höhe von $20lgK_p$ (Bild 3.38).

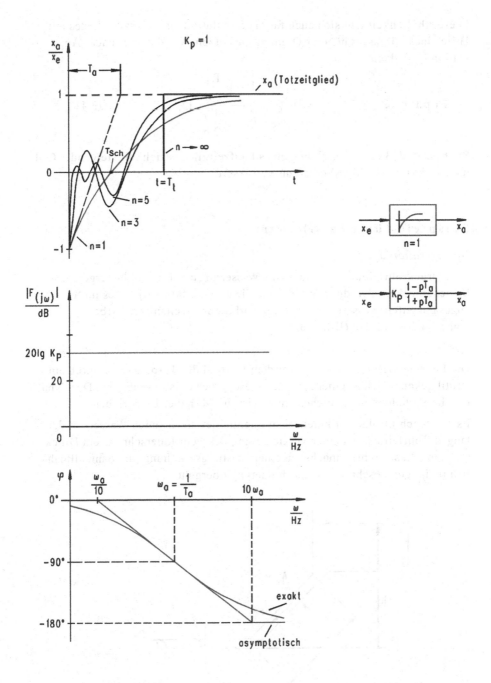

Bild 3.38   Sprungantworten und Bode-Diagramm des PTa-Gliedes

Diese Ähnlichkeit läßt sich auch für die Simulation eines Totzeitgliedes mit
Hilfe eines Allpasses höherer Ordnung ausnutzen. Mit der sog. Padé´-Approxi-
mation folgt dann

$$F(p) = K_p \cdot e^{-p T_t} \approx K_p \cdot \left[\frac{1 - p \frac{T_t}{2n}}{1 + p \frac{T_t}{2n}} \right]^n . \qquad (3.41)$$

Sie besagt, daß die Nachbildung eines Laufzeitgliedes sich mit steigender Ordnungszahl n des Allpaß-Verhaltens verbessert.

Beispiele für PTa-Glieder:

Wasserkraftanlage

Eine Druckrohrleitung verbindet eine Wasserturbine mit dem höhergelegenen
Speicherbecken. Auf diese Weise kann die potentielle Energie des im Speicher
angesammelten Wassers mit Hilfe der Turbine in mechanische Arbeit
umgewandelt werden (Bild 3.39).

Die Leitschaufelverstellung y vor dem Laufrad der Turbine (hier durch ein
Ventil gekennzeichnet) dient zur Regulierung der Leistungsabgabe. Das dynamische Verhalten einer solchen Anlage ist in /74/ näher beschrieben.

Es stellt sich infolge der kinetischen Energie des strömenden Wassers in der
langen Rohrleitung bei einer Verkleinerung des Ventilquerschnitts ein Druckstoß ein. Dieser führt zunächst zu einer Leistungserhöhung, die dann allmäh-
lich in die gewünschte Leistungsminderung übergeht.

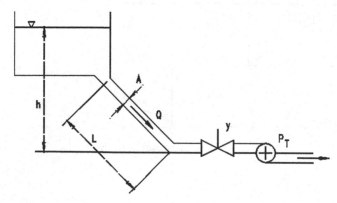

Bild 3.39   Vereinfachtes Schema einer Wasserkraftanlage

Daraus ergibt sich die Übertragungsfunktion eines Allpaß I. Ordnung

$$F(p) = \frac{P_T(p)}{y(p)} = \frac{1 - pT_a}{1 + p\frac{T_a}{2}} \qquad \text{mit} \quad T_a = \frac{L \cdot Q}{g \cdot A \cdot h} \quad , \text{ g: Erdbeschl.}$$

Lageregelung

Des weiteren tritt das Allpaß-Verhalten bei der Lageregelung von Schiffen und Flugzeugen auf (siehe Tabelle 3.3).

Bei einem horizontal bewegten Flugzeug wirkt sich beispielsweise eine Höhenruderverstellung zunächst als Senken des hinteren Flugzeugendes aus. Erst dann bewegt es sich infolge des einsetzenden Steigfluges nach oben.

Operationsverstärker

Beschaltet man einen Operationsverstärker wie in Bild 3.40 dargestellt, ergibt sich ein nichtinvertierender Allpaß I. Ordnung.

Zunächst werden die beiden Spannungen U_1 und U_2 ermittelt.

$$U_1 = (U_a + U_e) \cdot \frac{R}{R + R} \quad , \qquad U_2 = U_e \cdot \frac{1/(pC)}{R + 1/(pC)} \quad .$$

Arbeitet der Operationsverstärker innerhalb seines Stellbereiches, wird $U_D = 0$ (siehe Bild 2.12), so daß $U_1 = U_2$ wird und sich schließlich folgende Übertragungsfunktion angeben läßt:

$$F(p) = \frac{Ua(p)}{U_e} = \frac{1 - pT_a}{1 + pT_a} \qquad \text{mit} \quad T_a = RC \quad .$$

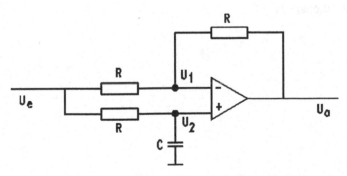

Bild 3.40   Operationsverstärker als Allpaß I. Ordnung beschaltet

Ein Allpaß II. Ordnung, der auch in Abschnitt 5.5.5 zur Simulation eines Totzeitgliedes benutzt wird, ist in Bild 3.41 dargestellt. Die Übertragungsfunktion
lautet mit $T_a = 2\,R\,C$:

$$F(p) = \frac{U_a(p)}{U_e} = \frac{1 - p\,T_a\,(\frac{1}{\alpha} - 2) + p^2\,T_a^{\,2}}{1 + 2\,p\,T_a + p^2\,T_a^{\,2}} \ .$$

Wählt man $\alpha = 0{,}25$ stimmt die Übertragungsfunktion genau mit der Padé'-
Approximation für n=2 überein (Gleichung 3.41).

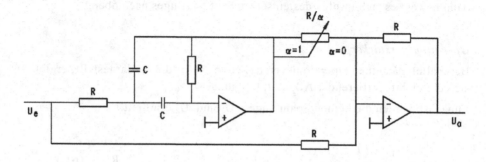

Bild 3.41   Operationsverstärker als Allpaß II. Ordnung beschaltet

Wohl die wichtigsten Parameter einer Regelstrecke sind ihre Zeitkonstanten.
Eingeteilt nach der zu regelnden Größe sind in der folgenden Tabelle Zeitkon-
stanten angegeben, deren Einfluß auf die Regelung jeweils dominiert
("Haupt-Zeitkonstante").

Tabelle 3.2   Hinweise zur Abschätzung von Strecken-Zeitkonstanten

Regelgröße	Regelstrecke	Hauptzeitkonstante
Temperatur	kl. Glühofen, gr. Kessel	5 . . . 15 min
	große Glühöfen	10 . . . 60 min
	Raum-Zentralheizung	10 . . . 60 min
	Schwimmbad-Wasser	6 . . . 8 h
Feuchte	Wohnraum	1 . . .15 min
	Treibhaus	10 . . . 30 min
Druck	Gasrohrleitung	50 . . .100 ms
	Druckbehälter	1 . . . 60 s
	Faltenbalg	1 . . . 10 ms
	Magnetventil	10 . . .100 ms
Drehzahl	Kleinmotoren	10 . . . 100 ms
	Große Maschinen	5 . . . 40 s
	Turbinen (ca.1000/min)	10 . . . 20 s
Position	Meßtische	1 . . . 30 ms
	Robotik	10 . . . 50 ms
Wasserstand, Füllstand	Dampfkessel	10 . . . 60 s
	Behälter (V>20dm^3)	5 . . . 60 s
Netzspannung	kleine Generatoren	1 . . . 5 s
	große Generatoren	5 . . . 10 s
	Stromrichter	1 . . . 100 ms

Tabelle 3.3   Beispiele industrieller Regelstrecken in Kurzform

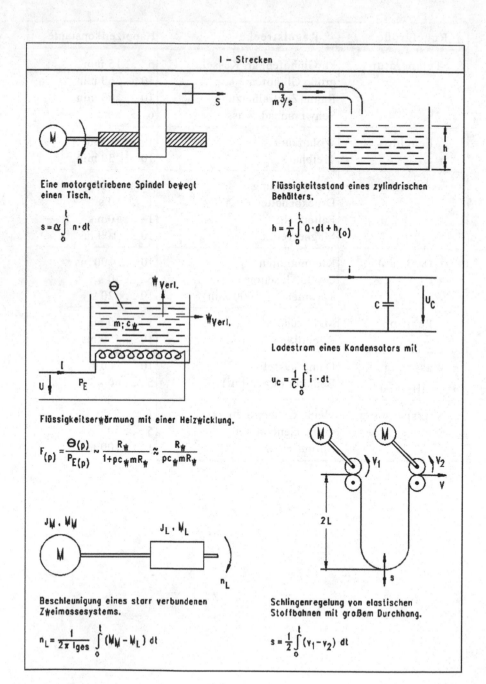

I – Strecken

Eine motorgetriebene Spindel bewegt
einen Tisch.

$$s = \alpha \int_0^t n \cdot dt$$

Flüssigkeitsstand eines zylindrischen
Behälters.

$$h = \frac{1}{A} \int_0^t Q \cdot dt + h_{(o)}$$

Flüssigkeitserwärmung mit einer Heizwicklung.

$$F_{(p)} = \frac{\Theta(p)}{P_{E(p)}} \sim \frac{R_W}{1 + pc_W m R_W} \approx \frac{R_W}{pc_W m R_W}$$

Ladestrom eines Kondensators mit

$$u_C = \frac{1}{C} \int_0^t i \cdot dt$$

Beschleunigung eines starr verbundenen
Zweimassesystems.

$$n_L = \frac{1}{2\pi I_{ges}} \int_0^t (M_M - M_L)\, dt$$

Schlingenregelung von elastischen
Stoffbahnen mit großem Durchhang.

$$s = \frac{1}{2} \int_0^t (v_1 - v_2)\, dt$$

Tabelle 3.3   (Fortsetzung)

PT$_1$ – Strecken

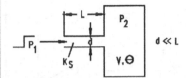

Gasdruck in einem Behälter (Lamilare Strömung).

$$F_{(p)} = \frac{P_2(p)}{P_1} = \frac{1}{1+p\dfrac{V}{R\cdot\Theta\cdot K_S}}$$

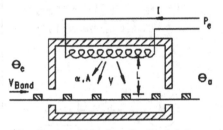

Wärmeübertragung in einem Durchlaufofen.

$$F_{(p)} = \frac{\Delta\Theta(p)}{P_e(p)} = \frac{K_S}{1+p\dfrac{m}{Q}}\, e^{-p\frac{L}{V}}$$

$$K_S = \frac{1}{\alpha\cdot A} \;;\quad \begin{array}{l}\alpha\text{: Wärmeübertragungszahl}\\ A\text{: Ofen – Innenwandung}\end{array}$$

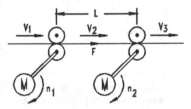

Regelung des Bandenzuges einer Stoffbahn zwischen zwei angetriebenen Klemmstellen bei $v_1 \approx v_2 \approx v_3 \approx V$.

$$F = \frac{\varepsilon\cdot V_{Nenn}\cdot\Delta n}{v\cdot F_{Nenn}}\,(1-e^{-t/T})\ \text{mit}\ T=L/v$$

und $\Delta n = n_2 - n_1$

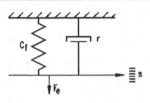

Feder mit Dämpfung und vernachlässigbarer kleiner Masse.

$$F_{(p)} = \frac{C_f\cdot s(p)}{F_e} = \frac{1}{1+p\dfrac{r}{C_f}}$$

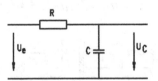

Laden eines Kondensators (passiver Tiefpaß).

$$F_{(p)} = \frac{U_C(p)}{U_e(p)} = \frac{1}{1+pRC}$$

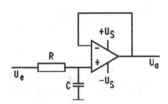

Aktiver Tiefpaß mit Kp=1.

$$F_{(p)} = \frac{U_a(p)}{U_e(p)} = \frac{1}{1+pRC}$$

Tabelle 3.3 (Fortsetzung)

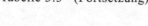

PT$_2$ - und PT$_n$ - Strecken

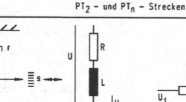

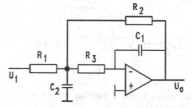

Gedämpftes Feder-Masse-System mit der erregenden Kraft F_e oder dual dazu der Reihenschwingkreis mit der erregenden Spannung U (d.h. der Weg s ist dual zur Kondensatorspannung u_c).

$$s = F_e \left[1 - e^{-\alpha t} (\cos\omega_e t + \frac{\alpha}{\omega_e} \sin\omega_e t) \right]$$

mit $2\alpha = r/m$; $\omega_0^2 = C_f/m$; $\omega_e^2 = \omega_0^2 - \alpha^2$

Operationsverstärker zur Nachbildung einer PT$_2$ - Strecke.

$$u_\alpha = -K_p U_1 \left[1 - e^{-\alpha t} (\cos\omega_e t + \frac{\alpha}{\omega_e} \sin\omega_e t) \right]$$

mit $K_p = R_2/R_1$; $T_1 = C(R_2+R_3+R_2)R_3/R_1$;

$T_2 = \sqrt{R_2 R_3 C_1 C_2} = 1/\omega_0$; $\alpha = T_1/2T_2^2$;

$\omega_e^2 = \omega_0^2 - \alpha^2$

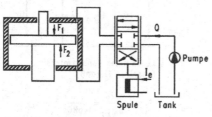

Spule   Tank

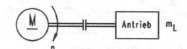

Hydraulik-Zylinder mit Servoventil gesteuert (zwei in Reihe liegende PT$_1$-Glieder mit der elektrischen Zeitkonstanten T_1 und der mechanischen Zeitkonstanten T_Q.

$$\frac{Q(p)}{I_e(p)} \approx \frac{1}{(1+pT_1)(1+pT_Q)}$$

Fremderregter Gleichstrommotor an einer Last m_L. Für $T_M \stackrel{>}{=} 4T_A$ und $T_1, T_2 = f(T_M, T_A)$ kann dieses System näherungsweise als PT$_2$ - Glied dargestellt werden.

$$n(p) = \frac{U_A(p) V_A \varnothing - m_L(p)(1+pT_A)}{V_A \varnothing^2 (1+pT_1)(1+pT_2)}$$

mit $T_A = L_A/R_A$

$T_M = T_H/V_A$

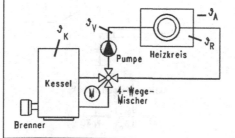

Außentemperaturabhängige (ϑ_A) raumtemperaturabhängige (ϑ_R) Ölheizung mit Vier-Wege-Mischer. Man erhält für die Vorlaufstrecke F_R PT$_7$ - Verhalten und für die Fühler der Vorlauf- und Außentemperatur (F_V, F_A) jeweils PT$_2$ - Verhalten.

$$F_R(p) \frac{1}{(1+pT_M)^7} \qquad F_V(p) \approx \frac{1}{(1+pT_V)^2}$$

Tabelle 3.3 (Fortsetzung)

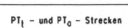

PT_t – und PT_0 – Strecken

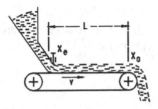

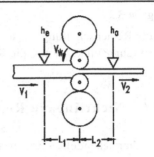

Materialtransport mit einem Förderband
und der Totzeit $T_t = L/v$.

Walzprozeß mit geringer Dickenabnahme

$\Delta h = h_e - h_a$. $T_t = \dfrac{L_1 + L_2}{v}$

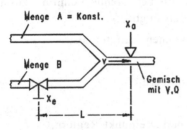

Gemischregelung für zwei Mengen mit
Verzögerungs- und Totzeit.
$T_1 = V/Q$ $T_t = L/v$

Jede Signalwandlung bringt eine Totzeit
mit sich (z.B. D/A-Wandler).

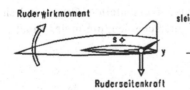

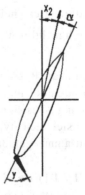

Höhenruderverstellung y bewirkt zunächst ein
Absinken des Flugzeugendes (Allpaßverhalten).

Kursregelung eines Schiffes
durch Ruderverstellung y
zeigt Allpaßverhalten.

Aufgabe 3.1

Ein PID-Regler (Gleichung 3.22) liegt in Reihe mit einem Verzögerungsglied I. Ordnung. Es sind die Übertragungsfunktion und die Sprungantwort dieser Reihenschaltung gesucht.

Aufgabe 3.2

Für die Reihenschaltung aus einem PI-Regler mit einer PT_1-Strecke sind die Übertragungsfunktion und die Sprungantwort zu ermitteln.

3.2   Nichtlineare Regelkreisglieder

Die bisher behandelten Regelkreisglieder zeigten ein lineares Verhalten zwischen Ausgangs- und Eingangsgröße. Der Begriff der Linearität wurde bereits zu Beginn des Abschnitts 3.1 hinreichend geklärt. Schwieriger ist es, eine klare Begriffbestimmung der Nichtlinearität anzugeben. Bei nichtlinearen Regelkreisgliedern kann man davon ausgehen, daß die betreffende Kennlinie zusätzlich von der Amplitude des Eingangssignals abhängt.

Nichtlinearitäten innerhalb einer Regelung können auftreten als:

- Reibung, Momentenlose,

- Schaltverhalten oder Stellgrenze von Verstärkern,

- gezielte Begrenzung des Regler-Ausgangs,

- als Nebeneffekt beim Entwurf von Zwei- und Dreipunkt-Reglern,

- Sättigungserscheinungen (z.B. Magnetisierung) und

- durch nichtlineare Schaltelemente (Dioden, Thyristoren).

Nichtlineare Regelkreisglieder werden nachfolgend durch den Buchstaben "N" innerhalb des Blockschaltplanes gekennzeichnet. Für die rechnerische Betrachtung ist es sinnvoll, diese in Kennlinientypen einzuteilen. Grundsätzlich lassen sich sechs typische Nichtlinearitäten unterscheiden, die in der Tabelle 3.4 zusammengefaßt sind.

3.2.1 Linearisierung

Die Linearisierung einer nichtlinearen Kennlinie gelingt, wenn die Änderung des Eingangssignals nur geringfügig ist (Kleinsignalbetrieb). Dann genügt es, wie bereits in Abschnitt 2.1.3 beschrieben, die Kennlinie durch die Tangente im jeweiligen Arbeitspunkt zu ersetzen. Diese Methode scheitert jedoch bei Kennlinien mit Unstetigkeitsstellen (Sprungstellen, Knickpunkten).

Tabelle 3.4 Zusammenfassung der wichtigsten nichtlin. Regelkreisglieder

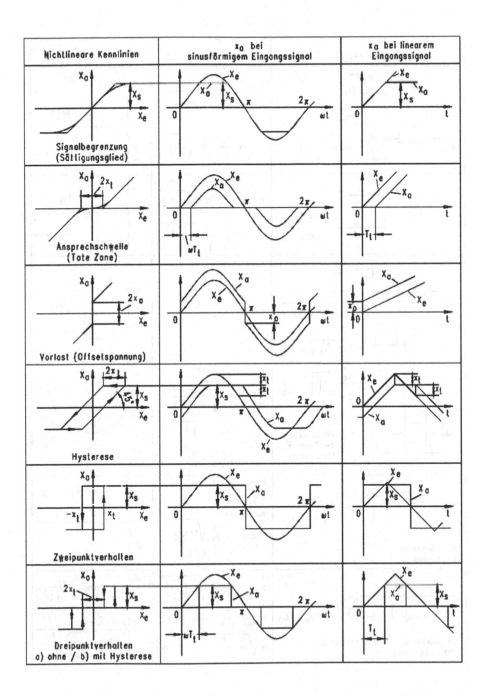

Tabelle 3.4 (Fortsetzung)

Realisierungen	Beschreibungsfunktion	Ortskurve von $N(\hat{x}_e)$
$U_Z \hat{=} x_S$ R_2 R_1 $\pm U_e$ $u_a \lesseqgtr U_Z$	$N(\hat{x}_e) = \dfrac{2}{\pi}\left(\arcsin\dfrac{x_S}{\hat{x}_e} + \right.$ $\left. + \dfrac{x_S}{\hat{x}_e}\sqrt{1-\left(\dfrac{x_S}{\hat{x}_e}\right)^2}\right)$ $\hat{=}\varphi_1$	Im $N(\hat{x}_e)$; $\dfrac{x_S}{\hat{x}_e}\,0$
U_D $\pm U_e$ $u_a = U_e - U_D$ $U_D \hat{=} x_t$	$N(\hat{x}_e) = 1 - \dfrac{2}{\pi}\left(\arcsin\dfrac{x_t}{\hat{x}_e} + \right.$ $\left. + \dfrac{x_t}{\hat{x}_e}\sqrt{1-\left(\dfrac{x_t}{\hat{x}_e}\right)^2}\right)$ $\hat{=}\varphi_1$	Im $N(\hat{x}_e)$
R_1 R_1 $+U_e$ $u_a = -U_e \pm U_{off}$ U_{off} : Ausgangsfehlsp. (Offsetspannung)	$N(\hat{x}_e) = 1 + \dfrac{4 \cdot x_0}{\pi \cdot \hat{x}_e}$	Im $N(\hat{x}_e)$; $\dfrac{x_0}{\hat{x}_e}\,0$
R U_e^* U_a $+U_e$ C U_e U_e^* U_a Verzögerer- Verlängerer, für digitale Signale	$\alpha = 1 - 2x_t/\hat{x}_e$ $N(\hat{x}_e) = \dfrac{1}{2} + \dfrac{1}{\pi}\left(\arcsin\alpha + \right.$ $\left. + \alpha\sqrt{1-\alpha^2}\right) -$ $- j\left(\dfrac{1}{\pi} + \dfrac{\alpha^2}{\pi}\right)$ $\hat{=}\varphi_1$	Im $N(\hat{x}_e)$; $\dfrac{x_t}{\hat{x}_e}$
$\pm U_e$ $U_a = \mp U_{max}$ Verstärker ohne Gegenkopplung	ohne Hysterese $N(\hat{x}_e) = \dfrac{4 \cdot x_S}{\pi \cdot \hat{x}_e}$ mit Hysterese $N(\hat{x}_e) = \dfrac{4 \cdot x_S}{\pi \cdot \hat{x}_e}\sqrt{1 - \dfrac{x_t^2}{\hat{x}_e^2}} -$ $- j\,\dfrac{4 \cdot x_S \cdot x_t}{\pi \hat{x}_e^2}$	ohne Hysterese Im $N(\hat{x}_e)$; $\dfrac{x_S}{\hat{x}_e}\,0$
U_D $\pm U_e$ $u_a = \mp U_{max} - U_D$ Verstärker mit Ansprechschwelle ohne Gegenkopplung	a) $N(\hat{x}_e) = \dfrac{4 \cdot x_S}{\pi \cdot \hat{x}_e}\sqrt{1-\left(\dfrac{x_t}{\hat{x}_e}\right)^2}$ b) $N(\hat{x}_e) = \dfrac{2 \cdot k x_S}{\pi \cdot \hat{x}_e}\left[\sqrt{1-\left(\dfrac{x_t}{\hat{x}_e}\right)^2} + \right.$ $\left. + \sqrt{1-\left(\dfrac{x_t}{\hat{x}_e}\right)^2} - j\,\dfrac{x_t}{\hat{x}_e}(1-m)\right]$	a) Im $N(\hat{x}_e)$; $\dfrac{x_t}{\hat{x}_e}\,0/1$; $1,273$; $1/\sqrt{2}$; $x_t/\hat{x}_e = 0$ b) Im $N(\hat{x}_e)$; $x_t/\hat{x}_e = 1$

Verlegt man die Regelkreisbetrachtung in den Frequenzbereich, ist unter folgenden Bedingungen dennoch eine Linearisierung durchführbar:

• Die Regelung befindet sich im eingeschwungenen Zustand;
• Beschränkung auf nur ein nichtlineares Glied in der Regelung;
• Die Berechnung bezieht sich auf die ideale nichtlineare Kennlinie.

Bei sinusförmigem Eingangssignal führen die Ein- und Ausgangsgrößen Dauerschwingungen aus. Das Ausgangssignal x_a des nichtlinearen Gliedes ist dann periodisch, aber nicht mehr harmonisch (Bild 3.42). Es enthält Oberschwingungen verschiedener Frequenzen (2ω, $3\omega \ldots$), die sich mit der Fourier-Analyse angeben lassen.

Jeder Regelkreis enthält jedoch dämpfende PT_1-Glieder, so daß die Oberschwingungen vernachlässigbar sind. Man kann sich also auf die Betrachtung der Grundschwingung x_{a1} beschränken und hat so eine praktisch anwendbare Linearisierung vorgenommen.

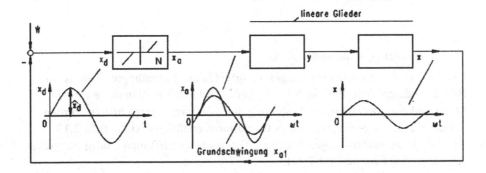

Bild 3.42   Regelung mit Ansprechschwelle bei sinusförmiger Anregung

3.2.2 Beschreibungsfunktion

In Anlehnung an den Frequenzgang linearer Regelkreisglieder definiert man eine Beschreibungsfunktion für nichtlineare Regelkreisglieder. Diese Funktion berücksichtigt die in Abschnitt 3.2.1 besprochene Linearisierung und ist besonders zur Stabilitätsbetrachtung von Regelkreisen mit Hilfe des Zwei-Ortskurven-Verfahrens geeignet (Abschnitt 5.4). Diese, auch als harmonische Balance bekannte Funktion, ist nur noch von der Amplitude der Eingangsgröße abhängig. Reduziert auf die Grundschwingung der Ausgangsgröße definiert man

$$N(\hat{x}_e) = \frac{x_{al}(\omega t)}{x_e(\omega t)} \tag{3.42}$$

In komplexer Schreibweise lauten Ein- und Ausgangsgröße:

$$x_{al}(\omega t) = a_1 \cdot e^{j(\omega t + \pi/2)} + b_1 \cdot e^{j\omega t} \ ,$$

$$x_e(\omega t) = \hat{x}_e \cdot e^{j\omega t}$$

Damit ergibt sich eine Form der Beschreibungsfunktion, die zur weiteren Berechnung der Nichtlinearitäten verwendet wird:

$$N(\hat{x}_e) = \frac{b_1 + j \cdot a_1}{\hat{x}_e} \tag{3.43}$$

Signalbegrenzung (Sättigungsglied)

Die statische Kennlinie eines Regelkreisgliedes mit Signalbegrenzung ist in Bild 3.43 dargestellt. Praktisch besitzt jedes technisch realisierbare Regelkreisglied ein Maximum der Ausgangsgröße, das nicht überschritten werden kann. So z.B. die Stellgrenze eines Operationsverstärkers (siehe Bild 2.13). Aber auch die gezielt eingesetzte Signalbegrenzung trifft man häufig an (siehe Abschnitt 5.5.4 sowie Bild 7.22).

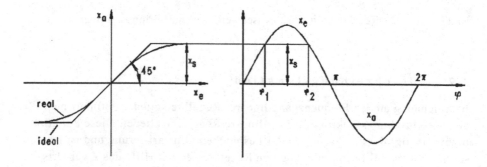

Bild 3.43   Ideale und reale Kennlinie der Signalbegrenzung (Sättigung)

Die ideale Kennlinie der Signalbegrenzung ist eine ungerade Funktion $x_a(\varphi) = -x_a(-\varphi)$, so daß für die beiden Fourier-Koeffizienten gilt:

$$a_1 = 0$$

$$b_1 = \frac{2}{\pi} \cdot \int_0^\pi x_a(\varphi)\,d\varphi$$

Aus Bild 3.43 läßt sich für die idealisierte Ausgangsgröße ablesen:

$$x_a = \begin{cases} \hat{x}_e \cdot \sin\varphi & \text{für} \quad \varphi = [0, \varphi_1] \\[2mm] x_s = \hat{x}_e \cdot \sin\varphi_1 & \text{für} \quad \varphi = [\varphi_1, \varphi_2] \\[2mm] \hat{x}_e \cdot \sin\varphi & \text{für} \quad \varphi = [\varphi_2, \pi]. \end{cases} \quad (3.44)$$

Setzt man diese Aussagen in die Gleichung für b_1 ein, ergibt sich:

$$b_1 = \frac{2}{\pi} \cdot (2\hat{x}_e \cdot \int_0^{\varphi_1} \sin^2\varphi\,d\varphi + x_s \cdot \int_{\varphi_1}^{\varphi_2} \sin\varphi\,d\varphi)$$

Daraus folgt

$$b_1 = \frac{2}{\pi} \cdot \hat{x}_e \cdot (\hat{\varphi}_1 + \sin\varphi_1 \cdot \cos\varphi_1)$$

und für die Beschreibungsfunktion:

$$N(\hat{x}_e) = \frac{x_{a1}(\varphi)}{x_e(\varphi)} = \frac{b_1}{\hat{x}_e} = \frac{2}{\pi} \cdot (\hat{\varphi}_1 + \sin\varphi_1 \cdot \cos\varphi_1)$$

Mit $\varphi_1 = \arcsin \dfrac{x_s}{\hat{x}_e}$ bzw. $\hat{\varphi}_1 = \dfrac{\pi}{180} \arcsin \dfrac{x_s}{\hat{x}_e}$ ergibt sich:

$$\boxed{N(\hat{x}_e) = \frac{2}{\pi} \left[\frac{\pi}{180} \arcsin \frac{x_s}{\hat{x}_e} + \frac{x_s}{\hat{x}_e} \cdot \sqrt{1 - \frac{x_s^2}{\hat{x}_e^2}} \right]} \quad (3.45)$$

Die Ortskurve der vorliegenden Beschreibungsfunktion verläuft nur auf der positiven reellen Achse (Bild 3.44). In Abhängigkeit vom Quotienten $x_s / \hat{x}_e$ aufgetragen, erstreckt sie sich von 0 ... 1.

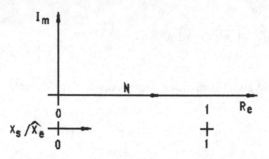

Bild 3.44   Ortskurve der Beschreibungsfunktion einer Signalbegrenzung

Ansprechschwelle (Tote Zone)

Bei Meßeinrichtungen und als gezieltes Herabsetzen der Empfindlichkeit um Null herum (z.B. bei verrauschter Drehzahlerfassung) findet man die Ansprechschwelle. Es entsteht praktisch eine Signalpause zwischen Ein- und Ausgangsgröße (Bild 3.45).

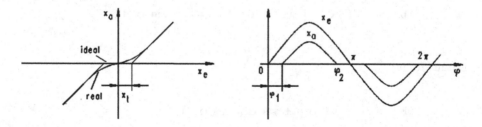

Bild 3.45   Ideale und reale Kennlinie der Ansprechschwelle (Tote Zone)

Die ideale Kennlinie der Ansprechschwelle ist eine ungerade Funktion, so daß für die Fourier-Koeffizienten der Gleichung 3.43 gilt:

$$a_1 = 0$$

$$b_1 = \frac{2}{\pi} \cdot \int_0^\pi x_a(\varphi) \, d\varphi$$

Aus Bild 3.45 kann man ablesen, daß

$$
x_a = \begin{cases} 0 & \text{für} \quad \varphi = [\,0\,,\,\varphi_1\,] \\[2mm] \hat{x}_e \cdot \sin\varphi - x_t & \text{für} \quad \varphi = [\,\varphi_1\,,\,\varphi_2\,] \quad (3.46) \\[2mm] 0 & \text{für} \quad \varphi = [\,\varphi_2\,,\,\pi\,]\,. \end{cases}
$$

Setzt man diese Aussagen in die Gleichung für b_1 ein, ergibt sich:

$$
b_1 = \frac{2}{\pi} \cdot \hat{x}_e \cdot \int_{\varphi_1}^{\varphi_2} (\sin\varphi - x_t) \cdot \sin\varphi \, d\varphi
$$

Daraus folgt mit $x_t = \hat{x}_e \cdot \sin\varphi_1$

$$
b_1 = \hat{x}_e \cdot (1 - \frac{2\varphi_1}{\pi} - \frac{2}{\pi} \cdot \sin\varphi_1 \cdot \cos\varphi_1)
$$

und für die Beschreibungsfunktion erhält man:

$$
N(\hat{x}_e) = \frac{x_{a1}(\varphi)}{x_e(\varphi)} = \frac{b_1}{\hat{x}_e} = 1 - \frac{2}{\pi} \cdot (\overset{\frown}{\varphi}_1 + \sin\varphi_1 \cdot \cos\varphi_1)
$$

Mit

$$
\varphi_1 = \arcsin \frac{x_t}{\hat{x}_e} \qquad \text{bzw.} \qquad \overset{\frown}{\varphi}_1 = \frac{\pi}{180} \arcsin \frac{x_t}{\hat{x}_e}
$$

ergibt sich schließlich:

$$
\boxed{\, N(\hat{x}_e) = 1 - \frac{2}{\pi} \left[\frac{\pi}{180} \arcsin \frac{x_t}{\hat{x}_e} + \frac{x_t}{\hat{x}_e} \cdot \sqrt{1 - \frac{x_t^2}{\hat{x}_e^2}} \right] \,} \qquad (3.47)
$$

Die in Bild 3.46 dargestellte Ortskurve der Beschreibungsfunktion verläuft auf der positiven reellen Achse von 0 ... 1 bzw. in Abhängigkeit vom Quotienten $x_t / \hat{x}_e$ aufgetragen, von 1 ... 0.

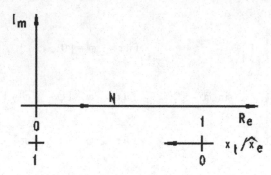

Bild 3.46   Ortskurve und Beschreibungsfunktion der Ansprechschwelle

Vorlast (Offsetspannung)

Die statische Kennlinie der Vorlast ist in Bild 3.47 dargestellt. Man kennt dieses Verhalten beispielsweise als Ausgangsfehlspannung von Operationsverstärkern bzw. als störenden Gleichspannungsanteil bei der Signalübertragung. Die Ausgangsgröße x_a unterscheidet sich nur durch die additive Konstante x_0 von der Eingangsgröße.

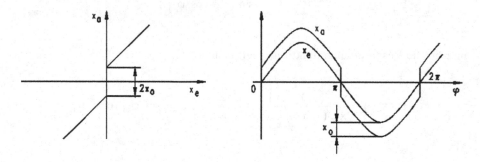

Bild 3.47   Ideale Kennlinie der Vorlast (Offset)

Aus Bild 3.47 läßt sich für die Ausgangsgröße entnehmen:

$$x_a = \begin{cases} x_0 + \hat{x}_e \cdot \sin\varphi & \text{für} \quad x_e > 0 \\[2mm] -x_0 + \hat{x}_e \cdot \sin\varphi & \text{für} \quad x_e < 0 \ . \end{cases} \qquad (3.48)$$

Auch hier wird der Fourier-Koeffizient $a_1 = 0$. Für b_1 ergibt sich:

$$b_1 = \frac{1}{\pi} \cdot \int_0^\pi x_a(\varphi) \cdot \sin \varphi \, d\varphi \; + \; \frac{1}{\pi} \cdot \int_\pi^{2\pi} x_a(\varphi) \cdot \sin \varphi \, d\varphi \; .$$

Setzt man die Gleichung 3.48 in die Integrale ein, erhält man nach kurzer Rechnung:

$$b_1 = \frac{4 \cdot x_0}{\pi} + \hat{x}_e \; .$$

Somit lautet die Beschreibungsfunktion der Vorlast:

$$\boxed{N(\hat{x}_e) = \frac{4 \cdot x_0}{\pi \cdot \hat{x}_e} + 1} \qquad\qquad (3.49)$$

Die zugehörige Ortskurve (Bild 3.48) der Beschreibungsfunktion verläuft auf der positiven reellen Achse von $1 \ldots \infty$ bzw. über dem Quotienten $x_0 / \hat{x}_e$ aufgetragen von $0 \ldots \infty$.

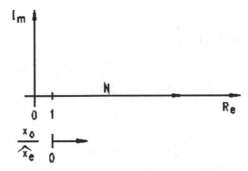

Bild 3.48   Ortskurve zur Beschreibungsfunktion der Vorlast

Hysterese

Mehrdeutige Kennlinien werden als Hysteresekennlinien bezeichnet. Die Hysterese findet man bei der Magnetisierung von Eisen sowie als Schaltverhalten von Stellgliedern und nichtstetigen Reglern.

Aus Bild 3.49 läßt sich ablesen:

$$x_a = \begin{cases} \hat{x}_e \cdot \sin \varphi - x_t & \text{für} \quad \varphi = [-\varphi_1, \pi/2] \\[2em] \hat{x}_e - x_t & \text{für} \quad \varphi = [\pi/2, \pi-\varphi_1] \\[2em] \hat{x}_e \cdot \sin \varphi + x_t & \text{für} \quad \varphi = [\pi-\varphi_1, 3\pi/2] \\[2em] -\hat{x}_e + x_t & \text{für} \quad \varphi = [3\pi/2, 2\pi-\varphi_1] \ . \end{cases}$$

$$(3.50)$$

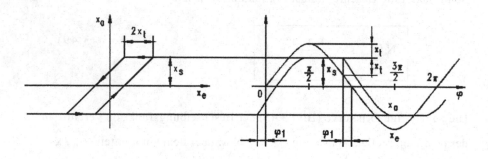

Bild 3.49   Ideale Kennlinie der Hysterese

Die Fourier-Koeffizienten lauten:

$$a_1 = \frac{2}{\pi} \cdot \int_{-\varphi_1}^{\pi-\varphi_1} x_a(\varphi) \cdot \cos \varphi \, d\varphi \ ,$$

$$b_1 = \frac{2}{\pi} \cdot \int_{-\varphi_1}^{\pi-\varphi_1} x_a(\varphi) \cdot \sin \varphi \, d\varphi \ .$$

Setzt man die Gleichung 3.50 jeweils in die beiden Integrale ein, folgt:

$$a_1 = - \frac{\hat{x}_e}{\pi} \cdot \cos^2 \varphi_1 \ ,$$

$$b_1 = \frac{\hat{x}_e}{\pi} \cdot (\frac{\pi}{2} + \hat{\varphi}_1 + \sin \varphi_1 \cdot \cos \varphi_1) \ .$$

Damit erhält man entsprechend Gleichung 3.43 die Beschreibungsfunktion der Hysterese.

$$N(\hat{x}_e) = \frac{1}{\pi} \cdot \left(\frac{\pi}{2} + \overset{\cap}{\varphi}_1 + \sin \varphi_1 \cdot \cos \varphi_1 \right) - j \cdot \frac{\cos^2 \varphi_1}{\pi} \quad .$$

Mit $\qquad \overset{\cap}{\varphi}_1 = \frac{\pi}{180} \cdot \arcsin \left(1 - \frac{2 x_t}{\hat{x}_e} \right) \qquad$ und $\qquad \alpha = 1 - \frac{2 x_t}{\hat{x}_e}$

folgt schließlich:

$$\boxed{N(\hat{x}_e) = \frac{1}{2} + \frac{1}{\pi} \left(\frac{\pi}{180} \arcsin \alpha + \alpha \sqrt{1 - \alpha^2} \right) - j \cdot \frac{1 - \alpha^2}{\pi}} \qquad (3.51)$$

Die Ortskurve der Beschreibungsfunktion ist komplex (Bild 3.50). Sie verläuft vom Nullpunkt des Koordinatensystems durch den IV. Quadranten der Gauß-schen Zahlenebene bis zum Punkt [1;j0]. Über dem Quotienten $x_t / \hat{x}_e$ aufgetragen jedoch in entgegengesetzter Richtung.

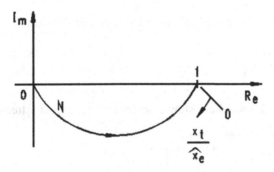

Bild 3.50   Ortskurve zur Beschreibungsfunktion der Hysterese

Zweipunktverhalten

Das Zweipunktverhalten entspricht einem Schalten zwischen zwei festgelegten Signalzuständen (Bild 3.51). Man findet entsprechende Anwendungen bei Bimetallschaltern, Magnetventilen, Schmitt-Triggern in der Analog und Digitaltechnik, bei Relaisschaltungen und auch als Zweipunkt-Regler (siehe Abschnitt 6.1.3). Aus Bild 3.51 läßt sich für die Ausgangsgröße ohne Hysterese (durchgezogene Linie) entnehmen:

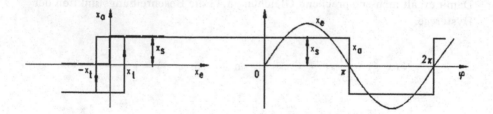

Bild 3.51   Ideale Kennlinie des Zweipunktverhaltens mit/ohne Hysterese

$$x_a = \begin{cases} x_s & \text{für} \quad x_e > 0 \\ -x_s & \text{für} \quad x_e < 0 \end{cases} \qquad (3.52)$$

Auch hier wird der Fourier-Koeffizient $a_1 = 0$, da die statische Kennlinie eine ungerade Funktion darstellt. Für b_1 folgt dann:

$$b_1 = \frac{2}{\pi} \cdot \int_0^\pi x_a(\varphi) \cdot \sin \varphi \, d\varphi$$

Setzt man die Gleichung 3.52 in das Integral ein, erhält man:

$$b_1 = \frac{4 \cdot x_s}{\pi}$$

Somit lautet die Beschreibungsfunktion des Zweipunktverhaltens ohne Hysterese:

$$N(\hat{x}_e) = \frac{4 \cdot x_s}{\pi \cdot \hat{x}_e} \qquad (3.53)$$

Die zugehörige Ortskurve (Bild 3.52) der Beschreibungsfunktion verläuft auf der positiven reellen Achse von $0 \ldots \infty$ für $x_s / \hat{x}_e = 0 \ldots \infty$. Mit Hysterese ergibt sich eine komplexe Gleichung für die Beschreibungsfunktion. Sie lautet:

$$N(\hat{x}_e) = \frac{4 \cdot x_s}{\pi \cdot \hat{x}_e} \cdot \sqrt{1 - \frac{x_t^2}{\hat{x}_e^2}} - j \cdot \frac{4 \cdot x_s \cdot x_t}{\pi \cdot \hat{x}_e^2} \qquad (3.54)$$

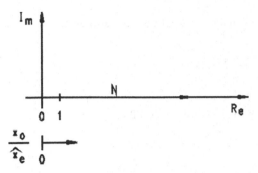

Bild 3.52   Ortskurve zur Beschreibungsfunktion des Zweipunktverhaltens

Dreipunktverhalten

Das Dreipunkt-Verhalten findet man häufig als nichtstetigen Regler in Anlagen der Verfahrenstechnik. Ohne Hysterese erhält man erst bei Überschreiten von x_t ein Ausgangssignal (Bild 3.53). Damit wird die undefinierte Nullage des vergleichbaren Zweipunktverhaltens vermieden.

Auch die statische Kennlinie des Dreipunkt-Verhaltens ist eine ungerade Funktion, so daß nur der Fourier-Koeffizient b_1 zu bestimmen ist.

$$b_1 = \frac{2}{\pi} \cdot \int_0^\pi x_a(\varphi) \cdot \sin \varphi \, d\varphi$$

Aus Bild 3.53 ergibt sich für die Ausgangsgröße (ohne Hysterese):

$$x_a = \left\{ \begin{array}{lll} 0 & \text{für} & \varphi = [0, \varphi_1] \\ x_s & \text{für} & \varphi = [\varphi_1, \pi - \varphi_1] \quad (3.55) \\ 0 & \text{für} & \varphi = [\pi - \varphi_1, \pi] \end{array} \right.$$

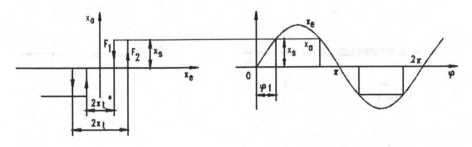

Bild 3.53   Ideale Kennlinie des Dreipunktverhaltens ohne Hysterese

Die Gleichung 3.55 in das Integral von b_1 eingesetzt führt zu

$$b_1 = \frac{4 \cdot x_s}{\pi} \cdot \cos \varphi_1$$

und mit $\varphi_1 = \arcsin \dfrac{x_t}{\hat{x}_e}$ folgt schließlich:

$$b_1 = \frac{4 \cdot x_s}{\pi} \cdot \sqrt{1 - \frac{x_t^2}{\hat{x}_e{}^2}}$$

Setzt man $x_s = k \cdot x_t$ ist eine anschaulichere Auswertung der Ortskurve möglich. Die Beschreibungsfunktion lautet somit:

$$N(\hat{x}_e) = \frac{4 \cdot k \cdot x_t}{\pi \cdot \hat{x}_e} \cdot \sqrt{1 - \frac{x_t^2}{\hat{x}_e{}^2}} \qquad\qquad (3.56)$$

Für $x_t / \hat{x}_e = 1/\sqrt{2}$ hat die Gleichung 3.56 ein Maximum der Größe:

$$N(\hat{x}_e) = \frac{2 \cdot k}{\pi}$$

Die zugehörige Ortskurve ohne Hysterese ist für k=2 in Bild 3.54a dargestellt. Sie ist eine Doppellinie auf der positiven reellen Achse und erstreckt sich vom Koordinaten-Nullpunkt bis zum jeweiligen Maximum der Beschreibungsfunktion.

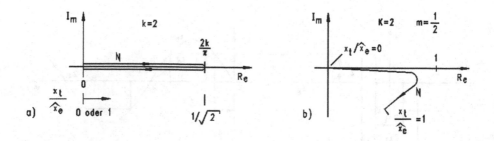

Bild 3.54   Zu den Beschreibungsfunktionen des Dreipunktverhaltens

Das Dreipunktverhalten mit Hysterese läßt sich durch die Überlagerung zweier Dreipunktverhalten ohne Hysterese zusammensetzen. Man erhält mit $x_t^* = m \cdot x_t$ folgende Beschreibungsfunktion.

$$N(\hat{x}_e) = \frac{2 \cdot k \cdot x_t}{\pi \cdot \hat{x}_e}(q + q^*) - j \cdot \frac{2 \cdot k \cdot x_t^2 \cdot (1 - m)}{\pi \cdot \hat{x}_e^2} \qquad (3.57)$$

Darin sind: $q = \sqrt{1 - \frac{x_t^2}{\hat{x}_e^2}}$ und $q^* = \sqrt{1 - \frac{m^2 x_t^2}{\hat{x}_e^2}}$

Die Ortskurve mit Hysterese ist für k=2 und m=1/2 in Bild 3.54b darge-stellt. Sie ist eine komplexe Funktion und verläuft im IV. Quadranten der Gau-ßschen Zahlenebene.

Aufgabe 3.3

Ein nichtlineares Regelkreisglied soll den geschwindigkeitsabhängigen Luft-widerstand berücksichtigen. Dieser verläuft im wesentlichen entlang einer Pa-rabel. Es ist die Beschreibungsfunktion dieser Kennlinie zu ermitteln.

3.3   Umformen von Blockschaltplänen

Bereits im Abschnitt 1.4 wurde gezeigt, daß es für ein besseres Verständnis re-geltechnischer Zusammenhänge sinnvoll ist, sich des Blockschaltplanes zu be-dienen. Da jedem Block der Kausalzusammenhang zwischen Ein- und Aus-gangsgröße eines Regelkreisgliedes zugeordnet ist, können gezielte Umfor-mungen des Blockschaltplanes zu vereinfachten Übertragungsfunktionen führen.

3.3.1   Regeln für lineare Regelkreisglieder

Sinn der Umformungen soll es also sein, einen Regelkreis bzw. die Übertra-gungsfunktion(en) überschaubar darzustellen. Dabei zeigt sich nicht selten, daß die Umformung des Blockschaltbildes leichter fällt, als eine rein mathe-matische Umformung der Übertragungsfunktion(en).

Die wichtigsten Umformregeln sind in der Tabelle 3.5 zusammengestellt. Bemerkenswert sind die Umformungen Nr. 13 - 15. Mit der zugehörigen Randbedingung können sie zu erheblich vereinfachten Übertragungsfunktionen bzw. Blockschaltbildern beitragen (siehe Abschnitt 6.1.4 - 6.1.6).

Die drei folgenden Aufgaben dienen dem Grundverständnis des Umformens von Blockschaltbildern (siehe auch Abschnitt 5.1 Bild 5.2).

Aufgabe 3.4

Die Übertragungsfunktion eines PT_1-Gliedes ist für $K_p=2$ anhand der Umformungsregel Nr. 11 als Blockschaltbild darzustellen.

Aufgabe 3.5

Welches Regelkreisglied entsteht, wenn man ein I-Glied mit der Gegenkopplung 1 erweitert?

Aufgabe 3.6

Der Ankerkreis eines fremderregten Gleichstrommotors im Leerlauf besteht für Φ=konstant aus der Reihenschaltung eines PT_1- mit einem I-Glied, einschließlich einer Gegenkopplung 1. Für diese vereinfachte Anordnung ist ein Ersatzblockschaltplan zu berechnen.

3.3.2 Regeln für nichtlineare Regelkreisglieder

Die in Tabelle 3.5 angegebenen Umformungsregeln lassen sich auf nichtlineare Regelkreisglieder nur bedingt anwenden. Ist eine Linearisierung, wie in den Abschnitten 2.1.3 und 3.2.1 beschrieben, nicht möglich, sind die Umformregeln der Tabelle 3.6 zu beachten.

So besagt beispielsweise die Regel Nr. 3, daß die Vertauschbarkeit der Reihenfolge eines linearen mit einem nichtlinearen Glied ausgeschlossen ist.

Tabelle 3.5 Umformregeln für lineare Regelkreisglieder

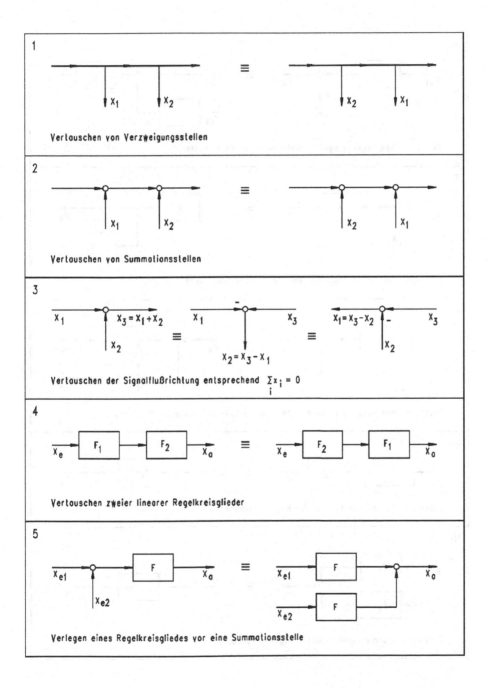

Tabelle 3.5   (Fortsetzung)

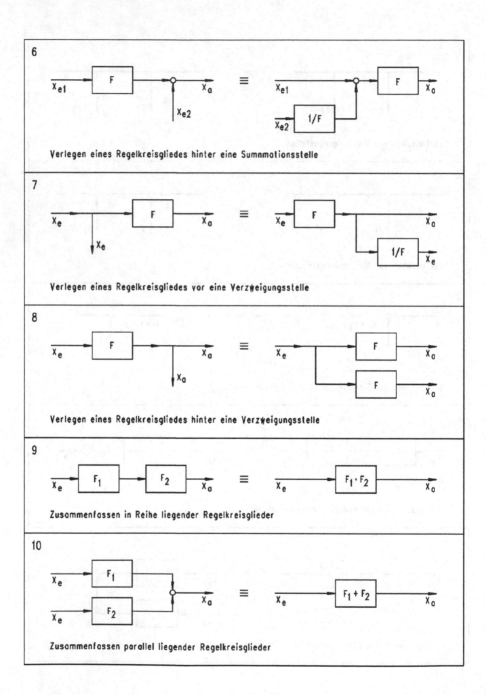

6 — Verlegen eines Regelkreisgliedes hinter eine Summnationsstelle

7 — Verlegen eines Regelkreisgliedes vor eine Verzweigungsstelle

8 — Verlegen eines Regelkreisgliedes hinter eine Verzweigungsstelle

9 — Zusammenfassen in Reihe liegender Regelkreisglieder

10 — Zusammenfassen parallel liegender Regelkreisglieder

Tabelle 3.5 (Fortsetzung)

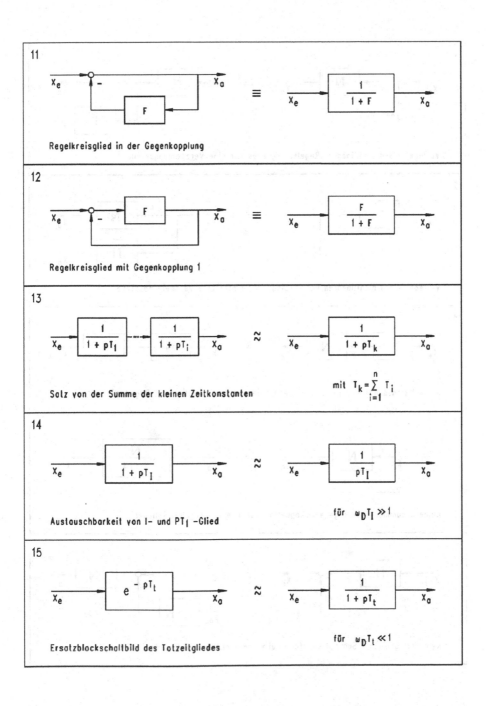

11	Regelkreisglied in der Gegenkopplung
12	Regelkreisglied mit Gegenkopplung 1
13	Satz von der Summe der kleinen Zeitkonstanten
14	Austauschbarkeit von I- und PT₁ -Glied
15	Ersatzblockschaltbild des Totzeitgliedes

Tabelle 3.6   Umformregeln für nichtlineare Regelkreisglieder

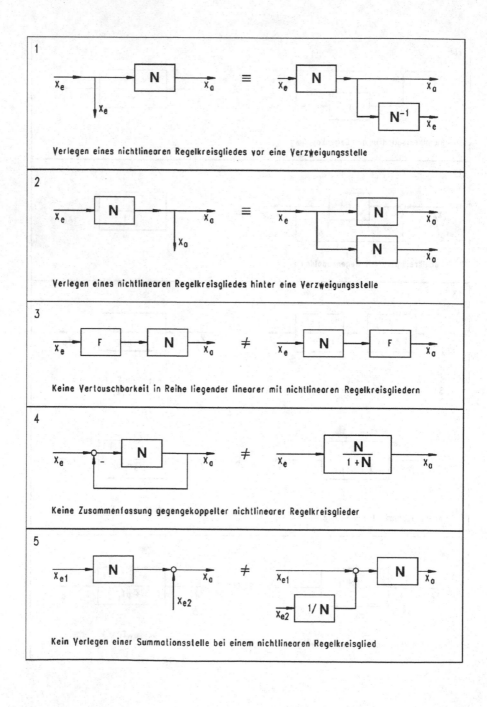

4   Komponenten der Automatisierung

In den vorangegangenen Abschnitten wurden die grundlegenden Strukturen
zur Behandlung von Regelkreisen dargelegt, die zum Verständnis der Regeltechnik unumgänglich sind. Dieser Abschnitt zeigt nun Wege auf, mit denen
Regeltechnik aus der Erfahrung und Anschauung einfach und doch effizient
betrieben werden kann. Ausgangspunkt ist jeweils eine lineare oder linearisier-
te Strecke, für die der "passende" Regler zu entwerfen ist. Dazu sind in der Literatur viele in der Praxis erprobte Methoden und Verfahren angegeben /21/,
/41/, /42/, /44/. Sie gehen meist von der Beurteilung der sich jeweils einstel-
lenden Sprungantwort aus.

4.1   Regler

Die folgenden Betrachtungen beziehen sich auf den in Bild 4.1 gezeichneten
einschleifigen Regelkreis. Er soll auf Führungs- und Störverhalten untersucht
werden. Die Regler-Einstellung erfolgt hier an den klassischen stetigen [1*] Reglern mit P-, PD-, PI- und PID-Verhalten. Weitere stetige Regler werden anhand
verschiedener Beurteilungs-Kriterien in den Abschnitten 5.5 und 7.1.3 behandelt.

Die Untersuchung nichtstetiger Regler bzw. nichtlinearer Regelungen wird mit
dem Zwei-Ortskurven-Verfahrens an Beispielen in den Abschnitten 5.4 und
6.1.3 vorgenommen.

Diskrete Regler-Algorithmen werden in Abschnitt 7.2.3 und 8 behandelt.

[1*] Innerhalb seines Stellbereichs $\pm x_s$ kann die Stellgröße y stetiger Regler jeden Wert annehmen
bzw. sich auf diesen kontinuierlich einstellen. Die Stellgröße nichtstetiger Regler nimmt dagegen nur zwei (Zweipunktregler) oder drei (Dreipunktregler) feste Werte an.

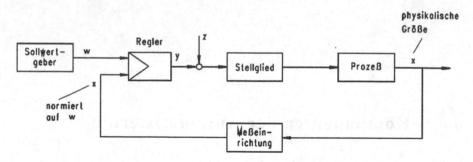

Bild 4.1   Blockschaltplan eines einschleifigen Regelkreises

4.1.1 Aufbau und Wirkungsweise

Besonders in der Antriebs- und Verfahrenstechnik verwendet man meist den PI- bzw. PID-Regler. Wenn die Regelstrecke hauptsächlich eine große und mehrere kleine Zeitkonstanten enthält, begnügt man sich mit dem PI-Regler.

Eine analogtechnische Realisierung des PI-Reglers ist in Bild 4.2 dargestellt (vergleiche mit Abschnitt 3.1.4 Bild 3.14). Die Operationsverstärker-Schaltung des PI-Verhaltens muß jedoch bei industrieller Anwendung in der Gegenkopplung mit einem Paar aus antiparallel geschalteten Zener-Dioden begrenzt werden.

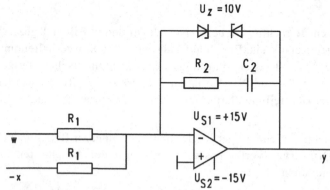

Bild 4.2   Einfache Operationsverstärker-Schaltung eines PI-Reglers

Mit dieser Maßnahme vermeidet man das Anfahren der Stellgrenze des Verstärkers, an der sich Sättigungserscheinungen (Totzeit-Effekte, Signalsprünge) einstellen, die das PI-Verhalten verfälschen. Gleichzeitig wird damit die Stellgröße auf $\pm y_{max} = \pm U_z = \pm 10\,V$ normiert.

Eine Festlegung, die für alle physikalischen Größen innerhalb einer analogen Regelung gilt (siehe auch Abschnitt 2.1.3 Bild 2.13).

In regeltechnischen Untersuchungen ist darauf zu achten, daß die Reglerverstärkung bei großen Signaländerungen (Großsignalbetrieb) auf die gewählte Zenerspannung begrenzt wird. Es gilt dann:

$$K_R = [\frac{R_2}{R_1} ; x_s] \qquad \text{mit} \qquad x_s = \frac{U_z / V}{10\,V} \qquad (4.1)$$

Eine Reglerschaltung mit variabler Begrenzung ist in Bild 4.3 abgebildet. Mit Hilfe von zwei Potentiometern und Dioden kann die Stellgröße y in positiver und negativer Richtung verschieden begrenzt werden. Allerdings ist ein nachgeschalteter Spannungsfolger zur Entkopplung des Begrenzers von nachfolgenden Schaltungen erforderlich.

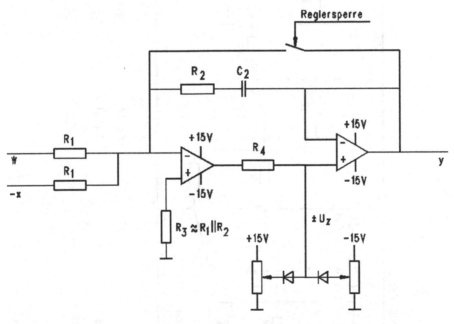

Bild 4.3   PI-Regler mit variabler Begrenzung und Reglersperre

Bei Anlagenstillstand muß die Gegenkopplung von Reglern mit I-Anteil über ein Relais kurzgeschlossen werden (Reglersperre). Damit erreicht man, daß der Widerstand der Gegenkopplung Null gesetzt wird, so daß auch die Stellgröße den Wert y=0 annimmt. Auf diese Weise wird ein "Wegintegrieren" der Stellgröße infolge der unvermeidbaren Verstärkerdrift verhindert.

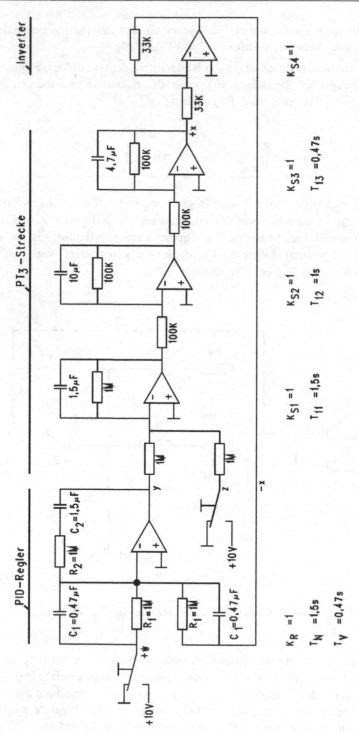

Bild 4.4   Analoge Regelung mit PID-Regler und drei PT₁-Gliedern

Die Wirkung verschiedener Regler auf das Führungs- und Störverhalten soll
mit einer analogen Simulation veranschaulicht werden. Die gewählte Schaltung besteht aus drei in Reihe liegenden PT_1-Gliedern und einem PID-Regler
(Bild 4.4). Regler mit P-, PD- oder PI-Verhalten ergeben sich, wenn die Kon-
densatoren C_1 und/oder C_2 weggelassen werden. Der Inverter ist notwendig,
damit die Regelgröße die richtige Polarität aufweist ($x_d = +w - x$).

Sollwert und Störgröße werden über Schalter vorgegeben, so daß sich die regeltechnische Betrachtung auf die jeweilige Sprungantwort bezieht. Bei den
angegebenen Zeitkonstanten und Verstärkungen sind die Bauteil-Toleranzen
von 10% - 20% zu berücksichtigen. Die zugehörigen Oszillogramme sind in
Bild 4.5 abgebildet.

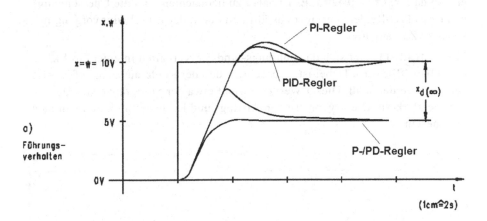

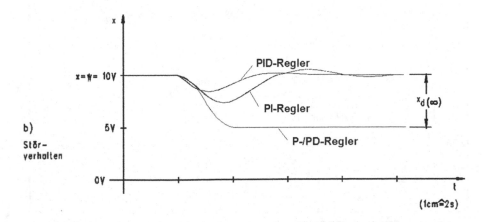

Bild 4.5   Oszillogramme der Führungs- und Störsprungantworten

Betrachtet man zunächst die Sprungantworten des P- und PD-Reglers bei einem Führungs- bzw. Störgrößensprung von 10V, fällt sofort die jeweils bleibende Regeldifferenz $x_d(\infty) = 5$ V auf.

Wegen des fehlenden Integral-Anteils im Regler ist der stationäre Endwert der Regeldifferenz nur von der Regelkreisverstärkung $K_0 = K_R \cdot K_S$ abhängig, die hier lediglich eins beträgt (Gleichung 2.5). Wird die Reglerverstärkung beispielsweise auf $K_R=100$ vergrößert, nimmt die bleibende Regeldifferenz zwar ab, die Schwingungsneigung der Regelung nimmt dann jedoch stark zu.

Setzt man dagegen den PI- oder PID-Regler für die gegebene Strecke ein, stellt sich die Regelgröße nach einem Einschwingvorgang auf den Sollwert ein, so daß $x_d(\infty) = 0$ wird. Es ist dabei zu beobachten, daß die Überschwingweite des PID-Reglers geringer ausfällt und damit der Einschwingvorgang in kürzerer Zeit abläuft.

Mit SIMLER-PC läßt sich das Führungs- und Störverhalten in einer Grafik darstellen (Bild 4.6). Dabei ist zu beachten, daß der Reglerausgang auf Xs=1,5 begrenzt werden muß. Dieser Wert entspricht etwa der Stellgrenze von Operationsverstärkern. Die Ergebnisse von Analog- und Rechnersimulation stimmen gut überein.

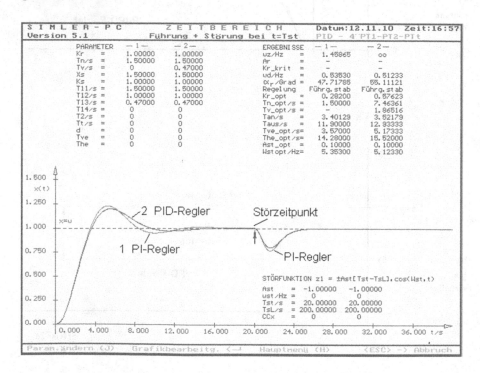

Bild 4.6   Simulationen mit PI- und PID-Regler bei der PT3-Strecke für
                  Führungs- und Störverhalten

4.1.2 Praktische Reglereinstellung

Den Einfluß von Störgrößen- und Führungsgrößenänderungen auf eine Regelung haben u.a. Chien, Hrones und Reswick für Regelstrecken höherer Ordnung untersucht /41/. Dieses Verfahren ist anwendbar, wenn die Sprungantwort
der Strecke ohne überschwingen einem endlichen Endwert zustrebt (Strecke
mit Ausgleich). Dabei wird an die experimentell ermittelte Übergangsfunktion
der Strecke die Tangente durch den Wendepunkt gelegt und dann die Verzugszeit T_u sowie die Ausgleichszeit T_g gemessen (Bild 4.7a). Die daraus abgeleiteten Einstellwerte für den Regler sind auch für den bei Folgeregelungen
notwendigen aperiodischen Verlauf ausgelegt (Tabelle 4.1).

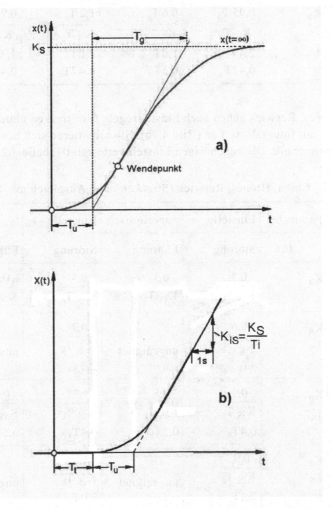

Bild 4.7   Sprungantworten mit/ohne Ausgleich zur Definition von T_g, T_u, T_t und K_{iS}

Tabelle 4.1   Einstellwerte Chien, Hrones, Reswick (Strecken mit Ausgleich)

Regler	Parameter für	Einstellg.→ aperiodisch		Einstellg.→ X_m 20%	
		Störung	Führung	Störung	Führung
P	K_R	$\dfrac{0,3\,T_g}{K_S\,T_u}$	$\dfrac{0,3\,T_g}{K_S\,T_u}$	$\dfrac{0,7\,T_g}{K_S\,T_u}$	$\dfrac{0,7\,T_g}{K_S\,T_u}$
PI	K_R T_N	$\dfrac{0,6\,T_g}{K_S\,T_u}$ $4T_u$	$\dfrac{0,35\,T_g}{K_S\,T_u}$ $1,2T_g$	$\dfrac{0,7\,T_g}{K_S\,T_u}$ $2,3T_u$	$\dfrac{0,6\,T_g}{K_S\,T_u}$ $1,0T_g$
PID	K_R T_N T_V	$\dfrac{0,95\,T_g}{K_S\,T_u}$ $2,4T_u$ $0,42T_u$	$\dfrac{0,6\,T_g}{K_S\,T_u}$ $1,0T_g$ $0,5T_u$	$\dfrac{1,2\,T_g}{K_S\,T_u}$ $2,0T_u$ $0,42T_u$	$\dfrac{0,95\,T_g}{K_S\,T_u}$ $1,35T_g$ $0,47T_u$

Chien, Hrones, Reswick geben auch Einstellregeln für Strecken ohne Ausgleich, d.h. mit Integralanteil an (Bild 4.7b). Sie orientieren sich besonders an der Antriebstechnik. Die zugehörigen Einstellwerte zeigt Tabelle 4.2.

Tabelle 4.2   Chien, Hrones, Reswick (Strecken ohne Ausgleich mit $T_k = T_t + T_u$)

Regler	Parameter für	Einstellg.→ aperiodisch		Einstellg.→ X_m 20%	
		Störung	Führung	Störung	Führung
P	K_R	$\dfrac{0,3}{K_{iS}\,T_k}$	$\dfrac{0,3}{K_{iS}\,T_k}$	$\dfrac{0,7}{K_{iS}\,T_k}$	$\dfrac{0,7}{K_{iS}\,T_k}$
PI	K_R T_N	$\dfrac{0,6}{K_{iS}\,T_k}$ $4T_k$	ungeeignet	$\dfrac{0,7}{K_{iS}\,T_k}$ $2,5T_k$	ungeeignet
PD	K_R T_V	$\dfrac{0,9}{K_{iS}\,T_k}$ $0,4T_k$	$\dfrac{0,5}{K_{iS}\,T_k}$ $0,5T_k$	$\dfrac{1,2}{K_{iS}\,T_k}$ $0,4T_k$	$\dfrac{0,9}{K_{iS}\,T_k}$ $0,5T_k$
PID	K_R T_N T_V	$\dfrac{0,9}{K_{iS}\,T_k}$ $2,4T_k$ $0,4T_k$	ungeeignet	$\dfrac{1,2}{K_{iS}\,T_k}$ $2,0T_k$ $0,5T_k$	ungeeignet

Bei Strecken mit Ausgleich und Überschwingen wendet man ein Verfahren von Ziegler, Nichols an /44/. Die Reglereinstellung basiert dann auf der kritischen Verstärkung K_{Rkrit} und der zugehörigen Zeitkonstante T_{krit}. Beide werden experimentell ermittelt. Man bringt die Regelstrecke mit einem P-Regler durch Erhöhen der Reglerverstärkung bis zum Wert $K_R = K_{Rkrit}$ an die Stabilitätsgrenze. Dort führt die Sprungantwort Dauerschwingungen mit der Zeitkonstanten T_{krit} aus. Die daraus abgeleiteten Einstellwerte für den Regler sind in der Tabelle 4.3 zusammengefaßt. Dieses Verfahren ist jedoch nur bei Simulation der Regelung sinnvoll.

Tabelle 4.3 Werte Ziegler, Nichols (schwingende Strecken mit Ausgleich)

Regler	Parameter	Einstellung
P	K_R	$0{,}50 \cdot K_{Rkrit}$
PI	K_R	$0{,}45 \cdot K_{Rkrit}$
	T_N	$0{,}83 \cdot T_{krit}$
PID	K_R	$0{,}60 \cdot K_{Rkrit}$
	T_N	$0{,}50 \cdot T_{krit}$
	T_V	$0{,}125 \cdot T_{krit}$

Beispiel:

Mit Hilfe des Programms SIMLER-PC soll die experimentell aufgenommene Sprungantwort einer Strecke identifiziert und der passende Regler entworfen werden. Die Sprungantwort der zunächst unbekannten Strecke ist in der ersten Simulation des Bildes 4.8 dargestellt. Mit den Hinweisen zur Identifikation läßt sich in der dritten Simulation schließlich eine PT_1-PT_2-PTt-Strecke ermitteln. Die Regler-Einstellung nach dem Verfahren von Chien, Hrones und Reswick scheidet hier aus, da die Regelstrecke überschwingt.

Soll der Regler nach Ziegler, Nichols eingestellt werden, sind zunächst die Werte K_{Rkrit} und T_{krit} zu ermitteln (Bild 4.9). Mit den identifizierten Streckenparametern und einem P-Regler, der auf $K_R = 1$ eingestellt ist, erhält man in der ersten Simulation eine stabile Regelung. Aus der Liste der Ergebnisse läßt sich nun $K_{Rkrit} = 3{,}88769$ ablesen. Auf diese Verstärkung stellt man in der zweiten Simulation den P-Regler ein und erhält eine Sprungantwort, die Dauerschwingungen mit der Zeitkonstanten T_{Krit} ausführt. T_{krit} läßt sich aus der Grafik mit Hilfe des Abszissen-Fahrstrahls entnehmen oder mit Hilfe der kritischen Frequenz $\omega_z = 2\pi f_{krit}$ berechnen.

$$T_{krit} = 2\pi / \omega_z \qquad\qquad (4.2)$$

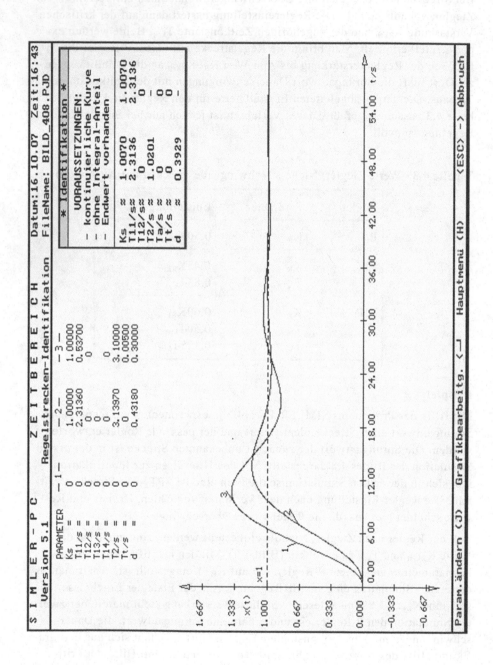

Bild 4.8   Identifikation einer Strecke höherer Ordnung

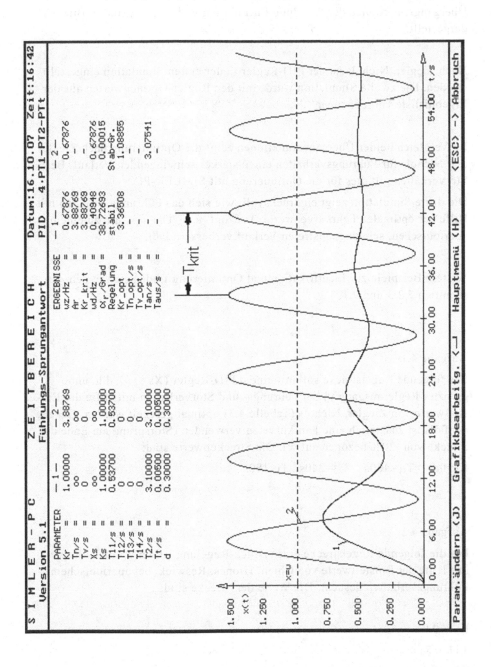

Bild 4.9   Ermitteln von K$_{Rkrit}$ und T$_{krit}$ durch zwei Simulationen

Aus der Tabelle 4.3 lassen sich nun die Regler-Parameter entnehmen. Die Übergangsfunktionen der Regelung für Führung und Störung sind in Bild 4.10 dargestellt.

Nach Ziegler, Nichols ist der PID-Regler in der ersten Simulation eingestellt worden. Die zweite Simulation wurde mit den Regler-Optimalwerten aus der Ergebnisliste vorgenommen.

Im Vergleich beider Übergangsfunktionen zeigt die Optimierung nach Ziegler und Nichols für Führungsverhalten einen stärker schwingenden Verlauf. Bei Störverhalten gilt dies für die Optimierung mit SIMLER-PC.

Die dritte Simulation zeigt eindrucksvoll, wie sich das Führungsverhalten mit Hilfe der optimalen Fahrkurvenwerte Tve_opt und The_opt hin zu einem aperiodischen, schwingungsfreien Verlauf verbessern läßt.

Weitere Beispiele zur Identifikation und Optimierung finden sich in den Abschnitten 7.2.3 und 9.1.

Aufgabe 4.1

Die folgende Regelstrecke soll mit einem PID-Regler ($X_s \to \infty$, d.h. unbegrenzter Reglerausgang y) bei Führungs- und Störverhalten mit Hilfe der Einstellwerte von Ziegler, Nichols (Tabelle 4.3) optimal geregelt werden. Gegebenenfalls ist zusätzlich eine Fahrkurve zu verwenden (Störsprung am Ende der Strecke von -20% bezogen auf w). Die Streckenwerte sind:

K_s=0,9 T_{11}=400s T_{12}=240s T_i=180s .

Aufgabe 4.2

Für die folgende Regelstrecke einer Druck-Regelung ist der optimale Regler mit Hilfe der Einstellwerte von Chien, Hrones, Reswick bei aperiodischem Führungsverhalten gesucht. Die Werte der Strecke sind:

K_s = 0,9

$T11$ = 5s

$T2$ = 0,3s,   d = 0,6

T_i = 6s

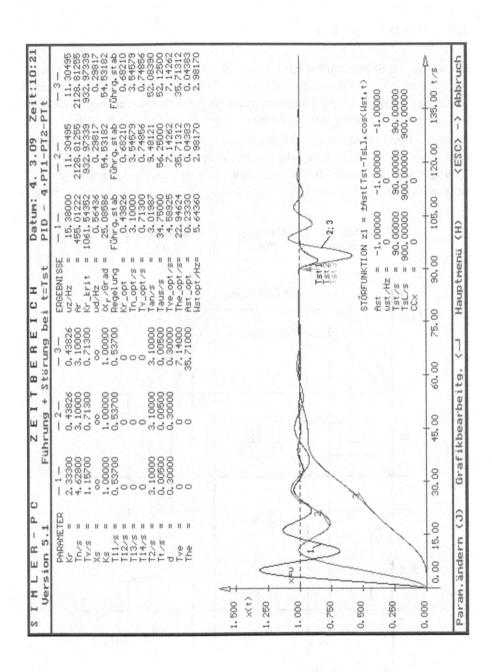

Bild 4.10   Regler- und Fahrkurvenoptimierung bei Führung und Störung

4.2   Sollwertgeber

Sollwertgeber, Sollwertsteller bzw. Führungsgrößengeber sind Einrichtungen
zur Vorgabe der Führungsgröße und ihrer zeitlichen Ableitung(en). Sie werden
an anderen Stellen auch als Führungseinrichtung, Fahrkurvenrechner, Hochlaufgeber oder Leitwertgeber bezeichnet (vergleiche mit /37/, /56/, /59/).

Die einfachste Sollwertvorgabe ist die mittels eines Schalters. Dabei wird die
Führungsgröße sprunghaft zu- oder abgeschaltet. Die daraus resultierende
Sprungantwort wird meist für vergleichende regeltechnische Betrachtungen
verwandt (Bild 4.11).

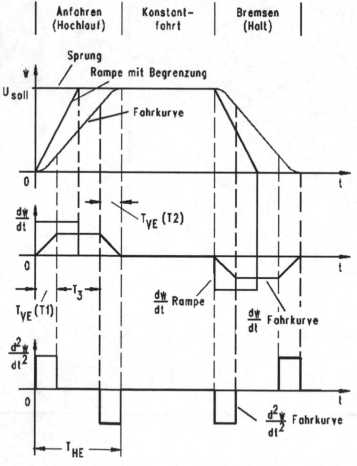

Bild 4.11   Verschiedene Führungsfunktionen und ihre zeitliche Ableitung

Die Vorgabe des Sollwertes als Sprungfunktion ist jedoch bei geregelten Antrieben wegen der Unstetigkeitsstelle bei t=0 problematisch. Es kommt häufig
zu unerwünschten Schwingungen der Regelgröße, die sich negativ auf die Betriebssicherheit, die Produktqualität und den Fahrkomfort einer Anlage
auswirken.

Eine Rampenfunktion mit Begrenzung führt zwar gegenüber der Sprungfunktion zu einer Verbesserung des Übergangsverhaltens, sie enthält allerdings
ebenfalls Knickpunkte. Diese lassen sich durch einen "Verschliff" innerhalb
der Zeiten T_{VE} beseitigen. Eine Analogschaltung, die das Verschleifen der
Knickpunkte mit zwei PT_1-Gliedern realisiert, ist in Bild 4.12 abgebildet.

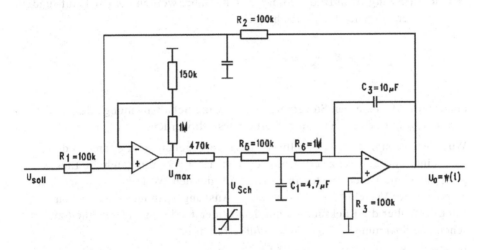

Bild 4.12   Analoger Sollwertgeber mit Verschliff durch zwei PT_1-Glieder

Die Ausgangsspannung setzt sich dabei wie folgt zusammen:

$$U_a = U_{Sch} \cdot [\frac{t}{2T_3} + \frac{T_1}{4T_3}(e^{-2t/T_1} - 1)]_0^{T1+T3} +$$

$$+ [U_a(T_1+T_3) + U_{Sch} \cdot (1 - e^{-\frac{t+T_1+T_3}{2T_1+T_3}})]_{T1+T3}^{\infty}$$

Mit $T_1 = \frac{R_5 \cdot R_6}{R_5 + R_6} \cdot C_1 \approx 0,43 \text{ s}$, $T_2 = R_2 C_2 = 0,47 \text{ s}$,

$T_3 = (R_5 + R_6)C_3 = 11 \text{ s}$ bei $U_{Sch} = U_{max}$

ergibt sich beispielsweise eine mittlere Verschliffszeit von 0,45s und eine Hochlaufzeit von $T_{HE} \approx 12\,s$.

Je nach dem Automatisierungsgrad einer Anlage sind die Anforderungen an den Sollwertgeber entsprechend hoch. Meist wird zusätzlich das Differential dw/dt an die Regelung ausgegeben. Beispielsweise wird der Wert dw/dt im Falle einer Geschwindigkeits- oder Drehzahl-Regelung zur Bildung des Beschleunigungsmomentes verwandt.

Als Funktion für die stetige und zeitoptimale Vorgabe der Führungsgröße und ihrer zeitlichen Ableitung eignet sich die Fahrkurve. Sie wird aus Parabel- und Geraden-Stücken gebildet (siehe Abschnitt 2.2.2 Bild 2.27). Ein Gerät mit diesen Funktionen bezeichnet man als Fahrkurvenrechner. Die analogtechnische Realisierung ist in Bild 4.13 dargestellt. Dabei werden die Hochlauf- und Bremszeit entsprechend der Gleichung

$$T_{HE} = \frac{U_{Soll}}{U_{Sch}} \cdot R_2 \cdot C_2$$

eingestellt. Mit externen Steuerbefehlen kann die Schaltspannung U_{Sch} und damit T_{HE} auf den gewünschten Wert eingestellt werden.

Wird dem Verstärker A1 ein Sollwert U_{Soll} vorgegeben, geht er an den durch U_{Sch} eingestellten Grenzwert. Über den Verstärker A2 ergibt sich die Eingangsspannung für den ersten Integrierer A3, der den Wert dw/dt bildet. Mit Erreichen der Verschliffzeit T_{VE} wird die Ausgangsspannung von A3 konstant, weil über die Rückführung mit dem Widerstand R_3 nun Gleichheit zwischen den Spannungen U_{Sch} und dw/dt erreicht ist.

Integrierte der zweite Verstärker A4 zunächst mit linear steigender Eingangsspannung, so wird mit $t=T_{VE}$ seine Eingangsspannung konstant. Die Fahrkurve w(t) geht also von einer Parabel bei T_{VE} in eine lineare Steigung über.

Mit der quadratischen Rückführung A6 wird gewährleistet, daß der Verschliff zur richtigen Zeit, vor Erreichen des vorgegebenen Sollwertes U_{Soll}, wieder einsetzt. Dann nämlich wird die Ausgangsspannung des Verstärkers A3 linear bis auf Null abnehmen, so daß die Fahrkurve einer Parabel mit negativer Steigung folgt. Bei der Hochlaufzeit T_{HE} erreicht die Fahrkurve w(t) schließlich (infolge der Rückführung mit R4) den vorgewählten Sollwert U_{Soll}. Außerdem hat die quadratische Rückführung die Aufgabe, ein Überschwingen des Wertes dw/dt zu vermeiden. Die festliegende Integrationszeitkonstante des Verstärkers A3 hat zwangsläufig verschiedene Verschliffzeiten zur Folge (siehe Bild 4.13 unten). Ist man an einer konstanten Verschliffzeit T_{VE} interessiert, muß mit dem entsprechenden Hochlauf- oder Bremsbefehl das Netzwerk R_1-C_1 jeweils auf andere Werte umgeschaltet werden. Erst dann entspricht die Schaltung einem in der industriellen Praxis einsetzbaren Gerät.

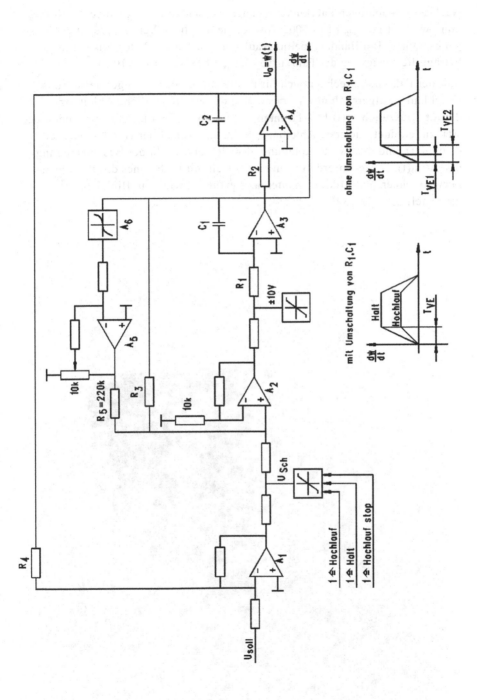

Bild 4.13 Analoger Fahrkurvenrechner

Nachteil des analogen Fahrkurvenrechners ist seine relativ geringe Auflösung von w_{max} (t) / w_{min} (t) ≈ 500 sowie eine mögliche Verstärkerdrift der Ausgangssignale. Bei Bandbearbeitungsanlagen mit hohem Automatisierungsgrad beträgt die Auflösung der Fahrkurve w_{max} (t) / w_{min} (t) ≈ 10000 .

Soll der Fahrkurvenrechner auch für Positionieraufgaben eingesetzt werden (Nachlauf-, Folgeregelung), ist zusätzlich die zweite zeitliche Ableitung d^2w/dt^2 auszugeben (Bild 4.11 unten). Dann ist die Fahrkurve w(t) dem Weg s(t) zugeordnet, die erste Ableitung dw/dt entspricht der Geschwindigkeit ds/dt=v(t) und die zweite Ableitung d^2w/dt^2 entspricht der Beschleunigung d^2s/dt^2=a(t). Diese Anforderungen lassen sich mit Hilfe eines digitalen Fahrkurvenrechners auf Mikrocomputerbasis erfüllen, wie er in Bild 4.14 dargestellt ist /37/, /59/.

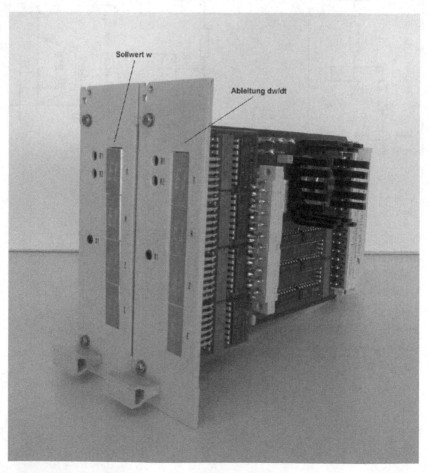

Bild 4.14   Digitaler Fahrkurvenrechner mit Mikrocomputer

Einige Leistungsmerkmale dieses Gerätes sind:

- T_{VE} und T_{HE} über Tastatur und Dekadenschalter oder extern einstellbar.
- Fahrbefehle direkt vom Gerät oder von extern möglich.
- 4-dekadige Digital- und Analog-Ausgabe der Fahrkurve.
- 3-dekadige Digital- und Analog-Ausgabe von dw/dt.
- Hochlauf auf Festwerte oder variablen Werten folgend.
- Parallel-Ausgabe aller Werte nach maximal 2ms.

Mit einer Simulation läßt sich anschaulich die positive Wirkung einer optimal eingestellten Fahrkurve anhand des Führungsverhaltens zeigen (Bild 4.15). Im Vergleich sind die Sprung-, Rampen- und Fahrkurvenantwort einer Regelung mit PI-Regler und PT_1-PT_1-I-PTt-Strecke dargestellt. Nur mit der Fahrkurve läuft die Regelgröße schwingungsfrei und aperiodisch auf den Sollwert ein. Sie ist damit auch für Folgeregelungen einsetzbar.

SIMLER-PC erlaubt ebenfalls die Vorgabe von Fahrkurvenfunktionen und gibt Hinweise zu deren optimaler Einstellung (siehe Abschnitt 7.2.3).

4.3   Stellgeräte

Stellgeräte sind die Bindeglieder zwischen Regler und dem zu beeinflussenden Prozeß. Sie bestehen nach DIN 19226 aus dem Stellantrieb und dem Stellglied.

Der Stellantrieb ist meistens konstruktiv mit dem Stellglied zu einem Gerät (Stellgerät) verbunden - er betätigt das Stellglied.

Das Stellglied greift direkt in den Massen- bzw. Energiefluß ein. Beispiele dafür sind Stellventile, Klappen, Schieber, Stelltransformatoren und Stromrichter. Man kann sich den Stellantrieb als den letzten Teil der Regeleinrichtung und das Stellglied als den ersten Teil der Regelstrecke denken.

Die folgenden Beispiele sind eine Auswahl sehr häufig eingesetzter Stellgeräte. Weitere Anwendungen zu diesem Thema finden sich in den Literaturstellen /26/, /27/, /36/.

4.3.1 Stromrichter

Der gebräuchlichste Stromrichter zur Regelung von Gleichstromantrieben ist die vollgesteuerte Drehstrombrückenschaltung. Er wurde für eine Stromrichtung bereits in Bild 2.16 dargestellt. Im Allgemeinen enthält das Stromrichtergerät bereits den Ankerstrom-Regler, der als unterlagerte Regeleinrichtung innerhalb einer Kaskadenregelung eingesetzt wird.

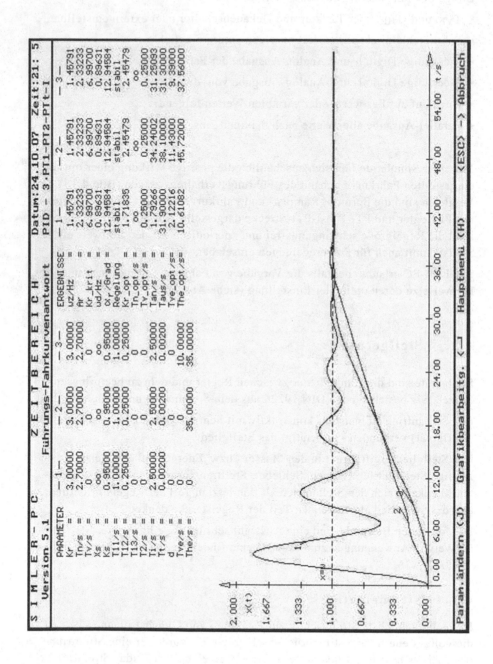

Bild 4.15   Sprung-, Rampen- und Fahrkurvenantwort einer Regelung

Außerdem ist meist auch die Meßwerterfassung des Ankerstromes I_{Ai} im Stromrichter integriert. Die Messung erfolgt gewöhnlich auf der Drehstromseite (Bild 4.16).

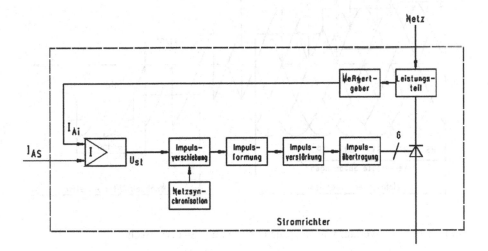

Bild 4.16 Komponenten eines Stromrichters für GS-Antriebe

Bei nur positiver Stromrichtung kann ein Stromrichter-Antrieb lediglich im II-Quadranten-Betrieb arbeiten (Rechtslauf, treibend und Linkslauf bremsend). Wird die Drehstrombrückenschaltung um sechs Thyristoren in Gegenparallelschaltung ergänzt, kann im IV-Quadranten-Betrieb gefahren werden (Treiben und Bremsen im Rechts- und Linkslauf). Aus den verketteten Spannungen des Drehstromnetzes U_{RS} - U_{TS} wird die steuerbare Gleichspannung $U_{di\alpha}$ gewonnen. Diese kann mit Hilfe der Thyristoren in ihrer Größe und Richtung verändert werden /4/. Der Zusammenhang zwischen dem Steuerwinkel α und der Spannung $U_{di\alpha}$ wurde bereits in der Gleichung 2.15 beschrieben. In Bild 4.17 ist der Verlauf von $U_{di\alpha}$ für verschiedene Steuerwinkel dargestellt (ohne Berücksichtigung der Kommutierungsvorgänge, für ohmsche Belastung).

Zur Berechnung einer Regelung mit Stromrichter ist eine Aussage über seine Verstärkung notwendig. Aus dem Bild 2.18 ist zu entnehmen, daß die Zündzeitpunkte bzw. Steuerwinkel offensichtlich mit Hilfe der Steuergleichspannung Ust gebildet werden. Diese Funktion, sowie der Zusammenhang zwischen Ust und $U_{di\alpha}$ lassen sich aus den Bildern 2.18 und 2.19 entnehmen.

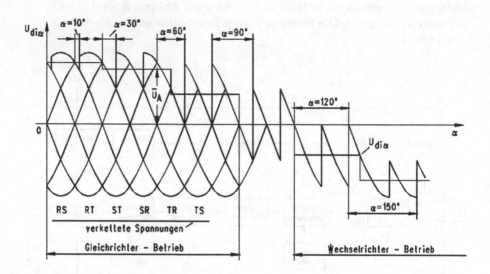

Bild 4.17   Verlauf von $U_{di\alpha}$ als Funktion des Steuerwinkels

Setzt man nichtlückenden Betrieb voraus und meidet die starken Krümmungen der Cosinus-Funktion (Bild 2.19), ergeben sich lineare Zusammenhänge. Es gilt dann für die Proportionalverstärkung:

$$K_p(\alpha) = k \cdot \frac{\Delta U_{st}}{U_{stmax}} \cdot \Delta \cos \alpha \qquad\qquad (4.3)$$

Man erhält z.B. für $\alpha_1 = 90°$ und $\alpha_2 = 30°$ mit Hilfe von Bild 2.18 folgende Verstärkung (Konstante k=2):

$$K_p(\alpha) \approx 2 \cdot \frac{6{,}41V - 0V}{10V} \cdot (\cos 30° - \cos 90°) \approx 1{,}11$$

Der Hauptarbeitsbereich einer vollgesteuerten Drehstrombrückenschaltung liegt bei $\alpha = 30° \ldots 150°$. In die regeltechnische Betrachtung sollte jedoch die größte Proportionalverstärkung einbezogen werden. Sie ergibt sich bei $\alpha_2 = 10°$ und beträgt dann $K_p(\alpha) = 1{,}82$. .

Für die Regelung von Drehstromasynchronmotoren mit Käfigläufer in einem Leistungsbereich von ca. 0,2...50 kW läßt sich der Drehstromsteller einsetzen (Bild 4.18). Jede Phase des Drehstromnetzes enthält ein antiparallel geschaltetes Thyristorpaar für beide Halbwellen der Drehspannung.

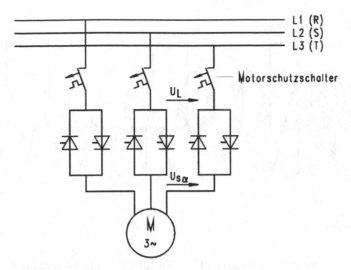

Bild 4.18 Wirkschaltplan eines DS-Asynchronmotors mit DS-Steller

Der Steuerwinkel α kann von $0°$ bis $180°$ kontinuierlich verstellt werden. In Bild 4.19 ist der Verlauf der gesteuerten Drehspannung $U_{S\alpha}$ für verschiedene Steuerwinkel (bei ohmscher Belastung) dargestellt.

Die Abhängigkeit der Drehpannung $U_{S\alpha}$ vom Steuerwinkel bei verschiedenen Belastungsarten zeigt das Bild 4.20.

Für ohmsche Belastung ergibt sich der Zusammenhang:

$$U_{S\alpha} = U_L \cdot \frac{1 + \cos \alpha}{2}$$

Auch beim Drehstromsteller wirkt eine Änderung des Steuerwinkels an einem Thyristor nur einmal pro Periode T . Bei einer Netzfrequenz von 50Hz und der Pulszahl p=3 erhält man eine Totzeit von etwa

$$T_t = \frac{T}{p} = 6{,}67 \text{ ms} .$$

Die Proportionalverstärkung des Drehstromstellers kann ebenfalls mit Hilfe der Gleichung 4.3 ermittelt werden. Sie liegt je nach der Festlegung des Wertes U_{stmax} in der Größenordnung von $K_p (\alpha) \approx 1$.

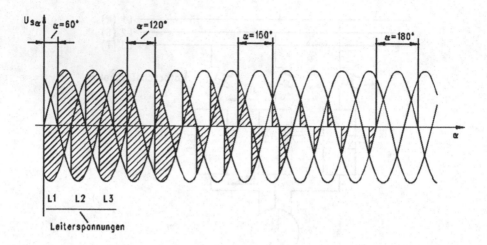

Bild 4.19   Verlauf der Spannung U$_{S\alpha}$ bei verschiedenen Steuerwinkeln

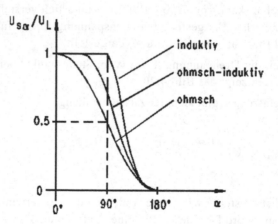

Bild 4.20   Abhängigkeit von U$_{S\alpha}$ von α bei verschiedenen Belastungen

4.3.2 Ventile

Zwei typische Stellgeräte zur Beeinflussung von Massenströmen sind das Magnetventil und das Servoventil (elektrohydraulisches Wegeventil). In beiden Fällen wird durch elektromagnetische Wirkung eine Hubbewegung erzeugt. Diese Stellgeräte können direkt von einem stetigen Regler aus angesteuert werden, wenn dieser über einen Leistungsausgang verfügt. Entsprechende Beispiele sind in den Abschnitten 6.1.3 und 6.1.7 aufgeführt.

Das Magnetventil eignet sich besonders für kleine Hübe. Sein schematischer Aufbau ist in Bild 4.21 abgebildet. Die Kraftübertragung auf den Kolben der Masse m erfolgt durch magnetische Induktion. Die zugehörige Gleichung des elektrischen Kreises lautet dann:

$$U_e = I_e \cdot R + L \cdot \frac{d I_e}{dt} + B \cdot l \cdot N \cdot \frac{ds}{dt} \quad ,$$

B: Flußdichte, l: wirksame Spulenlänge, L: Spulen-Induktivität,

N: Windungszahl der Spule, R: ohmscher Widerstand der Spule.

In dieser Gleichung entspricht der rechte Summand der Wegänderung des Kolbens. Für die Kraftwirkung eines Elektromagneten gilt (N: Windungzahl):

$$F = B \cdot l \cdot N \cdot I_e \quad . \tag{4.4}$$

Diese Kraft ist gleich der Gegenkraft des mechanischen Kreises aus Reibkraft und Beschleunigungskraft. Die Rückstellkraft durch die Feder c_f kann hier vernachlässigt werden. Somit erhält man

$$F = r \cdot \frac{ds}{dt} + m \cdot \frac{d^2 s}{dt^2} = r \cdot v + m \cdot \frac{dv}{dt} \quad .$$

Setzt man die beiden Kräftegleichungen ineinander ein, ergibt sich durch Laplace-Transformation mit p=d/dt für den Strom:

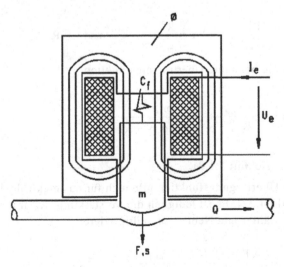

Bild 4.21   Schema eines Magnetventils

$$I_e(p) = \frac{v(p) \cdot (r + p \cdot m)}{B \cdot l \cdot N} \; .$$

Nun wird die Gleichung für $I_e(p)$ in die Laplace-Transformierte Gleichung für U_e eingesetzt und man erhält

$$U_e(p) = \frac{(R + p \cdot L)(r + p \cdot m) \cdot v(p)}{B \cdot l \cdot N} + B \cdot l \cdot N \cdot v(p) \; .$$

Multipliziert man dieses Ergebnis mit dem freien Querschnitt A der Rohrleitung, läßt sich folgende Übertragungsfunktion des Magnetventils formulieren:

$$F(p) = \frac{v(p) \cdot A}{U_e(p)} = \frac{Q(p)}{U_e(p)} =$$

$$= \frac{1}{K_p} \cdot \frac{\dfrac{(B \cdot l \cdot N)^2}{L \cdot m}}{p^2 + p \cdot \left(\dfrac{R}{L} + \dfrac{r}{m}\right) + \dfrac{R \cdot r + (B \cdot l \cdot N)^2}{L \cdot m}}$$

mit: $K_p = \dfrac{B \cdot l \cdot N}{A} \; .$

Der Quotient aus dem Volumenstrom (Durchfluß) Q und der Eingangsspannung U_e stellt also ein Verzögerungsglied II. Ordnung dar. Mit

$$\omega_0^2 = \frac{(B \cdot l \cdot N)^2}{L \cdot m} \; , \qquad 2\alpha = \frac{R}{L} + \frac{r}{m} \qquad \text{und} \qquad R \cdot r \ll (B \cdot l \cdot N)^2$$

läßt es sich auf die bekannte Übertragungsfunktion

$$F(p) = \frac{1}{K_p} \cdot \frac{\omega_0^2}{p^2 + 2\alpha p + \omega_0^2}$$

bringen (siehe Abschnitt 3.1.8).

Die abgeleitete Übertragungsfunktion gilt auch für das elektrohydraulische Servoventil (Bild 4.22). Es ist lediglich die Verstärkung K_p mit der Kraftdifferenz ΔF im Zähler und Nenner zu multiplizieren

$$K_p = \frac{\Delta F \cdot B \cdot l \cdot N}{\Delta F \cdot A} = \frac{\Delta p}{\Delta I_e} \; .$$

Das elektrohydraulische Servoventil weist also ebenfalls PT_2-Verhalten auf. Seine Übertragungsfunktion wurde bereits im Bild 3.31b aufgezeichnet. Daraus läßt sich ein Wert für die Verstärkung von $K_p \approx 1$ ablesen. Jede Stromänderung ΔI_e in der Servoventilspule führt zu der gewünschten proportionalen Druckänderung Δp. Dieses Verhalten bleibt bis zur Resonanzfrequenz ω_0 praktisch unverändert.

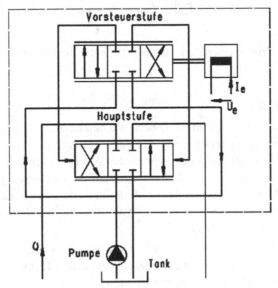

Bild 4.22   Schema eines elektrohydraulischen Servoventils

4.3.3 Stellmotoren und Linearantriebe

Für Dreh- oder Längsbewegungen zum Positionieren der verschiedensten Vorrichtungen werden Stellmotoren und Linearantriebe in den unterschiedlichsten Bauformen verwendet. So werden bei Bearbeitungsmaschinen der Robotik, zur Betätigung von Schiebern und Ventilen in der Verfahrenstechnik, bei Fräs- und Graviermaschinen oder an Meßtischen in der Feinwerktechnik eingesetzt.

Elektrische Stellmotoren sind häufig Scheibenläufer-, Schritt- oder Linearmotoren kleiner Leistung und geringem Trägheitsmoment. Sie arbeiten stets über ein Getriebe auf das Stellglied. Damit wird die hohe Motordrehzahl auf eine niedrige Antriebsdrehzahl untersetzt, so daß sich große Stellmomente ergeben (Bild 4.23).

Die zu realisierenden Stellbewegungen sind durch einen definierten Anfang und ein definiertes Ende gekennzeichnet. Daher bestimmen Beschleunigungs- und Verzögerungsvorgänge die mechanische, elektrische und thermische Dimensionierung von Stellantrieben /19/, /27/.

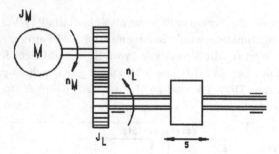

Bild 4.23   Prinzip eines Stellantriebs (Stellmotor mit Getriebe)

Scheibenläufermotor

Der Scheibenläufermotor (Bild 4.24) besitzt einen axialen Luftspalt. Auf die Läuferscheibe ist die Ankerwicklung aufgedruckt (ähnlich wie bei einer Leiterplatine). Der Kommutator liegt dicht an der Welle. Das Ständerfeld wird mit Permanentmagneten aufgebaut, die beidseitig auf die Läuferscheibe einwirken. Die erhebliche Massenreduktion des Läufers, im Vergleich zum klassischen Gleichstrommotor, führt zu einer hohen Dynamik. Die Hochlauf- und Bremszeiten liegen im ms-Bereich.

Die Übertragungsfunktion eines Scheibenläufermotors wurde bereits in Abschnitt 3.1.8 abgeleitet und stellt ein Verzögerungsglied II. Ordnung mit den elektrischen und mechanischen Zeitkonstanten

$$T_A = \frac{L_A}{R_A} \quad \text{und} \quad T_M = \frac{J \cdot R_A}{C_2{}^2 \Phi^2} \qquad (4.5)$$

dar. Gewöhnlich ist die Ankerinduktivität des Motors sehr klein, so daß sich mit $T_A \ll T_M$ ein gut gedämpftes System ergibt. Durch Koeffizientenvergleich mit der Gleichung 3.30 erhält man die Umrechnung in ein klassisches PT_2-Glied mit

$$T_2 \approx \sqrt{T_A \cdot T_M} \quad \text{und} \quad d \approx \frac{T_M}{2\,T_2} \quad . \qquad (4.6)$$

Beispielsweise ergeben sich mit $T_A=25\text{ms}$ und $T_M=180\text{ms}$ eine Dämpfung von $d=1{,}342$ und eine Zeitkonstante von $T_2=67{,}1\text{ms}$.

Positionieraufgaben mit einem Scheibenläufermotor müssen als Nachlaufregelungen realisiert werden, denn die Regelgröße soll möglichst unverzögert und schwingungsfrei der veränderlichen Führungsgröße folgen. Es ist also eine Positionserfassung sowie ein Sollwertgeber notwendig.

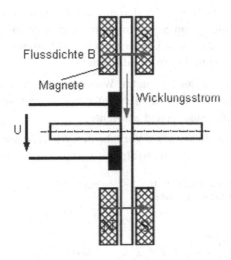

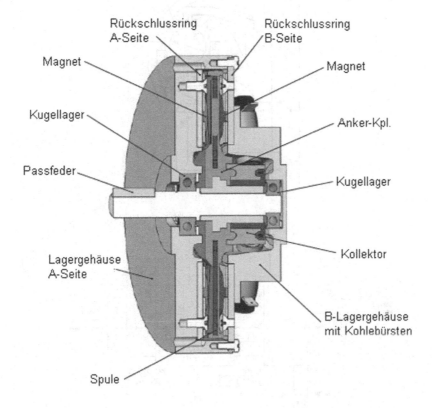

Bild 4.24   Funktionsprinzip und Querschnitt eines Scheibenläufermotors

Schrittmotor

Der Schrittmotor ist größtenteils eine Sonderbauform der Synchronmaschine.
Er eignet sich zur Umwandlung von Stromimpulsen in eine definierte Folge
von Winkelschritten (Bild 4.25). Sein Läufer besteht aus hintereinanderliegen-
den und gegeneinander versetzten Permanentmagneten.

Der Ständer ist aus gabelförmig angeordneten Wicklungssträngen aufgebaut.
Diese werden mit Transistorschaltern impulsförmig angesteuert, so daß der
Läufer sich jeweils nach dem Ständerfeld ausrichtet.

Eine Regelung ist nicht erforderlich. Die Vorgabe der Winkelschritte kann
ohne Rückmeldung bzw. Wegerfassung erfolgen.

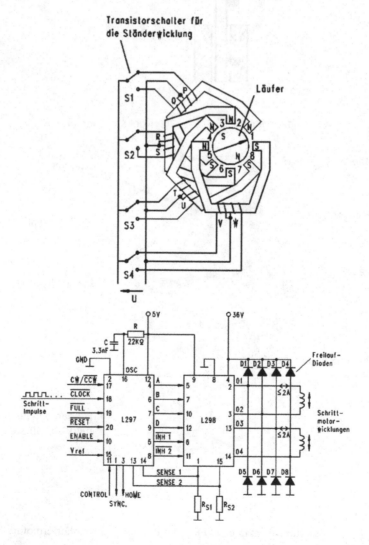

Bild 4.25   Schema eines vierpoligen Schrittmotors mit Ansteuerelektronik

Linearmotor

Elektrodynamische Linearmotoren unterscheiden sich vornehmlich durch die
Art der bewegten Elemente (bewegte Spule, bewegter Magnet) und die Art der
Erregung (permanentmagnetisch, elektrisch) sowie die Art oder das Vorhan-
densein einer Kommutierung /20/. Die Ausführung mit bewegten Magneten in
Wechselpolausführung mit Kommutierung ist in Bild 4.26 dargestellt und wird
näher beschrieben.

Das Bewegungsverhalten elektrodynamischer Linearmotoren verhält sich bezüglich der charakteristischen Motor- und Bewegungsgleichungen analog dem
der permanentmagnetisch erregten Gleichstrommotoren.

Vernachlässigt man Reibungs-, Reluktanz-, sowie Lasteinflüsse und geht praxisnah von $T_A \ll T_M$ aus, ergibt die Übertragungsfunktion bezüglich der Stell-
geschwindigkeit ein Verzögerungsglied I. Ordnung mit Integralglied.

$$F(p) = \frac{v(p)}{\Delta U(p)} = \frac{B \cdot l}{m \cdot R} \cdot \frac{1}{pT_M(1 + pT_A)} \qquad (4.7)$$

mit T_M und T_A analog zu Gleichung 4.5

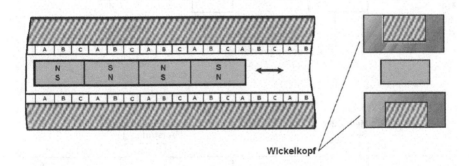

Wickelkopf

Bild 4.26   Dreisträngiger (A, B, C) Linearmotor mit bewegten Permanent-
               magneten in Wechselpolausführung

4.4   Meßeinrichtungen, Meßumformer

Die Realisierung technischer Regelkreise setzt eine möglichst exakte und zuverlässige Erfassung der Regelgröße x mit Hilfe einer Meßeinrichtung voraus
/4/, /26/, /27/, /36/, /37/. Dabei interessieren den Regeltechniker vor allem das
stationäre und dynamische Verhalten der Meßeinrichtung. Deren Einfluß auf
die Regelung sollte gering sein.

Prinzipiell ist es Aufgabe der Meßeinrichtung bzw. Meßumformer, die physikalische Meßgröße x_{ph} mit einem Meßfühler bzw. Sensor elektrisch abzubil-
den und anschließend durch eine geeignete Verstärkung auf die Maßeinheit der
Führungsgröße (oder eines Anzeigegerätes) zu normieren. Diese Aufgabenstel-
lung läßt sich als Meßkette mit dem Ausschlagverfahren oder als geschlossener Regelkreis mit dem Kompensationsverfahren lösen (Bild 4.27). Dabei wird
ein proportionaler und linearer Zusammenhang zwischen x_{ph} und x in weiten
Grenzen angestrebt.

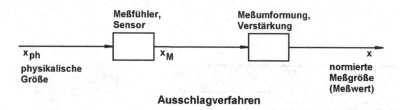

Ausschlagverfahren

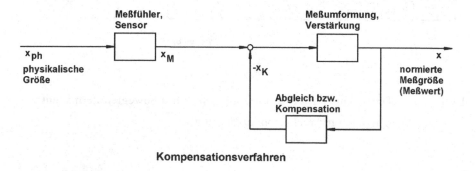

Kompensationsverfahren

Bild 4.27   Meßeinrichtung mit Ausschlag- und Kompensationsverfahren

Da jede Meßwertabbildung und -Normierung einen endlichen Endwert aufweist (Sättigungseffekte, mechanische Begrenzungen usw.), ist diese Forde-
rung nur in einem festgelegten Meßbereich realisierbar (Bild 4.28). Weitere,
teilweise unvermeidliche Meßfehler sind der Nullpunkt- und Linearitätsfehler,
die Temperaturdrift sowie die Umsetzzeit. Außerdem ist die Meßgröße x_{ph}
häufig von Störsignalen (Rauschen, hochfrequente Schwingungen usw.) überlagert, so daß zur Trennung von Meßgröße und Störsignal Filter im Meßwert-
umformer eingesetzt werden.

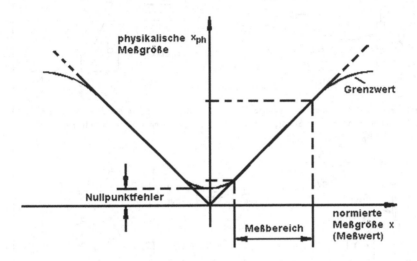

Bild 4.28   Zum Meßbereich einer Meßeinrichtung

Die angesprochenen Meßfehler und Maßnahmen zu deren Beseitigung sowie
die Übertragung der Meßgröße auf langen Leitungen werden in /29/, /36/ näher
behandelt. Die normierte Meßgröße wird üblicherweise als Analogsignal in der
Form $x = 4 \ldots 20mA$ oder $x = 0 \ldots 10V$ ausgegeben /7/, /36/.

Die Tabelle 4.4 zeigt einige Meßeinrichtungen mit analogem bzw. digitalem
Ausgangssignal nach dem Ausschlagverfahren. Vorteil des Ausschlagverfah-
rens ist die rückwirkungsfreie Meßwerterfassung. In manchen Fällen bringt
das Kompensationsverfahren wegen seines geschlossenen Regelkreises jedoch
bessere Ergebnisse. Hier können Verstärker- und Umformungsfehler kompensiert "ausgeregelt" werden, so daß die elektrische Abbildung der Meßgröße
x_M im stationären Zustand gleich der Kompensationsmeßgröße x_K ist.

In der Tabelle 4.5 sind drei Meßeinrichtungen mit Meßwertumformung nach
dem Kompensationsverfahren dargestellt.

Tabelle 4.4   Beispiele zur Meßwertumformung nach dem Ausschlagverfahren

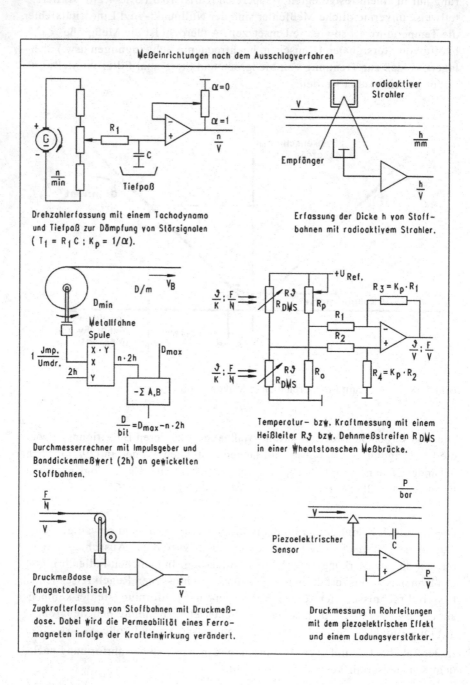

Meßeinrichtungen nach dem Ausschlagverfahren

Drehzahlerfassung mit einem Tachodynamo
und Tiefpaß zur Dämpfung von Störsignalen
($T_1 = R_1 C$; $K_p = 1/\alpha$).

Erfassung der Dicke h von Stoffbahnen mit radioaktivem Strahler.

Durchmesserrechner mit Impulsgeber und
Banddickenmeßwert (2h) an gewickelten
Stoffbahnen.

Temperatur- bzw. Kraftmessung mit einem
Heißleiter $R\vartheta$ bzw. Dehnmeßstreifen R_{DMS}
in einer Wheatstonschen Meßbrücke.

Zugkrafterfassung von Stoffbahnen mit Druckmeßdose. Dabei wird die Permeabilität eines Ferro-
magneten infolge der Krafteinwirkung verändert.

Druckmessung in Rohrleitungen
mit dem piezoelektrischen Effekt
und einem Ladungsverstärker.

Tabelle 4.5 Beispiele zur Meßwertumformung nach Kompensationsverfahren

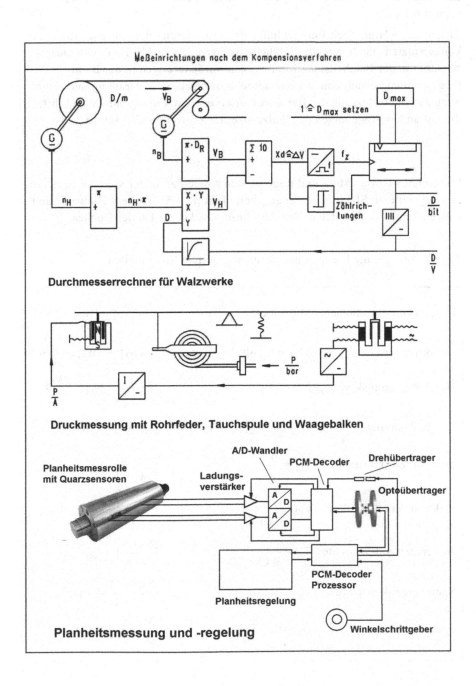

Durchmesserrechner für Walzwerke

Druckmessung mit Rohrfeder, Tauchspule und Waagebalken

Planheitsmessung und -regelung

Für die Regelung von Wickelantrieben in der Walzwerkstechnik ist der Durchmesserrechner besonders wichtig. Er geht in vierter Potenz in die Berechnung des Trägheitsmomentes der Haspeln und damit deren Momente ein (siehe Abschnitt 6.1.6).

Eine weitere High-Tech-Entwicklung zur Verbesserung der Eigenschaften von kaltgewalzten Bändern stellt die Planheitsmessung dar. Mit Hilfe von Quarzsensoren in der Planheitsmessrolle werden Veränderungen in der Bandlängsspannung erfaßt und in einer optoelektronischen Übertragung und Zuordnung zur Beeinflussung der Bandstruktur einer Planheitsregelung zugeführt, die auf andere Regelungen des Walzprozesses korrigierend eingreift.

Für einige wichtige Meß- und Regelgrößen sowie Parameter sind die zugehörigen abgeleiteten SI-Einheiten angegeben (Tabelle 4.6). Weitere Hinweise und Anwendungen finden sich in den Abschnitten 6.1.4 - 6.1.6 des Buches.

Tabelle 4.6 Einige Formeln und deren abgeleitete SI-Einheiten

Beschleunigungsmoment	$M_A = 2\pi \cdot J_{ges} \cdot \dfrac{dn}{dt}$	$[\dfrac{kg \cdot m^2}{s^2}] = [Nm] = [Ws]$
Motormoment	$M_M = C_2 \cdot \Phi \cdot I_A$	$[Vs \cdot A] = [Ws] = [Nm]$
Beschleunigungskraft	$F = m \cdot a$	$[kg \cdot \dfrac{m}{s^2}] = [N] = [\dfrac{Ws}{m}]$
Trägheitsmoment	$J_{Hohlzyl.} = \dfrac{m}{2}(r_i^2 + r_A^2)$	$[kg \cdot m^2] = [Ws^3]$
mechan. Zeitkonstante	$T_M = \dfrac{m}{r}$	$[\dfrac{kg}{kg/s}] = [s]$
elektromechan. Zeitkon.	$T_{EM} = \dfrac{J \cdot R_A}{C_1^2 \Phi^2}$	$[\dfrac{Ws^3 \cdot V/A}{V^2 s^2}] = [s]$
Ankerkreiszeitkonstante	$T_A = \dfrac{L_A}{R_A}$	$[\dfrac{Vs/A}{V/A}] = [s]$
Speicherzeitkonstante	$T_S = R_S \cdot C_S$	$[\dfrac{bar \cdot s}{L} \cdot \dfrac{L}{bar}] = [s]$
Spulenspannung	$U_i = L_A \cdot \dfrac{dI_A}{dt}$	$[\dfrac{Vs}{A} \cdot \dfrac{A}{s}] = [V]$

5   Stabilitätskriterien und Optimierung

Im Gegensatz zur Steuerung muß eine Regelung auf Stabilität untersucht werden, weil sie durch die Rückkopplung der Regelgröße zu einem schwingungsfähigen System wird. So kann es bei falscher Anpassung des Reglers auf eine vorgegebene Strecke zu unerwünschten Schwingungen der Regelgröße oder sogar zur Instabilität kommen. Es muß daher Ziel der Stabilitätsuntersuchung sein, eine bekannte oder identifizierbare Regelstrecke mit der passenden Regeleinrichtung zu versehen und deren Parameter optimal einzustellen. Dazu wurden in Abschnitt 4.1.2 für bestimmte Regelstrecken Einstellregeln angegeben, die sich in der Praxis bewährt haben. Ist man bestrebt, zuverlässige Aussagen über die Stabilität beliebiger Regelkreise zu erzielen, sind Kenntnisse der Stabilitätskriterien unumgänglich. Der Praktiker entscheidet sich dann für ein Stabilitätskriterium, das der Problemstellung am besten angepaßt ist /18/, /43/. Bücher zu diesem und dem folgenden Kapitel sind in den Abschnitten 10.2 und 10.3 aufgeführt.

5.1   Stabilitätsbegriff

Es ist sinnvoll sich zunächst klar zu machen, was der Begriff Stabilität eines Regelkreises bzw. eines technisch-physikalischen Systems meint. Dazu eine Definition (Bild 5.1a).

> Ein System ist stabil, wenn die angeregten Systemgrößen von einem eingeschwungenen Zustand nach endlicher Zeit in einen anderen eingeschwungenen Zustand übergehen. Das System befindet sich an der Stabilitätsgrenze, wenn die Systemgrößen Dauerschwingungen ausführen.

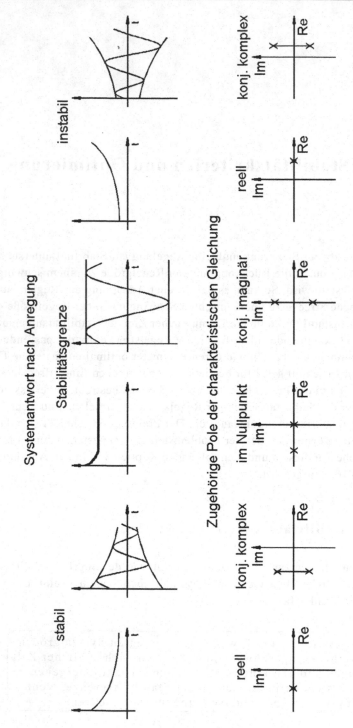

Bild 5.1   Systemantwort und deren Polverteilung

Es zeigt sich, daß die Antwortfunktion eines technisch-physikalischen Systems bei Instabilität (theoretisch) über alle Grenzen geht.

Bei linearen, kontinuierlichen, zeitinvarianten Systemen läßt sich anhand der Verteilung der Nullstellen der charakteristischen Gleichung in der p-Ebene direkt die Stabilität beurteilen. Die Übertragungsfunktion (siehe Gleichung 2.44)

$$F(p) = \frac{Z(p)}{N(p)} = \frac{b_0 + b_1 p + \ldots + b_m p^m}{a_0 + a_1 p + \ldots + a_n p^n}$$

eines linearen, kontinuierlichen, zeitinvarianten Systems habe die Pole $p_k = \sigma_k + j\omega_k$ mit $k=1\ldots n$. Die Pole sind gleichbedeutend mit den Nullstellen des Nennerpolynoms $N(p)$. Zerlegt in Linearfaktoren wird

$$N(p) = a_n (p - p_1) \cdot (p - p_2) \ldots (p - p_n) \quad . \quad (5.1)$$

Daraus erhält man die charakteristische Gleichung

$$a_0 + a_1 p + a_2 p^2 + \ldots + a_n p^n = 0 \quad .$$

Zur Beurteilung der Stabilität genügt es, die Wurzeln dieser Gleichung, also die Pole p_k der Übertragungsfunktion $F(p)$ zu bestimmen. Anhand ihrer Lage in der p-Ebene ergibt sich die Stabilitätsaussage (Bild 5.1b). Somit läßt sich folgende Stabilitätsaussage definieren.

Ein lineares, kontinuierliches, zeitinvariantes Übertragungssytem ist genau dann stabil, wenn alle Pole p_k der Übertragungsfunktion in der linken p-Halbebene liegen, d.h. $\mathrm{Re}[p_k] < 0$ ist. Das System ist instabil, wenn mindestens ein Mehrfachpol mit $k>2$ auf der imaginären Achse liegt oder mindestens ein Pol $\mathrm{Re}[p_k]>0$ zeigt.

Ein Beispiel soll den Stabilitätsbegriff verdeutlichen helfen. Ausgangspunkt ist der Blockschaltplan eines PT_1-Gliedes als Operationsverstärkerschaltung. Diese einfache Schaltung stellt bereits einen geschlossenen Regelkreis dar (Bild 5.2a). Aus der Übertragungsfunktion $F(p)$ (siehe Seite 93) ergibt sich mit der Randbedingung $Kp=1$

$$x_a(p) = -pT_1 \cdot x_a(p) - x_e \quad .$$

Das PT_1-Glied wird in einzelne Blöcke zerlegt und dann mit Hilfe der Korrespondenz Nr. 12, Tabelle 3.5 in ein Gebilde mit Rückkopplung umgestaltet.

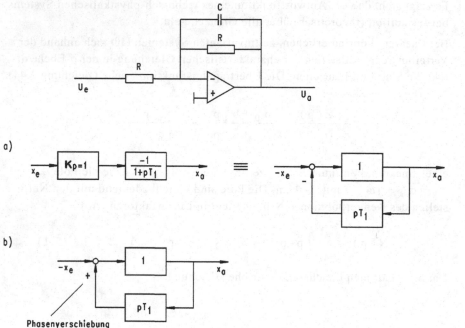

Bild 5.2   Schaltung und Blockschaltplan des PT₁-Gliedes

Erreicht nun die Phasenverschiebung zwischen Ein- und Ausgangssignal mit
wachsender Frequenz ω den Wert $\varphi = -180°$, sind die Amplituden der
Signale x_a und x_e gegenläufig. Das Vorzeichen des gegengekoppelten Netz-
werkes pT_1 kehrt sich daher um. Errechnet man aus dem veränderten Blockschaltplan (Bild 5.2b) die Funktion $x_a(p)$, so gilt nun:

$$x_a(p) = +pT_1 \cdot x_a(p) - x_e \quad \text{für } K_p = 1 \text{ und } \varphi = -180°.$$

Daraus ergibt sich die Übertragungsfunktion F(p) nun mit $a = 1/T_1$ zu:

$$F(p) = \frac{x_a(p)}{x_e} = -\frac{1}{1 - pT_1} = -\frac{-a}{p-a} . \qquad (5.2)$$

Die Sprungantwort $x_a(t)$ läßt sich mit Hilfe der Korrespondenz Nr. 6 aus der
Tabelle 2.2 angeben und ist in Bild 5.3 dargestellt.

$$x_a(t) = x_e(e^{t/T_1} - 1) .$$

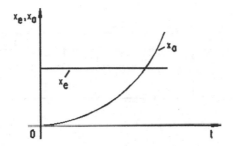

Bild 5.3   Sprungantwort des instabilen PT₁-Gliedes

Es zeigt sich, daß die Ausgangsgröße $x_a(t)$ des PT₁-Gliedes mit den beiden
Randbedingungen $K_p=1$ und $\varphi = -180°$ keinem endlichen Wert zustrebt,
d.h. über alle Grenzen geht. Dieser Regelkreis ist somit instabil. Der Phasenwinkel φ und die Proportionalverstärkung K_p spielen also eine erhebliche
Rolle bei der Beurteilung der Stabilität einer Regelung.

5.2   Bode-Diagramm

Obwohl die Stabilitätsuntersuchung mit dem Bode-Diagramm auf das Nyquist-Kriterium zurückgeht, also kein eigenständiges Stabilitäts-Kriterium darstellt, soll mit dem Bode-Diagramm begonnen werden. Es bietet besonders für
den Praktiker sowie für den "Einstieg" in die Thematik der Stabilitätsuntersuchung einige Vorteile. Durch die Aufteilung des Frequenzgangs in Betrag
$|F_0(j\omega)|$ und Phasenwinkel φ_0 lassen sich Parametereinflüsse auf die Stabilität anschaulich beurteilen. Der Frequenzgangbetrag einer Regelung wird
im logarithmischen Maßstab dargestellt (Amplitudengang). Auf diese Weise
wird die Multiplikation in die leicht handhabbare logarithmische Addition der
Frequenzgangbeträge von Regler und Strecke überführt:

$$\frac{|F_0(j\omega)|}{dB} = 20\lg|\underline{F}_R| + 20\lg|\underline{F}_S| \tag{5.3}$$

mit dem Phasengang (ebenfalls logarithmisch dargestellt)

$$\varphi_0 = \varphi_R + \varphi_S \tag{5.4}$$

Wie noch gezeigt wird, läßt sich von der Stabilität des offenen auf die des geschlossenen Regelkreises schließen. Man schneidet daher den Regelkreis in
der Rückführung auf und erhält eine Wirkungskette aus Regler und Strecke
(Bild 5.4).

a)

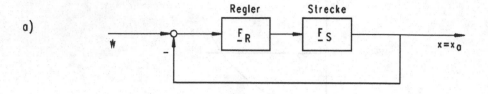

b)

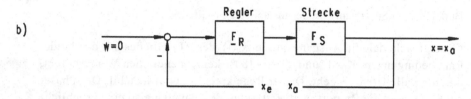

Bild 5.4   Blockschaltplan eines geschlossenen und offenen Regelkreises

Die aus dem Nyquist-Kriterium abgeleitete Stabilitätsbedingung für das
Bode-Diagramm läßt sich stark vereinfachen, wenn man praxisnah annimmt,
daß die Übertragungsfunktion $F_0(p)$ des offenen Regelkreises nur Pole in der
linken p-Halbebene und höchstens einen Doppelpol im Ursprung aufweist. Das
so vereinfachte Nyquist-Kriterium angewandt auf das Bode-Diagramm lautet:

> Ein geschlossener Regelkreis ist genau dann stabil,
> wenn der Frequenzgangbetrag $|F_0(j\omega)|$ des
> offenen Regelkreises bei der Durchtrittsfrequenz ω_D
> (dort ist $K_0 = 1$ bzw. $|F_0(j\omega)| = 0\,dB$) den Phasen-
> winkel $\varphi_0(\omega_D) > -180°$ aufweist.

Als Gleichung formuliert gilt somit:

$$\varphi_0(\omega_D) > -180° \qquad \text{bei} \qquad |F_0(j\omega)| = 0\,dB \qquad (5.5)$$

Darin ist die Durchtrittsfrequenz ω_D ein Maß für die Reaktionsfähigkeit einer Regelung auf Führungs- und Störgrößenänderungen. Sie sollte möglichst
groß sein.

Für eine Stabilitätsaussage werden meist zwei abgeleitete Größen herangezogen, der Phasenrand (Phasenreserve) und der Amplitudenrand (Amplitudenreserve). Die Zusammenhänge sind in Bild 5.5 dargestellt.

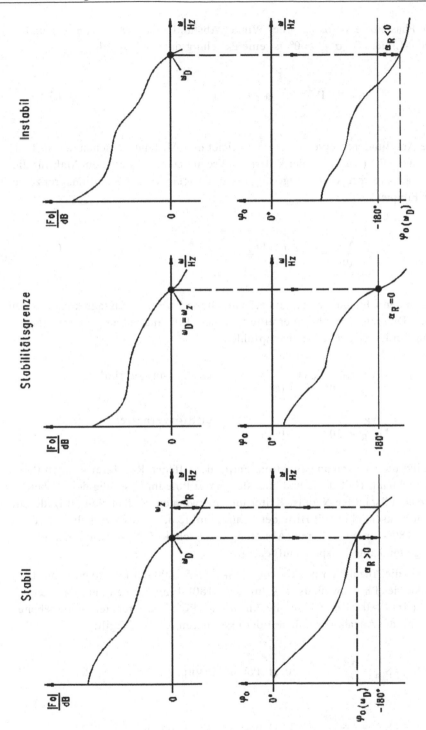

Bild 5.5   Zur Stabilitätsaussage im Bode-Diagramm

Die Phasenreserve α_R ist der Winkel-Abstand zwischen $\varphi_0(\omega_D)$ und der -180°-Linie. Für $\alpha_R > 0°$ ist eine Regelung demnach stabil:

$$\alpha_R = 180° + \varphi_0(\omega_D) \qquad\qquad (5.6)$$

Die Amplitudenreserve A_R kennzeichnet den Abstand zwischen der 0dB-Linie und $|F_0(j\omega)|$ bei der kritischen Frequenz ω_z. Sie ist ein Maß für die Verstärkungsreserve der Regelung bis zum Erreichen der Stabilitätsgrenze bei der Frequenz ω_z.

$$\frac{A_R}{dB} = -\frac{|F_0|(\omega_z)}{dB} \qquad\qquad (5.7)$$

Die in den Gleichungen 5.5 bis 5.7 enthaltene Stabilitätsaussage kann aus dem Bode-Diagramm graphisch ermittelt werden. Für eine gut eingestellte Regelung werden folgende Werte empfohlen:

$$A_R = 4 \ldots 10 \qquad\qquad \text{bei Führungsverhalten}$$
$$\alpha_R = 40° \ldots 60°$$

$$A_R = 1,5 \ldots 3 \qquad\qquad \text{bei Störverhalten}$$
$$\alpha_R = 20° \ldots 50°$$

Besitzt die Übertragungsfunktion $F_0(p)$ des offenen Regelkreises auch Pole in der rechten p-Halbebene und höchstens zwei Pole im Ursprung der p-Ebene, so ist das vollständige Nyquist-Kriterium anzuwenden. Es läßt sich im Bode-Diagramm anschaulich mit Hilfe der Schnittpunkte des Phasenwinkels φ_0 durch die -180°-Linie definieren (Ableitung in Abschnitt 5.3). In Bild 5.6 sind einige markante Beispiele aufgezeigt.

S_p sei die Anzahl der positiven und S_n die Anzahl der negativen Schnittpunkte des Phasenwinkels φ_0 mit der -180°-Linie für den Fall, daß stets $|F_0(j\omega)| > 0\,dB$ ist. n_r sei die Anzahl der Pole in der rechten p-Halbebene und n_i die Anzahl der Pole auf der imaginären Achse. So gilt:

$$S_p - S_n = \frac{n_r}{2} \qquad\qquad 0\,;1 \text{ Pol im Ursprung}, \quad n_i = [0\,;1]\,,$$

$$(5.8)$$

$$S_p - S_n = \frac{n_r + 1}{2} \qquad\qquad 1 \text{ Doppelpol im Ursprung}, \quad n_i = 2\,.$$

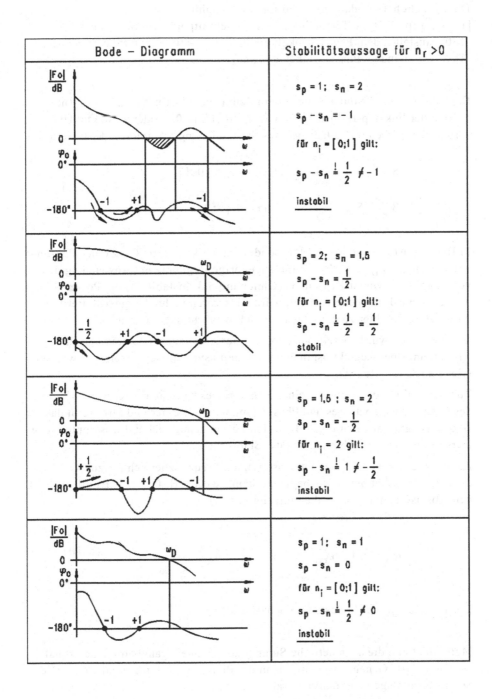

Bode – Diagramm	Stabilitätsaussage für $n_r > 0$
	$s_p = 1; \quad s_n = 2$ $s_p - s_n = -1$ für $n_i = [\,0;1\,]$ gilt: $s_p - s_n \overset{!}{=} \frac{1}{2} \neq -1$ __instabil__
	$s_p = 2; \quad s_n = 1,5$ $s_p - s_n = \frac{1}{2}$ für $n_i = [\,0;1\,]$ gilt: $s_p - s_n \overset{!}{=} \frac{1}{2} = \frac{1}{2}$ __stabil__
	$s_p = 1,5 \; ; \; s_n = 2$ $s_p - s_n = -\frac{1}{2}$ für $n_i = 2$ gilt: $s_p - s_n \overset{!}{=} 1 \neq -\frac{1}{2}$ __instabil__
	$s_p = 1; \quad s_n = 1$ $s_p - s_n = 0$ für $n_i = [\,0;1\,]$ gilt: $s_p - s_n \overset{!}{=} \frac{1}{2} \neq 0$ __instabil__

Bild 5.6   Zur Schnittpunktform des vollständigen Nyquist-Kriteriums

Daraus geht hervor, daß nur Schnittpunkte gezählt werden, für die $|F_0(j\omega)| > 0\,dB$ ist. Ein halber positiver Schnittpunkt ergibt sich bei von $-180°$ ansteigendem Phasenwinkel; ein halber negative Schnittpunkt bei von $-180°$ abfallendem Phasenwinkel $\varphi_0(\omega)$.

Das vereinfachte Nyquist-Kriterium in Schnittpunktform gilt für $n_r=0$ (nur Pole in der linken p-Halbebene) sowie $n_i=[0;1;2]$ (0, 1 oder 2 Pole im Ursprung der p-Ebene) und läßt sich aus der Gleichung 5.8 ablesen. Es lautet:

$$S_p - S_n = 0 \qquad \text{für} \quad n_i = [0,1] \ ,$$
$$S_p - S_n = \frac{1}{2} \qquad \text{für} \quad n_i = 2 \ . \qquad (5.9)$$

In Bild 5.6 ist die untere Grafik besonders bemerkenswert. Trotz eines Phasenwinkels $\varphi_0(\omega_D) > -180°$ ist die zugehörige Regelung bei Anwendung des vollständigen Nyquist-Kriteriums (Gleichung 5.8) instabil. Da ein Pol (n=1) in der rechten p-Halbebene vorliegt, würde das vereinfachte Nyquist-Kriterium (Gleichung 5.9) hier zu einer falschen Stabilitätsaussage führen.

In Abschnitt 3 wurde bereits gezeigt, wie der Frequenzgangbetrag und Phasenwinkel einzelner Regelkreisglieder exakt und asymptotisch gezeichnet werden (siehe auch Tabelle 3.1).

Zur Beurteilung der Stabilität eines Regelkreises hat man die Kurvenverläufe des Frequenzgangbetrages und Phasenwinkels von Regler und Strecke in das Boden-Diagramm einzutragen. In vielen Fällen genügt dabei die asymptotische Darstellung für eine Abschätzung der Stabilität.

Zuvor ist es notwendig, den interessierenden Frequenzbereich festzulegen, da die Abszisse nicht bei $\omega = 0$ beginnen kann, wegen $(lg\,0 = -\infty)$. Es gilt für den Abszissenanfang ω_A die einfache Formel:

$$\omega_A \approx 0,1 \cdot \omega_{min} \qquad \text{bzw.} \qquad \omega_A \approx \frac{0,1}{T_{max}} \qquad (5.10)$$

Darin ist ω_{Min} der kleinste Frequenz-Parameter.

Man bildet nun die arithmetische Summe der Frequenzgangbeträge und erhält $|F_0(j\omega)| / dB$. Genauso summiert man die Phasenwinkel und erhält φ_0. Die Stabilitätsaussage ist nun direkt graphisch ablesbar.

Beispiel

Ein Hydraulikantrieb ist als Vorschubantrieb für eine Werkzeugmaschine eingesetzt. Das dynamische Verhalten eines elektrohydraulischen Vorschubantriebs wird durch das Übertragungsverhalten des Hydraulikmotors und des Servoventils bestimmt. Aufgrund der vorhandenen Motormasse und der Federwirkung des unter Druck stehenden Ölvolumens ergibt sich für den Hydraulikmotor PT_2-Verhalten. Das Servoventil zeigt zwar genau betrachtet ebenfalls PT_2-Verhalten (siehe Seiten 102,103), es wird jedoch hier näherungsweise durch ein PT_1-Glied realisiert. Das zugehörige Blockschaltbild für den Einsatz eines PI-Reglers ist in Bild 5.7 dargestellt.

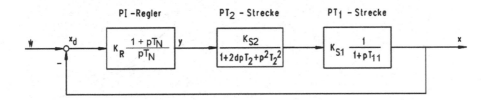

Bild 5.7   Blockschaltbild der Regelung aus PI-Regler und PT_1-PT_2-Strecke

Die Regelung soll im Bode-Diagramm auf Stabilität untersucht werden. Zusätzlich ist die Amplitudenreserve A_R/dB und die Gesamtverstärkung K_{0krit}/dB gesucht. Die Parameter der Regelung lauten:

$$K_R = 3,162 \qquad \omega_N = 15 \text{ Hz}$$
$$K_{S1} = 0,562 \qquad \omega_{E1} = 8 \text{ Hz}$$
$$K_{S2} = 1,78 \qquad \omega_0 = 70 \text{ Hz}$$

Aus diesen Werten erhält man für das darzustellende Frequenzband mit Gleichung 5.10 einen Abszissenanfang von $\omega_A \approx 0,1 \cdot \omega_{E1} = 0,8$ Hz, somit wird $\omega_A = 1$ Hz gewählt. In Bild 5.8 ist das Bode-Diagramm in asymptotischem Näherung aufgezeichnet.

Es ergibt sich bei der Durchtrittsfrequenz $\omega_D \approx 27$ Hz eine Phasenreserve von $\alpha_R \approx 23°$. Die Regelung ist demnach stabil.

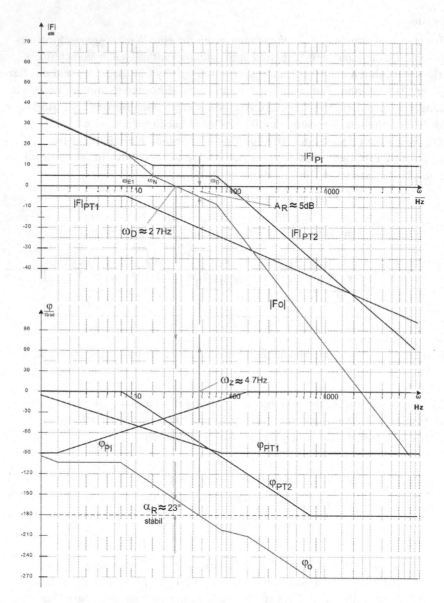

Bild 5.8   Bode-Diagramm für die Regelung aus Bild 5.7

Die kritische Frequenz $\omega_z \approx 47$ Hz wird an der Stabilitätsgrenze erreicht. Dort ist die Phasenreserve $\alpha_R = 0°$. Um A_R und K_{0krit} zu ermitteln, braucht der Verlauf von φ_0 nicht geändert werden, da Verstärkungen in den Phasenwinkelformeln nicht vorkommen. Wird nun der Graph $|F_0|$ um $A_R \approx 5$dB nach oben verschoben (vergleiche mit Bild 5.9) erhält man die kritische Verstärkung

$$\frac{K_{0krit}}{dB} = \frac{K_0}{dB} + \frac{A_R}{dB} \approx 10 + 5 \approx 15$$

Es ist zu sehen, daß der asymptotische mit dem exakten Verlauf des Graphen |Fo| an der Stelle ω_D recht gut übereinstimmt (Bilder 5.8 und 5.9).

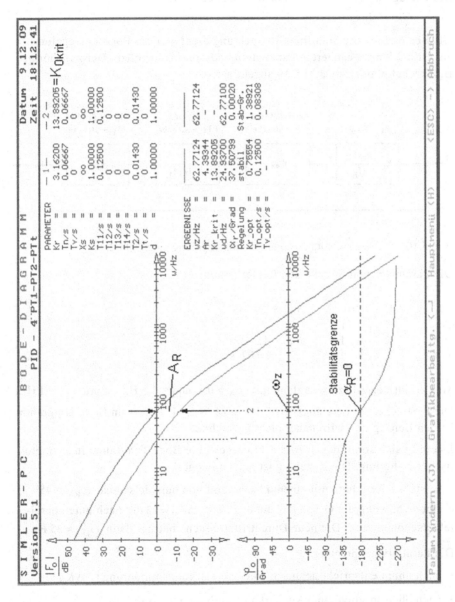

Bild 5.9   Plot des Bode-Diagramms zu Bild 5.8 mit SIMLER-PC

Beispiel:

Wie aus den Gleichungen für die einzelnen Phasenwinkel (Tabelle 3.1) zu entnehmen ist, hat eine Verstärkungsänderung ΔK_0 keinen Einfluß auf den Verlauf der Phasenwinkel. Eine Änderung der Verstärkung kann jedoch eine instabile Regelung in den stabilen Zustand überführen, eine Tatsache, die sich im Bode-Diagramm besonders einfach verwerten läßt.

Als Beispiel für die Stabilitäts-Betrachtung dient hier die Positionsregelung aus Bild 2.9 mit geänderten Parametern und ohne Störgrößen. Der zugehörige Blockschaltplan ist in Bild 5.10 abgebildet.

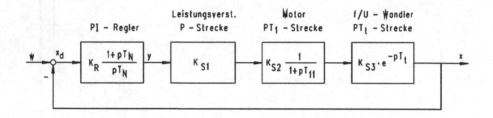

Bild 5.10   Blockschaltplan einer Positionsregelung nach Bild 2.9

Die Parameter von Strecke und Regler lauten:

$$K_R = 10 \qquad \omega_N = 20 \text{ Hz}$$
$$K_{S1} = 1$$
$$K_{S2} = 1 \qquad \omega_{E1} = 15 \text{ Hz}$$
$$K_{S3} = 1 \qquad T_t = 0{,}02 \text{ s}$$

Man erhält den Abszissenanfang mit $\omega_A \approx 0{,}1 \cdot \omega_{E1} = 1{,}5 \text{ Hz}$, somit $\omega_A = 1 \text{ Hz}$.

Die P-Strecke des Leistungsverstärkers mit $K_{S1}=1$ liefert im Bode-Diagramm keinen Beitrag und wird daher nicht gezeichnet.

Es ergibt sich somit das in Bild 5.11 dargestellte Bode-Diagramm in asymptotischer Näherung. Die Regelung ist jedoch instabil.

Eine stabile Regelung mit einem Phasenrand von beispielsweise $\alpha_R^* = 45°$ ergibt sich, wenn der Graph $|F_0|$ um den Wert $\Delta K_0 \approx 13 \text{ dB}$ nach unten parallelverschoben wird. Die neue Durchtrittsfrequenz beträgt dann $\omega_D^* \approx 35 \text{ Hz}$.

Die Parallelverschiebung

• nach unten entspricht demnach einer Verstärkungsminderung $(-\Delta K_0)$,

• nach oben folglich einer Verstärkungserhöhung $(+\Delta K_0)$.

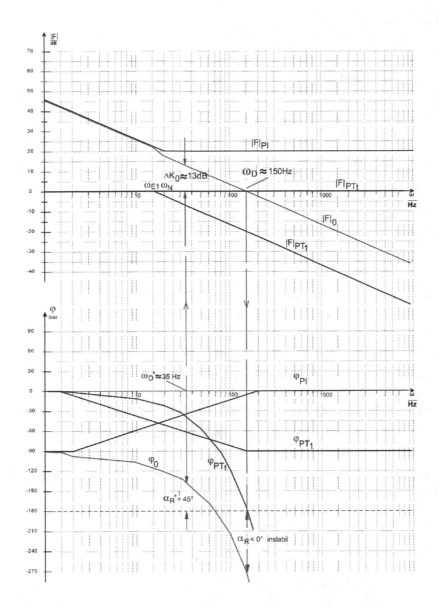

Bild 5.11   Bode-Diagramm der Regelung aus PI-Regler und PT$_1$-PTt-Strecke

Beides braucht im Bode-Diagramm jedoch nicht zeichnerisch durchgeführt werden. Die Verstärkungsänderung ΔK_0 wird gewöhnlich als neuer Wert der Reglerverstärkung $K_R{}^*$ eingesetzt, da die Streckenverstärkung K_S unverändert bleibt. Mit Hilfe des Bode-Diagramms läßt sich dann $K_R{}^*$ für einen gewünschten Phasenrand $\alpha_R{}^* > 0°$ angeben.

Es folgt dann

$$\boxed{\begin{aligned}
&\text{Parallelverschiebung nach oben:}\\[2mm]
&\frac{K_R^{\,*}}{dB} = \frac{K_R}{dB} + \frac{\Delta K_0}{dB} \quad\text{bzw.}\quad K_R^{\,*} = K_R \cdot \Delta K_0\\[4mm]
&\text{Parallelverschiebung nach unten:}\\[2mm]
&\frac{K_R^{\,*}}{dB} = \frac{K_R}{dB} - \frac{\Delta K_0}{dB} \quad\text{bzw.}\quad K_R^{\,*} = \frac{K_R}{\Delta K_0}
\end{aligned}}$$

(5.11)

Das vorliegende Bode-Diagramm liefert mit $\Delta K_0 \approx 13\,dB \mathrel{\hat=} 4{,}467$ eine neue Reglerverstärkung von $K_R^{\,*} \approx 2{,}239$. Realisiert man diesen Wert in der hier behandelten Regelung, ergibt sich der neue Graph $|Fo|^*$ bei dem gewünschten Phasenrand $\alpha_R^{\,*} = 45°$ und der neuen Durchtrittsfrequenz $\omega_D^{\,*}$.

Die Simulation des exakten Bode-Diagramms in Bild 5.12 zeigt, daß die Durchtrittsfrequenz ω_D nur um weniges höher liegt als die der asymptotischen Näherung (1. Simulation). Die exakten Werte für $K_R^{\,*} = 2{,}0941$ und $\omega_D^{\,*} = 33{,}3975\,Hz$ unterscheiden sich ebenfalls nur wenig von denen des asymptotischen Verlaufes (2. Simulation).

Mit Hilfe des Amplitudenrandes A_R läßt sich auch die kritische Reglerverstärkung K_{Rkrit} bei einer stabilen Regelung ablesen (2. Simulation). Es ergibt sich für die vorliegende Regelung aus der Graphik bei $\omega_z \approx 75{,}394\,Hz$ ein Wert von $A_R = 2{,}3655$. Mit der folgenden Formel erhält man dann

$$\boxed{\begin{aligned}
&\frac{K_{Rkrit}}{dB} = \frac{K_R}{dB} + \frac{A_R}{dB}\\[3mm]
&\text{bzw. als Zahlenwertgleichung}\\[2mm]
&K_{Rkrit} = K_R \cdot A_R
\end{aligned}}$$

(5.12)

In der Liste der Ergebnisse des Bildes 5.12 findet sich für die 2. Simulation folgerichtig die kritische Reglerverstärkung $K_{Rkrit} = 2{,}0941 \cdot 2{,}3655 = 4{,}9536$. Der Wert K_{Rkrit} ist also die Reglerverstärkung bei Erreichen der Stabilitätsgrenze.

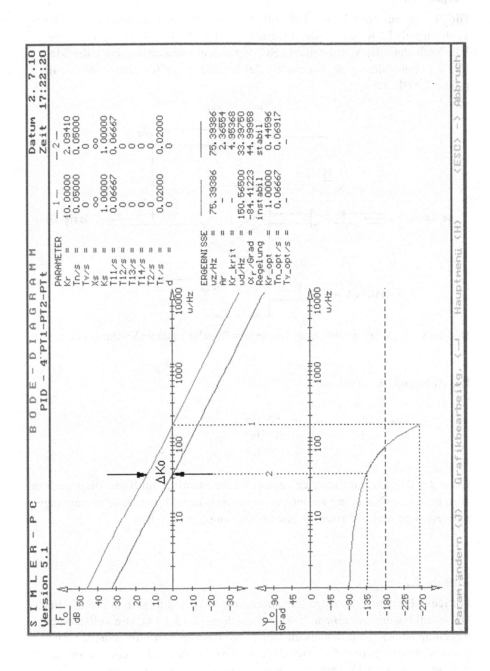

Bild 5.12   Simulation nach Bild 5.11 mit der neuen Reglerverstärkung K_R^*

Aufgabe 5.1

Die Temperatur einer Flüssigkeit soll mit einem Wärmetauscher über ein Stellventil mittels PI-Regler geregelt werden (Bild 5.13). Der Wärmetauscher zeigt
PT_1-Verhalten, der Ventilstellantrieb I-Verhalten. Die Zeitkonstante des Motors sei vernachlässigbar; ebenso die Zeitkonstante der Temperatur-Erfassung
(siehe Tabelle 3.3).

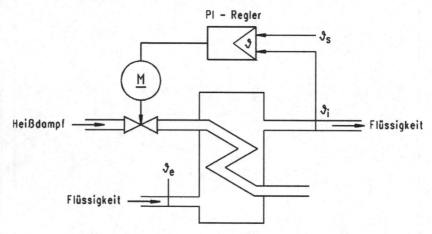

Bild 5.13   Anlagenschema zur Temperatur-Regelung mittels Wärmetauscher

Die Anlagenparameter sind:

$$
\begin{aligned}
K_R &= 10 & \omega_N &= 50 \ \text{Hz} \\
K_S &= 1 & \omega_{E1} &= 150 \ \text{Hz} \\
& & T_i &= 0{,}1 \ \text{s}
\end{aligned}
$$

Es ist das Blockschaltbild zu zeichnen und die Stabilität im Bode-Diagramm in
asymptotischer Näherung zu untersuchen. Außerdem ist die Stabilitätsaussage
mit dem Schnittpunktkriterium nach Gleichung 5.9 gesucht.

Aufgabe 5.2

Für jeden Freiheitsgrad eines Industrieroboters ist eine Regelung erforderlich.
Diese soll jeweils mit einem PI-Regler erfolgen (Bild 5.14). Die vollständige
Regelung ist hier lediglich als einschleifiger Regelkreis zu untersuchen. Der
gesamte Roboterantrieb läßt sich dann auf das PT_2-Verhalten und die Istwert-
erfassung auf das PT_1-Verhalten reduzieren. Die Totzeit der einzelnen
Stromrichter sei vernachlässigbar.

Die Parameter lauten somit:

$$K_R = 56 \qquad \omega_N = 20 \ \text{Hz}$$
$$K_{S1} = 1 \qquad \omega_{E1} = 10 \ \text{Hz}$$
$$K_{S2} = 0{,}316 \qquad \omega_0 = 40 \ \text{Hz} \qquad d = 1$$

Es ist die Stabilität im Bode-Diagramm in asymptotischer Näherung zu untersuchen. Außerdem ist die neue Reglerverstärkung $K_R^{\ *}$ für einen Phasenrand von $\alpha_R = 45°$ gesucht.

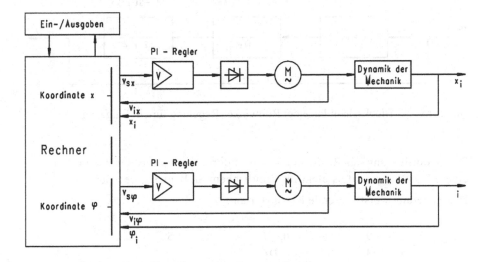

Bild 5.14   Anlagenschema eines Roboterantriebes mit fünf Freiheitsgraden

Aufgabe 5.3

Der Drehzahlregelkreis einer Fräsmaschine zeigt für den schwingungsfähigen Teil der Mechanik PT_2-Verhalten. Der Zusammenhang zwischen Beschleunigungsmoment und Drehzahl des Antriebs hat Integralverhalten (s.S.116). Die Meßwerterfassung der Drehzahl hat PT_1-Verhalten.

Die Parameter der Regelung sind:

$$K_R = 1{,}778 \qquad \omega_N = 2{,}5 \ \text{Hz} \qquad \omega_V = 20 \ \text{Hz} \qquad X_s = 10$$
$$K_{S1} = 1 \qquad \omega_{E1} = 20 \ \text{Hz}$$
$$K_{S2} = 1 \qquad \omega_0 = 50 \ \text{Hz}$$
$$\omega_i = 2{,}5 \ \text{Hz}$$

Im Bode-Diagramm ist die Stabilität der Regelung zu untersuchen. Zur Verbesserung der Regeldynamik soll die Reglerverstärkung um $\Delta K_0 = 5\text{dB}$ verändert werden, so daß sich die neuen Werte K_R^*, $\omega_D^{\ *}$ und $\alpha_R^{\ *}$ ergeben. Des Weiteren sind K_{Rkrit} und ω_z zu ermitteln.

Aufgabe 5.4

Das folgende Blockschaltbild zeigt die vereinfachte Lageregelung eines Flugzeugs für Drehbewegungen um die Längsachse bei kleinen Auslenkungen (Bild 5.15). Diese Bewegung ist durch den Rollwinkel α gekennzeichnet. Es wird von einem starren Flugkörper ausgegangen. Das aerodynamische Drehmoment, welches die Drehbewegung dämpft und von der Drehgeschwindigkeit $d\alpha / dt$ abhängt, ist vernachlässigt.

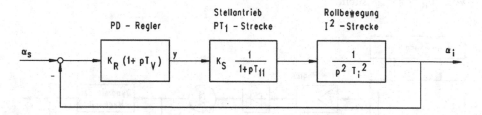

Bild 5.15   Blockschaltplan einer Rollwinkel-Regelung für ein Flugzeug

Die Beeinflussung des Rollwinkels erfolgt durch das Querruder. Es wird von einem PD-Regler mittels elektrohydraulischem Stellantrieb betätigt.

Die Regelung weist folgende Parameter auf:

$$K_R = 9 \qquad \omega_V = 0,8 \text{ Hz} \qquad x_s = 1,5$$
$$K_S = 1 \qquad \omega_{E1} = 5 \text{ Hz}$$
$$\omega i1 = \omega i2 = \omega i = 0,4 \text{Hz} \quad (Ti1 = Ti2 = Ti = 2,5s)$$

Es sind die Simulationen des Bode-Diagramms für den unbegrenzten und auf Xs=1,5 begrenzten PD-Regler miteinander zu vergleichen.

5.3   Nyquist-Kriterium

Das Nyquist-Kriterium ermöglicht, ausgehend von dem Frequenzgang $F_0(j\omega)$ des offenen Regelkreises, eine Stabilitätsaussage über den geschlossenen Regelkreis. Es läßt sich in Ortskurven-Darstellung und im Bode-Diagramm behandeln. Die Auswertung in Ortskurvenform ist sowohl graphisch als auch rein rechnerisch möglich. Dazu benutzt man die in Abschnitt 3 angegebenen komplexen Frequenzganggleichungen der Regelkreisglieder. Ihre Darstellung in der komplexen Ebene nennt man Ortskurve. Die wichtigsten Ortskurven und die zugehörigen Gleichungen linearer Regelkreisglieder sind in Tabelle 5.1 und Tabelle 3.1 dargestellt.

Tabelle 5.1   Übertragungsfunktion, Frequenzgang und Ortskurve
wichtiger linearer Regelkreisglieder

Regelkreis-verhalten	Bildfunktion und Frequenzgang	Ortskurve
P	$F_{(p)} = F_{(j\omega)} = K_p$	
I	$F_{(p)} = \dfrac{1}{pT_i}$ $F_{(j\omega)} = -j\,\dfrac{1}{\omega T_i}$	
D	$F_{(p)} = pT_D$ $F_{(j\omega)} = j\omega T_D$	
PI	$F_{(p)} = K_p\left(1 + \dfrac{1}{pT_N}\right)$ $F_{(j\omega)} = K_p\left(1 - j\,\dfrac{1}{\omega T_N}\right)$	
PD	$F_{(p)} = K_p\left(1 + pT_V\right)$ $F_{(j\omega)} = K_p\left(1 + j\omega T_V\right)$	
PID	$F_{(p)} = K_p\left(1 + pT_V + \dfrac{1}{pT_N}\right)$ $F_{(j\omega)} = K_p\left[1 + j\left(\omega T_V - \dfrac{1}{\omega T_N}\right)\right]$	
PT_1	$F_{(p)} = K_p\,\dfrac{1}{1 + pT_1}$ $F_{(j\omega)} = K_p\,\dfrac{1 - j\omega T_1}{1 + \omega^2 T_1^2}$	

Tabelle 5.1   (Fortsetzung)

Regelkreis-verhalten	Bildfunktion und Frequenzgang	Ortskurve $F_{(j\omega)}$
PT_2	$F_{(p)} = K_p \dfrac{1}{1 + 2dpT_2 + p^2 T_2^2}$ $F_{(j\omega)} = K_p \dfrac{1 - \omega^2 T_2^2 - j2d\omega T_2}{(1 - \omega^2 T_2^2)^2 + 4d \cdot \omega^2 T_2^2}$	K_p, $\omega=0$, $\omega=\infty$, $\alpha=0{,}9$, $\alpha=0{,}6$, $\alpha=0{,}2$
PT_n	$F_{(p)} = K_p \dfrac{1}{(1+pT_1^*)(1+pT_2^*)\ldots(1+pT_n^*)}$ $F_{(j\omega)} = K_p \dfrac{1}{1 + j\omega T_1 + (j\omega)^2 T_2^2 + \ldots (j\omega)^n T_n^n}$	K_p, PT_1, PT_2, PT_3, PT_4
$D-T_1$	$F_{(p)} = \dfrac{pT_D}{1 + pT_1}$ $F_{(j\omega)} = \dfrac{\omega T_D (\omega T_1 + j)}{1 + \omega^2 T_1^2}$	$\omega=0$, $\omega=\infty$, T_D/T_1
$I-T_1$	$F_{(p)} = \dfrac{1}{pT_i (1 + pT_1)}$ $F_{(j\omega)} = \dfrac{-\omega T_1 - j}{\omega T_i (1 + \omega^2 T_1^2)}$	$\omega=\infty$, $\dfrac{T_1}{T_i}$
PT_t	$F_{(p)} = K_p \cdot e^{-pT_t}$ $F_{(j\omega)} = K_p (\cos \omega T_t - j \sin \omega T_t)$	$+jK_p$, $\omega T_t=0$, $-K_p$, $+K_p$, $-jK_p$
$I-T_t$	$F_{(p)} = \dfrac{e^{-pT_t}}{pT_i}$ $F_{(j\omega)} = \dfrac{-\sin \omega T_t - j\cos \omega T_t}{\omega T_i}$	T_t, T_i, $\omega=\infty$
PT_1-T_t	$F_{(p)} = K_p \dfrac{e^{-pT_t}}{1 + pT_1}$ $F_{(j\omega)} = K_p \dfrac{(1 - j\omega T_1) e^{-j\omega T_t}}{1 + \omega^2 T_1^2}$	$\omega=\infty$, $\omega=0$, K_p

Bei der Herleitung des Nyquist-Kriteriums geht man von der gebrochenen rationalen Übertragungsfunktion $F_0(p)$ des offenen Regelkreises aus. Es sei

$$F_0(p) = \frac{Z_0(p)}{N_0(p)} \quad ,$$

mit Grad $[Z_0(p)] <$ Grad $[N_0(p)]$. Diese Bedingung ist bei allen technisch realisierbaren physikalischen Systemen stets erfüllt.

Die Pole p_k des offenen Regelkreises ergeben sich entsprechend der Gleichung 5.1 aus der charakteristischen Gleichung

$$N_0(p) = 0 \quad .$$

Die interessierende Stabilitätsaussage für den geschlossenen Regelkreis erhält man z.B. mit Gleichung 2.45

$$\frac{F_0(p)}{1 + F_0(p)} = \frac{Z_0(p)}{Z_0(p) + N_0(p)} \quad .$$

Durch Nullsetzen des Nennerausdrucks erhält man auch hier die Pole des geschlossenen Regelkreises. Damit entsprechen die Nullstellen der Funktion $1 + F_0(p)$ den Polstellen des geschlossenen Regelkreises. Diese Polstellen stimmen demnach mit denen des offenen Regelkreises überein.

Die Verteilung und Lage der Pole in der p-Ebene entscheidet über die Stabilität der Regelung. Nach Nachweist /43/ ist die Polverteilung von der Winkeländerung $\Delta\varphi(\omega)$ des Polynoms $N_0(p) = 0$ abhängig. Jede Wurzel des Polynoms liefert einen Beitrag $+\pi/2$, wenn sie in der linken p-Halbebene liegt und einen von $-\pi/2$, wenn sie in der rechten p-Halbebene liegt. Die Winkeländerung wird durch einen Fahrstrahl im kritischen Punkt P_K für den Bereich von $\omega = 0 \ldots \infty$ beschrieben.

Zur Ermittlung von $\Delta\varphi(\omega)$ wird die Ortskurve der Funktion $1 + F_0(p)$ meist um den Wert 1 nach links verschoben (Bild 5.16). In diesem Fall liegt der kritische Punkt bei $P_K = [-1; j0]$. In diesem Buch wird der kritische Punkt vornehmlich auf $P_K = [+1; j0]$ gelegt. Dies ist möglich, wenn der Frequenzgang des offenen Regelkreises mit $\underline{F}_0(j\omega) = -\underline{F}_R \cdot \underline{F}_S$ bezeichnet wird.

Nimmt man für n die Anzahl der Pole in der rechten p-Halbebene an, für n_l die Anzahl der Pole in der linken p-Halbebene, sowie n_i die Anzahl der Pole auf der imaginären Achse, ergibt sich eine allgemeine Fassung des Nyquist-Kriteriums. Die Stabilitätsbedingung lautet dann:

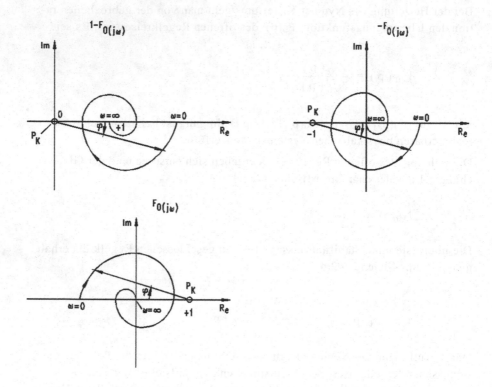

Bild 5.16   Fahrstrahl und zugehörige Ortskurven zur Deutung von $\Delta \varphi \, (\omega)$

> Ein geschlossener Regelkreis ist genau dann stabil,
> wenn der im kritischen Punkt $P_K = [+1; j0]$ an die
> Ortskurve $F_0 (j\omega)$ des offenen Regelkreises gelegte
> Fahrstrahl im Bereich von $\omega = 0 \ldots \infty$ eine stetige
> Winkeländerung $\Delta \varphi (\omega)$ beschreibt.

Zur Veranschaulichung sind in Bild 5.17 einige Beispiele aufgezeigt. Als Gleichung formuliert lautet die allgemeine Form des Niquist-Kriteriums:

$$\Delta \varphi (\omega) = \pi \cdot n_r + \frac{\pi}{2} \cdot n_i \qquad\qquad (5.13)$$

Hat $F_0(p)$ keine Pole auf der imaginären Achse ($n_i=0$), beginnt die Ortskurve für $\omega = 0$ auf der reellen Achse und endet für $\omega = \infty$ im Ursprung der komplexen Ebene. Hat $F_0(p)$ Pole im Ursprung ($n_i>0$), dies deutet auf das I-Verhalten

Ortskurve $\qquad F_0(j\omega)$	Polverteilung von $F_0(p)$	Stabilitätsaussage
Im, $\omega=0$, $\omega=\infty$, P_K, ω_z, 1, R_e, $-K_0$	$P - PT_3$ $F_0(p) = \dfrac{-K_0}{(1+pT_1)(1+pT_2)^2}$ $n_r = 0; n_i = 0$	$\Delta\varphi \overset{!}{=} 0 = 0$ __stabil__
Im, $\omega=0$, $\omega=\infty$, -2π, 1, R_e, $-K_0$	$P - PT_3$ $F_0(p) = \dfrac{-K_0}{(1+pT_1)(1+pT_2)^2}$ $n_r = 0; n_i = 0$	$\Delta\varphi \overset{!}{=} 0 = -2\pi$ __instabil__
Im, $\frac{3\pi}{2}$, $\omega=\infty$, 1, R_e, $\omega\to 0$	$F_0(p) = \dfrac{-K_0(1+pT_3)}{pT_i(1+pT_1)(1+pT_2)(pT_4-1)}$ $n_i = 1 \; ; \; n_r = 1$	$\Delta\varphi \overset{!}{=} \dfrac{3\pi}{2} = \dfrac{3\pi}{2}$ __stabil__
Im, $\omega=0$, $\omega=\infty$, 2π, 1, R_e, $-K_0$	$F_0(p) = \dfrac{-K_0}{(pT_a-1)(pT_b-1)}$ $n_r = 2; n_i = 0$	$\Delta\varphi \overset{!}{=} 2\pi = 2\pi$ __stabil__
Im, $\omega\to 0$, $\omega=\infty$, $\frac{\pi}{2}$, 1, R_e, $K_0\frac{T_1}{T_i}$	$P - I - PT_1$ $F_0(p) = \dfrac{-K_0}{pT_i(1+pT_1)}$ $n_r = 0; n_i = 1$	$\Delta\varphi \overset{!}{=} \dfrac{\pi}{2} = \dfrac{\pi}{2}$ __stabil__
Im, $\omega=0$, $\omega=\infty$, ω_z, 1, R_e, $-K_0$	$P - PT_1 - T_t$ $F_0(p) = \dfrac{-K_0 \cdot e^{-pT_t}}{1+pT_1}$ $n_r = 0; n_i = 0$	$\Delta\varphi \overset{!}{=} 0 = 0$ __stabil__
Im, $\omega=\infty$, 1, $-\pi$, R_e	$P - PT_1 - I^2$ $F_0(p) = \dfrac{-K_0}{p^2 T_i^2(1+pT_1)}$ $n_r = 0; n_i = 2$	$\Delta\varphi \overset{!}{=} \pi = -\pi$ __instabil__

Bild 5.17   Ortskurve, Polverteilung und Stabilitätsaussage einiger Regelungen

hin, beginnt die Ortskurve für $\omega = 0$ im Unendlichen und endet für $\omega = \infty$ im Ursprung. Hat $F_0(p)$ unendlich viele Schnittpunkte mit der reellen Achse, dies deutet auf ein zusätzliches Totzeitverhalten hin, endet die Ortskurve für $\omega = \infty$ im Ursprung bzw. geht in einen Kreis um den Ursprung über.

Beim vereinfachten Nyquist-Kriterium, das für viele Fälle völlig ausreicht, betrachtet man nur Regelkreise, die keine Pole in der rechten p-Halbebene aufweisen und maximal zwei Pole im Ursprung besitzen ($n= 0$, $n_i=[0;1;2]$). Dann lautet die Stabilitätsbedingung:

> Gilt für die Polverteilung des aufgeschnittenen Regelkreises $n=0$ und $n_i=[0;1;2]$, so ist der geschlossene Regelkreis genau dann stabil, wenn der Fahrstrahl in P_K an die Ortskurve $F_0(j\omega)$ gelegt, im Bereich $\omega = 0...\infty$ die stetige Winkeländerung $\Delta\varphi(\omega)$ beschreibt.

Als Gleichung formuliert lautet das vereinfachte Niquist-Kriterium somit:

$$\Delta\varphi(\omega) = \frac{\pi}{2}\cdot n_i \qquad\qquad (5.14)$$

Häufig wird die Stabilitätsbedingung des vereinfachten Nyquist-Kriteriums auch auf folgende Weise ausgedrückt.

> Hat der offene Regelkreis die Polverteilung $n=0$ und $ni=[0;1;2]$, so ist der geschlossene Regelkreis stabil, wenn der kritische Punkt $P_K=[+1;j0]$ im Sinne wachsender ω-Werte rechts von der Ortskurve $F_0(j\omega)$ liegt und $\alpha_R > 0°$ ist.

Somit gilt:

$$F_0(j\omega) = -\underline{F}_R\cdot\underline{F}_S < 1 \quad\text{ für }\quad \alpha_R > 0°$$
$$\text{bzw.} \qquad\qquad\qquad\qquad\qquad\qquad\qquad\qquad (5.15)$$
$$\text{Re}[\underline{F}_0(\omega_z)] < 1 \quad\text{ für }\quad \text{Im}[\underline{F}_0(\omega_z) = 0]$$

Maßgebend ist also der Teil der Ortskurve, der dem kritischen Punkt am nächsten liegt. Genauso wie beim Bode-Diagramm läßt sich auch aus der Ortskurve von $F_0(j\omega)$ der Phasenrand α_R und der Amplitudenrand A_R ablesen (Bild 5.18).

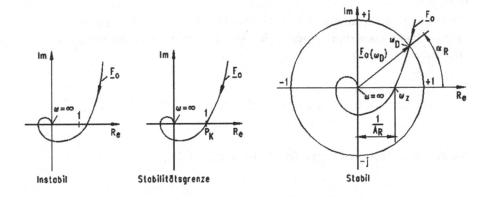

Bild 5.18   Ortskurven zur graphischen Definition der Stabilität nach Nachweist

Man erhält die kritische Frequenz ω_z für den Fall, daß $\mathrm{Im}[\underline{F}_0] = 0$ ist. Der Realteil des komplexen Zeigers $F_0(j\omega)$ an der Stelle ω_z entspricht dann dem reziproken Wert des Amplitudenrandes A_R.

Wie im Bode-Diagramm ergibt sich die Durchtrittsfrequenz ω_D bei dem Wert $|\underline{F}_0| = 1$. Dies ist der Fall, wenn die Ortskurve den Einheitskreis schneidet. Mit Hilfe von ω_D läßt sich schließlich die Phasenreserve α_R ermitteln. Da die Werte von ω_z und ω_D aus der Graphik nicht direkt ablesbar sind, empfiehlt sich für die Stabilitätsaussage die Anwendung des folgenden Formelsatzes:

$$
\begin{array}{lll}
\mathrm{Im}\,\underline{F}_0 = 0 & \rightarrow & \omega_z \\[2mm]
\mathrm{Re}[\underline{F}_0(\omega_z)] < 1 & \rightarrow & \text{Regelung stabil} \\[2mm]
\mathrm{Re}[\underline{F}_0(\omega_z)] = 1 & \rightarrow & K_{Rkrit} = K_R \cdot A_R \\[2mm]
\mathrm{Re}[\underline{F}_0(\omega_z)] = \dfrac{1}{A_R} & \rightarrow & A_R \\[2mm]
|\underline{F}_0| = 1 & \rightarrow & \omega_D \\[2mm]
\alpha_R = \arctan \dfrac{\mathrm{Im}[\underline{F}_0(\omega_D)]}{\mathrm{Re}[\underline{F}_0(\omega_D)]} = \varphi_0(\omega_D) + 180°
\end{array}
\qquad (5.16)
$$

Beispiel:

Ein P-Regler wirkt auf eine PT_1-I-Strecke. Die Regelung soll mit dem vereinfachten Stabilitäts-Kriterium nach Niquist auf Stabilität untersucht werden.
Die Parameter lauten:

$$K_R = 100$$
$$K_S = 1 \qquad T_1 = 1\,s$$
$$T_i = 1\,s$$

Aufgeteilt in Real- und Imaginärteil wird zunächst $\underline{F}_0$ ermittelt. Es gilt:

$$\underline{F}_R = K_R \quad und \quad \underline{F}_S = K_S \cdot \frac{-\omega T_1 - j}{\omega T i (1 + \omega^2 T_1^2)} \quad .$$

Damit erhält man

$$\underline{F}_0 = -\underline{F}_R \cdot \underline{F}_S = K_0 \cdot \frac{\omega T_1 + j}{\omega T i (1 + \omega^2 T_1^2)} \quad .$$

Nun läßt sich der Formelsatz 5.16 anwenden:

$$Im \underline{F}_0 = 0 = K_0 \cdot \frac{1}{\omega_z T i (1 + \omega_z^2 T_1^2)} \quad .$$

Daraus ergibt sich eine kritische Frequenz von $\omega_z = \infty$. Es folgt dann mit

$$Re[\underline{F}_0(\omega_z)] = K_0 \cdot \frac{\omega_z T_1}{\omega_z T i (1 + \omega_z^2 T_1^2)} \big|_{\omega_z \to \infty} = 0 \quad ,$$

daß die Regelung stabil ist und eine Amplitudenreserve von $A_R = \infty$ aufweist. Die Durchtrittsfrequenz ergibt sich aus

$$\underline{F}_0 = 1 = K_0^2 \cdot \frac{1}{\omega_D^2 T i^2 (1 + \omega_D^2 T_1^2)} \quad .$$

Es ist demnach die Gleichung

$$\omega_D^4 + \frac{\omega_D^2}{T_1^2} - \frac{K_0^2}{T_1^2 T i^2} = 0$$

zu lösen. Mit der Substitution $z = \omega_D^2$ erhält man eine Durchtrittsfrequenz
von $\omega_D = 30,843$ Hz. Damit ergibt sich ein Phasenrand von $\alpha_R = 17,964°$.
Diese Werte lassen sich auch aus der Ergebnis-Liste der Simulation entnehmen
(Bild 5.19). Das Nyquist-Diagramm zeigt, daß sich der Frequenzgang $\underline{F}_0$ für
$\omega \rightarrow 0$ der Asymptote $K_0 \cdot T_1 / T_i = 10$ nähert und für $\omega \rightarrow \infty$ im
Koordinaten-Urpsrung endet.

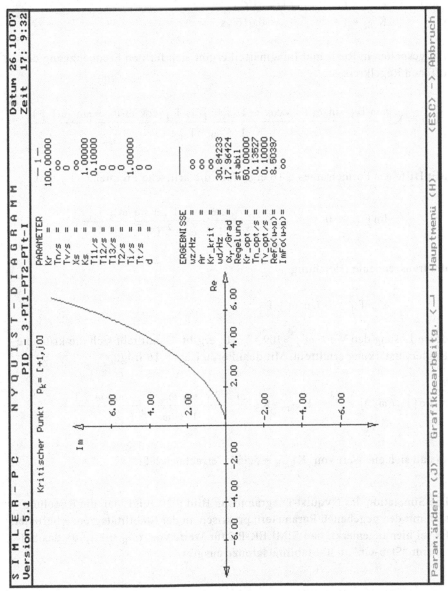

Bild 5.19   Nyquist-Diagramm der Regelung aus P-Regler und PT$_1$-I-Strecke

Beispiel:

Ein Regelkreis aus P-Regler und PT1-PTt-Strecke soll im Nyquist-Diagramm auf Stabilität geprüft werden. Außerdem ist die kritische Reglerverstärkung K_{Rkrit} gesucht. Die Parameter lauten:

$$K_R = 5,5638$$
$$K_{S1} = 1 \qquad T_1 = 0,05 \text{ s}$$
$$K_{S2} = 1 \qquad T_t = 0,016 \text{ s}$$

Aufgespalten in Real- und Imaginärteil ergibt sich für den Frequenzgang des offenen Regelkreises:

$$\underline{F}_0 = K_0 \cdot \frac{\omega T_1 \cdot \sin \omega T_t - \cos \omega T_t + j(\omega T_1 \cdot \cos \omega T_t + \sin \omega T_t)}{1 + \omega^2 T_1^2}$$

Mit Hilfe des Formelsatzes 5.16 ergibt für die kritische Frequenz ω_z mit

$$\text{Im } \underline{F}_0 = 0 = K_0 \cdot \frac{\omega_z T_1 \cdot \cos \omega_z T_t + \sin \omega_z T_t}{1 + \omega_z^2 T_1^2}$$

die transzendente Gleichung

$$\omega_z T_1 = - \tan \omega_z T_t \quad ,$$

deren Lösung den Wert $\omega_z \approx 109,47$ Hz ergibt. Damit läßt sich die kritische Reglerverstärkung ermitteln. Mit dem Formelsatz 5.16 folgt

$$\text{Re}[\underline{F}_0(\omega_z)] = 1 = K_{Rkrit} \cdot K_S \cdot \frac{\omega_z T_1 \cdot \sin \omega_z T_t - \cos \omega_z T_t}{1 + \omega_z^2 T_1^2} \quad ,$$

so daß sich ein Wert von $K_{Rkrit} = 5,564$ errechnen läßt.

Die Simulation des Nyquist-Diagramms in Bild 5.20 zeigt, daß die Regelung sich mit den gegebenen Parametern praktisch an der Stabilitätsgrenze befindet. Es sei hier angemerkt, daß SIMLER-PC für Werte von $\alpha_R = 1° \ldots 0°$ das Statement "Stab-Gr.", d.h. Stabilitätsgrenze ausgibt.

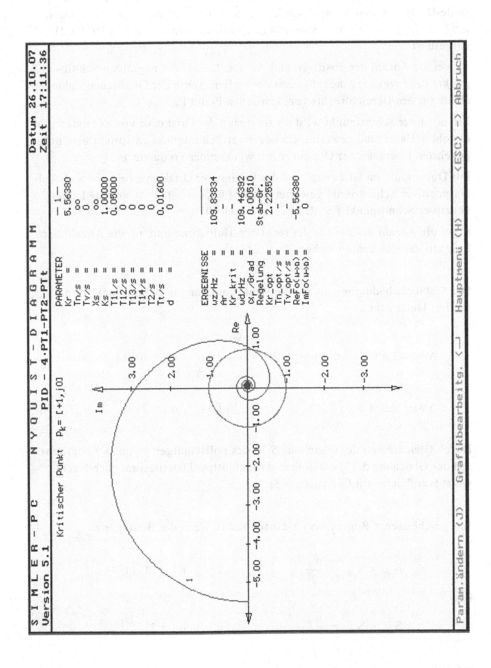

Bild 5.20   Nyquist-Diagramm der Regelung aus P-Regler, PT_1-PTt-Strecke

Die Stabilitätausssage mit Hilfe der Schnittpunktform, wie sie bereits im Bode-Diagramm angewendet wurde, läßt sich auch auf die Ortskurven-Darstellung des Nyquist-Kriteriums übertragen. Einige Beispiele sind in Bild 5.21 aufgeführt.

S_p sei die Anzahl der positiven und S_n die Anzahl der negativen Schnittpunkte des Frequenzgangs $\underline{F}_0$ mit der reellen Achse der Gaußschen Zahlenebene für den Bereich rechts vom kritischen Punkt P_K.

Ein positiver Schnittpunkt wird als Übergang der Ortskurve von der unteren in die obere Halbebene gewertet, ein negativer Schnittpunkt entspricht dem umgekehrten Übergang der Ortskurve mit wachsender Frequenz ω.

Für Doppelpole im Ursprung wird der Beginn der Ortskurve bei $\omega = 0$ als halber positiver Schnittpunkt gewertet für $Re[\underline{F}_0(\omega = 0)] > 0$ und als halber negativer Schnittpunkt für $Re[\underline{F}_0(\omega = 0)] < 0$.

n sei die Anzahl der Pole in der rechten p-Halbebene und n_i die Anzahl der Pole auf der imaginären Achse.

Die Stabilitätsbedingung als stetige Winkeländerung in Schnittpunktform formuliert lautet dann:

$$\Delta\varphi = 2\pi(S_p - S_n) + \frac{\pi}{2}n_i \qquad \text{für} \qquad n_i = [0;1]$$

$$\text{(5.17)}$$

$$\Delta\varphi = 2\pi\cdot(S_p - S_n) \qquad \text{für} \qquad n_i = 2$$

Durch Gleichsetzen der Gleichung 5.13 des vollständigen Nyquist-Kriteriums mit der Gleichung 5.17, erhält man das Schnittpunkt-Kriterium nach Nachweist (vergleiche mit Gleichung 5.8).

Ein geschlossener Regelkreis ist danach stabil, wenn die Bedingung

$$S_p - S_n = \frac{n_r}{2} \qquad \text{für} \qquad n_i = [0;1]$$

bzw.

$$S_p - S_n = \frac{n_r + 1}{2} \qquad \text{für} \qquad n_i = 2$$

erfüllt ist.

Ortskurve $F_0(j\omega)$	Polverteilung	Stablititätsaussage nach Gleichung 5.13 und 5.8
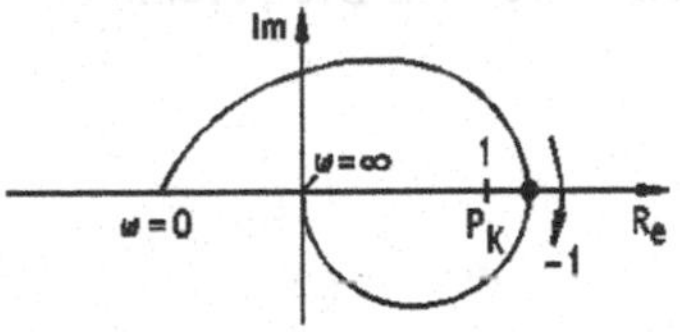 *(Ortskurve: Im, Re; $\omega=0$, $\omega=\infty$, P_K, 1, -1)*	$n_r = 0$ $n_i = 0$	$\Delta\varphi \overset{!}{=} 0 = -2\pi$ $s_p - s_n \overset{!}{=} -1$ **instabil**
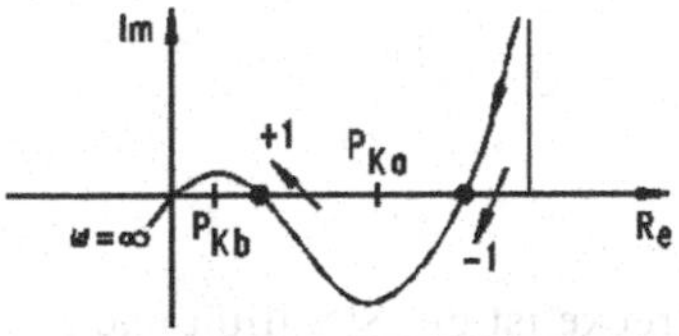 *(Ortskurve: Im, Re; $\omega=\infty$, P_{Kb}, P_{Ka}, $+1$, -1)*	$n_r = 0$ $n_i = 1$	$\Delta\varphi \overset{!}{=} \dfrac{\pi}{2} = -\left|\begin{array}{ll}\frac{3\pi}{2} & \text{bei } P_{Ka}\\[2pt] \frac{\pi}{2} & \text{bei } P_{Kb}\end{array}\right.$ $s_p - s_n \overset{!}{=} 0 = -\left|\begin{array}{ll}-1 & \text{bei } P_{Ka}\\ 0 & \text{bei } P_{Kb}\end{array}\right.$ **stabil bei $P_K = P_{Kb}$**
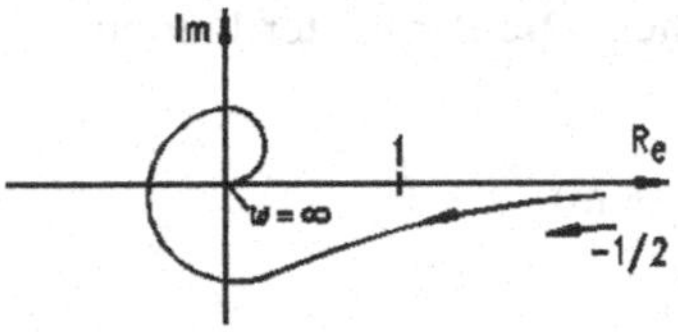 *(Ortskurve: Im, Re; $\omega=\infty$, 1, $-1/2$)*	$n_r = 0$ $n_i = 2$	$\Delta\varphi \overset{!}{=} \pi = -\pi$ $s_p - s_n \overset{!}{=} \dfrac{1}{2} = -\dfrac{1}{2}$ **instabil**
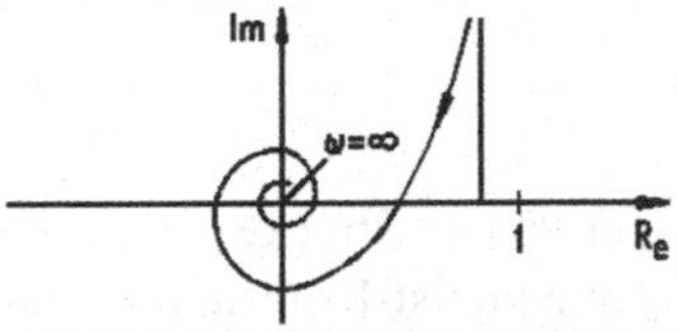 *(Ortskurve: Im, Re; $\omega=\infty$, 1)*	$n_r = 0$ $n_i = 1$	$\Delta\varphi \overset{!}{=} \dfrac{\pi}{2} = \dfrac{\pi}{2}$ $s_p - s_n \overset{!}{=} 0 = 0$ **stabil**
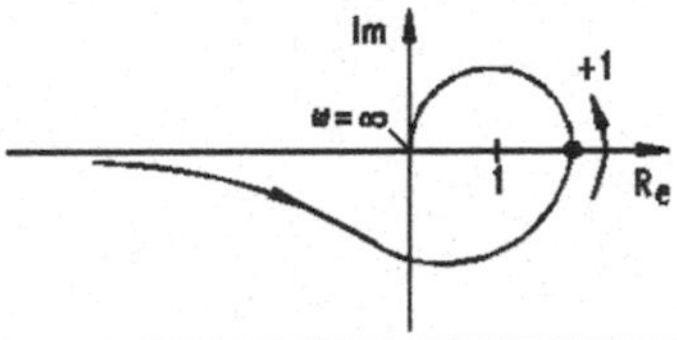 *(Ortskurve: Im, Re; $\omega=\infty$, $+1$, 1)*	$n_r = 1$ $n_i = 2$	$\Delta\varphi \overset{!}{=} 2\pi = 2\pi$ $s_p - s_n \overset{!}{=} 1 = 1$ **stabil**
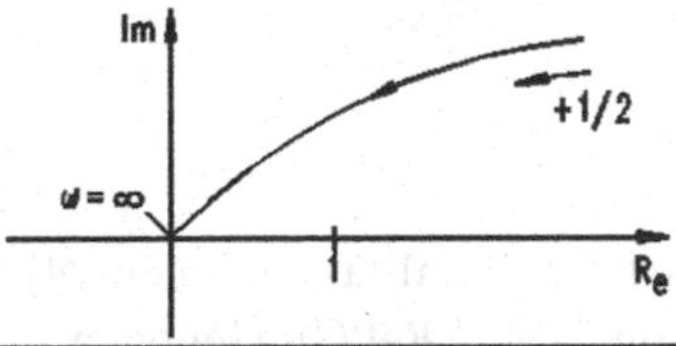 *(Ortskurve: Im, Re; $\omega=\infty$, $+1/2$)*	$n_r = 0$ $n_i = 2$	$\Delta\varphi \overset{!}{=} \pi = \pi$ $s_p - s_n \overset{!}{=} \dfrac{1}{2} = \dfrac{1}{2}$ **stabil**
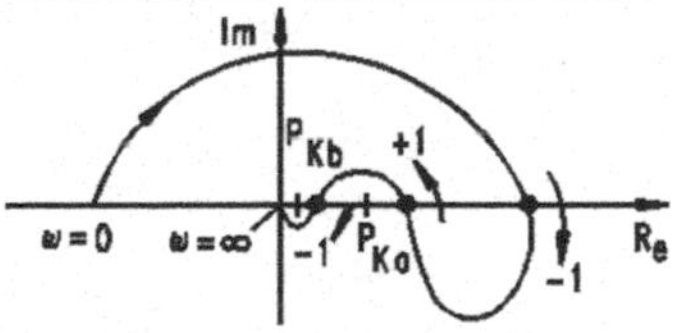 *(Ortskurve: Im, Re; $\omega=0$, $\omega=\infty$, P_{Kb}, P_{Ka}, $+1$, -1, -1)*	$n_r = 0$ $n_i = 0$	$\Delta\varphi \overset{!}{=} 0 = -\left|\begin{array}{ll}0 & \text{bei } P_{Ka}\\ -2\pi & \text{bei } P_{Kb}\end{array}\right.$ $s_p - s_n \overset{!}{=} 0 = -\left|\begin{array}{ll}0 & \text{bei } P_{Ka}\\ -1 & \text{bei } P_{Kb}\end{array}\right.$ **stabil bei $P_K = P_{Ka}$**

Bild 5.21   Ortskurve, Polverteilung und Stabilitätsaussage einiger Regelkreise

Aufgabe 5.5

Es soll eine Regelung aus PD-Regler und PT_1-PTt-Strecke nach dem Ny-quist-Kriterium in Ortskurven-Darstellung betrachtet werden. Die Parameter sind:

$$
\begin{aligned}
K_R &= 10 & T_V &= 5\ \text{ms} \\
K_{S1} &= 1 & T_1 &= 0{,}1\ \text{s} \\
K_{S2} &= 1 & T_t &= 1\ \text{ms}
\end{aligned}
$$

Aufgabe 5.6

Für einen Regelkreis aus PID-Regler und PT_1-Strecke ist die Stabilität nach Nachweist in Ortskurvendarstellung zu untersuchen. Die Parameter lauten:

$$
\begin{aligned}
K_R &= 5 & T_N &= 0{,}1\ \text{s} & T_V &= 8\ \text{ms} \\
K_S &= 1 & T_1 &= 0{,}05\ \text{s}
\end{aligned}
$$

Aufgabe 5.7

Eine Regelung bestehe aus dem PD-Regler und einer PT_1-I^2-Strecke. Es ist die Ortskurve nach dem vereinfachten und vollständigen Nyquist-Kriterium zu un-tersuchen. Gegeben sind die Werte:

$$
\begin{aligned}
K_R &= 10 & T_V &= 8\ \text{ms} \\
K_S &= 1 & T_1 &= 0{,}02\ \text{s} \\
& & T_i &= 0{,}1\ \text{s}
\end{aligned}
$$

Aufgabe 5.8

Ein PI-Regler soll eine I-PTt-Strecke regeln. Es ist die Stabilität nach dem Ny-quist-Kriterium zu untersuchen (auch mit Hilfe von SIMLER-PC). Gegeben sind die Werte:

$$
\begin{aligned}
K_R &= 100 & T_N &= 0{,}25\ \text{s} \\
K_S &= 1{,}2 & T_t &= 0{,}01\ \text{s} \\
& & T_i &= 1{,}2\ \text{s}
\end{aligned}
$$

5.4   Zwei-Ortskurven-Verfahren (Z.O.V.)

Das Zwei-Ortskurven-Verfahren wird immer dann vorteilhaft eingesetzt, wenn der Regelkreis Nichtlinearitäten enthält wie Signalbegrenzung, Ansprech-schwelle, Hysterese und Tote Zone /31/. Die Ortskurve des Regelkreises wird dann aufgeteilt in die des Reglers $\underline{F}_R$ und in die der Strecke in Form von $-1/\underline{F}_S$.

Praxisnah genügt beim Z.O.V. die Anwendung des vereinfachten Nyquist-Kriteriums. Davon soll hier ausgegangen werden. Dabei gibt es zwei Möglichkeiten die Stabilität zu untersuchen.

Man ermittelt zunächst die Durchtrittsfrequenz ω_D. Es gilt nach dem Formelsatz 5.16, daß der Frequenzgangbetrag $|\underline{F}_0|$ bei der Durchtrittsfrequenz Eins wird, also erhält man mit

$$|\underline{F}_0| = |-\underline{F}_R \cdot \underline{F}_S| = 1$$

eine Bestimmungsgleichung für ω_D der Form:

$$\boxed{\quad |\underline{F}_R| = |-1/\underline{F}_S| \qquad \rightarrow \qquad \omega_D \quad} \qquad (5.18)$$

Für die graphische Auswertung des Phasenrandes α_R nach dem Z.O.V. benötigt man den Phasenwinkel $\varphi_R(\omega_D)$ des Reglers und den Phasenwinkel $\overline{\varphi}_S(\omega_D)$ des inversen Frequenzgangs $-1/\underline{F}_S$.
Mit

$$\overline{\varphi}_S(\omega_D) = -(\varphi_S(\omega_D) + 180°)$$

erhält man demnach einen Phasenrand von

$$\boxed{\quad \alpha_R = \varphi_R(\omega_D) - \overline{\varphi}_S(\omega_D) \quad} \qquad (5.19)$$

der bei Stabilität der Regelung größer als Null ist.

Die zweite Möglichkeit für die Stabilitätsaussage im Z.O.V. ist mit den Real-
und Imaginärteilen aus der Gleichung 5.18 gegeben.

Es wird zunächst die kritische Frequenz ω_z ermittelt, die bekanntlich dann
vorliegt, wenn $\alpha_R = 0$ ist. Aus der Gleichung 5.19 ergibt sich für diesen Fall

$$\varphi_R(\omega_z) - \overline{\varphi}_S(\omega_z) = 0 \quad .$$

Es liegt damit eine Bestimmungsgleichung für ω_z vor:

$$\varphi_R = \overline{\varphi}_S \quad \text{bzw.} \quad \tan \varphi_R = \tan \overline{\varphi}_S \quad \rightarrow \quad \omega_z \quad (5.20)$$

Mit Hilfe dieser Beziehung läßt sich die Stabilität eines Regelkreises nach
dem Formelsatz 5.16 festellen. Es gilt dort die Stabilitätsbedingung

$$\mathrm{Re}[-\underline{F}_R(\omega_z) \cdot \underline{F}_S(\omega_z)] < 1 \quad .$$

Wendet man diese Formel auf des Z.O.V an, ergibt sich die folgende Stabilitätsaussage:

$$\boxed{\begin{array}{l} \mathrm{Re}[\underline{F}_R(\omega_z)] \; < \; \mathrm{Re}[-1/\underline{F}_S(\omega_z)] \\ \text{bzw.} \\ \mathrm{Im}[\underline{F}_R(\omega_z)] \; < \; \mathrm{Im}[-1/\underline{F}_S(\omega_z)] \end{array}} \qquad (5.21)$$

Für die in der Praxis am häufigsten vorkommenden Strecken sind die negativen inversen Ortskurven und ihre zugehörigen Frequenzgänge in Tabelle 5.2
zusammengestellt.

Aus dem Formelsatz 5.16 läßt sich auch entnehmen, wie man beim Zwei-Ortskurven-Verfahren die Amplitudenreserve A_R berechnet. Es gilt:

$$\boxed{A_R = \mathrm{Re}\left[\frac{-1/\underline{F}_S(\omega_z)}{\underline{F}_R(\omega_z)}\right]} \qquad (5.22)$$

Tabelle 5.2 Negative inverse Ortskurven wichtiger Regelstrecken
und ihr zugehöriger Frequenzgang

Regelstrecke	Frequenzgang $-1/\underline{F}_S \triangleq \underline{\bar{F}}_S$	negative inverse Ortskurve
I	$\underline{\bar{F}}_S = -j\omega T_i$	
PT_1	$\underline{\bar{F}}_S = \dfrac{-1 - j\omega T_1}{K_S}$	
PT_2	$\underline{\bar{F}}_S = \dfrac{\omega^2 T_2^2 - 1 - j2d\omega T_2}{K_S}$	
PT_t	$\underline{\bar{F}}_S = \dfrac{-\cos\omega T_t - j\sin\omega T_t}{K_S}$	
$I - T_1$	$\underline{\bar{F}}_S = \omega^2 T_1 T_i - j\omega T_i$	
$I - T_t$	$\underline{\bar{F}}_S = \omega T_I(\sin\omega T_t - j\cos\omega T_t)$	
$PT_1 - T_t$	$Re\,\underline{\bar{F}}_S = \dfrac{\omega T_1 \sin\omega T_t - \cos\omega T_t}{K_S}$ $Im\,\underline{\bar{F}}_S = \dfrac{\omega T_1 \cos\omega T_t - \sin\omega T_t}{K_S}$	

Zur Untersuchung von Regelkreisen mit Nichtlinearitäten ist das Z.O.V. besonders gut geeignet. Man ermittelt zunächst die negative inverse Ortskurve der linearen Regelkreisglieder bestehend aus Regler und Strecke, also

$$\frac{1}{\underline{F}_0} = \frac{-1}{\underline{F}_R \cdot \underline{F}_S} \quad .$$

Anschließend wird die Ortskurve der Beschreibungsfunktion $N(\hat{x}_e)$ des nichtlinearen Regelkreisgliedes dargestellt. Die Stabilitätsaussage hängt dann von der Art der Nichtlinearität ab, die durch Angabe ihres Stabilitätsgebietes beschrieben ist.

Mit gegebenem Regler und einer bekannten Strecke läßt sich in einer Graphik die Stabilität bei verschiedenen Nichtlinearitäten untersuchen. Es muß dann entsprechend Gleichung 5.21 für Stabilität gelten:

$$\text{Re}\,[N(\hat{x}_e)] \;<\; \text{Re}\,[-1/(\underline{F}_R \cdot \underline{F}_S)]\omega_z \quad . \qquad (5.23)$$

Beispiel:

An einem Regelkreis aus PI-Regler und PT2-Strecke soll das Zwei-Ortskurven-Verfahren erläutert werden. Die Parameter lauten:

$$K_R = 1 \qquad T_N = 0{,}08\ \text{s}$$
$$K_S = 1 \qquad T_2 = 0{,}1\,\text{s} \qquad d = 0{,}5$$

Aus der Tabelle 3.1 lassen sich die Betragsfrequenzgänge von Regler und Strecke entnehmen, so daß sich mit Gleichung 5.18 für die Durchtrittsfrequenz ω_D folgende Bestimmungsgleichung ergibt:

$$K_R \sqrt{1 + \frac{1}{\omega_D^{\,2}\, T_N^{\,2}}} \;=\; \frac{1}{K_S}\sqrt{(1 - \omega_D^{\,2}\, T_2^{\,2})^2 + 4\,d^{\,2}\,\omega_D^{\,2}\, T_2^{\,2}} \quad .$$

Man erhält einen Wert von $\omega_D \approx 12{,}672$ Hz. Mit Hilfe der Gleichung 5.19 läßt sich nun der Phasenrand angeben.

$$\alpha_R \;=\; \arctan\frac{-1}{\omega_D\, T_N} \;-\; \arctan\frac{-2\,d\,\omega_D\, T_2}{\omega_D^{\,2}\, T_2^{\,2} - 1} \quad .$$

Es ergibt sich ein Wert von $\alpha_R \approx 19{,}84°$. Damit ist die Regelung stabil.

Mit Hilfe der Gleichungen 5.20 und 5.22 läßt sich auch die Amplitudenreserve A_R angeben. Man erhält mit

$$\tan \varphi_R = \frac{-1}{\omega_z T_N} = \tan \bar{\varphi}_S = \frac{-2\,d\,\omega_z\,T_2}{\omega_z^2\,T_2^2 - 1}$$

eine kritische Frequenz von $\omega_z = 22{,}361$ Hz. Somit hat die Amplitudenreserve nach Gleichung 5.22 einen Wert von $A_R = 4$.

Die Ergebnisse dieses Beispiels sind in Bild 5.22 dargestellt. Dort ist auch aufgezeigt, wie sich die kritische Reglerverstärkung K_{Rkrit} ablesen läßt.

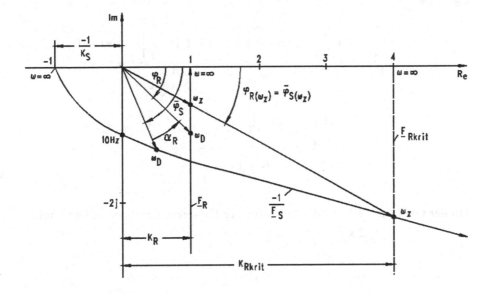

Bild 5.22   Ortskurven der Regelung aus PI-Regler und PT$_2$-Strecke

Beispiel:

Ein Regelkreis aus PI-Regler mit Hysterese und einer PT$_1$-PTt-Strecke soll mit dem Z.O.V. auf Stabilität untersucht werden. Der zugehörige Blockschaltplan ist in Bild 5.23 dargestellt. Die Parameter sind:

$$K_R = 5 \qquad T_N = 0{,}2\ s \qquad \hat{x}_e = 10\ V$$
$$K_{S1} = 1 \qquad T_1 = 0{,}1\ s$$
$$K_{S2} = 1 \qquad T_t = 0{,}001\ s\ (0{,}04\ s)$$

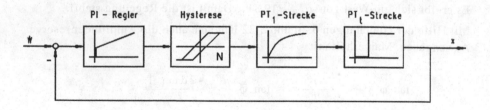

Bild 5.23   Blockschaltplan einer Regelung mit hysteresebehaftetem PI-Regler

Wie bereits beschrieben wird bei Regelungen mit Nichtlinearitäten zunächst die negative inverse Ortskurve der linearen Regelkreisglieder ermittelt. Es ergibt sich:

$$\mathrm{Re}\,[\,\frac{1}{\underline{F}_0}\,] = \frac{(\frac{T_1}{T_N}-1)\cos\,\omega\,T_t + (\omega\,T_1 + \frac{1}{\omega\,T_N})\sin\,\omega\,T_t}{K_0 \cdot (1 + \frac{1}{\omega^2\,T_N^{\,2}})}\quad,$$

$$\mathrm{Im}\,[\,\frac{1}{\underline{F}_0}\,] = \frac{(\frac{T_1}{T_N}-1)\sin\,\omega\,T_t - (\omega\,T_1 + \frac{1}{\omega\,T_N})\cos\,\omega\,T_t}{K_0 \cdot (1 + \frac{1}{\omega^2\,T_N^{\,2}})}\quad.$$

Mit der Gleichung 3.51 ist die Ortskurve der Hysterese gegeben, sie lautet mit

$$\alpha = 1 - \frac{2\,x_t}{\hat{x}_e}\quad:$$

$$N(\hat{x}_e) = \frac{1}{2} + \frac{1}{180} \cdot \arcsin\;\alpha + \frac{\alpha}{\pi} \cdot \sqrt{1-\alpha^2} + j\frac{1}{\pi}(\alpha^2 - 1)\;.$$

In einem Schnittpunkt der beiden Ortskurven, sind die beiden Zeiger $N(\hat{x}_e)$ und $1/\underline{F}_0$ gleich groß; dies muß für die Real- und Imaginärteile gelten. Der Vergleich der Imaginärteile liefert eine Gleichung zur Berechnung von x_t:

$$x_t = \frac{\hat{x}_e}{2} + \sqrt{\frac{\hat{x}_e^2}{4} + \frac{\pi\,\hat{x}_e^2\,[(\frac{T_1}{T_N}-1)\sin\,\omega\,T_t - (\omega\,T_1 + \frac{1}{\omega\,T_N})\cos\,\omega\,T_t]}{4K_0(1 + \frac{1}{\omega^2\,T_N^{\,2}})}}\quad.$$

Diese Gleichung setzt man in den Realteil von $N(\hat{x}_e)$ ein und erhält mit

$\mathrm{Re}[N(\hat{x}_e)] - \mathrm{Re}[1/\underline{F}_0] = 0$ eine Bestimmungsgleichung für ω_z, die dann auch den Wert von x_t liefert:

$$\frac{1}{2} + \frac{\alpha}{\pi}\sqrt{1-\alpha^2} + \frac{\arcsin \alpha}{180} - \frac{(\frac{T_1}{T_N}-1)\cos \omega T_t + (\omega T_1 + \frac{1}{\omega T_N})\sin \omega T_t}{K_0(1+\frac{1}{\omega^2 T_N^2})} = 0 \; .$$

Man erhält eine kritische Frequenz von $\omega_z \approx 12{,}15112$ Hz und damit einen Wert $x_t \approx 6{,}75192$ V.

Wie sich aus dem Bild 5.24 ergibt, schneiden sich die zugehörigen Ortskurven im Punkte P_1 bei dem errechneten Wertepaar ω_z und x_t, so daß die Regelung Dauerschwingungen der Frequenz $\omega_z \approx 12{,}15$ Hz ausführt.

Wie die Betrachtung des Stabilitätsgebietes der Hysterese zeigt, kann eine Vergrößerung der Amplitude von x_e in das instabile Gebiet führen, weil dann der Zeiger von $N(\hat{x}_e)$ größer als $1/\underline{F}_0$ ist. Nur wenn sich die beiden Ortskurven nicht schneiden, ist die Regelung unbegrenzt stabil (falls sie ohne Hysterese bereits stabil war). Dies ist auch für $T_t \ll T_1 < T_N$ der Fall.

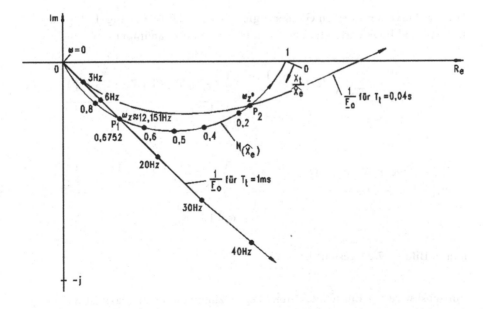

Bild 5.24   Auswertung der vorliegenden Regelung mit dem Z.O.V.

Beispiel:

An einer Regelung aus PI-Regler und PT$_3$-Strecke soll der Einfluß der Signalbegrenzung, Ansprechschwelle und Hysterese im Zusammenhang aufzeigen
werden (Bild 5.25). Die entsprechende Analogschaltung zur Simulation der
einzelnen Einflüsse ist in Bild 5.26 abgebildet.

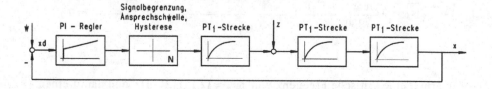

Bild 5.25   Blockschaltplan einer Regelung mit nichtlinearen Gliedern

Die Parameter der linearen Regelkreisglieder lauten:

$$K_R = 10 \qquad T_N = 1{,}5 \text{ s} \qquad \hat{x}_e = 10 \text{ V}$$
$$K_{S1} = 1 \qquad T_1 = 1{,}5 \text{ s}$$
$$K_{S2} = 1 \qquad T_2 = 0{,}022 \text{ s}$$
$$K_{S3} = 2 \qquad T_3 = 0{,}47 \text{ s}$$

Die Ortskurve der linearen Glieder ergibt sich mit der Gleichung $1/\underline{F}_0$, die
in Real- und Imaginärteil aufgespalten folgende Form annimmt:

$$\text{Re}\left[\frac{1}{\underline{F}_0}\right] = \frac{\dfrac{T_1 + T_2 + T_3}{T_N} - 1 - \omega^2 \left(\dfrac{T_1 T_2 T_3}{T_N} - T_1 T_2 - T_1 T_3 - T_2 T_3\right)}{K_0 \left(1 + \dfrac{1}{\omega^2 T_N^2}\right)},$$

$$\text{Im}\left[\frac{1}{\underline{F}_0}\right] = \frac{\omega^3 T_1 T_2 T_3 - \omega\left(T_1 + T_2 + T_3 - \dfrac{T_1 T_2}{T_N} - \dfrac{T_1 T_3}{T_N} - \dfrac{T_2 T_3}{T_N}\right) - \dfrac{1}{\omega T_N}}{K_0 \left(1 + \dfrac{1}{\omega^2 T_N^2}\right)}$$

und in Bild 5.27 dargestellt ist.

Zunächst wird der Einfluß der Signalbegrenzung betrachtet. Dazu ist in Bild
5.26 die Brücke A - B durch die Begrenzerschaltung zu ersetzen.

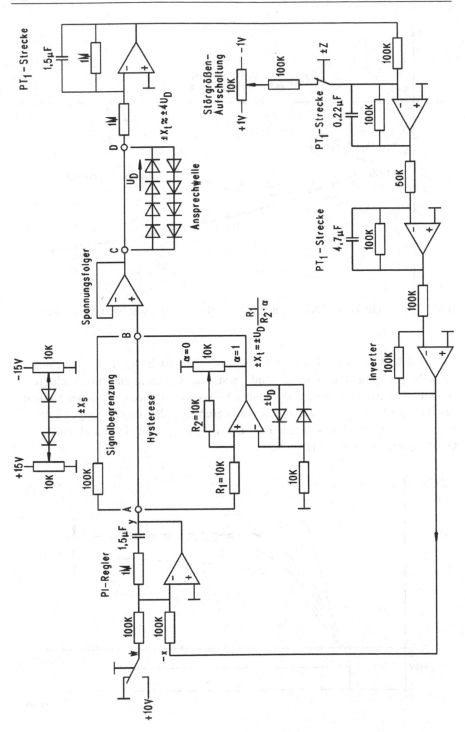

Bild 5.26 Analogschaltung der Regelung nach Bild 5.25

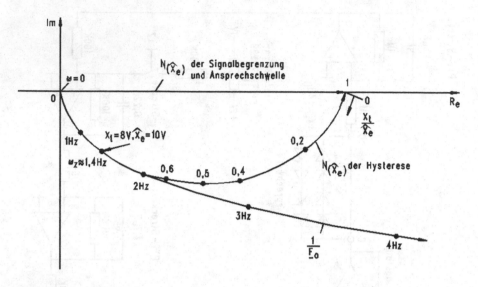

Bild 5.27   Ortskurven der Regelung nach Bild 5.25 für zwei Nichtlinearitäten

Aus Bild 5.27 ist zu ersehen, daß es zwischen der Ortskurve $1/\underline{F}_0$ und der Signalbegrenzung keinen Schnittpunkt gibt. Die Regelung einschließlich dieser Nichtlinearität ist demzufolge stabil. Es kommt allerdings zu einer bleibenden Regeldifferenz x_d, wenn die Signalbegrenzung X_s ungünstig gewählt wird. Dies für $K_S \cdot X_S < w$ der Fall. Diese Aussage läßt sich durch ein Oszillogramm bestätigen (Bild 5.28).

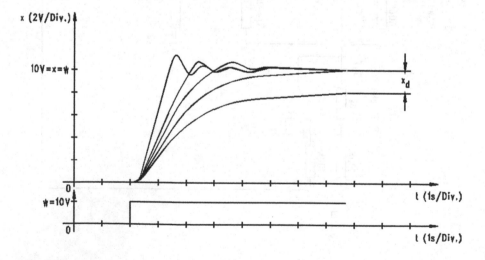

Bild 5.28   Sprungantworten bei verschiedenen Signalbegrenzungen

Für einen Sollwertsprung von 10 V ist die Regelgröße x in Abhängigkeit von
verschiedenen Signalbegrenzungen aufgezeichnet. Die Kurvenschar gibt von
links nach rechts die Begrenzungen Xs=[15V; 7,5V; 6V; 5V; 4V] wieder. Bei
Xs=4V ergibt sich eine bleibende Regeldifferenz von x_d=2V, das sind 20%
des Sollwertes. In der Praxis werden jedoch Signalbegrenzungen meist auf
den Maximalwert der zu regelnden Größe bezogen. Dieser beträgt in der Ana-
logtechnik häufig Xs=10V und ist damit unkritisch. Wie das Bild 5.27 weiter
zeigt, erhält man auch beim Vorhandensein einer Ansprechschwelle eine stabile Regelung, da kein Schnittpunkt der zugehörigen Ortskurven vorliegt. Es
stellt sich aber eine Verzugszeit ein, die die Reaktionsfähigkeit der Regelung
auf Stör- und Führungsgrößenänderungen herabsetzt. Bild 5.29 stellt die
Sprungantworten der Regelung ohne und mit Ansprechschwelle x_t=1,1V dar.
Nun ist die Brücke C - D in Bild 5.26 durch die Diodenschaltung zu ersetzen.

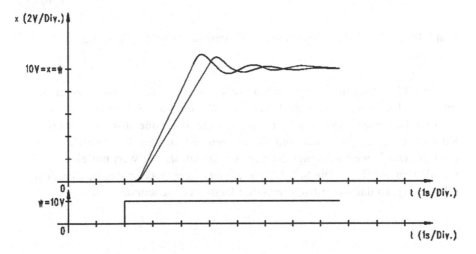

Bild 5.29   Sprungantworten mit und ohne Ansprechschwelle

Die Ansprechschwelle ist oft sogar erwünscht, wenn beispielsweise infolge
von Schwingungen der Istwerterfasung bestimmte Störamplituden "ausgeblen-
det" werden sollen. Ohne Hysterese liegt die Stabilitätsgrenze der vorliegenden Regelung bei $\omega_z \approx 9{,}83$ Hz. Aus Bild 5.27 geht hervor, daß der Regelkreis mit einer Hysterese von x_t=8V bereits bei $\omega_z \approx 1{,}4$ Hz an die Stabilitätsgrenze geht. Es liegt dann ein Schnittpunkt zwischen $1/\underline{F}_0$ und $N(\hat{x}_e)$
vor. Eine kleine Änderung von x_t führt zur Instabilität. Daher ist x_t auf 10V
angehoben worden. Bild 5.30 gibt das zugehörige Oszillogramm der
Sprungantworten mit und ohne Hysterese wieder.

Dabei zeigt sich eine erhebliche Verschlechterung des Regelverhaltens, denn
bei w=0 (untere Kurve) schwingt der Istwert mit einer Amplitude

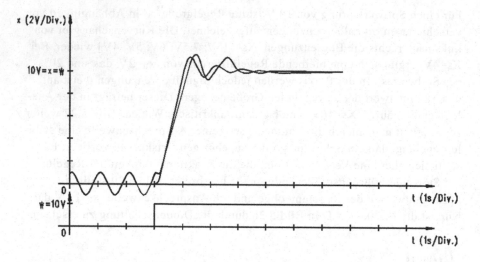

Bild 5.30   Einfluß der Hysterese auf die Sprungantwort der Regelung

von $x \approx 0{,}5$ V . Schaltet man eine Störgröße von $z = \pm 0{,}4$ V hinzu, zeigt sich folgendes Übergangsverhalten (Bild 5.31). Während die Sprungantwort des Regelkreises ohne Hysterese die aufgeschaltete Störgröße ausregelt (obere Kurve), ist das bei Vorhandensein der Hysterese (mittlere Kurve) nicht mehr der Fall. Der Istwert schwingt dann um einen stationären Wert mit einer Amplitude von $x \approx 0{,}5$ V. Die Schalthysterese analoger stetiger Regler ist jedoch sehr gering, so daß diese Nichtlinearität kaum in Erscheinung tritt.

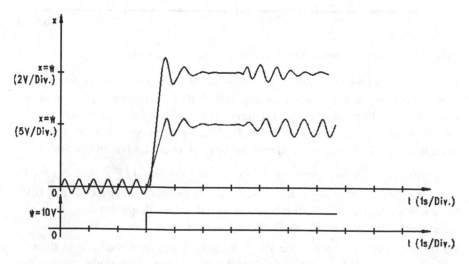

Bild 5.31   Einfluß der Hysterese bei Führung und Störung

Aufgabe 5.9

Ein Regelkreis enthalte eine PT_1-PTt-Strecke, die mit einem PID-Regler geregelt werden soll. Es ist die Stabilität nach dem Zwei-Ortskurven-Verfahren zu
untersuchen und die kritische Reglerverstärkung K_{Rkrit} zu bestimmen. Die
Parameter sind:

$$K_R = 10 \qquad T_N = 0,05 \text{ s} \qquad T_V = 2 \text{ ms}$$
$$K_{S1} = 1 \qquad T_1 = 0,08 \text{ s}$$
$$K_{S2} = 0,5 \qquad T_t = 0,01 \text{ s}$$

Aufgabe 5.10

Ein Regelkreis aus PD-Regler und PTt-I^2-Strecke ist mit dem Z.O.V. auf Stabilität zu untersuchen. Die Parameter lauten:

$$K_R = 30 \qquad T_V = 8 \text{ ms}$$
$$K_S = 1 \qquad T_t = 5 \text{ ms}$$
$$T_i = 96 \text{ ms}$$

Aufgabe 5.11

Eine PT_2-I-Strecke soll von einem PD-Regler geregelt werden, der eine Signalbegrenzung x_S besitzt (Bild 5.24). Der Regelkreis ist nach dem Z.O.V.
auf Stabilität zu untersuchen.

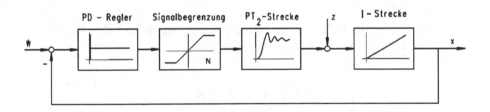

Bild 5.32   Blockschaltbild einer Regelung mit Signalbegrenzung des Reglers

Dabei ist die Regelkreisverstärkung zunächst $K_0 = 8$, dann $K_0^* = 4$. Außerdem ist ω_z zu bestimmen. Die restlichen Parameter sind:

$$T_V = 2 \text{ ms} \qquad \hat{x}_e = 10 \text{ V}$$
$$T_2 = 0,2 \text{ s} \qquad d = 0,5$$
$$T_i = 1 \text{ s}$$

5.5   Regelkreisoptimierung

Meist liegt die Regelstrecke als technisch realisierter Prozeß vor. Zu den wichtigsten Aufgaben des Regeltechnikers gehört daher der Entwurf des passenden Reglers. Zahlreiche Hinweise zu diesem Thema gibt W. Oppelt in seinem "Kleinen Handbuch technischer Regelvorgänge" /21/. Programme zur rechnergestützten Regler-Optimierung sind in Abschnitt 10.5 aufgeführt.

Allgemeingültige Kriterien für einen optimal eingestellten Regelkreis wurden bereits zu Beginn des Abschnitts 2. genannt (siehe auch Bild 1.6).

Eine weitere Möglichkeit, das Übergangsverhalten einer Regelung durch ein Gütemaß zu charakterisieren, gelingt mit Hilfe der sog. Integralkriterien.

5.5.1   Integralkriterien

Es wird die Fläche zwischen der 100%-Geraden (dort ist $x=w$) und der Führungsübergangsfunktion $h(t)$ gebildet und als Gütemaß für eine optimal eingestellte Regelung benutzt. Diese Fläche läßt sich durch Integration der Regeldifferenz x_d über der Zeit bestimmen.

Je nach dem gewählten Kriterium wird diese Integration in unterschiedlicher Weise vorgenommen. Stellt dieses Integral ein Minimum dar, kann man von einem optimal eingestellten Regelkreis sprechen.

Lineare Regelfläche

Das Integral über der Differenz aus bleibender und augenblicklicher Regeldifferenz x_d, auch lineare Regelfläche genannt, lautet:

$$I_L = \int_0^\infty [x_d(\infty) - x_d(t)]\, dt = Min. \qquad (5.24)$$

Demnach besteht die lineare Regelfläche aus positiven und negativen Halbwellen einer abklingenden Schwingung (Bild 5.33). Entsprechend dieser Definition wird $I_L = 0$, wenn der Regelkreis Dauerschwingungen ausführt. Das Kriterium eignet sich also nur bei zusätzlicher Festlegung der Dämpfung d.

Eine Berechnung von I_L im Zeitbereich ist schwierig. Man weicht daher mit Hilfe der Carson-Laplace-Transformation in den Bildbereich aus.

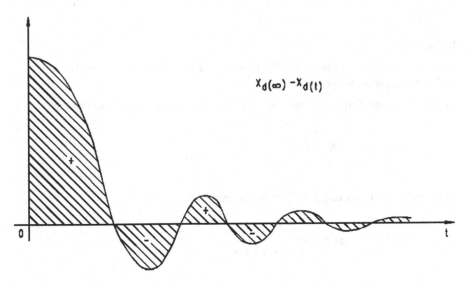

Bild 5.33   Darstellung einer linearen Regelfläche

Mit Hilfe der Gleichung (2.36) folgt für die lineare Regelfläche:

$$I_L = \lim_{p \to 0} \int_0^\infty [x_d(\infty) - x_d(t)] \cdot e^{-pt} \cdot dt$$

$$= \lim_{p \to 0} [x_d(\infty) \cdot \int_0^\infty e^{-pt} \cdot dt - \int_0^\infty x_d(t) \cdot e^{-pt} \cdot dt]$$

$$= \lim_{p \to 0} \frac{1}{p} [x_d(\infty) - x_d(p)] = \text{Min.}$$

Der Grenzwertsatz, Tabelle 2.1 Korrespondenz Nr. 6, liefert schließlich
mit

$$I_L = \lim_{p \to 0} \frac{1}{p} [\lim_{p \to 0} x_d(p) - x_d(p)] = \text{Min.} \quad (5.25)$$

die gewünschte Gleichung für die lineare Regelfläche im Bildbereich.

Beispiel:

Gegeben sei eine Regelung aus PD-Regler und PT$_2$-Strecke, an der das Störverhalten untersucht werden soll.

Man erhält dann folgende Übertragungsfunktion des offenen Regelkreises

$$F_0(p) = K_0 \frac{1 + pT_V}{1 + pT_1 + p^2 T_2{}^2} \quad .$$

Entsprechend Gleichung 2.46 gilt für Störverhalten

$$x(p) = z(p) \cdot \frac{1}{1 + F_0(p)} \quad .$$

Nimmt man als Störgröße die Einheitssprungfunktion $\sigma_0(t)$, also $z(t) = C \cdot \sigma_0(t)$, bzw. $z(p) = C$, so folgt für die Regeldifferenz $x_d(p) = -x(p)$, da $w = 0$ ist. Es ergibt sich bei dieser Regelung somit

$$x_d(p) = -C \cdot \frac{1 + pT_1 + p^2 T_2{}^2}{1 + pT_1 + p^2 T_2{}^2 + K_0(1 + pT_V)} \quad .$$

Eingesetzt in die Gleichung 5.25 folgt

$$I_L = C \cdot \lim_{p \to 0} \frac{1}{p} \left[\frac{1}{1 + K_0} - \frac{1 + pT_1 + p^2 T_2{}^2}{1 + pT_1 + p^2 T_2{}^2 + K_0(1 + pT_V)} \right]$$

und schließlich

$$I_L = \frac{C \cdot K_0(T_1 - T_V)}{(1 + K_0)^2} = \text{Min.} \quad .$$

Das absolute Minimum der linearen Regelfläche $I_L = 0$ wird bei $T_V = T_1$ bzw. $K_R \to \infty$ erreicht. Nimmt man für die Dämpfung dieser Regelung

$$d = \frac{T_1}{2 T_2 \sqrt{1 + K_0}}$$

an und geht von $d = 1 / \sqrt{2}$ aus, läßt sich die Reglerverstärkung mit

$$K_R = \frac{T_1{}^2 - T_2{}^2}{K_S \cdot T_2{}^2}$$

angeben. Mit diesem Wert ergibt sich ein Minimum der linearen Regelfläche von

$$I_L = C \cdot \frac{(T_1{}^2 T_2{}^2 - T_2{}^4)(T_1 - T_v)}{T_1{}^4} = \text{Min.} \quad ,$$

mit dem sich die Nachstellzeit T_v des Reglers bei gegebenen Strecken-Parametern bestimmen läßt.

Betrag der linearen Regelfläche

Es hat sich gezeigt, daß die lineare Regelfläche sich nur für gedämpfte Regelkreise eignet. Ohne die Angabe einer Dämpfung d ist die Berechnung sinnlos. Bei dem folgenden Integralkriterium geht man einen anderen Weg (Bild 5.34). Es wird der Betrag der linearen Regelfläche gebildet, so daß die Gleichung

$$I_B = \int_0^\infty |x_d(\infty) - x_d(t)| \cdot dt = \text{Min.} \qquad (5.26)$$

folgt.

Aus Bild 5.34 ist zu ersehen, daß eine geschlossene Lösung des Integrals nicht möglich ist. Daher ist dieses Integralkriterium nur für eine numerische Behandlung geeignet.

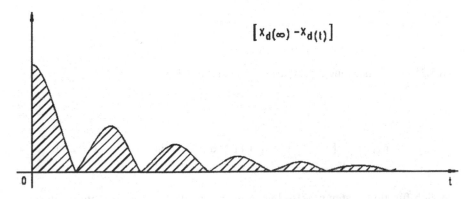

$$[x_d(\infty) - x_d(t)]$$

Bild 5.34   Darstellung eines Betrages der linearen Regelfläche

ITAE-Kriterium

Multipliziert man den Betrag der linearen Regelfläche mit der Zeit und bildet das Integral, ergibt sich das ITAE-Kriterium (Integrad of Time multiplied Absolute value of Error).

$$I_T = \int_0^\infty t \cdot |x_d(\infty) - x_d(t)| \cdot dt = \text{Min.} \quad (5.27)$$

Auf diese Weise erreicht man, daß die mit zunehmender Zeit abnehmenden Beträge der Regeldifferenz stärker berücksichtigt werden. Eine geschlossene Lösung des Integrals ist jedoch auch hier nicht möglich. Daher ist die numerische Auswertung unumgänglich.

Quadratische Regelfläche

In der Praxis benutzt man sehr häufig das Minimum der quadratischen Regelfläche zur Beurteilung und optimalen Einstellung des Übergangsverhaltens einer Regelung (Bild 5.35). Das zugehörige Integral

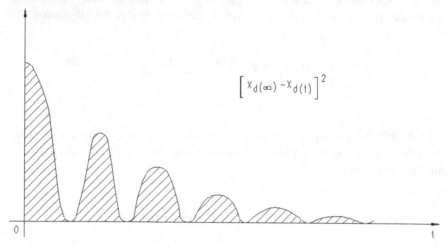

Bild 5.35   Darstellung einer quadratischen Regelfläche

$$I_Q = \int_0^\infty [x_d(\infty) - x_d(t)]^2 \cdot dt = \text{Min.} \quad (5.28)$$

läßt sich für die meisten praktischen Anwendungsfälle lösen. Nachteilig wirkt sich jedoch aus, daß große Schwingungsamplituden, wie sie zu Beginn der Übergangsfunktion auftreten, überbewertet werden.

Liegt das Integral in der Form

$$I_Q = \int_0^\infty x^2(t) \cdot dt$$

vor, läßt es sich elementar lösen. Mit der Umkehrformel der Carson-Laplace-Transformation, Gleichung 2.39 folgt:

$$\int_0^\infty x^2(t) \cdot dt = \int_0^\infty x(t) \cdot \frac{p}{2\pi j} \cdot \int_{\sigma-j\infty}^{\sigma+j\infty} x(p) \cdot e^{pt} \cdot dp \cdot dt \ .$$

Mit $\sigma = 0$ wird $p = j\omega$. Mit der Annahme, daß beide Integrale konvergieren, erhält man beim Vertauschen der Integrationsreihenfolge

$$\int_0^\infty x^2(t) \cdot dt = \frac{1}{2\pi j} \cdot \int_{-j\infty}^{+j\infty} x(p) \cdot p \underbrace{\int_0^\infty x(t) \cdot e^{pt} \cdot dt}_{= x(-p)} \cdot dp$$

Die Lösung des Integrals entspricht der Parsevalschen Gleichung.

Mit $x^2(t) = [x_d(\infty) - x_d(t)]^2$ erhält man schließlich:

$$I_Q = \int_0^\infty x^2(t) \cdot dt = \frac{1}{2\pi j} \int_{-j\infty}^{+j\infty} x(p) \cdot x(-p) \cdot dp = \text{Min.} \ . \qquad (5.29)$$

Stellt x(p) eine gebrochene rationale Funktion in p dar, deren sämtliche Pole in der linken p-Halbebene liegen, läßt sich die quadratische Regelfläche mit dem Residuensatz, Gleichung 2.42, berechnen. Es muß gelten:

$$x(p) = \frac{a(p)}{b(p)} = \frac{a_0 + a_1 p + a_2 p^2 + \ldots + a_{n-1} p^{n-1}}{b_0 + b_1 p + b_2 p^2 + \ldots + b_n p^n} \ .$$

Für die Potenzen n=1...4 ist die Lösung der Gleichung 5.29 in der Tabelle 5.3 angegeben. Unter der Voraussetzung, daß alle partiellen Ableitungen der Funktion $I_Q = 0$ sind, erhält man Bestimmungsgleichungen für die Regelkreisparameter.

$I_Q = \frac{1}{2\pi j} \int_{-j\infty}^{j\infty} \frac{a(s)a(-s)}{b(s)b(-s)} ds$ mit $a(s) = a_0 + a_1 s + \ldots + a_{n-1} s^{n-1}$ $b(s) = b_0 + b_1 s + \ldots + b_n s^n$	$I_Q = \frac{1}{2\pi j} \int_{-j\infty}^{j\infty} \frac{c_n(s)}{d_n(s)d_n(-s)} ds$ mit $c_n(s) = c_0 s^{2n-2} + c_1 s^{2n-4} + \ldots + c_{n-1}$ $d_n(s) = d_0 s^n + d_1 s^{n-1} + \ldots + d_n$
n	
1 $\dfrac{a_0^2}{2b_0 b_1}$	$\dfrac{c_0}{2d_0 d_1}$
2 $\dfrac{a_1^2 b_0 + a_0^2 b_2}{2b_0 b_1 b_2}$	$\dfrac{c_1 d_0 - c_0 d_2}{2d_0 d_1 d_2}$
3 $\dfrac{a_2^2 b_0 b_1 + (a_1^2 - 2a_0 a_2) b_0 b_3 + a_0^2 b_2 b_3}{2b_0 b_3 (b_1 b_2 - b_0 b_3)}$	$\dfrac{d_2 d_3 c_0 - d_0 d_3 c_1 + d_0 d_1 c_2}{2d_0 d_3 (d_1 d_2 - d_0 d_3)}$
4 $\dfrac{a_3^2(b_0 b_1 b_2 - b_0^2 b_3) + (a_2^2 - 2a_1 a_3) b_0 b_1 b_4}{2b_0 b_4 (b_1 b_2 b_3 - b_0 b_3^2 - b_1^2 b_4)}$ $+ \dfrac{(a_1^2 - 2a_0 a_2) b_0 b_3 b_4 + a_0^2 (b_2 b_3 b_4 - b_1 b_4^2)}{2b_0 b_4 (b_1 b_2 b_3 - b_0 b_3^2 - b_1^2 b_4)}$	$\dfrac{c_0 d_4 (d_2 d_3 - d_1 d_4) - c_1 d_0 d_3 d_4 + c_2 d_0 d_1 d_4 + c_3 d_0 (d_0 d_3 - d_1 d_2)}{2d_0 (d_0 d_3^2 + d_1^2 d_4 - d_1 d_2 d_3)}$

Tabelle 5.3   Quotienten zur Lösung des Integrals der quadrat. Regelfläche

Beispiel:

Es ist eine Regelung aus I-Regler und PT_2-Strecke ($T_1=T_2$) gegeben. Es soll die optimale Integrationszeitkonstante $T i$ des Reglers bei Störverhalten ermittelt werden. Mit

$$F(z) = \frac{x(p)}{z(p)} = \frac{1}{1 + F_0(p)}$$

und $z(p) = C$ sowie $x_d(p) = -x(p)$ folgt

$$x(p) = C \cdot \frac{p T i + p^2 T_1 T i + p^3 T_2^2 T i}{K_S + p T i + p^2 T_1 T i + p^3 T_2^2 T i} \ .$$

Mit

$$x_d(\infty) = \lim_{t\to\infty} x_d(t) = -\lim_{p\to 0} x(p) = 0$$

und Gleichung 5.29 erhält man aus Tabelle 5.3 für n=3 die zugehörigen Koeffizienten

$$a_0 = 0, \quad b_0 = K_s,$$
$$a_1 = b_1 = T_i,$$
$$a_2 = b_2 = T_1 T_i,$$
$$a_3 = b_3 = T_2{}^2 T_i.$$

Somit ergibt sich das Integral

$$I_Q = C^2 \cdot \frac{T_i(T_1{}^2 + T_2{}^2)}{2 T_2{}^2 (T_1 T_i - K_s T_2{}^2)} = \text{Min.}$$

Bildet man die partiellen Ableitungen nach T_i, T_1 und T_2, ergeben sich drei Bestimmungsgleichungen für T_i:

$$\frac{\delta I_Q}{\delta T_i} = 0 = \frac{K_s(T_1{}^2 + T_2{}^2)}{T_1 T_i - K_s T_2{}^2}.$$

Danach müßte $T_i \to \infty$ gehen. Da dieser Wert nicht realisierbar ist, wird die nächste partielle Ableitung

$$\frac{\delta I_Q}{\delta T_1} = 0 = T_i(T_1{}^2 - T_2{}^2) - 2 K_s T_1 T_2{}^2$$

betrachtet. Sie liefert

$$T_i = \frac{2 K_s T_1 T_2{}^2}{T_1{}^2 - T_2{}^2}.$$

Die Bestimmungsgleichung ist realisierbar, allerdings erhält man für $T_1 = T_2$ den Wert $T_i \to \infty$. Bei der partiellen Ableitung nach T_2

$$\frac{\delta I_Q}{\delta T_2} = 0 = T_1{}^3 T_i - 4 K_s T_2{}^2 (T_1{}^2 + T_2{}^2)$$

ergibt sich schließlich der optimale Wert

$$T_i = \frac{4 K_s T_2^2 (T_1^2 + T_2^2)}{T_1^3} \, .$$

Für $T_1 = T_2$ erhält man

$$T_i = 8 K_s T_1 \, .$$

Aufgabe 5.12

Gesucht ist die lineare Regelfläche I_L, sowie die optimale Reglerverstärkung K_R einer Regelung aus PI-Regler und zwei PT_1-Strecken bei Führungsverhalten.

Aufgabe 5.13

Es ist die optimale Integrationszeitkonstante T_i bei Störverhalten mit Hilfe der Gleichung 5.28 zu bestimmen, wenn:

$$F_R(p) = \frac{1}{p T_i} \quad \text{und} \quad F_S(p) = \frac{K_s}{(1 + p T_1)^2} \, .$$

Aufgabe 5.14

Ein PI-Regler soll bei Störverhalten für eine PT_2-Strecke mit

$$F_S(p) = \frac{K_s}{(1 + p T_1)^2}$$

optimiert werden. Gesucht ist T_N mit Hilfe der Gleichung 5.28 .

Aufgabe 5.15

Für eine Regelung aus PI-Regler und PT_3-Strecke sollen die Reglerparameter nach Gleichung 5.28 bei Störverhalten bestimmt werden.

Es ist

$$F_S(p) = \frac{K_S}{(1 + pT_1)^3} \quad .$$

Die Störung greift zwischen Regler und Strecke an, so daß gilt:

$$F_z(p) = \frac{x(p)}{z(p)} = \frac{F_S(p)}{1 + F_R(p)F_S(p)} \quad .$$

5.5.2 Symmetrisches Optimum

Das Symmetrische Optimum ist eine Methode zur Berechnung der Reglerparameter aus der Übertragungsfunktion. Es zielt darauf ab, bei der Durchtrittsfrequenz ω_D ein Maximum der Phasenreserve α_R zu erreichen.

C. Kessler hat dieses Verfahren, ausgehend von seinem "Betrags-Optimum" unter der Voraussetzung entwickelt, daß der Phasengang symmetrisch zur Durchtrittsfrequenz verläuft /42/.

Die Durchtrittsfrequenz sollte im Hinblick auf eine hohe Regeldynamik möglichst groß sein. Dies bedingt eine kleine Phasenverschiebung zwischen x und w. Treten in einem Regelkreis mehrere Verzögerungsglieder auf, nimmt die Phasenverschiebung allerdings zwangsläufig zu. Sie kann jedoch durch geschickte Wahl der Reglerparameter teilweise kompensiert werden.

Es wird davon ausgegangen, daß sich der zu untersuchende Regelkreis auf die Übertragungsfunktion

$$F_0(p) = K_0 \cdot \frac{1 + pT_N}{p^2 T_N T_a \cdot (1 + pT_b)} \qquad (5.30)$$

reduzieren läßt. Regelstrecken höherer Ordnung mit/ohne I-Anteil sowie mit/ohne Totzeit lassen sich mit dem PI- oder PID-Regler phasenoptimal einstellen, wenn die Korrespondenzen 13 - 15 der Tabelle 3.5 anwendbar sind.

Viele Regelungen der Antriebs- und Verfahrenstechnik sind dann nach dem Symmetrischen Optimum einstellbar.

Die Herleitung der Formeln zur Bestimmung der Reglerparameter und der Durchtrittsfrequenz gründet auf der Voraussetzung des Phasenreservemaximums bei ω_D. Frequenzgang und Betrag der Gleichung 5.30 lauten:

$$F_0(j\omega) = -\frac{K_0}{\omega^2 T_N T_a} \cdot \frac{1 + \omega^2 T_N T_b + j\omega(T_N - T_b)}{1 + \omega^2 T_b^2} \quad ,$$

$$|F_0(j\omega)| = \frac{K_0}{\omega^2 T_N T_a} \cdot \sqrt{\frac{1 + \omega^2 T_N^2}{1 + \omega^2 T_b^2}} \quad .$$

Bei der Durchtrittsfrequenz ω_D soll die Phasenreserve maximal sein, so daß α_R nach ω zu differenzieren und Null zu setzen ist.

$$\alpha_R = \arctan \frac{\mathrm{Im}[\underline{F}_0(\omega_D)]}{\mathrm{Re}[\underline{F}_0(\omega_D)]} = \arctan \frac{\omega_D(T_N - T_b)}{1 + \omega_D^2 T_N T_b} \quad ,$$

$$\frac{\partial \alpha_R}{\partial \omega} = \frac{\partial}{\partial z} \arctan z \cdot \frac{\partial z}{\partial \omega} = 0 \quad .$$

Mit der Substitution

$$z = \frac{\omega_D(T_N - T_b)}{1 + \omega_D^2 T_N T_b} \quad .$$

folgt für das Maximum von α_R bei der Durchtrittsfrequenz ω_D dann:

$$\omega_D^2(T_N T_b^2 - T_N^2 T_b) + T_N - T_b = 0 \quad .$$

An dieser Stelle soll zusätzlich noch eine Normierung der Regler-Nachstellzeit eingeführt werden. Sie lautet:

$$T_N = m^2 T_b \tag{5.31}$$

Dann ergibt sich die Durchtrittsfrequenz

$$\omega_D = \frac{1}{m T_b} \tag{5.32}$$

Der Frequenzgangbetrag wird bei der Durchtrittsfrequenz $|F_0(j\omega_D)| = 1$. Daraus erhält man eine Gleichung für die Reglerverstärkung K_R. Durch Einsetzen von Gleichung 5.32 in die Gleichung des Frequenzgangbetrages ergibt sich dann

$$K_R = \frac{\omega_D \cdot T_a}{K_S} = \frac{T_a}{m \cdot K_S \cdot T_b} \qquad (5.33)$$

Der Faktor m läßt sich aus der Phasenreserve bei ω_D bestimmen.

$$\alpha_R = \arctan \frac{\omega_D(T_N - T_b)}{1 + \omega_D^2 T_N T_b}$$

und daraus durch Einsetzen von Gleichung 5.31 und 5.32

$$\tan\alpha_R = \frac{\sin\alpha_R}{\cos\alpha_R} = \frac{m^2 - 1}{2m} \quad .$$

Es ergibt sich eine gemischt quadratische Gleichung für m, mit der Lösung:

$$m = \frac{1 + \sin\alpha_R}{\cos\alpha_R} \qquad (5.34)$$

Setzt man die Phasenreserve zwischen 30° und 60° an, ergibt sich für die Nachstellzeit des Reglers $T_N = [3 \ldots 14] T_b$. Diese Werte führen auf gute Optimierungsergebnisse.

Beispiel:

Es liegt eine Strecke 3. Ordnung mit $K_S = 0{,}9$ vor. Für die zugehörigen Zeitkonstanten soll gelten $T_{11} = 5\,s$; $T_{12} = 0{,}4s$; $T_{13} = 0{,}15$ s.

Die Optimierung wird mit einem PID-Regler vorgenommen, so daß sich für die Übertragungsfunktion des offenen Regelkreises mit der Randbedingung des Reglers $T_N > T_V$ ergibt:

$$F_0(p) = K_0 \cdot \frac{(1 + pT_N)(1 + pT_V)}{pT_N(1 + pT_{11})(1 + pT_{12})(1 + pT_{13})}$$

Diese Übertragungsfunktion muß auf die Gleichung 5.30 reduziert werden. Dazu ist zunächst das PT_1-Glied mit der größten Zeitkonstante T_{11} in ein I-Glied umzuwandeln. Mit Korrespondenz Nr. 14, Tabelle 3.5 folgt dann:

$$\frac{1}{1 + pT_{11}} \approx \frac{1}{pT_{11}} \qquad \text{für} \qquad \omega_D T_{11} \gg 1$$

Damit erhält man:

$$F_0(p) = K_0 \cdot \frac{(1 + pT_N)(1 + pT_V)}{p^2 T_N T_{11}(1 + pT_{12})(1 + pT_{13})}$$

Der Term $(1 + pT_V)$ muß verschwinden. Dazu gibt es hier zwei Möglichkeiten.

Lösung A:

Die Vorhaltzeit des Reglers wird mit der kleinen Zeitkonstanten der Strecke gleichgesetzt. Auf diese Weise ist die Randbedingung des Reglers sicher erfüllt. Wählt man also $T_V = T_{13} = 0,15s$ ergibt sich

$$F_0(p) \approx K_0 \cdot \frac{(1 + pT_N)}{p^2 T_N T_{11}(1 + pT_{12})} \cdot$$

Durch Koeffizientenvergleich mit Gleichung 5.30, angewandt auf die Gleichungen 5.31 - 5.34, können die Reglerparameter sowie die Durchtrittsfrequenz berechnet werden.

Man ermittelt zunächst mit der gewünschten Phasenreserve den Normierungsfaktor m. Für $\alpha_R = 45°$ ergibt sich m=2,414 und daraus:

$$T_N = m^2 \cdot T_{12} = 2,331 \text{ s}$$

$$\omega_D = \frac{1}{m \cdot T_{12}} = 1,036 \text{ Hz}$$

$$K_R = \frac{T_{11}}{m \cdot K_S \cdot T_{12}} = 5,753$$

Die beiden Randbedingungen $\omega_D T_{11} \gg 1$ und $T_N > T_V$ sind erfüllt.

Lösung B:

Hier wird $T_V = T_{12} = 0,4s$ gesetzt. Man erhält die Übertragungsfunktion

$$F_0(p) \approx K_0 \cdot \frac{(1 + p\,T_N)}{p^2 T_N T_{11}(1 + p\,T_{13})}.$$

Damit ergeben sich für die Durchtrittsfrequenz sowie die anderen Reglerparameter die Werte:

$$T_N = m^2 \cdot T_{13} = 0,874 \text{ s}$$

$$\omega_D = \frac{1}{m \cdot T_{13}} = 2,761 \text{ Hz}$$

$$K_R = \frac{T_{11}}{m \cdot K_S \cdot T_{13}} = 15,341$$

Die Randbedingung $\omega_D T_{11} >> 1$ ist erfüllt, während die Randbedingung für den Regler wegen $T_N = 2,185 \cdot T_V$ nur mäßig erfüllt ist.

Beide Lösungs-Varianten nach dem Symmetrischen Optimum sind mit Hilfe von SIMLER-PC in Bild 5.36 dargestellt. Interessanter sind jedoch die Simulationen des nach dem Symmetrischen Optimum eingestellten PID-Reglers in Verbindung mit der Originalstrecke dritter Ordnung (Bild 5.37).

Obwohl in der zweiten Simulation nur $T_N = 2,185 \cdot T_V$ vorliegt, zeigt die Regelung bei etwa gleicher Phasenreserve eine größere Regeldynamik, da die Durchtrittsfrequenz mehr als doppelt so groß ist.

Die Phasenreserve liegt bei beiden Lösungs-Varianten sogar um ca. 10° über der nach dem Symmetrischen Optimums gewünschten.

Die Regler-Einstellung mit der zweiten Lösungsvariante nach dem Symmetrischen Optimum ist demnach zu bevorzugen.

Aufgabe 5.16

Die Reglerparameter eines PI-Reglers sind mit dem Symmetrischen Optimum zu bestimmen. Es liegt eine PT_1-PT_1-Strecke mit $K_S = 3$; $T_{11} = 1,9s$ und $T_{12} = 0,01s$ vor. Die Phasenreserve soll 55° betragen.

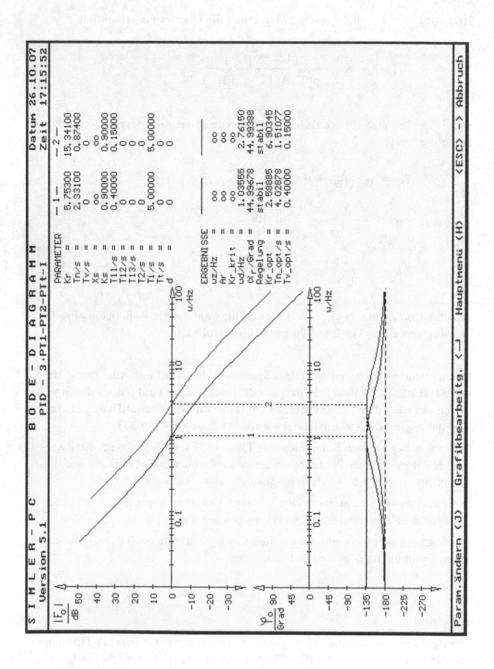

Bild 5.36   Bode-Diagramme nach dem Symmetrischen Optimum

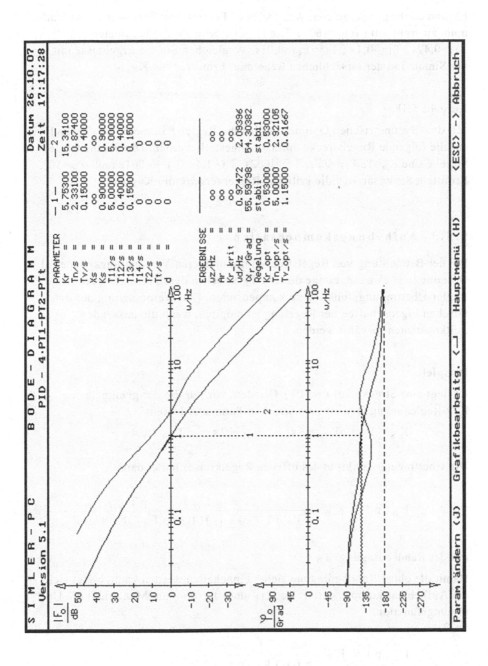

Bild 5.37 Bode-Diagramme des optimierten Reglers mit der Originalstrecke

Aufgabe 5.17

Es sind die Reglerparameter K_R, T_N und T_V mit dem Symmetrischen Optimum zu ermitteln ($\alpha_R = 60°$). Die Regelstrecke hat die Parameter $K_S=2$; $T_{11}=0,47s$; $T_{12}=0,1s$; $T_{13}=T_{14}=0,01s$. Vergleichen Sie die Ergebnisse mit einer Simulation der tatsächlichen Regelung. Ermitteln Sie K_{Rkrit}.

Aufgabe 5.18

Mit dem Symmetrischen Optimum sollen die Regler-Parameter K_R, T_N und T_V auf die folgende Regelstrecke optimal eingestellt werden. Die Parameter der Strecke sind $K_S=1$; $T_{11}=0,3s$; $T_{12}=0,02s$; $T_i=1,5s$; $T_t=0,001s$ und $\alpha_R=50°$. Ermitteln Sie zusätzlich die kritische Reglerverstärkung K_{Rkrit}.

5.5.3 Aufhebungskompensation

Bei der Betrachtung von Regelstrecken mit mehreren Verzögerungsgliedern I. Ordnung liegt es nahe, einige dieser PT_1-Strecken durch eine entsprechende Regler-Übertragungsfunktion zu kompensieren. Eine Verbesserung der dynamischen Eigenschaften der Regelung ist möglich, wenn die passenden Zeitkonstanten gewählt werden.

Beispiel:

Es liegt eine Strecke aus drei PT_1-Gliedern vor, für die der geeignete PID-Regler anzugeben ist. Die Strecken-Parameter lauten:

$$K_S=1; \qquad T_{11}=6s; \qquad T_{12}=2s; \qquad T_{13}=0,4s .$$

Die Übertragungsfunktion des offenen Regelkreises lautet dann

$$F_0(p) \approx K_0 \frac{(1 + pT_N)(1 + pT_V)}{pT_N(1 + pT_{11})(1 + pT_{12})(1 + pT_{13})}$$

mit der Randbedingung $T_N > T_V$.

Damit die obige Randbedingung sicher eingehalten werden kann, bietet sich die Aufhebungskompensation $T_N=T_{11}$ und $T_V=T_{13}$ an. Man erhält die Übertragungsfunktion

$$F_0(p) \approx K_0 \frac{1}{pT_{11}(1 + pT_{12})} \quad .$$

Diese und zwei weitere Lösungsvarianten sind in Bild 5.38 im Zeitbereich für $K_R=2,5$ dargestellt.

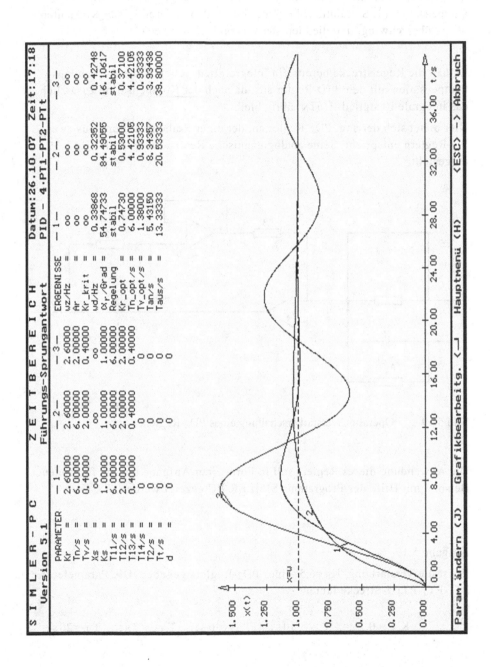

Bild 5.38   Simulation einiger Lösungsvarianten bei Aufhebungskompensation

Es zeigt sich, daß die Sprungantwort bei der oben angegebenen Aufhebungskompensation (1. Simulation) im Vergleich zu den anderen Lösungsvarianten
wenig überschwingt und die kleinste Ausregelzeit aufweist.

Enthält die Regelstrecke bereits ein Integralglied, scheidet die Aufhebungskompensation mit dem PID-Regler aus, da nach der Kompensation zusätzlich
das integrale Restglied $1/pT_N$ übrig bleibt.

Hier bietet sich der sog. PD$_2$-Regler an, der einer Reihenschaltung aus zwei
PD-Reglern entspricht. Seine analogtechnische Realisierung ist in Bild 5.39
dargestellt.

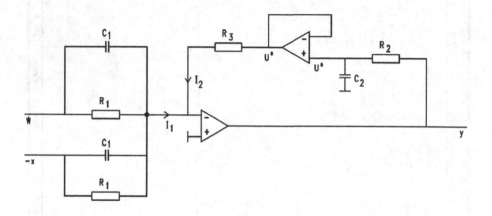

Bild 5.39   Operationsverstärkerschaltung eines PD$_2$-Reglers

Die Anwendung dieses Reglers soll in Form einer Aufgabe und im folgenden
Beispiel mit Hilfe des Programms SIMLER-PC gezeigt werden.

Aufgabe 5.19

Es ist die Verstärkung $K_R=6,5$ eines PD$_2$-Reglers gegeben. Die Parameter der
PT$_1$-PT$_1$-PT$_1$-I-Strecke lauten:

$$K_S = 0,7 \; ; \quad T_{11} = 10\,s; \quad T_{12} = 6\,s; \quad T_{13} = 2\,s; \quad T_i = 20\,s.$$

Mit Hilfe einer Aufhebungskompensation sollen die optimalen Parameter T_{V1}
und T_{V2} des PD$_2$-Reglers durch Simulation angegeben werden.

Enthält die Regelstrecke ein Integralglied sowie ein Verzögerungsglied II. Ordnung mit einer Dämpfung d<1 ist die optimale Einstellung der Regelung mit dem klassischen PID-Regler nur sehr schwer möglich. Hier bietet sich der sog. F_{Rk}-Regler zur Kompensation der PT_2-Strecke an.

Beispiel:

Es liegt eine PT_1-PT_2-I^2-Strecke vor, für die bei Führungsverhalten und Sprungantwort der PD_2-Regler eingesetzt werden soll. Folgende Streckenparameter sind gegeben:

$$K_S = 0{,}9; \quad T_{11} = 0{,}2 \text{ s}; \quad T_2 = 0{,}4 \text{ s}; \quad d = 0{,}7 ; \quad T i1 = 0{,}8 \text{ s}; \quad Ti2 = 4s.$$

Mit der Übertragungsfunktion des PD_2-Reglers

$$F_R(p) = K_R \cdot (1 + pT_{V1})(1 + pT_{V2})$$

lautet dann die Übertragungsfunktion des offenen Regelkreises

$$F_0(p) = \frac{K_0(1 + pT_{V1})(1 + pT_{V2})}{p^2 \, T i1 \, T i2 \, (1 + pT_{11})(1 + 2dpT_2 + p^2 T_2^2)} \quad .$$

Wählt man zunächst lediglich einen P-Regler, ergibt sich nach Bild 5.40 eine instabile Regelung. In der zweiten Simulation wurde $T_{V2} = T_{i2}$ gesetzt. Damit entsteht die Wirkung eines PID-Regler, es verbleibt eine PT_1-PT_2-I-Strecke. Die Regelung stabilisiert sich, schwingt allerdings noch stark über.

Da die Dämpfung der PT_2-Strecke in der Nähe von d=1 liegt, kann sie annähernd wie zwei gleiche PT_1-Strecken angesehen werden. Daher bietet es sich an, mit T_{V1} quasi eine Zeitkonstante der PT_2-Strecke zu kompensieren. Das Ergebnis ist in der dritten Simulation dargestellt.

Die Phasenreserve steigt auf ca. 52° und das Überschwingen der Regelgröße wird weiter reduziert, so daß ein recht gutes dynamisches Verhalten bei Führung erzielt wurde.

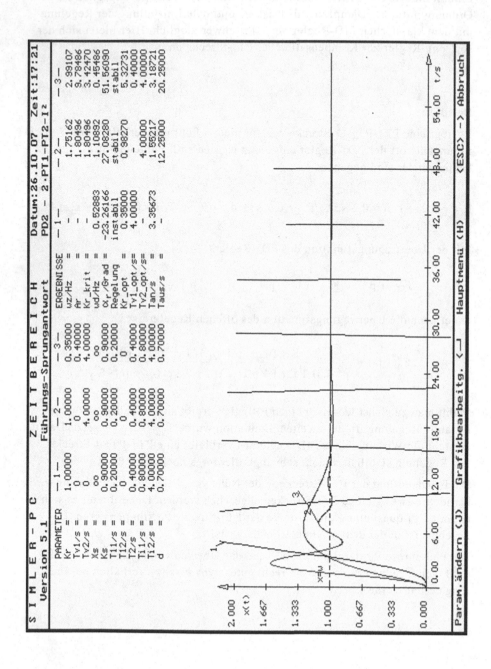

Bild 5.40   Anwendung des PD$_2$-Reglers bei einer PT$_1$-PT$_2$-I^2-Strecke

5.5.4 Störgrößenaufschaltung

Zur Verbesserung des Störverhaltens einschleifiger Regelkreise läßt sich die Störgrößenaufschaltung einsetzen. Dabei wird weder die Stabilität, noch das Führungsverhalten des Regelkreises beeinflußt, da die charakteristische Gleichung $1 + F_0(p) = 0$ erhalten bleibt.

Liegt eine wesentliche und in ihrer Wirkung meßbare Störgröße mit bekanntem Angriffsort vor, kann diese Störgröße mit Hilfe eines Kompensationsgliedes $F_K(p)$ aufgeschaltet werden. Die Aufschaltung kann am Reglereingang oder -ausgang erfolgen (Bild 5.41).

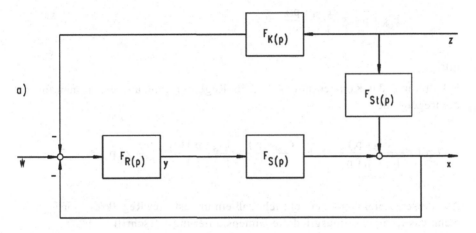

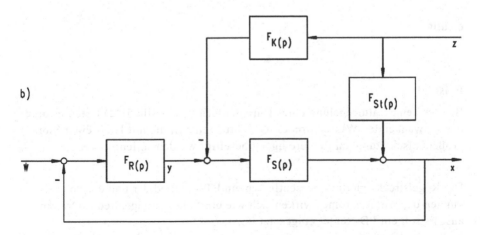

Bild 5.41   Blockschaltbilder bei Störgrößenaufschaltung vor/nach dem Regler

Schaltet man das Kompensationsglied am Reglereingang auf, ergibt sich bei einer hinreichend bekannten Störübertragungsfunktion $F_{St}(p)$ für die Regelgröße

$$x(p) = \frac{F_0(p)}{1 + F_0(p)}\, w + \frac{F_{St}(p) - F_0(p)F_K(p)}{1 + F_0(p)}\, z(p) \; . \quad (5.35)$$

Aus dieser Gleichung ist zu ersehen, daß ein ungestörter Regelkreis vorliegt, wenn für das Kompensationsglied die Dimensionierungsvorschrift

$$F_K(p) = \frac{F_{St}(p)}{F_0(p)}$$

gilt.

Schaltet man das Kompensationsglied am Reglerausgang auf, erhält man für die Regelgröße

$$x(p) = \frac{F_0(p)}{1 + F_0(p)}\, w + \frac{F_{St}(p) - F_S(p)F_K(p)}{1 + F_0(p)}\, z(p) \; . \quad (5.36)$$

Aus dieser Gleichung ist ersichtlich, daß ein ungestörter Regelkreis vorliegt, wenn das Kompensationsglied die Dimensionierungsvorschrift

$$F_K(p) = \frac{F_{St}(p)}{F_S(p)}$$

erfüllt.

Beispiel:

Bei der Temperaturregelung eines Durchlauferhitzers (Bild 5.42) treten infolge des schwankenden Wasserstromes Q Störungen auf, die mit Hilfe einer Störgrößenaufschaltung am Reglereingang beseitigt werden sollen.

Die Regelstrecke stellt im wesentlichen ein PT_1-I-Glied dar und die Schwankungen des Wasserstromes wirken sich wie ein Verzögerungsglied I. Ordnung aus. Es soll ein PD-Regler eingesetzt werden.

Für diese Regelung ist das Kompensationsglied $F_K(p)$ zu realisieren.

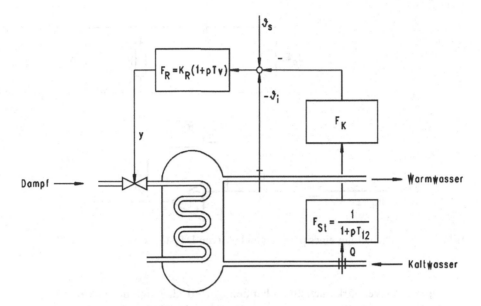

Bild 5.42   Schema einer Temperaturregelung mit Durchlauferhitzer

Nach Gleichung 5.35 erhält man für das Kompensationsglied am Reglereingang

$$F_K(p) = \frac{F_{St}(p)}{F_0(p)} = \frac{\dfrac{1}{1+pT_{12}}}{\dfrac{K_0(1+pT_V)}{pTi(1+pT_{11})}} \quad .$$

Mit der Wahl des Regler-Parameter $T_V = T_{11}$ vereinfacht sich die Übertragungsfunktion zu

$$F_K(p) = \frac{pTi}{K_0(1+pT_{12})} = \frac{Ti}{K_0 \cdot T_{12}} \cdot \frac{p}{p+a}$$

mit $a = \dfrac{1}{T_{12}}$.

Die Übergangsfunktion dieses Kompensationsgliedes (Tabelle 2.2 Nr. 5) zeigt,
daß es sich um ein DT_1-Glied, die sog. nachgebende Rückführung handelt.

Diese ist als passives Netzwerk (Bild 5.43a) und als Operationsverstärker-
schaltung (Bild 5.43b) realisierbar.

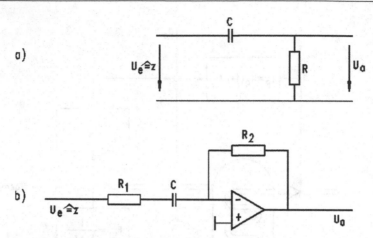

Bild 5.43   Schaltung eines passiven und aktiven DT₁-Gliedes

Die Operationsverstärkerschaltung hat den Vorteil, daß sich der Faktor
$T i / (K_0 T_{12})$ als Verstärkung $K_p = R_2 / R_1$ beschalten läßt. Die Zeitkonstante T_{12} der Störübertragungsfunktion entspricht dann $T_{12} = R_1 C$.

Die Wirkung der absichtlichen Aufschaltung einer Störfunktion läßt sich mit
dem Programm SIMLER-PC aufzeigen (Abschnitt 7.2.3). Diese Maßnahme
dient zur Vermeidung von Haftreibung im Regelbereich hydraulischer Anstellungen oder bei Positionieraufgaben mit Spindelantrieben.

5.5.5 Kaskadenregelung

Eine weitere, sehr wirkungsvolle Methode zur Optimierung einer Regelung ist
die Einführung einer oder mehrerer unterlagerter Regelschleifen. Solche Strukturen nennt man Kaskadenregelungen (Bild 5.44a).

Einige entscheidende Vorteile sind hier zu nennen:

• Störgrößen können bereits im unterlagerten Regelkreis ausgeregelt werden

• Die Regelgröße eines unterlagerten Regelkreises kann getrennt von den
  überlagerten Regelkreisen begrenzt werden

• Die unterlagerten Regelkreise wirken linearisierend. Damit wird die Auswirkung nichtlinearer oder nichtstetiger Glieder abgeschwächt

• Die Ausregelzeiten einer Kaskadenregelung sind kleiner als die Ausregelzeit
  eines vergleichbaren einschleifigen Regelkreises

• die Durchtrittsfrequenz ω_D und damit die Dynamik einer Kaskadenregelung
  ist größer als die eines vergleichbaren einschleifigen Regelkreises

a)
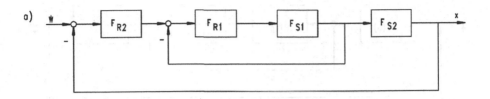

b)
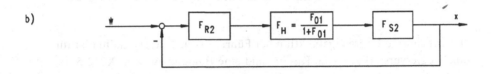

Bild 5.44   Blockschaltplan einer Kaskadenregelung und seine Umformung

Typisches Einsatzgebiet von Kaskadenregelungen sind Positionieraufgaben der Antriebstechnik sowie die Regelung bewegter Stoffbahnen.

Wenn jeder unterlagerte Abschnitt der Regelstrecke nur eine große Zeitkonstante enthält, genügt es, den einzelnen Abschnitten jeweils einen PI-Regler zuzuordnen.

Die Kaskadenregelung wird dann mit der inneren Struktur beginnend eingestellt; der innere Regler wird also zuerst optimiert. Danach läßt sich diese Schleife mit Hilfe der Umformregel Nr. 12 aus der Tabelle 3.5 in die Übertragungsfunktion $F_H(p)$ umwandeln und in der überlagerten Regelschleife als Ersatz-Regelstrecke behandeln (Bild 5.44b).

Beispiel:

Eine Regelstrecke aus zwei PT_1-Gliedern soll mit einer Kaskadenregelung optimal eingestellt werden (Bild 5.45). Die Stellgröße des inneren PI-Reglers soll dabei auf $X_s = 2,5$ begrenzt werden. Die Strecken-Parameter sind:

$$K_{S1} = 1 \qquad T_{11} = 0,3 \text{ s}$$
$$K_{S2} = 1 \qquad T_{12} = 0,7 \text{ s}$$

Wird die Nachstellzeit des inneren PI-Reglers auf $T_{N1} = T_{11} = 0,3 \text{s}$ eingestellt, lautet die Übertragungsfunktion des offenen Regelkreises

$$F_{01}(p) = \frac{K_{R1} \cdot K_{S1}}{p\, T_{11}} = \frac{K_{01}}{p\, T_{11}} \quad .$$

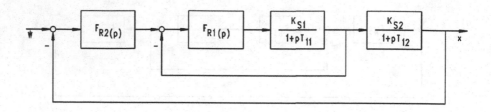

Bild 5.45   Blockschaltbild einer Kaskadenregelung mit zweier PT$_1$-Strecken

Die zugehörige Übergangsfunktion bei Führungs- und Störverhalten ist für eine Reglerverstärkung von $K_{R1}=3$ und eine Begrenzung von $X_s=2,5$ in Bild 5.46 (1. Simulation) dargestellt.

Die Umformregel Nr. 12 der Tabelle 3.5 liefert dann die Übertragungsfunktion der Ersatz-Regelstrecke

$$F_H(p) = \frac{F_{01}(p)}{1 + F_{01}(p)} = \frac{K_{01}}{K_{01} + pT_{11}} = \frac{1}{1 + p\dfrac{T_{11}}{K_{01}}}$$

für den überlagerten Regelkreis.

Wählt man für die Nachstellzeit des äußeren PI-Reglers $T_{N2}=T_{12}=0,7s$, lautet die Übertragungsfunktion des offenen Regelkreises hier

$$F_{02}(p) = \frac{K_{R2} \cdot K_{S2}}{pT_{12}(1 + p\dfrac{T_{11}}{K_{01}})} = \frac{K_{02}}{pT_{12}(1 + p\dfrac{T_{11}}{K_{01}})} \quad .$$

Die zugehörige Übergangsfunktion bei Führungs- und Störverhalten ist für eine Reglerverstärkung von $K_{R2}=6$ in Bild 5.46 (2. Simulation) dargestellt. Damit sind die Regler der Kaskadenregelung optimal eingestellt.

Im Vergleich mit einer einschleifigen Regelung (Bild 5.47) fällt das dynamische Verhalten der Kaskadenregelung bei Führung und Störung deutlich besser aus.

Ein Beispiel aus der Antriebstechnik zur optimalen Einstellung einer Drehzahlregelung mit unterlagertem Ankerstromregelkreis ist in Abschnitt 7.2.3 angegeben.

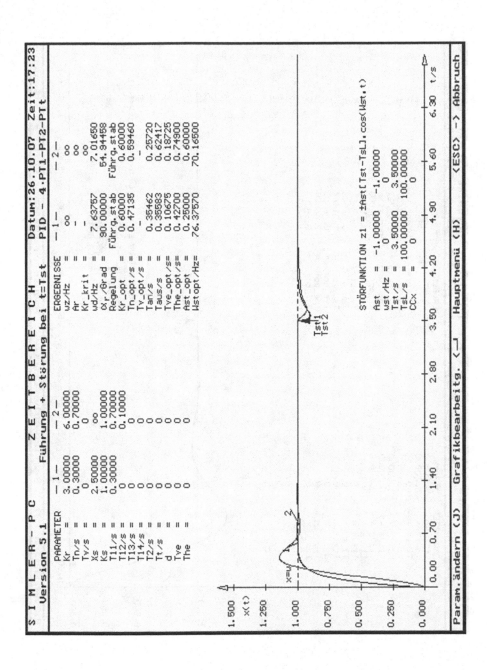

Bild 5.46   Führungs- und Störverhalten bei der Kaskadenregelung

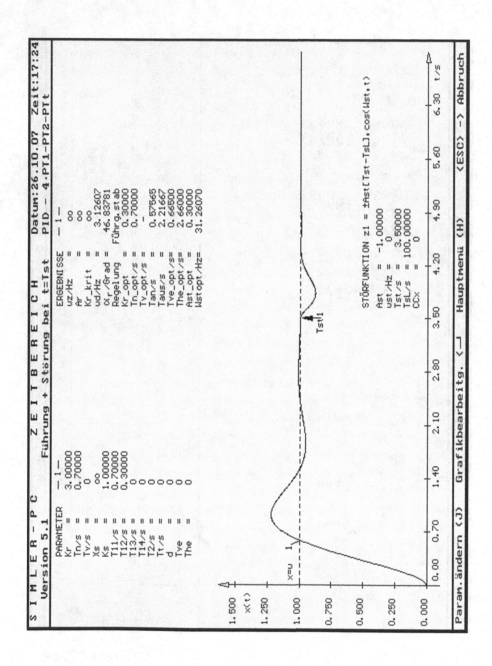

Bild 5.47   Führungs- und Störverhalten beim einschleifigen Regelkreis

5.5.6 Adaptive Regelung

Bei den bisher behandelten klassischen Regelsystemen können starke Änderungen der Systemparameter dazu führen, daß die Regelung nicht mehr zufriedenstellend arbeitet. Im Werkzeugmaschinenbau und in der Robotik sind Systemänderungen beispielsweise gegeben durch

• Änderung der Trägheitsmomente

• Änderung der Steifigkeit der Mechanik

• Änderung der Reibungsverhältnisse

• Vergrößerung einer Hysterese

• Schwankungen der Schnittkraft.

Adaptive Regelstrukturen ermöglichen die Selbstanpassung des Reglers an die Systemänderungen. Die Realisierung einer Adaption bzw. eines adaptiven Reglers erfordert drei Schritte (Bild 5.48):

•Identifikation der zeitvariablen Eigenschaften des Systems

•Entscheidungsprozeß, gewonnen aus dem Vergleich des identifizierten

  mit dem gewünschten Zustand des Systems

•Einstellprozeß des Regelsystems

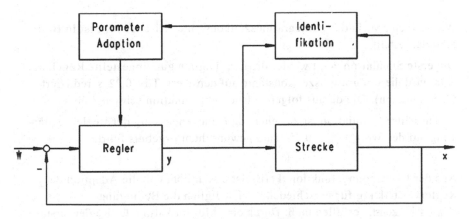

Bild 5.48   Blockschaltbild einer adaptiven Regelstruktur

Parameteradaptive Systeme, von denen hier ausschließlich gesprochen werden soll, bewirken eine Selbstanpassung des Reglers an veränderte Strecken-Zeitkonstanten und -Verstärkungen sowie an Änderungen der Strecken-Übertragungsfunktion. Andere Methoden und Beispiele zur Adaption sind in den Literaturstellen /40/, /56/ ausführlich beschrieben.

Beispiel:

Das gut eingestellte Führungsverhalten einer Regelung aus PID-Regler und PT$_1$-PT$_1$-I-Strecke soll auch bei Änderung zweier Streckenzeitkonstanten beibehalten werden. Es wird vorausgesetzt, daß sich die Strecken-Parameter messen lassen. Somit ergibt sich die Übertragungsfunktion des offenen Regelkreises

$$F_0(p) = \frac{K_0 \cdot (1 + p T_N)(1 + p T_V)}{p^2 T_N T_i (1 + p T_{11})(1 + p T_{12})} .$$

Die ursprünglichen Parameter der Regelung sind aus Bild 5.49 (1. Simulation) zu entnehmen.

In der zweiten Graphik ist eine Verdoppelung der Verzögerungszeit T_{11} simuliert worden. Sie führt zu einer deutlich schlechteren Übergangsfunktion. Wie die dritte Simulation zeigt, bewirkt eine Anpassung der Vorhaltzeit des Reglers auf den Wert $T_V = 0{,}7s$, daß die Regelung wieder zu dem gut eingestellten Übergangsverhalten der 1. Simulation zurückfindet.

Diese Maßnahme ist aus der Übertragungsfunktion $F_0(p)$ erklärlich, denn eine Änderung von T_{11} wird durch eine gleichwertige Anpassung von T_V kompensiert.

Wie sich eine veränderte Integrationszeitkonstante T_i auswirkt, ist in Bild 5.50 dargestellt.

Die erste Simulation zeigt wieder die ursprünglich gut eingestellte Regelung. Nun wird die Integrationszeitkonstante auf den Wert $T_i = 0{,}22$ s reduziert (2. Simulation). Die daraus folgende Übergangsfunktion schwingt über.

In der dritten Simulation ist zu sehen, daß eine Anpassung der Reglerverstärkung auf den Wert $K_R = 0{,}75$ zum gewünschten Ergebnis führt.

Aus der Übertragungsfunktion $F_0(p)$ ist ersichtlich, daß die Adaption der Reglerverstärkung für verschiedene T_i lediglich die Bedingung $K_0 / T_i = $ konst. erfüllen muß. Durch eine Multiplikation der Reglerverstärkung mit dem Faktor

$$K_A = \frac{T_i(t+1)}{T_i(t)}$$

ist diese Adaption realisierbar.

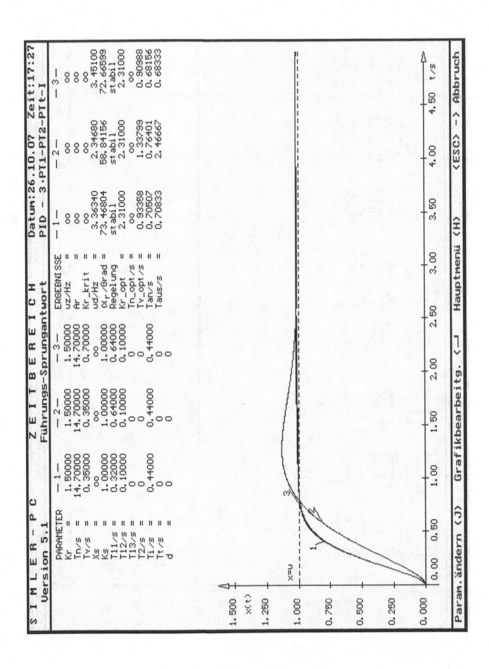

Bild 5.49   Simulation der Anpassung einer veränderten Verzögerungszeit

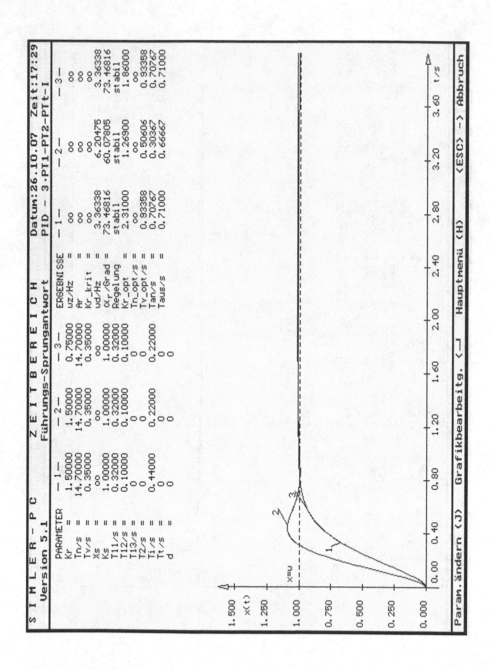

Bild 5.50   Anpassung einer veränderten Integrationszeitkonstante

Der analogtechnische Aufbau eines adaptiven PID-Reglers erfordert demnach
eine getrennt einstellbare Verstärkung, Vorhalt- und Nachstellzeit. Eine mögliche Variante ist in Bild 5.51 gezeichnet.

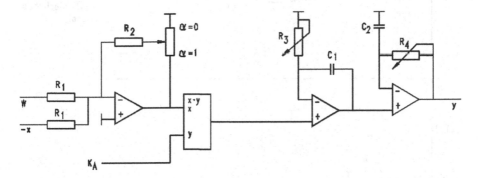

Bild 5.51   Operationsverstärkerschaltung eines adaptiven PID-Reglers

Die Regler-Parameter lauten hier

$$K_R = K_A \frac{R_2}{\alpha \cdot R_1} \quad , \quad T_N = R_3 \cdot C_1 \quad \text{und} \quad T_V = R_4 \cdot C_2 \quad .$$

Diese Schaltung ist jedoch recht aufwendig, so daß es nahe liegt, adaptive
Regler besser mit den Mitteln der Mikrorechnertechnik zu realisieren. Die Literaturstellen /33/, /54/, /72/, /73/ und /82/ behandeln diese Thematik
ausführlich.

5.5.7 Abtastregelung

Es besteht ein prinzipieller Unterschied zwischen kontinuierlicher und diskre-
ter Signalverarbeitung. Bei kontinuierlicher Arbeitsweise sind die Systemgrößen zu jedem beliebigen Zeitpunkt gegeben. Werden die Systemgrößen nur zu
bestimmten diskreten äquidistanten Zeiten erfaßt, spricht man von einem
diskret arbeitenden System (Bild 5.52).

Regelkreise mit dieser zeitdiskreten Arbeitsweise bezeichnet man als Abtastre-
gelungen. Hier wird der Regler mit einem Mikrorechner oder als Softwa-
re-Baustein innerhalb eines Prozeßrechners realisiert. Zu dieser Thematik sind
die Literaturstellen /26/, /30/, /33/, /40/ zu nennen.

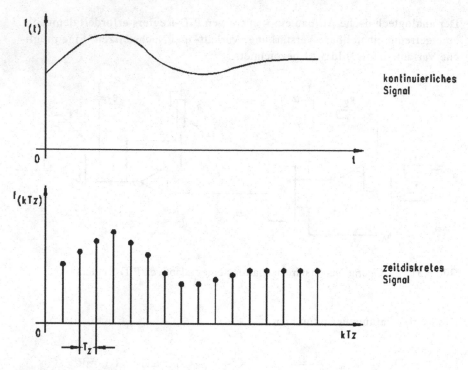

Bild 5.52   Beispiel für ein kontinuierliches und zeitdiskretes Signal

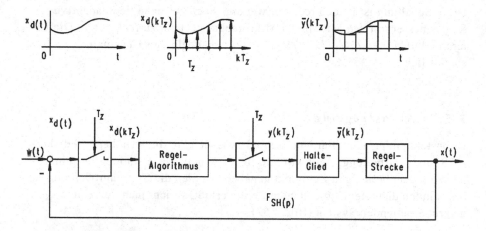

Bild 5.53   Blockschaltbild einer Abtastregelung

Bei der in Bild 5.53 dargestellten Abtastregelung wird die Regeldifferenz analog gebildet und mit Hilfe eines Abtasters digitalisiert. Es wird $x_d(t)$ zu den
Zeitpunkten kT_z erfaßt, mit einem A/D-Wandler in eine Binär-

zahl umgewandelt und dem Regler zugeführt. Anschließend läuft der Regel-Algorithmus ab, der die Stellgröße $y(kT_z)$ berechnet. Während der folgenden Periode steht dieser Wert über das Halteglied der Regelstrecke als Eingangssignal $\bar{y}(kT_z)$ zur Verfügung.

Bei der Berechnung von Abtastregelkreisen muß die Übertragungsfunktion
$F_{SH}(p)$ des Abtasthaltegliedes (Sample-Hold-Glied) berücksichtigt werden.
Beschreibt man das abgetastete Eingangssignal als Folge von Einheitsimpulsen
der Breite T_z im Bildbereich (Korrespondenz Nr. 3, Tabelle 2.2), ergibt sich
mit

$$F_{SH}(p) = \frac{1 - e^{-pT_z}}{pT_z} \cdot pT_z \cdot \sum_{k=0}^{\infty} x_d(kT_z) \cdot e^{-pkT_z} \qquad (5.37)$$

die Übertragungsfunktion des Abtast-Halte-Vorgangs. Diese Funktion läßt sich
als sog. Sample-Hold-Schaltung realisieren. Sie ist auf der A/D- und
D/A-Wandlerkarte des Mirkocomputersystems der Abtastregelung bereits integriert /36/. Im einfachsten Falle besteht die Schaltung aus einem Schalter, der
das Eingangssignal jeweils nach der Zeit kT_z impulsförmig auf den Speicher,
bestehend aus einem RC-Glied, schaltet (Bild 5.54). Die Entkopplung von
Schalter und RC-Glied geschieht durch zwei Operationsverstärker, die als
Spannungsfolger geschaltet sind. Im Blockschaltbild einer Abtastregelung muß
demnach das Halteglied

$$F_H(p) = \frac{1 - e^{-pT_z}}{pT_z}$$

berücksichtigt werden, das als Teil der Regelstrecke aufgefaßt werden kann
(Bild 5.55).

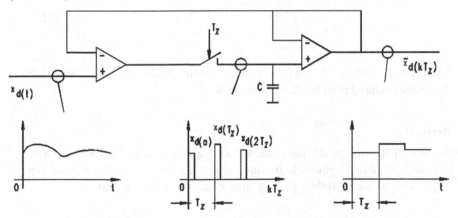

Bild 5.54   Operationsverstärkerschaltung eines Sample-Hold-Gliedes

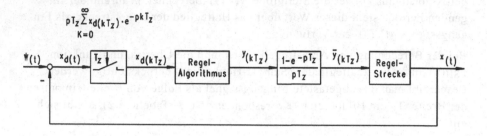

Bild 5.55   Vereinfachtes Blockschaltbild einer Abtastregelung

Es läßt sich zeigen, daß ein Abtastregelkreis bezüglich der Stabilität, der bleibenden Regeldifferenz, der Regeldynamik usw. die gleichen Ergebnisse aufweist, wie eine kontinuierliche Regelung, wenn die Abtastzeit T_z ausreichend
klein ist. Als Abschätzung für die Größenordnung von T_z können wahlweise
die folgenden Faustregeln benutzt werden:

$$
\begin{array}{ll}
T_z \approx 0,2 \cdot T_{min} & \text{mit} \quad T_{min} : \text{kleinste Streckenzeitkonstante} \\
T_z \approx 0,16 \cdot T_{an} & \text{mit} \quad T_{an} : \text{Anregelzeit} \\
T_z \approx 0,125 / \omega_D & \text{mit} \quad \omega_D : \text{Durchtrittsfrequenz}
\end{array}
\qquad (5.38)
$$

Für kleine Abtastzeiten kann das Halteglied näherungsweise als Totzeitglied
mit der Übertragungsfunktion

$$
F_H(p) \approx \frac{e^{-p\,T_z}}{2} \qquad (5.39)
$$

beschrieben werden /21/. Auf diese Weise ist eine Stabilitätsbetrachtung mit
den bisher behandelten Methoden möglich.

Beispiel:

Für den PI-Regelalgorithmus einer Abtastregelung sollen K_R und T_N mit
dem vereinfachten Nyquist-Kriterium gefunden werden. Ein Phasenrand von
$\alpha_R = 60°$ ist einzustellen. Es liegt eine PT_1-Tt-Strecke vor mit:

$$
\begin{array}{ll}
K_{S1} = 1 & T_{11} = 100 \text{ ms} \\
K_{S2} = 1 & T_t = 4 \text{ ms}
\end{array}
$$

Die Abtastzeit soll $T_Z=2ms$ betragen und liegt damit weit unter den oben angegebenen Faustformeln. Die Näherungsgleichung 5.39 für das Halteglied ist damit zulässig und es folgt für die Übertragungsfunktion des offenen Regelkreises

$$F_0(p) \approx K_0 \cdot \frac{1 + pT_N}{pT_N(1 + pT_{11})} \cdot e^{-pT_{er}}$$

mit $T_{er} = Tt + T_z/2$.

Wählt man für die Nachstellzeit des Regelalgorithmus $T_N=T_{11}$, läßt sich folgender Frequenzgang angeben:

$$\underline{F}_0 = -\underline{F}_R \cdot \underline{F}_S \approx -\frac{K_0}{j\omega T_{11}} \cdot (\cos \omega T_{er} - j \sin \omega T_{er}) \; ,$$

bzw.

$$\underline{F}_0 \approx \frac{K_0}{\omega T_{11}} \cdot (\sin \omega T_{er} + j \cos \omega T_{er}) \; .$$

Der Formelsatz 5.16 liefert nun die zugehörige Stabilitätsaussage sowie eine Bestimmungsgleichung für die Reglerverstärkung K_R.

$$\text{Im } \underline{F}_0 = 0 \qquad \rightarrow \qquad \omega_z \; ,$$

ergibt

$$\cos \omega_z T_{er} \approx 0 \; ,$$

und somit $\omega_z T_{er} \approx \frac{\pi}{2}$, so daß

$$\omega_z \approx \frac{\pi}{2 T_{er}} \approx 314{,}159 \quad Hz \; .$$

Des weiteren folgt mit

$$|\underline{F}_0| = 1 \qquad \rightarrow \qquad \omega_D \; ,$$

$$\frac{K_0}{\omega_D T_{11}} \approx 1 \; ,$$

so daß die Gleichung für die Durchtrittsfrequenz lautet:

$$\omega_D \approx \frac{K_0}{T_{11}} \; .$$

Mit Hilfe der Formel für den gegebenen Phasenrand von 60° läßt sich schließlich die Reglerverstärkung berechnen. Es gilt

$$\alpha_R = \varphi_0(\omega_D) + 180° \; .$$

Da $\underline{F}_0$ aus einem Integral- und einem Totzeitglied besteht, folgt somit

$$60° \approx -90° - \omega_D T_{er} + 180°$$

bzw. im Bogenmaß und mit der Gleichung für ω_D

$$\frac{\pi}{3} \approx \frac{\pi}{2} - \frac{K_0 \cdot T_{er}}{T_{11}} \; .$$

Damit läßt sich folgende Reglerverstärkung angeben:

$$K_R \approx \frac{\pi \cdot T_{11}}{6 \cdot K_S \cdot T_{er}} \approx 10{,}472 \; .$$

Somit beträgt die Durchtrittsfrequenz $\omega_D \approx 104{,}72$ Hz und, da

$$Re\,[\underline{F}_0(\omega_z)] \approx \frac{K_0 \cdot 2 T_{er}}{\pi \cdot T_{11}} \approx 0{,}333$$

ist, liegt eine stabile Abtastregelung vor.

Beispiel:

Eine Abtastregelung aus PI-Regelalgorithmus und einer PT$_1$-Strecke soll mit den verschiednen Abtastzeiten T_z im Zeitbereich untersucht werden. Die Parameter der Regelung lauten:

$$
\begin{aligned}
K_R &= 10 & T_N &= 166{,}66 \text{ ms} \\
K_S &= 1 & T_{11} &= 1\,\text{s}
\end{aligned}
$$

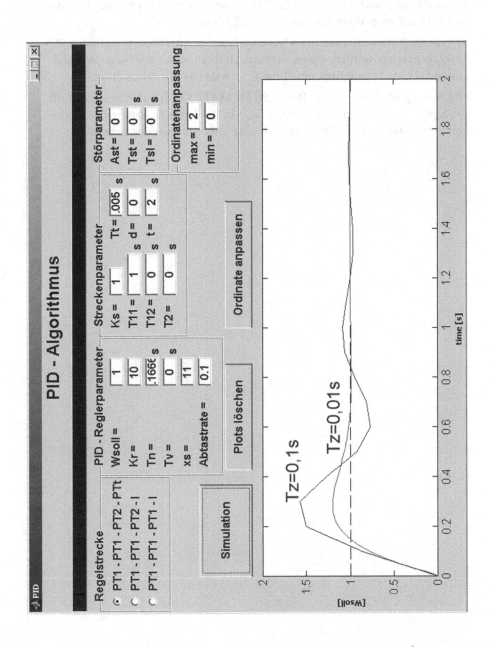

Bild 5.56   MATLAB-Simulation Abtastregelung aus PI-Regler, PT₁-PTₜ-Strecke

Die Simulation als kontinuierlicher Regelkreis ergibt laut SIMLER-PC eine Durchtrittsfrequenz von $\omega_D = 11{,}282\,\text{Hz}$. Dieser Wert führt mit der Faustformel 5.38 auf eine Abtastzeit von $T_z = 0{,}125 / \omega_D \approx 0{,}01\,\text{s}$.

Mit dieser Abtastzeit kann die Abtastregelung als quasi kontinuierlicher Regelkreis gesehen werden. Dabei wird das Halteglied mit der Näherungsgleichung 5.39 als Totzeitglied mit $T\,t = T_z / 2 \approx 0{,}005\,\text{s}$ berücksichtigt.

Die Sprungantworten sind in Bild 5.56 als MATLAB-Simulation dargestellt. Eine größere Abtastzeit von $T_Z = 0{,}1\,\text{s}$ liegt in der Größenordnung der Streckenzeitkonstanten und führt daher auf eine unbefriedigendes Ergebnis.

6   Ausgewählte Beispiele der Regeltechnik

In den zuvor behandelten Abschnitten wurden die grundlegenden Voraussetzungen zur Behandlung regelungstechnischer Probleme geschaffen. Hier nun sollen die gewonnenen Erkenntnisse anhand ausgewählter Beispiele industrieller Regelungen weiter vertieft werden.

6.1   Kontinuierliche Regelungen

6.1.1   Temperaturregelungen

Zunächst soll die Temperaturregelung eines gasbeheizten Glühofens betrachtet werden (Bild 6.1). Die Beeinflussung der Temperatur erfolgt im einfachsten Fall über ein Stellventil, das den Gasstrom (Volumenstrom) Q steuert. Die Übertragungsfunktion wird näherungsweise durch ein PT_1-Glied dargestellt

$$F_{S1}(p) = \frac{Q(p)}{U_{st}(p)} = \frac{K_{S1}}{1 + p\,T_{11}} \ .$$

Als Parameter dieses Streckenteils werden folgende Werte angenommen:

$$K_{S1} = 0,2 \ \frac{m^3}{V \cdot min} \quad \text{und} \quad T_{11} = 0,1\,s \ .$$

Zwischen Brenner und zu erhitzendem Gut erfolgt die Wärmeübertragung hauptsächlich durch Strahlung. Mit guter Näherung läßt sich für diese Art des Heizens PT_1-Verhalten ansetzen. Eine ausführliche Betrachtung dieses Sachverhalts bringt W. Oppelt in /21/. Infolge der Entfernung zwischen Brenner und Gut ergibt sich zusätzlich eine Totzeit. Die Übertragungsfunktion dieses Teils der Regelstrecke lautet somit

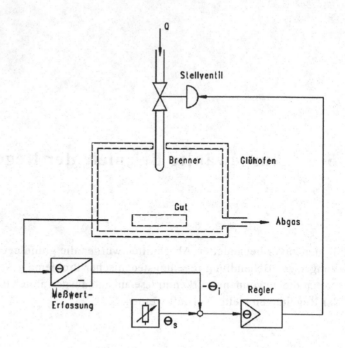

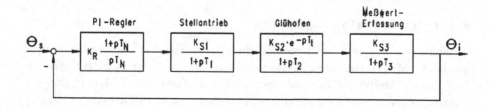

Bild 6.1   Schema und Blockschaltplan eines gasbeheizten Glühofens

$$F_{S2}(p) = \frac{\theta(p)}{Q(p)} = \frac{K_{S2} \cdot e^{-pT_t}}{1 + pT_{12}} \quad .$$

Die zugehörigen Parameter sind

$$K_{S2} = 10^3 \, \frac{K \cdot min}{m^3} \quad \text{sowie} \quad T_{12} = 5 \, min \quad \text{und} \quad T_t = 10 \, s \quad .$$

Die Meßwerterfassung soll mittels Temperatur-Sensor und Meßbrücke erfolgen (siehe Tabelle 4.4) und ist durch ein PT_1-Glied darstellbar. Es ergibt sich
damit für diesen Streckenteil die Übertragungsfunktion

$$F_{S3}(p) = \frac{Ui(p)}{\theta i(p)} = \frac{K_{S3}}{1+pT_{13}} \quad .$$

Die Parameter sind

$$K_{S3} = \frac{10\,V}{10^3\,K} \qquad \text{und} \qquad T_{13} = 2\,s \quad .$$

Damit lautet die Übertragungsfunktion des offenen Regelkreises

$$F_0(p) = \frac{K_0 \cdot (1+pT_N) \cdot e^{-pTt}}{pT_N(1+pT_{11})(1+pT_{12})(1+pT_{13})} \quad .$$

Die Reglereinstellung soll mit der Aufhebungskompensation (jeweils durch Index "A" gekennzeichnet) und dem Symmetrischen Optimum (durch Index "S" gekennzeichnet) vorgenommen werden.

Mit den Korrespondenzen Nr. 13 - 15 der Tabelle 3.5 läßt sich das Totzeitglied näherungsweise als PT_1-Glied darstellen und zu der Ersatzzeitkonstanten $T_K=T_{11}+T_{13}+Tt=12,1s$ zusammenfassen. Für das Symmetrische Optimum ist das PT_1-Glied mit der größten Zeitkonstanten näherungsweise in ein I-Glied umzuwandeln, es gelten dann die Gleichungen 5.30 - 5.34. Somit ergeben sich die beiden vereinfachten Übertragungsfunktionen

$$F_{0A}(p) \approx \frac{K_{0A} \cdot (1+pT_{NA})}{pT_{NA}(1+pT_{12})(1+pT_K)} \quad ,$$

$$F_{0S}(p) \approx \frac{K_{0S} \cdot (1+pT_{NS})}{p^2 T_{NS} T_{12}(1+pT_K)}$$

wenn ein PI-Regler gewählt wird. Der Phasenrand soll $\alpha_R = 60°$ betragen. Durch die Kompensation des großen PT_1-Gliedes erhält man eine Regler-Nachstellzeit von $T_{NA}=T_{12}=300s$. Die Einstellung nach dem Symmetrischen Optimum lautet dagegen $T_{NS}=m^2 T_K=168,53s$. Bei der Aufhebungskompensation ergibt sich folgende Bestimmungsgleichung für die Durchtrittsfrequenz.

Mit $\qquad \alpha_R = 60° \approx -\arctan \omega_{DA}T_K - 90° + 180°$

folgt $\qquad \omega_{DA} \approx \dfrac{1}{\sqrt{3} \cdot T_K} \approx 0,048 \ Hz \quad .$

Die Gleichung für die Durchtrittsfrequenz beim Symmetrischen Optimum
lautet

$$\omega_{DS} \approx \frac{1}{m \cdot T_K} \approx 0{,}022 \quad Hz \quad .$$

Mit $|F_{0A}(j\omega_{DA})|=1$ erhält man bei der Aufhebungskompensation schließlich
die Formel zur Einstellung der Regler-Verstärkung.

$$K_{RA} \approx \frac{2 \cdot T_{12}}{3 \cdot K_S \cdot T_K} \approx 8{,}26 \quad .$$

Für die Einstellung nach dem Symmetrischen Optimum ergibt sich

$$K_{RS} \approx \frac{T_{12}}{m \cdot K_S \cdot T_K} \approx 3{,}32 \quad .$$

Ausgehend von der nicht vereinfachten Übertragungsfunktion $F_0(p)$ sind die
Sprungantworten in Bild 6.2 im Vergleich dargestellt. Die Regler-Einstellung
nach dem Symmetrischen Optimum schneidet etwas besser ab.

Ein zweites Beispiel zum Thema Temperaturregelung ist die witterungsabhän-
gige Regelung der Raumtemperatur mittels Ölbrenner und Heizkessel
(Bild 6.3).

Grundsätzlich ist dem Raumtemperatur-Regelkreis der Vorlauftemperatur zu
unterlagern. Auf diese Weise wird die Einschaltdauer des Brenners verkürzt
und eine eventuelle Kesselüberhitzung vermieden. Daher muß die Stellgröße y
am Ausgang des Kesseltemperatur-Reglers mit einem Temperaturwächter
(TW) begrenzt werden /27/.

Es handelt sich somit um eine Kaskadenregelung, deren innerer Vorlauftempe-
ratur-Regelkreis von der Raumtemperaturabweichung und der Außentemperatur beeinflußt wird (Bild 6.4).

Die hier gewählte Variante steuert über einen Zweipunktregler direkt den
Brenner an, während für die Anpassung des Heizsystems an das subjektive
Empfinden des Benutzers die Steilheit der Heizkurven und die Mischerstellung
verändert werden können.

Der Sollwert der Vorlauftemperatur θ_{Vs} ist von der Außentemperatur abhängig. Beide sind über die Heizkurven (Bild 6.5) miteinander verknüpft.

Des weiteren wird θ_{Vs} durch die übergeordnete Raumtemperatur-Regelung
beeinflußt.

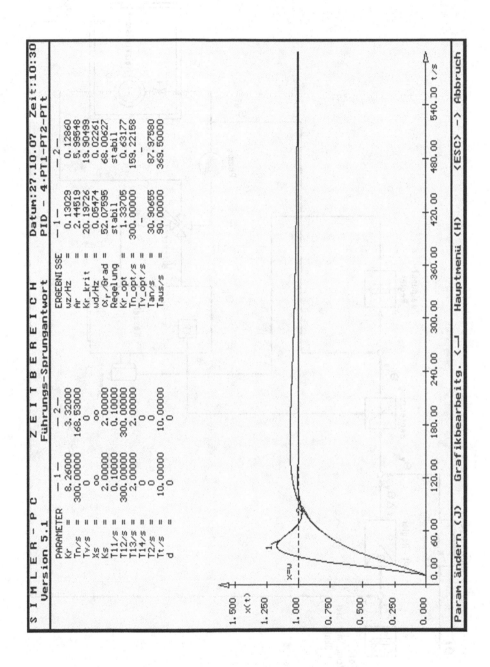

Bild 6.2   Sprungantworten der Regelung nach Bild 6.1

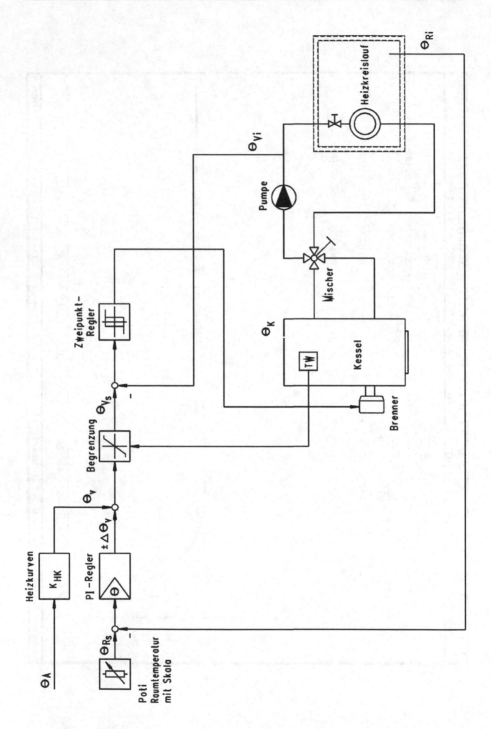

Bild 6.3   Schema einer Raumtemperatur-Regelung mit Ölbrenner

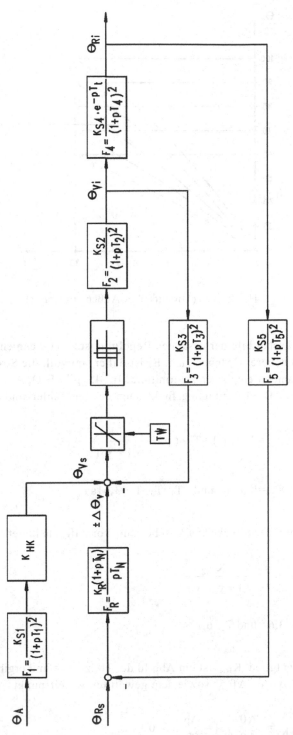

Bild 6.4   Blockschaltplan der Raumtemperatur-Regelung nach Bild 6.3

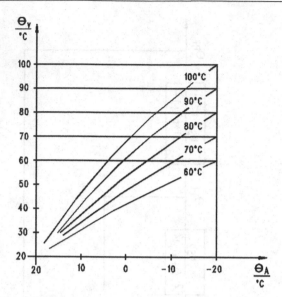

Bild 6.5   Einige Heizkurven (Vorlauf- über Außentemperatur)

Aus dem Blockschaltbild der gesamten Regelung ist zu entnehmen, daß die Regelstrecken höherer Ordnung sind. Es ist daher sinnvoll, die Strecken- und Meßfühlerparameter empirisch zu ermitteln. In /45/ gibt H.O. Arend dazu einige Hinweise. Die Übertragungsfunktionen der Meßfühler sind angegeben als

$$F_1(p) = F_3(p) = F_5(p) = \frac{K_{S1}}{(1 + pT_1)^2}$$

mit $K_{S1} = K_{S3} = K_{S5} = 1$ und $T_1 = T_3 = T_5 = 3{,}61\,\text{s}$.

Die Bildfunktion der Strecke aus Mischer und Vorlaufkreis lautet

$$F_2(p) = \frac{K_{S2}}{(1 + pT_2)^7}$$

mit $K_{S2} = 3{,}6$ und $T_2 = 6{,}12\,\text{s}$.

Das Proportionalglied K_{HK} ist ein Abbild der Heizkurve und ergibt sich aus ihrer Steilheit $\Delta\theta_V / \Delta\theta_A$ sowie dem gewählten Arbeitspunkt Ap der Regelung

$$K_{VK} = \frac{\Delta\theta_V}{\Delta\theta_A} \cdot \left(\frac{Ap}{512°C} - 0{,}1 \right) .$$

Der Arbeitspunkt, bei dem $K_{HK}=0$ ist, beträgt Ap=51,2 , er wird auf
$\theta_A = 20°C$ bezogen.

Mit diesen Parametern ergibt sich der in Bild 6.6 gezeigte zeitliche Verlauf der
Temperaturen θ_R , θ_K und θ_V .

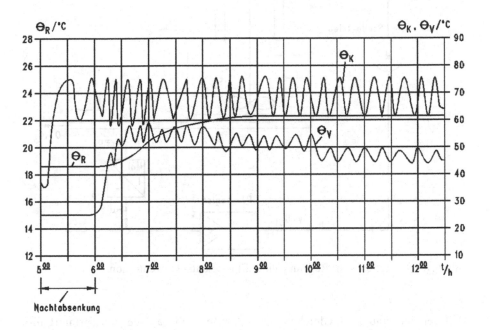

Bild 6.6   Zeitlicher Verlauf der Kessel-, Vorlauf- und Raumtemperatur

6.1.2 Stoffgemischregelungen

Die Mischung von Stoffen in einem bestimmten Verhältnis zueinander oder
das Einstellen einer gewünschten Konzentration geschieht durch die Beeinflussung der Volumenströme. Soll der Mischvorgang kontinuierlich verlaufen, ist
eine Regelung unumgänglich. Eine einfache Mischungsregelung zur Beeinflussung der Konzentration einer Flüssigkeit ist in Bild 6.7 dargestellt. Sie besteht
aus einem Kessel mit Rührwerk und zwei Zuflüssen. Setzt man voraus, daß der
Zufluß (Durchfluß) Q_2 und die zugehörige Konzentration c_2 konstant sind
und stets $Q_3=Q_1+Q_2$ gilt, erhält man für die Änderung der Konzentration
$c_3(t)$ am Ausgang des Kessels die Differentialgleichung

$$Q_1 \cdot c_1 + Q_2 \cdot c_2 - Q_3 \cdot c_3 = v \cdot \frac{dc_3}{dt} \quad .$$

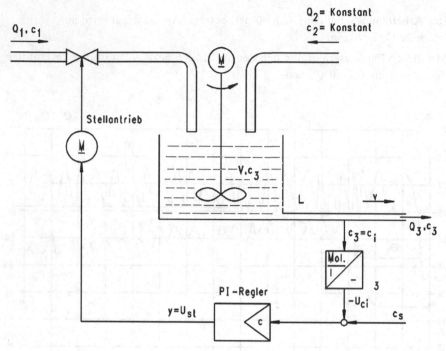

Bild 6.7   Schema zur Regelung einer Flüssigkeits-Konzentration

Differenziert man diese Gleichung nach der Zeit und Laplace-transformiert anschließend, so folgt

$$p \cdot Q_1 \cdot c_1(p) - p \cdot Q_3 \cdot c_3(p) = p^2 \cdot v \cdot c_3(p) \ ,$$

$$F_{S1}(p) = \frac{c_3(p)}{c_1(p)} = \frac{K_{S1}}{1 + p T_1}$$

mit $\quad K_{S1} = \dfrac{Q_1}{Q_3} \quad$ und $\quad T_1 = \dfrac{v}{Q_3} \ .$

Die Meßwerterfassung der zu regelnden Konzentration c_3 ist meist erst in einiger Entfernung vom eigentlichen Mischvorgang möglich. Daraus resultiert eine Totzeit, die von der Entfernung L und der Fließgeschwindigkeit v abhängt. Die Übertragungsfunktion ist somit

$$F_{S2}(p) = e^{-p T_t} \qquad \text{mit} \quad T_t = \frac{L}{v} \ .$$

Außerdem entsteht ein PT_1-Verhalten durch den Meßfühler, also

$$F_{S3}(p) = \frac{K_{S2}}{1+pT_2}$$

mit $\qquad K_{S2} = \frac{U\,c\,i}{c\,i}$.

Die Stellgröße y wirkt auf ein elektromotorisch betätigtes Stellventil, welches den Volumenstrom (Durchfluß) Q_1 beeinflußt. Die resultierende Übertragungsfunktion ist

$$F_{S4} = \frac{K_{S3}}{1+pT_3}$$

mit $\qquad K_{S3} = \frac{c_1}{U_{st}}$.

Der Blockschaltplan der Regelung ist in Bild 6.8 dargestellt und führt auf die Übertragungsfunktion des offenen Regelkreises

$$F_0(p) = K_0 \frac{(1+pT_N)\cdot e^{-pT_t}}{pT_N(1+pT_1)(1+pT_2)(1+pT_3)} \quad .$$

Zur konkreten Berechnung der Verstärkungen und Zeitkonstanten seien folgende Werte angenommen:

$$V = 1 m^3 \,, \quad Q_1 = 6\ l/s \,, \quad Q_2 = 2\ l/s \,, \quad Q_3 = 8\ l/s,$$

$$v = 0,6 m/s \,, \quad L = 1 m \ .$$

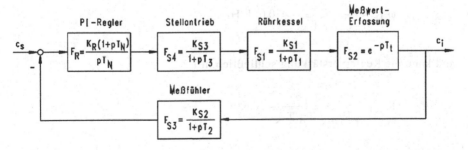

Bild 6.8   Blockschaltplan zu Bild 6.7

Damit ergeben sich

$$K_{S1} = \frac{6\,l/s}{8\,l/s} = 0{,}75 \qquad\qquad T_1 = \frac{1\,m^3}{8\,l/s} = 125\ s$$

$$K_{S2} = \frac{0{,}1\ V}{Mol.\,/\,l} \qquad\qquad\qquad T_2 = 2\,s$$

$$K_{S3} = \frac{10\ Mol.\,/\,l}{V} \qquad\qquad\qquad T_3 = 1\,s$$

$$T_t = \frac{1\,m}{0{,}6\ m/s} = 1{,}67\ s\quad.$$

Soll die Regelung mit Hilfe des Symmetrischen Optimums eingestellt werden, sind auf $F_0(p)$ die Korrespondenzen 13 - 15 der Tabelle 3.5 anzuwenden und man erhält

$$F_0(p) \approx K_0 \frac{1 + p\,T_N}{p^2\,T_N\,T_1\,(1 + p\,T_K)}$$

mit $\qquad T_K = T_2 + T_3 + T_t = 4{,}67s\quad.$

Nun lassen sich die Gleichungen 5.32 und 5.33 zur Berechnung der Regler-Parameter anwenden.

Man erhält dann für $m^2 T_K = T_1$

$$T_N = T_1 = 125s$$

eine Durchtrittsfrequenz von

$$\omega_D \approx \frac{1}{\sqrt{T_1\,T_K}} \approx 0{,}041\ Hz$$

und kann die Reglerverstärkung schließlich mit

$$K_R \approx \frac{T_1}{K_S \sqrt{T_1\,T_K}} \approx 6{,}9$$

angeben.

Oft ist es erforderlich, bei einem Stoffgemisch mehr als eine Größe zu beeinflussen. Man bezeichnet solche Regelungen als Mehrgrößen- oder Mehrfachre-
gelungen. Ist beispielsweise der Volumenstrom Q und die Temperatur θ eines Mischvorgangs zu regeln, erhält man eine Zweigrößenregelung, bei der die
Übertragungsfunktionen miteinander gekoppelt sind (Bild 6.9).

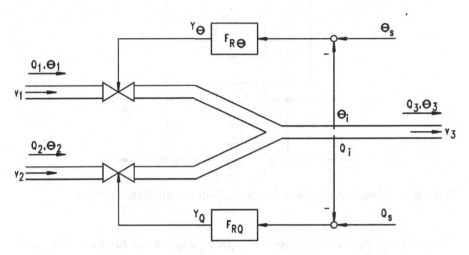

Bild 6.9   Zweigrößen-Mischungsregelung (Volumenstrom, Temperatur)

Wenn $\theta_1 < \theta_2$ gilt, kann die Temperatur des Gemisches im Bereich
$\theta_3 = [\theta_1; \theta_2]$ geregelt werden. Dabei ist gleichzeitig der zu regelnde Durchfluß (Volumenstrom) $Q_3 = Q_1 + Q_2$. Ventilverstellungen wirken sich erst nach
den Totzeiten T_{t1} und T_{t2} an den Meßstellen für θ_i und Q_i aus. Der
Mischungsvorgang selbst kann durch ein PT_1-Glied angenähert werden (T_1 und
T_3). Die Meßwerterfassung läßt sich ebenfalls durch das PT_1-Verhalten beschreiben (T_2 und T_4). Es ergeben sich so die Beziehungen

$$\theta(p) = \frac{K_{S11} \cdot e^{-pT_{t1}}}{(1+pT_1)(1+pT_2)} y_\theta(p) + \frac{K_{S12} \cdot e^{-pT_{t2}}}{(1+pT_3)(1+pT_4)} y_Q(p),$$

$$Q(p) = -\frac{K_{S21}}{1+pT_2} y_\theta(p) + \frac{K_{S22}}{1+pT_4} y_Q(p)$$

mit

$$F_{S11}(p) = \frac{\theta(p)}{y_\theta(p)}, \quad F_{S12}(p) = \frac{\theta(p)}{y_Q(p)}, \quad F_{S21}(p) = \frac{Q(p)}{y_\theta(p)},$$

$$F_{S22}(p) = \frac{Q(p)}{y_Q(p)}.$$

Aus Bild 6.10 läßt sich die Regelstrecken-Kopplung entnehmen, die in der physikalischen Verknüpfung des Mischvorgangs bezüglich θ und Q begründet ist.

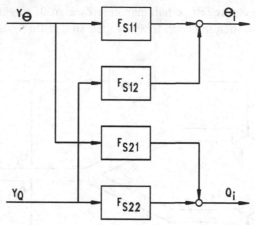

Bild 6.10   Strecken-Kopplung der Zweigrößen-Regelung nach Bild 6.9

Um wieder auf zwei einschleifige, entkoppelte Regelkreise für die beiden Regelgrößen zu kommen, ist der Strecke ein ebenso vermaschtes System aus Hauptreglern (F_{R11}, F_{R22}) und Korrekturreglern (F_{R12}, F_{R21}) vorzuschalten /46/. Dies ist in Bild 6.11a geschehen.

Mit Hilfe der Matrizenrechnung gelangt man zu einem Satz von Gleichungen, der die Entkopplung einer Zweifachregelung beschreibt. Es wird

$$F_{R11}(p) = F_{K1}(p) \cdot F_S(p=0) \; ,$$

$$F_{R22}(p) = F_{K2}(p) \cdot F_S(p=0) \; ,$$

$$F_{R12}(p) = \frac{F_{S12}(p)}{F_{S11}(p)} \cdot F_{K2}(p) \cdot F_S(p=0) \; , \qquad (6.1)$$

$$F_{R21}(p) = -\frac{F_{S21}(p)}{F_{S22}(p)} \cdot F_{K1}(p) \cdot F_S(p=0) \; ,$$

$$F_S(p) = \frac{1}{1 - \dfrac{F_{S12}(p) F_{S21}(p)}{F_{S11}(p) F_{S22}(p)}} \; .$$

Für $F_S(p)$ erhält man bei dieser Regelung mit der zulässigen Annahme, daß T t1 = T t2 ist,

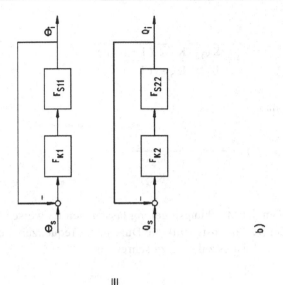

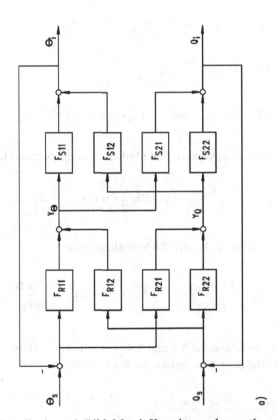

Bild 6.11   Regelkreis nach Bild 6.9 mit Korrekturreglern entkoppelt

$$F_S(p) = \cfrac{1}{1 + \cfrac{K_{S12} \cdot K_{S21} \ (1 + p\,T_1)}{K_{S11} \cdot K_{S22} \ (1 + p\,T_3)}} \quad .$$

Für p=0 folgt dann

$$F_S(p=0) = \cfrac{1}{1 + \cfrac{K_{S12} \cdot K_{S21}}{K_{S11} \cdot K_{S22}}} = K_p \quad . \qquad (6.2)$$

Die Regelstrecken der Mischungsregelung lassen sich teilweise weiter vereinfachen. Da in der Verfahrenstechnik die Durchtrittsfrequenzen meist sehr viel
kleiner als eins sind, ist es zulässig zu schreiben:

$$F_{S11}(p) \approx \frac{K_{S11}}{p\,T_1 \cdot (1 + p\,T_{K1})} \qquad\qquad (6.3)$$

mit $\qquad T_1 >> T_2\,, T\,t1 \quad$ und $\quad T_{K1} = T_2 + T\,t1\,,$

$$F_{S12}(p) \approx \frac{K_{S12}}{p\,T_3 \cdot (1 + p\,T_{K2})} \qquad\qquad (6.4)$$

mit $\qquad T_3 >> T_4\,, T\,t2 \quad$ und $\quad T_{K2} = T_4 + T\,t2\ .$

Die restlichen Übertragungsfunktionen bleiben unverändert und lauten

$$F_{S21}(p) = -\frac{K_{S21}}{1 + p\,T_2} \quad , \quad F_{S22}(p) = \frac{K_{S22}}{1 + p\,T_4} \quad .$$

Wählt man für $F_{K1}(p)$ und $F_{K2}(p)$ PI-Verhalten, also

$$F_{K1}(p) = K_{K1}\,\frac{1 + p\,T_{N1}}{p\,T_{N1}} \quad , \quad F_{K2}(p) = K_{K2}\,\frac{1 + p\,T_{N2}}{p\,T_{N2}} \quad , \quad (6.5)$$

und setzt dann die Gleichungen 6.3 und 6.4 in den Formelsatz 6.1 ein, ergeben
sich folgende Übertragungsfunktionen für die Korrekturregler.

$$F_{R12}(p) \approx \frac{K_{K2} \cdot K_p \cdot K_{S12} \cdot T_1 \cdot (1 + p\,T_{K1})}{K_{S11} \cdot T_3 \cdot p\,T_{K2}} \qquad\qquad (6.6)$$

mit $\quad T_{N2} = T_{K2}$,

$$F_{R21}(p) \approx \frac{K_{K1} \cdot K_p \cdot K_{S21} \cdot (1 + p\,T_4)}{K_{S22} \cdot p\,T_2} \qquad (6.7)$$

mit $\quad T_{N1} = T_2$.

Mit der gleichen Einstellung für die Nachstellzeiten lassen sich für die Hauptregler folgende Übertragungsfunktionen angeben:

$$F_{R11}(p) \approx K_{K1} \cdot K_p \frac{1 + p\,T_2}{p\,T_2} \quad ,$$

$$\qquad (6.8)$$

$$F_{R22}(p) \approx K_{K2} \cdot K_p \frac{1 + p\,T_{K2}}{p\,T_{K2}} \quad .$$

Damit ist die Entkopplung abgeschlossen und es liegen zwei einschleifige Regelkreise vor (Bild 6.11b). Die Verstärkungen K_{K1} und K_{K2} können nach den bekannten Verfahren (z.B. Symmetrisches Optimum) dimensioniert werden.

6.1.3 Zwei- und Dreipunktregelungen

Bei einem stetigen Regler wird das stationäre Verhalten durch die Verstärkung K_R bestimmt. Diese Beziehung ist linear. Ein Zweipunktregler hingegen besitzt in der einfachsten Form (ohne Hysterese) eine Sprungstelle bei $x_d = 0$, so daß für die Stellgröße gilt:

$$y = \begin{cases} y_{max} & \text{für } x_d \geq 0 \\ -y_{max} \text{ (oder 0)} & \text{für } x_d < 0 \end{cases}$$

Dieses Verhalten ist typisch für Relais, Bimetallschalter, Endschalter, Schalttransistoren usw.

Einfache Regelungen dieser Art findet man bei Kühlschränken, Durch-lauferhitzern, Automatik-Herdplatten und Bügeleisen zur Beeinflussung der Temperatur.

Aber auch bei komplexen Systemen, wie z.B. der Kesseltemperatur-Regelung einer Heizung, wird der Zweipunktregler eingesetzt.

Das Übergangsverhalten einer Zweipunktregelung zeigt meist einen periodisch um den Sollwert schwankenden Verlauf.

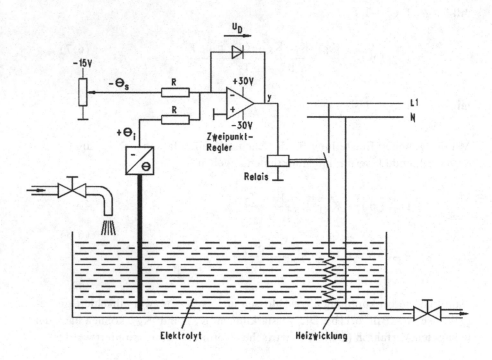

Bild 6.12   Temperatur-Regelung eines Elektrolytbades mit Zweipunktregler

Eine einfache Regelung ist in Bild 6.12 dargestellt. Sie dient zur Temperatur-Regelung eines Elektrolytbades.

Der Zweipunktregler wird mit einem Operationsverstärker realisiert, in dessen
Gegenkopplung eine Diode liegt /36/. Die Stellgröße nimmt daher die Werte
$y = [-U_D ; U_{max} \approx 28 \text{ V}]$ an.

Der Verstärker-Ausgang steuert ein Relais an, welches die Heizwicklung
schaltet. Es schließt bei $\theta s > \theta i$ und öffnet bei $\theta s < \theta i$.

Die Regelstrecke läßt sich näherungsweise als PT_1-Tt-Strecke angeben, woraus
das in Bild 6.13 angegebene Blockschaltbild resultiert.

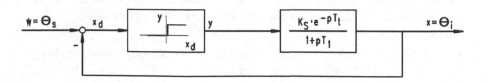

Bild 6.13   Blockschaltbild der Regelung nach Bild 6.12

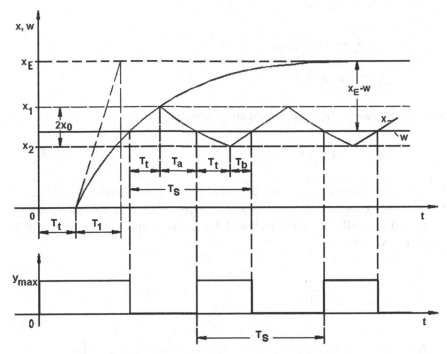

Bild 6.14   Zweipunktregler ohne Hysterese mit PT_1-PT_t-Strecke

Die Sprungantwort dieser Regelung läßt sich leicht aus der Anschauung erklären (Bild 6.14). Bei sprunghafter Vorgabe eines Sollwertes wird $w>x$, so daß
mit $y=y_{max}$ das Relais schließt. Erst nach Ablauf der Totzeit T_t steigt dann
die Temperatur des Elektrolyten entlang einer e-Funktion mit der Zeitkonstanten T_1 an. Der Entwert x_E der Temperatur wird jedoch nicht angefahren, da
beim Erreichen von $x=w$ der Zweipunktregler infolge $y = -U_D$ das Relais
öffnet.

Das Abschalten der Heizwicklung wirkt sich jedoch erst nach der Totzeit T_t
auf den Temperatur-Istwert aus, so daß zeitweise $x>w$ vorliegt. Danach
nimmt die Temperatur ab. Bei erneutem Erreichen von $w>x$ wird die Heizwicklung wieder eingeschaltet. Die Temperaturzunahme macht sich auch hier
erst nach T_t bemerkbar.

Es ist erkennbar, daß die Schwankungsbreite $2x_o$, innerhalb derer sich der Istwert um den Sollwert bewegt, von der Totzeit T_t und der Zeitkonstanten T_1
abhängt. Dieser Zusammenhang läßt sich leicht ableiten. Mit

$$x_E = K_S \cdot y_{max}$$

erhält man für $t=T_t$ die Werte

$$x_1 = w + (x_E - w) \cdot (1 - e^{-Tt/T_1}) \ ,$$

$$x_2 = w \cdot e^{-Tt/T_1} \ .$$

Subtrahiert man x_2 von x_1, ergibt sich die Schwankungsbreite

$$2x_0 = x_E \cdot (1 - e^{-Tt/T_1}) \ . \tag{6.9}$$

Sie ist unabhängig vom Sollwert w und nimmt mit wachsender Totzeit und fallender Zeitkonstante T_1 zu. Die Schaltfrequenz $f_S = 1/T_S$ des Zweipunkt-reglers ist ebenfalls von der Totzeit und der Zeitkonstanten T_1 abhängig und lautet für $x_E > w$:

$$f_S = \frac{1}{2T_t + T_a + T_b} \ ,$$

$$f_S = \frac{1}{2T_t + T_1 \cdot \ln\left[\dfrac{x_E^2}{w(x_E - w)}(1 - e^{-Tt/T_1}) + e^{-2Tt/T_1}\right]} \ . \tag{6.10}$$

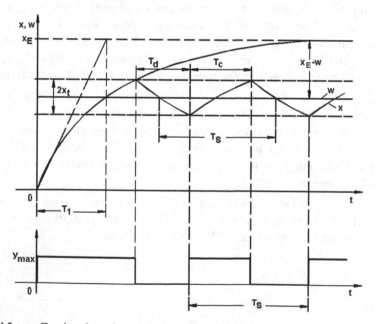

Bild 6.15   Zweipunktregler mit Hysterese und PT_1-Strecke

Zweipunktregler mit Hysterese haben praktisch die gleiche Auswirkung auf den Verlauf von x wie der vorher gezeigte Einfluß der Totzeit. Die in Bild 6.15 dargestellte Sprungantwort macht dies bei einer Regelung aus hysterese-behaftetem Zweipunktregler und PT_1-Strecke deutlich. Mit

$$x_E = K_S \cdot y_{max}$$

erhält man für $t = T_c$ die Hysteresebreite

$$2 x t = (x_E - w + x t) \cdot (1 - e^{-Tc/T_1}) \quad . \qquad (6.11)$$

Damit ist die Hysteresebreite der Sprungantwort nicht nur von der Zeitkon-stanten T_1 und dem Sollwert w abhängig, sondern auch von der Hysterese des Zweipunktreglers. Die Schaltfrequenz f_S des Zweipunktreglers ist für $x_E > w$

$$f_S = \frac{1}{Tc + T_d} = \frac{1}{T_1 \cdot \ln \dfrac{x_E - w + x t}{x_E - w - x t} + T_1 \cdot \ln \dfrac{w + x t}{w - x t}} \quad . \qquad (6.12)$$

Der Zweipunktregler schaltet infolge der Hysterese erst bei $x = w + x t$ ab. Demzufolge schaltet er auf $y = y_{max}$, wenn der Istwert auf $x = w - x t$ abgefal-len ist. Dieser Vorgang wiederholt sich mit der Periodendauer T_S.

Das in Bild 6.16 dargestellte Schema einer Preßluft-Druckregelung soll mit dem Zwei-Ortskurven-Verfahren auf Stabilität untersucht werden.

Es zeigt einen Zweipunktregler mit Hysterese, der über einen Leistungstreiber die Speicherpumpe regelt. Mit einem Potentiometer kann die Hysteresebreite $2 x t$ verändert werden /36/.

Bei Vorgabe eines Sollwertes $p s > p i$ bzw. bei Preßluftentnahme der Verbrau-cher, beträgt die Stellgröße $y^* \approx + 50$ V. An der Pumpe liegt also die volle Spannung an und es erfolgt ein Druckanstieg im Speicher. Nach Überschreiten des Druck-Sollwertes $p i > p s$ beträgt die Stellgröße $y^* \approx 0$ V, so daß die Pumpe abgeschaltet wird.

Pumpe und Druckspeicher sind jeweils Verzögerungsglieder I. Ordnung. Die Meßwerterfassung mit Hilfe einer Druckmeßdose hat ebenfalls PT_1-Verhalten, so daß sich das in Bild 6.17 gezeigte Blockschaltbild ergibt.

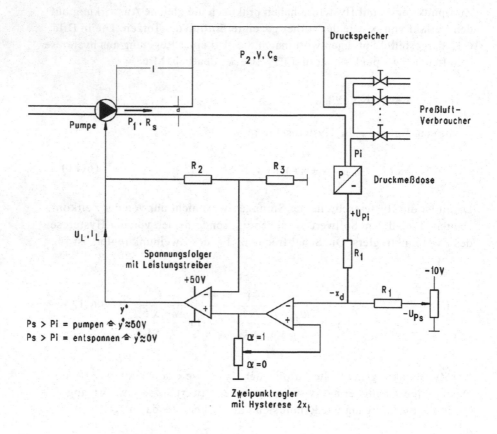

Bild 6.16   Schema einer Druck-Regelung für eine Preßluftstation

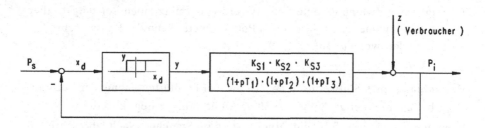

Bild 6.17   Blockschaltbild der Zweipunktregelung nach Bild 6.16

Die Übertragungsfunktion der Strecke lautet demnach

$$F_S(p) = \frac{K_{S1} \cdot K_{S2} \cdot K_{S3}}{(1 + pT_1)(1 + pT_2)(1 + pT_3)} \quad .$$

Eine Abschätzung der einzelnen Parameter läßt sich aus den Tabellen 3.2 und 3.3 entnehmen. Bei einem Solldruck von 6 bar gilt für die Pumpe

$$K_{S1} = \frac{p_1}{U_L} = \frac{6\,bar}{50\,V} = 0,12\,\frac{bar}{V} \quad , \qquad T_1 = 2\,s$$

Für den Druckspeicher (siehe Abschnitt 3.7) ergeben sich

$$K_{S2} = \frac{p_2}{p_1} = \frac{6\,bar}{6\,bar} = 1 \quad , \qquad T_2 = R_S \cdot C_S = 9,185 \; s$$

mit
$$R_S = 9,185 \cdot 10^{-5}\, bar \cdot s/L \; ,$$
$$C_S = 10^5 \; L/bar \; .$$

Die Meßwerterfassung des Druckes hat die Werte

$$K_{S3} = \frac{U_{pi}}{p_1} = \frac{10\,V}{6\,bar} = 1,667\,\frac{V}{bar} \quad , \qquad T_3 = 10\,s \; .$$

Die Hysterese des Zweipunktreglers soll auf $x_t = 0,5$ V eingestellt werden, die maximale Stellgröße beträgt $y = x_s \approx 50$ V. Der Zweipunktregler mit Hysterese wird durch die Beschreibungsfunktion (Gleichung 3.54) beschrieben. Für $\hat{x}_e = 10$ V erhält man

$$N(\hat{x}_e) = \frac{20}{\pi} \cdot \sqrt{1 - \frac{x_t^2}{\hat{x}_e^2}} \;\; - \;\; j\frac{20 \cdot x_t}{\pi\,\hat{x}_e} \quad .$$

Nun ist die negative inverse Ortskurve der Regelstrecke zu bilden, also

$$\frac{-1}{\underline{F}_S} = \frac{\omega^2(T_1T_2 + T_1T_3 + T_2T_3) - 1 + j[(\omega^3 T_1 T_2 T_3 - \omega(T_1 + T_2 + T_3)]}{K_{S1} \cdot K_{S2} \cdot K_{S3}}$$

Die Gleichung 5.20 liefert ω_z, mit der sich die Stabilitätsaussage ergibt:

$$\frac{-x_t}{\hat{x}_e \cdot \sqrt{1 - \frac{x_t^2}{\hat{x}_e^2}}} = \frac{\omega_z^3 T_1 T_2 T_3 - \omega_z(T_1 + T_2 + T_3)}{\omega_z^2(T_1 T_2 + T_1 T_3 + T_2 T_3)} \quad .$$

Somit folgt für $\omega_z \approx 5{,}687$ Hz. Die Regelung ist stabil, da die Gleichung 5.21 erfüllt ist.

$$\mathrm{Re} \,|\, \mathrm{N} \,(\hat{x}_e \,|\, x_t = 6{,}358 \quad < \quad \mathrm{Re} \,[\frac{-1}{\underline{F}\,s}]\,_{\omega z} = 2983{,}931 \quad .$$

Aus Bild 6.18 ist zu ersehen, daß die beiden Ortskurven $\mathrm{N}\,(\hat{x}_e)$ und $-1/\underline{F}\,s$ sich nicht schneiden. Daher ist die Regelung unbegrenzt stabil, also für jeden Wert von $x\,t$.

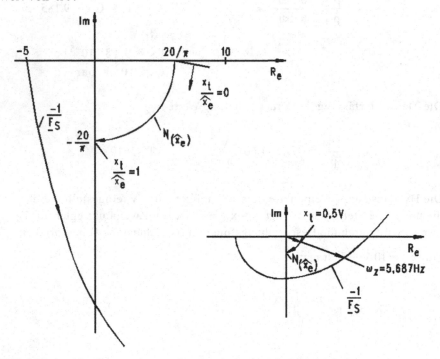

Bild 6.18   Ortskurven der Zweipunktregelung nach Bild 6.16

In Verbindung mit einem Motor-Stellantrieb findet der Dreipunktregler in der Versorgungs- und Kraftwerkstechnik zum Stellen von Mischern, Ventilen, Klappen usw. vielseitige Verwendung /27/, /64/.

Dies soll am Beispiel der Speisewassermengenregelung in einem Dampfkraftwerk gezeigt werden. Der zugehörige Kreisprozeß ist in Bild 6.19 stark vereinfacht dargestellt.

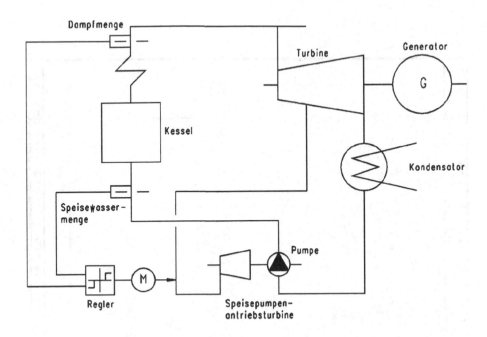

Bild 6.19   Vereinfachtes Anlagenschema einer Speisewassermengenregelung

Um Überhitzungen oder Temperaturstürze der Heizflächen zu vermeiden, muß die Speisewassermenge der Frischdampfmenge nachgeführt werden. Dies geschieht bei Grundlastkraftwerken am einfachsten mit Hilfe eines Dreipunktreglers, der auf einen Stellmotor wirkt.

Beide Mengen werden miteinander verglichen und bei einer Abweichung ein Signal zur Verstellung des Drehzahlsollwertes der Speisepumpenantriebsturbine gegeben.

Die Gesamtverstärkung der Strecke kann mit $K_S = 1$ angesetzt werden. Der Kessel stellt ein PT_1-Glied mit einer Verzögerungszeit von $T_{11} \approx 4\,\text{s}$ dar, ebenso die Speisepumpenantriebsturbine mit $T_{12} \approx 10$ s. Die Laufzeit des Stellmotors wird mit $T\,i = 30$ s angegeben.

Bezogen auf die Frischdampfmenge bei Vollast kann die Ansprechschwelle des Dreipunktreglers mit $x\,t \approx 0,1$ angenommen werden. Für die maximale Stellgröße wird $y = x\,s = 2$ festgelegt.

In Bild 6.20 ist die Simulation dieser Regelung aufgezeichnet. Es zeigt das typische Pendeln der Regelgröße um den Sollwert der Speisewassermenge.

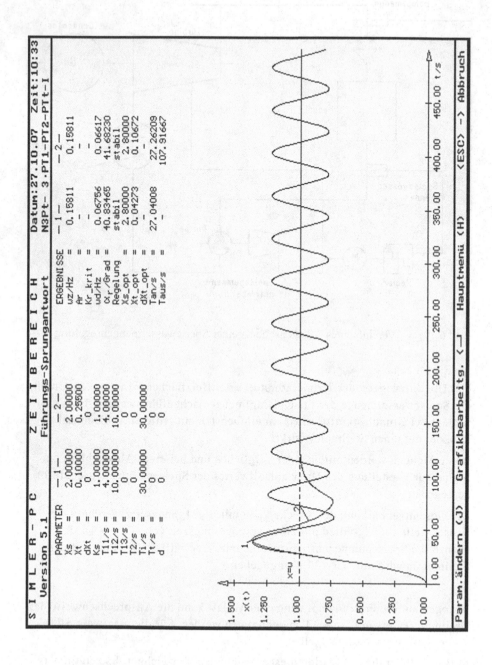

Bild 6.20   Simulation der Dreipunktregelung nach Bild 6.19

6.1.4 Geschwindigkeitsregelung für Schachtförderer

Bei den bisher behandelten Drehzahlregelungen wurde der mechanische Teil des Antriebs durch ein I-Glied mit der Hochlaufzeitkonstanten T_H dargestellt. Dies ist nur dann zulässig, wenn zwischen Wellen, Kupplungen, Getriebe und Last eine starre Verbindung besteht.

Bei vielen Antrieben (Schachtförderanlagen, Aufzügen, Bandanlagen) besteht der Mechanikteil jedoch aus einem gedämpften Feder-Masse-System höherer Ordnung. Der Regelkreis muß daher mit einem erweiterten Blockschaltbild, welches die schwingungsfähige Mechanik berücksichtigt, dimensioniert werden.

Am Beispiel einer Bergbau-Schachtförderanlage /34/, /49/ soll der aufgezeigte Sachverhalt untersucht werden (Bild 6.21).

Wegen der großen Förderhöhen sind die Seilschwingungen besonders ausgeprägt und werden nur schwach gedämpft durch den Luftwiderstand und die Seilreibung. Wenn die Masse der Seiltrommel m_T erheblich kleiner ist als die der Körbe und des Seils, sind die beiden Massen m_1 und m_2 über m_T miteinander gekoppelt. Die Folge ist ein Feder-Masse-System mit fünf Energiespeichern (siehe Bild 3.28).

Dieses System läßt sich jedoch vereinfachen, wenn man praxisnah annimmt, daß ein Rutschen des Seils ausgeschlossen ist. Damit sind beide Feder-Masse-Systeme (m_1 - c_{f1}; m_2 - c_{f2}) entkoppelt und lassen sich getrennt voneinander betrachten. Diese Entkopplung gelingt ebenfalls, wenn $m_T > m_1 + m_2$ ist.

Es soll nun eine Geschwindigkeitsregelung mit unterlagerter Stromregelung für einen am langen Seil hängenden Förderkorb dimensioniert werden.

Die Differentialgleichung für die Geschwindigkeit des Korbes lautet mit $m_1 = m_k$; $v_{k1} = v_k$; $c_{f1} = c_f$ und $r_1 = r$

$$m_k \frac{d^2 v_k}{dt^2} + r \frac{d v_k}{dt} + c_f \cdot v_k = c_f \cdot v_{ST} \quad .$$

Damit erhält man die Bildgleichung

$$v_k(p) \cdot (p^2 + p \frac{r}{m_k} + \frac{c_f}{m_k}) = v_{ST}(p) \cdot \frac{c_f}{m_k} \quad .$$

Mit $\quad \omega_0^2 = \frac{c_f}{m_k} = \frac{1}{T_2^2} \quad$ und $\quad d = \frac{r}{2\sqrt{c_f \cdot m_k}}$

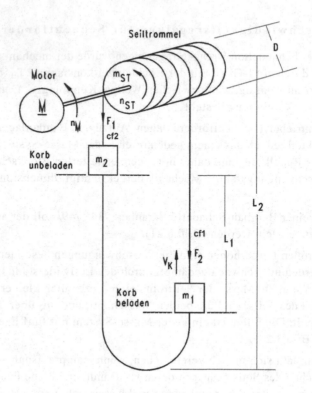

Bild 6.21   Anlagenschema einer Bergbau-Schachtförderanlage

ergibt sich schließlich die Übertragungsfunktion eines PT_2-Gliedes

$$F(p) = \frac{v_k(p)}{v_{St}(p)} = \frac{1}{1 + 2d\,p\,T_2 + p^2\,T_2^{\ 2}} \quad .$$

Das Blockschaltbild der Geschwindigkeitsregelung mit unterlagerter Stromregelung für einen fremderregten Gleichstrommotor mit sechspulsiger Drehstrombrückenschaltung ist in Bild 6.22 dargestellt. Dabei wird die Rückführung des Stromistwertes I_{Ai} mit einem Tiefpaß geglättet.

Die Anlagen-Parameter lauten:

$$D = 4\,\text{m}, \quad L_1 = 400\ \text{m}, \quad L_2 = 500\ \text{m}, \quad \text{Korbgewicht} \quad G_K = 10^4\,\text{N},$$

$$c_f = 6{,}667 \cdot 10^4\,\frac{\text{N}}{\text{m}}, \quad m_k = \frac{G_K}{g} = 1{,}019 \cdot 10^3\,\frac{\text{N s}^2}{\text{m}}, \quad r = 2{,}01 \cdot 10^3\,\frac{\text{N s}}{\text{m}},$$

$$v_N = 20\,\frac{\text{m}}{\text{s}} \quad .$$

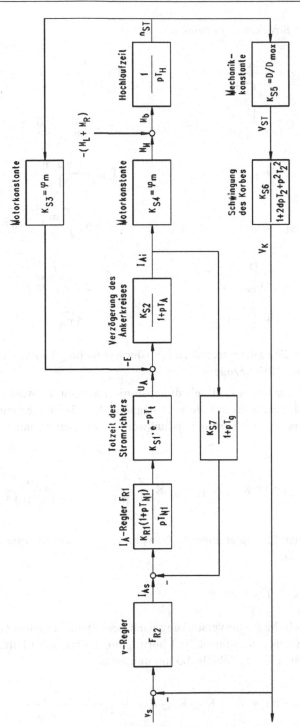

Bild 6.22   Blockschaltbild zur Regelung der Schachtförderanlage

Die einzelnen Strecken-Parameter sind damit:

$$K_{S1} = \frac{\Delta \alpha}{\alpha_1 - \alpha_2} = 1 \qquad\qquad T_t = \frac{T}{2p} \approx 2 \text{ ms}$$

$$K_{S2} = \frac{U_{AN}}{I_{AN} \cdot R_A} = 1{,}5 \qquad\qquad T_A = \frac{L_A}{R_A} = 0{,}1 \text{ s}$$

$$K_{S3} = \varphi_m = 1 \qquad\qquad T_H = \frac{2 \pi J \cdot n_0}{M_N} = 5 \text{ s}$$

$$K_{S4} = \varphi_m = 1 \qquad\qquad T_2 = \sqrt{\frac{m_k}{c_f}} = 0{,}087 \text{ s}$$

$$K_{S5} = \frac{D}{D_{max}} = 1 \qquad\qquad d = \frac{r}{2\sqrt{c_f \cdot m_k}} = 0{,}122$$

$$K_{S6} = K_{S7} = 1 \qquad\qquad T_g = 5 \text{ ms}$$

Da es sich um eine analogtechnisch realisierte Regelung handelt, sind alle Verstärkungen auf 10V bezogen.

Zunächst soll der Stromregelkreis dimensioniert werden. Es wird ein konstanter, auf den Maximalwert normierter, magnetischer Fluß angenommen (φ_m = konstant). Die Übertragungsfunktion des offenen Stromregelkreises lautet somit

$$F_{01}(p) = K_{R1} K_{S1} K_{S2} K_{S7} \frac{(1 + p T_{N1}) \cdot e^{-p T_t}}{p T_{N1} (1 + p T_A)(1 + p T_g)} \, ,$$

wenn man einen PI-Regler einsetzt. Gewöhnlich wird die Nachstellzeit des Stromreglers auf

$$T_{N1} = T_A = 0{,}1 \text{ s}$$

eingestellt. Soll die Reglerverstärkung nach dem Symmetrischen Optimum dimensioniert werden, formt man die Übertragungsfunktion mit Hilfe der Korrespondenzen Nr. 13 - 15, Tabelle 3.5 um und erhält

$$F_{01}(p) \approx K_{R1} K_{S1} K_{S2} K_{S7} \frac{1 + p T_A}{p^2 T_A^2 (1 + p T_K)}$$

mit $T_K = T_g + T_t = 7 \text{ ms}$.

Mit Hilfe der Gleichung 5.33 erhält man schließlich eine Verstärkung des Stromreglers von

$$K_{R1} \approx \frac{T_A}{K_{S1} K_{S2} K_{S7} \sqrt{T_A T_K}} \approx 2{,}52 \quad .$$

Ohne Berücksichtigung des Reibungsmomentes und im unbelasteten Zustand des Antriebs, also $M_R = M_L = 0$, läßt sich das Blockschaltbild 6.22 für eine Dimensionierung des Geschwindigkeitsregelkreises leicht umformen.

Mit Hilfe der Umformregel Nr. 12, Tabelle 3.5, erhält man den in Bild 6.23 dargestellten Blockschaltplan.

Die Übertragungsfunktion $F_H(p)$ des umgeformten Stromregelkreises kann mit Hilfe von SIMLER-PC näherungsweise als PT_1-PT_1-PTt-Strecke identifiziert werden. Es ergibt sich durch Simulation

$$F_H(p) \approx \frac{e^{-pTt}}{(1 + pT_E)^2}$$

mit $\qquad T_E \approx 0{,}011$ s .

Die Übertragungsfunktion des offenen Geschwindigkeitsregelkreises lautet dann

$$F_{02}(p) \approx F_{R2}(p) \cdot F_H(p) \cdot F_{S2}(p) \cdot F_{S3}(p) \quad .$$

Mit Hilfe von SIMLER-PC soll der Geschwindigkeitsregler nun auf Führungs- und Störverhalten optimal eingestellt werden (Bild 6.24).

Die Störung soll mit einem Sprung von 20% des Maximalwertes am Ende der Strecke erfolgen.

Dabei wird zunächst von einem PD-Regler ausgegangen (1. Simulation), da die Strecke bereits einen I-Anteil enthält.

Setzt man danach die Optimalwerte der Ergebnisliste für die zweite Simulation ein, ist die Regelung mit einem PID-Regler ebenfalls recht gut eingestellt.

In der dritten Simulation wird die Führungsgröße noch als Fahrkurve vorgegeben, so daß ein sanftes Hochlaufen und Bremsen des Schachtförderers gewährleistet ist.

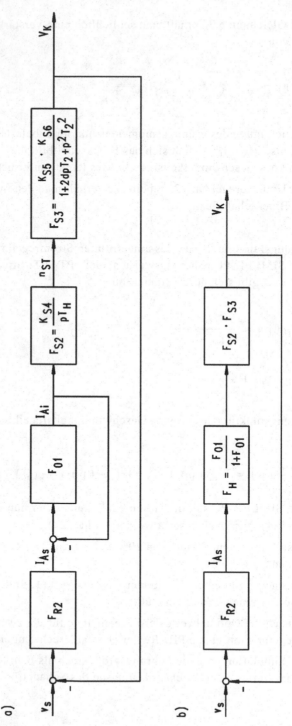

Bild 6.23   Umgeformtes Blockschaltbild für den Geschwindigkeitsregelkreis

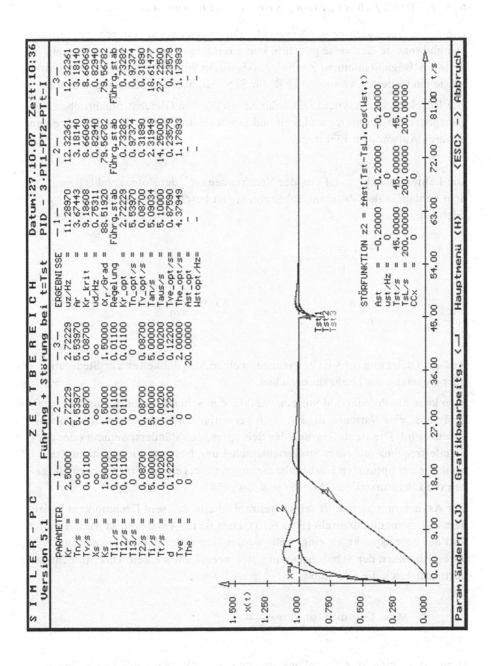

Bild 6.24   Geschwindigkeitsregelkreis auf Führung und Störung eingestellt

6.1.5 Drehzahlregelung von Asynchronmaschinen

Die Asynchronmaschine mit Kurzschlußläufer zeichnet sich durch ihre einfache und robuste Bauweise aus. Ihre kurze Baulänge (kein Kollektor) hat ein geringes Trägheitsmoment zur Folge. Als direkt vom Netz gespeiste Maschine ist sie am weitesten verbreitet (z.B. für Scheren, Stanzen, Kreissägen usw.).

Die Regelung von Asynchronmaschinen mit der den Gleichstromantrieben vergleichbarer Positioniergenauigkeit und Drehzahlstabilität bedingt jedoch einen höheren Aufwand an Elektronik.

Die Läuferdrehzahl n ist von der Netzfrequenz f_1, der Polpaarzahl p und dem Schlupf s der Maschine abhängig, sie ist beschrieben durch die Gleichung

$$n = \frac{60 \cdot f_1 (1-s)}{p} \, \text{min}^{-1}$$

mit $\qquad s = \dfrac{n_1 - n}{n_1} \qquad$ und $\qquad n_1 = \dfrac{60 \cdot f_1}{p} \, \text{min}^{-1}$. $\qquad\qquad$ (6.13)

Aus der Gleichung 6.13 ist zu ersehen, welche Möglichkeiten zur Steuerung oder Regelung der Drehzahl bestehen.

Man kann die Polpaarzahl mit einer Dahlander-Schützschaltung stufenweise verändern, eine Variante, die nur noch bei einfachen Drehzahlsteuerungen eingesetzt wird. Die Beeinflussung des Schlupfes, der Ständerspannung oder der Ständerfrequenz mit einer Stromrichterschaltung ist heute die meistbenutzte Methode zur optimalen Drehzahlsteuerung und -regelung. Einen Überblick geben die Literaturstellen /48/, /49/ und /54/, /55/.

Der Asynchronmotor stellt seine Drehzahl so ein, daß sein Drehmoment genau dem Lastmoment entspricht (Bild 6.25). Dies ist im Arbeitspunkt A der Fall. Soll der Arbeitspunkt B eingestellt werden, kann die Momentenkennlinie durch Absenken der Ständerspannung U_2 beeinflußt werden. Das Moment ist bestimmt durch die Gleichung

$$M = C_3 \cdot \Phi \cdot I \cdot \sin \beta = \frac{P}{2 \pi \cdot n} \quad .$$

Darin ist C_3 eine Maschinenkonstante und β der Phasenwinkel zwischen Φ und I. Für $M \approx \Phi \cdot I$ und $P \approx U_2 \cdot I$ erhält man einen Zusammenhang zwischen der Ständerspannung und der Drehzahl.

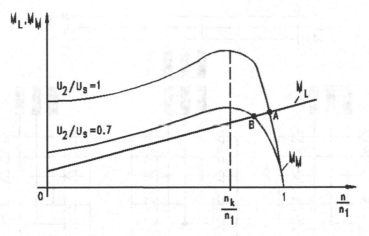

Bild 6.25   Lastkennlinie und Momentenkennlinie eines Asynchronmotors

$$n \approx \frac{U_2}{\Phi} \; .$$

Die einfachste Stromrichterschaltung zur Steuerung der Ständerspannung ist der Drehstromsteller (Bild 4.18 bis 4.20). Mit dieser Schaltung können die Spannungszeitflächen durch Verändern der Zündwinkel vermindert werden. Ein Problem sind die hohen Läuferverluste P_{V2}. Sie sind durch

$$P_{V2} = s \cdot P_L = 2\pi \cdot (n_1 - n) \cdot M \qquad (6.14)$$

gegeben und stellen die Verlustleitung durch Stromwärme dar. Dem Einsatz des Drehstromstellers sind daher Grenzen gesetzt. Für Drehzahlregelungen sollte die Nennleistung der Maschine 50 kW nicht überschreiten.

Für sehr große Leistungen und große Anfahrmomente eignet sich besonders der Direktumrichter. Er besteht aus drei sechspulsigen Stromrichtern in antiparalleler Drehstrombrückenschaltung (Bild 6.26). Jede Phase der Ständerwicklung wird demnach über eine Drehstrombrückenschaltung angesteuert. Die Ständerspannung wird so abschnittsweise aus der Netzspannung gebildet und hat die veränderliche Frequenz f_2.

Der Zusammenhang zwischen der Drehzahl und der Frequenz ist aus Gleichung 6.13 ersichtlich. Mit steigender Frequenz f_2 wird die Momentenkennlinie somit parallel nach rechts verschoben (Bild 6.27). Es gilt jedoch für den Stellbereich der Ständerfrequenz $f_2 = [0;\ f_1/2]$.

Für jede Phase sind 12 Thyristoren und je ein Stromregler erforderlich. Dieser hohe Steuer- und Regelungsaufwand lohnt sich nur bei Maschinen großer Leistung. Vorteilhaft ist jedoch, daß mit dem Kippmoment M_K angefahren werden kann.

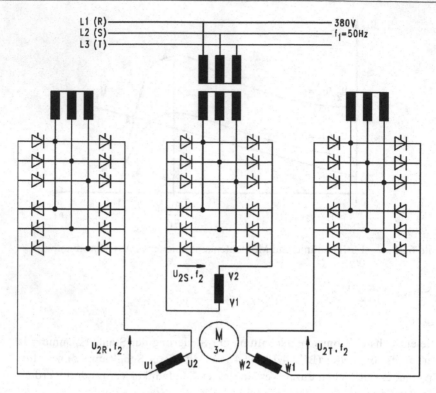

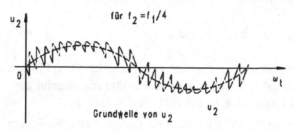

Bild 6.26   Direktumrichter zur Drehzahlregelung eines Asynchronmotors

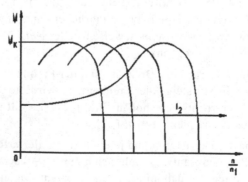

Bild 6.27   Momentenkennlinie des Asynchronmotors bei Frequenzsteuerung

Bei niedrigeren Drehzahlen (n<50 min^{-1}) wird der Drehstromantrieb mit Direktumrichter bevorzugt ohne Getriebe mit der Last verbunden. Dies soll am Beispiel einer Rohrmühlenregelung gezeigt werden (Bild 6.28).

Sie besteht aus dem Direktumrichter und drei Steuer- und Regeleinrichtungen. Ein Hochlaufgeber liefert den Drehzahlsollwert für den gemeinsamen n-Regler. Dieser wirkt auf den Sinusgeber, dessen frequenzabhängige Steuerspannungen U_{st} den Stromsollwert bilden. Eine Drehzahldifferenz wird so mit einer Änderung der Umrichterfrequenz f_2 korrigiert. Der Betrag des Luftspaltflusses wird mit Hallsonden gemessen und dem Flußregler zugeführt. Sein Ausgangssignal wirkt ebenfalls auf den Sinusgeber und beeinflußt die Amplituden der Steuerspannungen, so daß insgesamt Ust=f(f,Φ) gilt.

Die drei Steuerspannungen U_{stR} und U_{stS} und U_{stT} sind um 120° phasenverschoben und erzeugen dann über die Stromregler und Steuersätze das synthetische Drehstromnetz U_{2R}, U_{2S} und U_{2T} mit veränderlicher Frequenz f_2. Die Stromregler begrenzen den Umrichterstrom und regeln den Belastungsstrom der Maschine.

Der Frequenzgangbetrag des Direktumrichters ist durch die Gleichung

$$\frac{|F_U|}{dB} = 20 \cdot lg \; \frac{\hat{u}_2 \cdot sin\left(180 \cdot \dfrac{f_2}{p \cdot f_1}\right)}{\hat{u}_{st} \cdot \dfrac{\pi \cdot f_2}{p \cdot f_1}} \qquad (6.15)$$

gegeben /34/. Der zugehörige Phasenwinkel ist

$$\varphi_2 = -180 \cdot \frac{f_2}{p \cdot f_1} \; . \qquad (6.16)$$

Für den Stellbereich der Frequenz f_2=[0;25]Hz und f_1=50Hz bei p=6 wird in Gleichung (6.15)

$$sin\left(180 \frac{f_2}{p \cdot f_1}\right) \approx \frac{\pi \cdot f_2}{p \cdot f_1} \; ,$$

so daß der Frequenzgangbetrag nur noch P-Verhalten zeigt.

$$\frac{|F_U|}{dB} \approx 20 \cdot lg \; \frac{\hat{u}_2}{\hat{u}_{st}} = 20 \cdot lg \; K_{S1} \; .$$

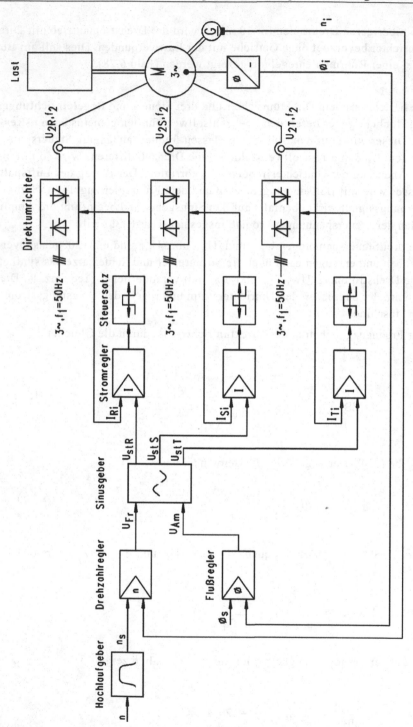

Bild 6.28   Drehzahlregelung einer Rohrmühle mit Direktumrichter

Der genäherte Frequenzgangbetrag und sein Phasenwinkel nach Gleichung 6.16 entsprechen nun einem Totzeitglied mit der Ersatzzeitkonstanten $T t = 1 / (2 p f_1) \approx 2$ ms.

Das Blockschaltbild der Regelung ist in Bild 6.29 dargestellt. Es gilt für die Grundwellen von U_{st} und I (ohne Oberschwingungen infolge der Phasenanschnitte).

Werden die Amplituden der Spannungen U_{2R}, U_{2S} und U_{2T} üblicherweise proportional der Frequenz f_2 verstellt, ist Φ =konstant und der Flußregelkreis kann vernachlässigt werden.

Die Übertragungsfunktion des offenen Stromregelkreises lautet bei Verwendung eines PI-Reglers und Näherung des Totzeitgliedes durch das PT_1-Verhalten

$$F_{01}(p) \approx \frac{K_{R1} \cdot K_{S1} \cdot K_{S2} \cdot (1 + p T_{N1})}{p T_{N1} (1 + p T_1)(1 + p T t)} \; .$$

Mit $T_{N1} = T_1$ folgt

$$F_{01}(p) \approx \frac{K_{R1} \cdot K_{S1} \cdot K_{S2}}{p T_1 (1 + p T t)} \; .$$

Geht man von einer Phasenreserve von $\alpha_R = 60°$ aus, folgt für den Gesamtphasenwinkel des Stromregelkreises bei der Durchtrittsfrequenz

$$\varphi_0 (\omega_D) = -120° \approx -\arctan \omega_D T_1 - 90° \; .$$

Mit $T_1 = 0{,}05$s ergibt sich eine Durchtrittsfrequenz von

$$\omega_D \approx \frac{\sqrt{3}}{3 T_1} \approx 11{,}5 \text{ Hz} \; .$$

Mit $|F_0| = 1$ bei ω_D erhält man bei einer Streckenverstärkung von $K_{S1} \cdot K_{S2} = 0{,}5$ folgende Verstärkung für den Stromregler:

$$K_{R1} = \frac{3 + \dfrac{T t^2}{T_1^2}}{3 \cdot K_{S1} \cdot K_{S2}} \approx 1{,}2 \; .$$

Die Verstärkung des Drehzahlreglers läßt sich für $M_L = 0$ und n_s =konstant angeben. Die Übertragungsfunktion des offenen Drehzahlregelkreises lautet bei Verwendung eines PI-Reglers

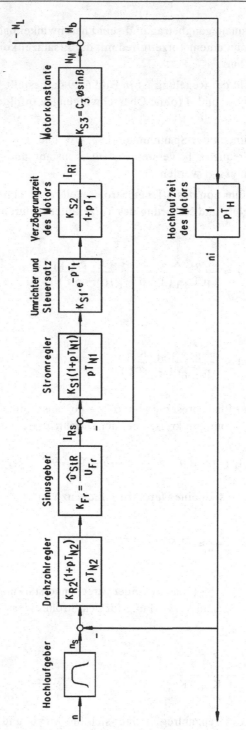

Bild 6.29 Blockschaltbild einer Rohrmühlen-Regelung mit Asynchronmotor

$$F_{02}(p) \approx \frac{K_{R2} \cdot K_{Fr} \cdot K_{S3} \cdot (1 + p\,T_{N2})}{p^2\,T_{N2}\,T_H} \cdot \frac{F_{01}(p)}{1 + F_{01}(p)}$$

und mit $\omega_D\,T\,t << 1$ schließlich

$$F_{02}(p) \approx \frac{K_{R2} \cdot K_{Fr} \cdot K_{S3} \cdot (1 + p\,T_{N2})}{p^2\,T_{N2}\,T_H \cdot (1 + p\,\dfrac{T_1}{K_{R1} \cdot K_{S1} \cdot K_{S2}})}$$

Aus dieser Gleichung läßt sich entsprechend dem Symmetrischen Optimum für $T_{N2} = T_H = 3s$ die Drehzahlregler-Verstärkung ermitteln.

$$K_{R2} \approx \frac{T_H}{K_{Fr} \cdot K_{S3} \cdot \sqrt{\dfrac{T_H\,T_1}{K_{R1} \cdot K_{S1} \cdot K_{S2}}}} \approx 6{,}0 \quad .$$

Die endgültige Einstellung der Regler unter Berücksichtigung des Lastmomentes, der Fahrkurve, der Flußregelung und Oberschwingungen des Systems kann nur mit Rechnersimulation oder empirisch bei Inbetriebnahme der Anlage erfolgen. Dazu werden in /34/, /35/, /36/ und /51/ wertvolle Hinweise gegeben.

6.1.6 Regelung von Wickelantrieben für Stoffbahnen

In Walzwerken wird mit Mehrmotorenantrieben bandförmiges Gut (Aluminium, Kupfer, Stahl usw.) warm oder kalt bearbeitet. Das Material liegt zu Rollen (Coils) aufgewickelt vor und wird gewalzt (Banddickenreduzierung), dressiert (Beeinflussung der Materialeigenschaften) oder optimiert (entfettet, gebeizt, beschichtet, blankgeglüht usw). Es ist in jedem Fall ein Ab- und Aufwickelvorgang. Die Betriebsgeschwindigkeit solcher Anlagen ist daher relativ hoch, entsprechend der geforderten Produktivität (Bild 6.30).

Am Beispiel einer Dressierstraße soll die Funktion eines Wickelantriebs (hier einer Aufhaspel) gezeigt werden. Voraussetzungen sind die Gültigkeit der Massenkonstanz /47/ und der Linearitätsbereich des Hookesches Gesetzes.

$$dm = \rho \cdot dv = \text{konst.} \quad \text{und} \quad \sigma = E \cdot \varepsilon$$

Die wichtigste Regelgröße eines Walzprozesses ist der bei allen Betriebszuständen konstant zu haltende Bandzug F. Er wird durch die von der Ab- bis zur Aufhaspel, von Antrieb zu Antrieb zunehmende Geschwindigkeit erzeugt. Zur indirekten als auch direkten Regelung des Bandzuges sind folgende Anlagengrößen erforderlich:

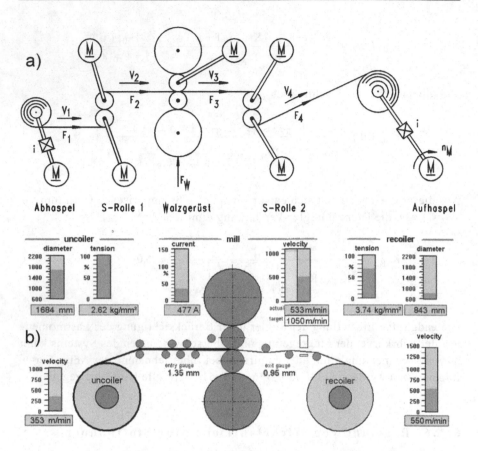

Bild 6.30   a) Schema und b) Beispiel für die Prozeßführung eines eingerüstigen
              Walzwerkes

Bandzugsollwert F_S Bandgeschwindigkeit v_B Dichte des Bandes ρ

Bandbreite b   Bunddurchmesser D   Dorndurchmesser D_{min}

Trägheitsmomente J_{ges} Getriebeübersetzung i   Getriebewirkung. η_G

In Bild 6.31 ist das Übersichtsschaltbild einer indirekten Zugregelung für die
Aufhaspel dargestellt /51/. Sie besteht aus dem Geschwindigkeitsregler mit
Zug-Einstellung, dem Momentenrechner und dem untergelagerten Stromregelkreis. Die Höhe des Ankerstroms ist ein Maß für den Bandzug F. Um ihn konstant zu halten, müssen der magnetische Fluß Φ der Maschine und der veränderliche Bunddurchmesser D in die Ankerstromberechnung eingehen. Außerdem ist eine Verluststrom-Kompensation, deren Funktion $I_V=f(n)$ empirisch
aufgenommen wird, sowie die Ankerstrombegrenzung vorzusehen.

Der Ankerstromsollwert wird nun wie folgt ermittelt: Mit $\Sigma M = 0$ erhält
man das aufzubringende Motormoment M_M als Summe aus Lastmoment M_L
und Beschleunigungsmoment M_A.

$$M_M = M_L + M_A \quad .$$

Da alle Momente auf die Motorwelle zu beziehen sind, folgt

$$M_M = M_{LM} + M_{AM} \quad .$$

Mit $\quad i = n_M / n_L \quad$ ergibt sich

$$M_M = \frac{M_L}{i \cdot \eta_G} + M_{AM} \quad .$$

Für die weiteren Betrachtungen ist die Definition der einzelnen Massenträgheitsmomente und Kräfte notwendig (Bild 6.32). Es ist

$$M_L = F \cdot \frac{D}{2} \quad \text{und} \quad M_{AM} = 2\pi \cdot J_{ges} \cdot \frac{d\,n_M}{dt} = \frac{2 \cdot i \cdot v_{max} \cdot J_{ges}}{D \cdot T_H}$$

mit $\quad v_{max} = D \cdot \pi \cdot n_L \quad .$

Die Momentengleichung lautet nun

$$M_M = \underbrace{\frac{1}{2 \cdot i \cdot \eta_G} \cdot D \cdot F}_{= C_a} + \frac{2 \cdot i \cdot v_{max} \cdot J_{ges}}{D \cdot T_H} \quad . \qquad (6.17)$$

Das gesamte, auf die Motorwelle bezogene Trägheitsmoment errechnet sich zu

$$J_{ges} = J_M + J_K + J_W + J_G + \frac{J_{Rot1} + J_{Rot2}}{i^2 \cdot \eta_G} \quad .$$

Die Trägheitsmomente des rotationssymmetrischen Zylinders und Hohlzylinders sind:

$$J_{Rot1} = \frac{10^3 \cdot D_{min}^4 \cdot b \cdot \pi \cdot \rho}{32} \ kg\,m^2 \qquad J_{Rot2} = \frac{10^3 \cdot b \cdot \pi \cdot \rho \cdot (D^4 - D_{min}^4)}{32} \ kg\,m^2$$

Das Gesamtträgheitsmoment errechnet sich dann mit $\rho = [\,g/cm^3\,]$ zu

$$J_{ges} = \underbrace{J_M + J_K + J_W + J_G}_{= C_b} + \underbrace{\frac{10^3 \cdot b \cdot \pi \cdot \rho}{32 \cdot i^2 \cdot \eta_G} \cdot D^4}_{= C_d} \quad . \qquad (6.18)$$

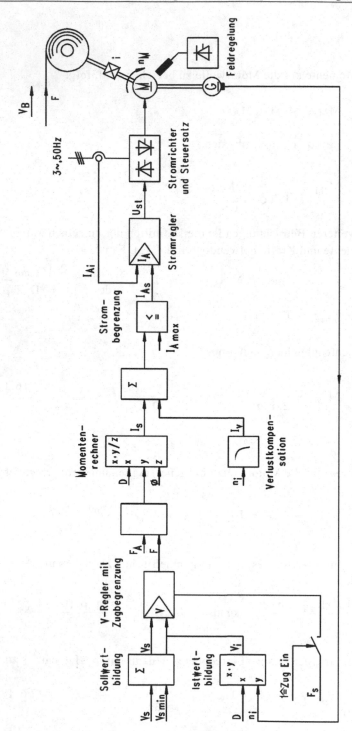

Bild 6.31   Übersichtsschaltbild der indirekten Zugregelung einer Aufhaspel

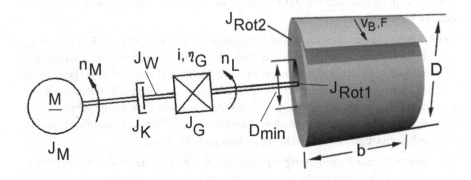

Bild 6.32   Mechanikschema einer Haspel

Das aufzubringende Motormoment ist schließlich

$$M_M = C_a \cdot F + \frac{2 \cdot i \cdot v_{max}}{D \cdot T_H} \cdot (C_b + C_d \cdot D^4) \ . \qquad (6.19)$$

Mit der Gleichung für das Moment eines fremderregten Gleichstrommotors

$$M_M = C_2 \cdot \Phi \cdot I_A$$

erhält man durch Gleichsetzen mit Gleichung 6.19 den Ankerstrom

$$I_A = \frac{D}{\Phi} \cdot [\frac{C_a}{C_2} \cdot F + \frac{2 \cdot i \cdot v_{max}}{C_2 \cdot T_H \cdot D^2} \cdot (C_b + C_d \cdot D^4)] \ .$$

Mit $C_K = C_a / C_2$ und $C_L\, F_A = \dfrac{2 \cdot i \cdot v_{max}}{C_2 \cdot T_H \cdot D^2} (C_b + C_d \cdot D^4)$ folgt:

$$I_A = \frac{D}{\Phi} \cdot (C_K \cdot F + C_L \cdot F_A) \qquad (6.20)$$

Darin ist F_A die zur Beschleunigung der Massen erforderliche Kraft, welche vom variablen Bunddurchmesser D und dv/dt abhängt. Die Realisierung der Gleichung 6.20 ist als sog. Momentenrechner in Bild 6.31 enthalten.

Die Funktionsweise der Haspelregelung mit indirekter Zugregelung ist im Folgenden beschrieben.

Beim Einfädeln des Bandes (ohne Betriebszug) wird ein kleiner Sollwert v_{smin} auf alle Geschwindigkeitsregler gegeben; die Antriebe drehen mit Einfädelgeschwindigkeit. Erreicht der Bandanfang die Aufhaspel und hat den Haspeldorn kraftschlüssig umschlungen, wird der Betriebszug F eingeschaltet. Dabei wird der v-Regler an die Stellgrenze gesteuert und mit dem vorgegebenen Bandzug auf den entsprechenden Sollwert begrenzt. Der Ausgang des Geschwindigkeitsreglers entspricht dann dem Betriebszug.

Summiert mit dem Beschleunigungszug F_A ergibt sich nach dem Momentenrechner der Ankerstromsollwert nach Gleichung 6.20. Geht man von einem Bunddurchmesserverhältnis von $Dmax/Dmin=5/1$ und einem Geschwindigkeitsverhältnis von $v_{max}/v_{min}=35m/s$ / $0,4m/s$ aus, erhält man einen Drehzahlstellbereich der Maschine von $n_{max}/n_{min}\approx 440/1$.

Dieser ist nur unter Einsatz der Feldschwächung zu beherrschen. Daher wird, wie aus Gleichung 6.20 zu ersehen ist, eine Bunddurchmesserzunahme mit einer Flußzunahme kompensiert. Es ist also $D/\Phi = $ konstant   (für den Bereich der Betriebsgeschwindigkeit).

Zur Veranschaulichung des Wickelvorgangs sind die wichtigsten Anlagegrößen und ihr zeitlicher Verlauf, ohne Einschwingvorgänge, in Bild 6.33 dargestellt.

Im Bereich A wird das Band mit niedriger Geschwindigkeit hochgefahren. Wie man sieht, erfolgt die Vorgabe der Bandgeschwindigkeit mit einer Fahrkurve. Das vom Motor aufzubringende Moment ist die Summe aus dem Lastmoment M_{LM} und dem Beschleunigungsmoment M_{AM}.

Geht man davon aus, daß die Hochlaufzeit ca. 15s und die Bremszeit ca. 10s beträgt, ist in dieser Zeit (bei dünnem Material) kaum eine Bunddurchmesseränderung zu verzeichnen. Daher ist das Beschleunigungsmoment in den Bereichen A, B und D proportional dem Wert dv/dt.

Während des eigentlichen Nachwalz- bzw. Dressiervorgangs (Bereich C), der in der Regel einige Minuten dauert, nimmt der Bunddurchmesser proportional zum magnetischen Fluß zu. Da die Beschleunigung in diesem Bereich Null ist, besteht das Motormoment nur aus dem Lastmoment. Es ist bei konstant geregeltem Bandzug F proportional dem Bunddurchmesser D.

Der Ankerstromverlauf des Haspelantriebs entspricht dann dem Momentenverlauf unter Berücksichtigung des Quotienten D/Φ nach der Gleichung 6.20 .

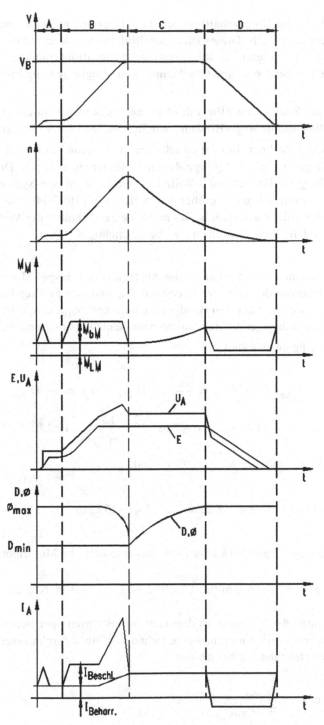

Bild 6.33   Qualitativer Verlauf wichtiger Systemgrößen beim Walzen

In Bild 6.34 ist das Blockschaltbild der Haspelregelung mit einer indirekter Zugregelung dargestellt. Dieses Blockschaltbild ist vergleichbar mit dem in Abschnitt 6.1.4 gezeigten zur Regelung einer Schachtförderanlage. Auch hier wird für den Ankerstrom- und Geschwindigkeits-Regler jeweils PI-Verhalten gewählt.

Setzt man zur Regler-Einstellung das Symmetrische Optimum ein, gelten die gleichen Dimensionierungs-Hinweise wie in Abschnitt 6.1.4 gezeigt.

Mit Hilfe einer Rechner-Simulation oder empirisch kann bei Inbetriebnahme der Haspelregelung, die endgültige Regler-Optimierung erfolgen. Durch die Bandkopplung von Haspel und S-Rolle liegt ein Feder-Masse-System höherer Ordnung mit zahlreichen Störgrößen vor, welches in Bild 6.34 nicht berücksichtigt wurde. Außerdem ist das nichtlineare Verhalten der Verlustkompensation und die Strombegrenzung zu berücksichtigen.

Mit den gegebenen Anlagedaten ist die Auslegung des Haspel-Motors möglich. Geht man von der kleinsten Bremszeit T_B und dem größten Bunddurchmesser D_{max} bei der höchsten Bandgeschwindigkeit v_{max} aus, erhält man das vom Motor aufzubringende Maximalmoment, seine Leistung und die Drehzahl. Die Anlagen-Parameter sind:

$$T_B = 5\,\text{s}\;, \quad v_{max} = 30\,\frac{\text{m}}{\text{s}} = 108\,\frac{\text{km}}{\text{h}}\;, \quad D_{min} = 0{,}5\,\text{m}\;, \quad D_{max} = 2{,}5\,\text{m}\;,$$

$$F = 4000\,\text{N}\;, \quad b = 1{,}4\,\text{m}\;, \quad \rho = 7{,}68 \cdot 10^{3}\,\frac{\text{kg}}{\text{m}^{3}}\;, \quad i = 1{,}85\;,$$

$$\eta_G = 0{,}83\;, \quad \Phi = 0{,}5\,\text{Vs}\;, \quad C_2 = 100\;,$$

$$J_M = 200\,\text{kg m}^{2}\;, \quad J_K = 8\,\text{kg m}^{2}\;, \quad J_W = 16\,\text{kg m}^{2}\;, \quad J_G = 21\,\text{kg m}^{2}\;.$$

Mit Gleichung 6.17 und 6.18 erhält man das erforderliche Motormoment

$$M_M = 3{,}256\,\text{Nm} \;+\; 131{,}072\,\text{Nm} = 134{,}328\,\text{Nm}\;.$$

Der Hauptanteil des Moments ist demnach zum Bremsen oder Beschleunigen der Massen erforderlich und im wesentlichen vom Bunddurchmesser abhängig. Für die Motorleistung ergibt sich mit

$$n_M = \frac{v_{max} \cdot i}{\pi \cdot D_{max}}$$

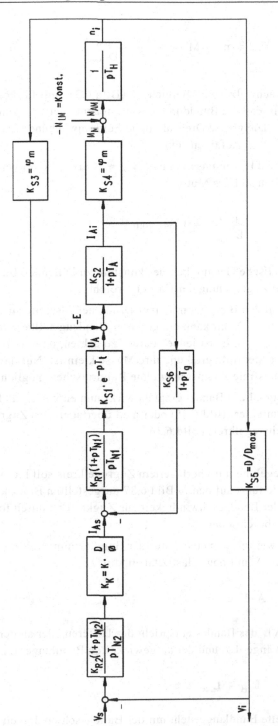

Bild 6.34   Blockschaltbild der Haspelregelung mit indirekter Zugregelung

$$P_M = 2\pi \cdot n_M \cdot M_M = \frac{2 \cdot i \cdot v_{max} \cdot M_M}{D_{max}} = 5{,}964 \quad MW \quad .$$

Während des Nachwalzens im Bereich C (Bild 6.33) gilt für konstante Bandgeschwindigkeit, daß die Bunddurchmesserzunahme der Drehzahlabnahme proportional ist. Die größte Drehzahl ohne Feldschwächung (Leerlaufdrehzahl) wird daher bei D_{min} zu fahren sein.

Bei dieser Drehzahl ist in unserem Fall $v_B \approx 21\,m/s$. Somit beträgt die geforderte Leerlaufdrehzahl des Motors

$$n_o = \frac{v_B \cdot i}{\pi \cdot D_{min}} = 1484 \quad min^{-1} \quad .$$

Eine bessere statische Genauigkeit des konstant zu haltenden Bandzuges wird mit der direkten Zugregelung der Haspel erreicht /52/.

Dabei erfaßt man den Bandzug mit einer Druckmeßdose, die an einer Umlenkrolle angebracht ist. Damit kann ein größerer Bandzugstellbereich realisiert werden ($F_{max}/F_{min}>10$). Es ist jedoch darauf zu achten, daß der Umschlingungswinkel der Meßrolle groß und ihre Masse klein ist. Nur dann ist eine relativ verzögerungsfreie Zugmessung ohne Bandrutschen möglich.

Das Ausgangssignal des Bandzugreglers wirkt nun entweder als Korrekturgröße auf den Stromregler (Bild 6.35) oder man überlagert den Zugregelkreis dem Geschwindigkeitsregelkreis (Bild 6.36).

Die Kaskadenregelung mit überlagertem Zugregelkreis soll hier näher besprochen werden. Sie führt auf den in Bild 6.37 dargestellten Blockschaltplan. Der Übergang von der Bandgeschwindigkeit zur Zugkraft ist durch folgenden Zusammenhang beschrieben.

Der Bandzugistwert errechnet sich aus der Banddehnung $\varepsilon = \Delta L / L$ und dem Bandquerschnitt A mit dem Elastizitätsmodul E.

$$F_i = A \cdot E \cdot \varepsilon \tag{6.21}$$

Die Längung ΔL des Bandes entspricht der Differenz der an der S-Rolle gemessenen Bandlänge L_R und der aufgewickelten Bandlänge L_H, also

$$\Delta L = L_H - L_R \quad .$$

Die aufgewickelte Bandlänge steht mit der Bandgeschwindigkeit v_B in Beziehung, so daß gilt:

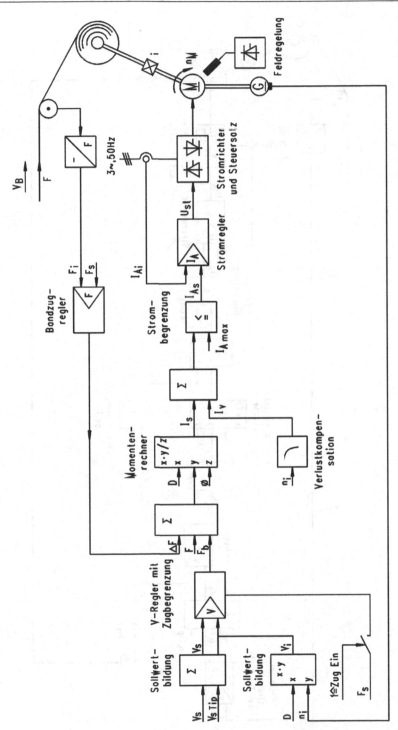

Bild 6.35 Direkte Bandzugregelung der Aufhaspel mit Bandzugkorrektur

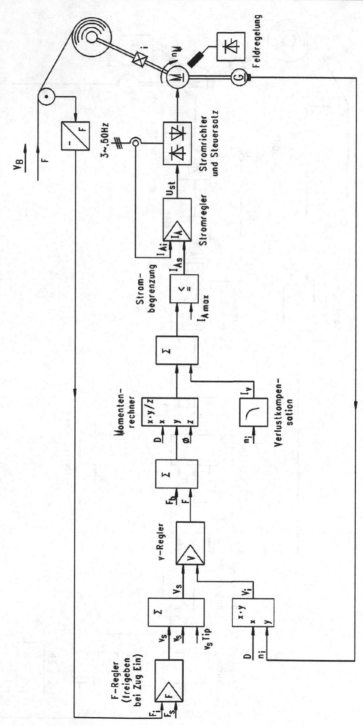

Bild 6.36   Direkte, überlagerte Bandzugregelung der Aufhaspel

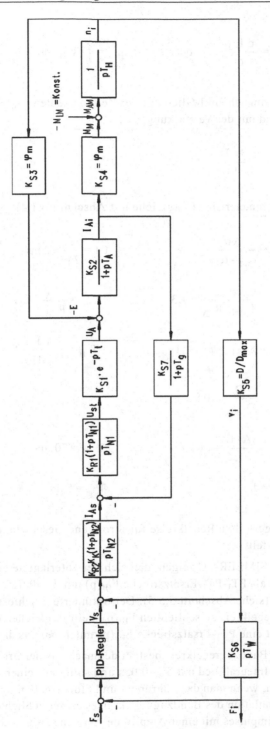

Bild 6.37 Blockschaltplan der Haspelregelung (Zugregelkreis überlagert)

$$v_B = \frac{d\,L_H}{dt} \qquad \text{oder} \qquad L_H = \int_0^t v_B \cdot dt \ .$$

Es ergibt sich demnach ein I-Glied mit der Zeitkonstanten $T_W=1m/v_B$ und ein Proportionalglied mit der Verstärkung

$$K_{S6} = \frac{A \cdot E}{L} \ .$$

Die Strecken-Parameter sind (vergleiche mit Abschnitt 6.1.4):

$$K_{S1} = \frac{\Delta \alpha}{\alpha_1 - \alpha_2} = 1 \qquad\qquad T_t = \frac{T}{2p} \approx 2\,ms$$

$$K_{S2} = \frac{U_{AN}}{I_{AN} \cdot R_A} = 1,3 \qquad\qquad T_A = \frac{L_A}{R_A} = 0,1\,s$$

$$K_{S3} = K_{S4} = \varphi_m = 1 \qquad\qquad T_H = \frac{2\,\pi\,J \cdot n_o}{M_N} = 6\,s$$

$$K_{S5} = \frac{D}{D_{max}} = 0,8$$

$$K_{S6} = \frac{A \cdot E}{L} = 1 \qquad\qquad T_W = 50\ ms$$

$$K_{S7} = 1 \qquad\qquad\qquad T_g = 5\,ms$$

Die optimal eingestellten Regelkreise für Strom und Geschwindigkeit sind in Bild 6.38 dargestellt.

Es läßt sich mit SIMLER-PC zeigen, daß sich der unterlagerte geschlossene Stromregelkreis als PT_1-PT_1-Ersatzstrecke $F_{HI}(p)$ mit $T_{11} \approx 0,015s$ und $T_{12} \approx 0,02s$ umrechnen läßt (siehe Abschnitt 5.5.5). Der optimierte geschlossene Geschwindigkeitsregelkreis einschließlich $F_{HI}(p)$ stellt in gleicher Weise umgerechnet genähert eine PT_1-Ersatzstrecke $F_{Hv}(p)$ mit $T_{11} \approx 0,65s$ dar.

Der überlagerte Bandzugregelkreis besteht demnach aus der Ersatzstrecke $F_{Hv}(p)$ und dem Integralglied mit $T_W=0,05s$ und sollte mit einem PID-Regler gefahren werden, wenn man das Führungs- und Störverhalten optimal auregeln möchte. Die Simulation des Bandzugregelkreises einschließlich eines angenommenen Störimpulses mit einer Amplitude Ast von -20% bezogen auf den Sollwert ist in Bild 6.39 dargestellt.

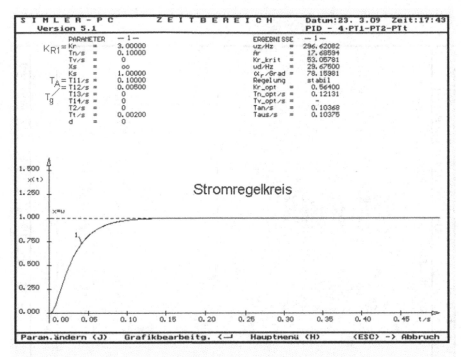

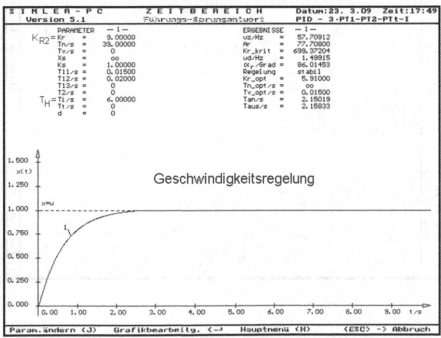

Bild 6.38   Einstellung von Strom- und Geschwindigkeits-Regelkreis

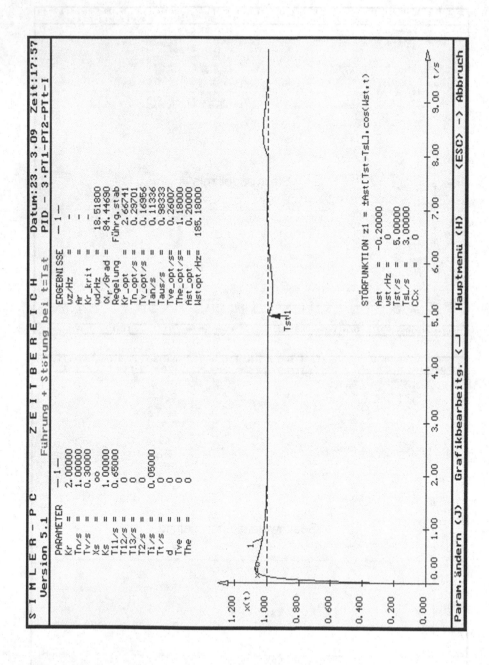

Bild 6.39   Einstellung des Bandzugregelkreises auf Führung und Störung

6.1.7 Banddickenregelung

Banddickenregelungen werden immer da eingesetzt, wo es auf eine hohe Maß-
genauigkeit der Walzprodukte ankommt (Folien, Feinbleche usw.). Unter den
Qualitätsanforderungen nimmt daher die Banddicke bei der Regelung von
Walzprodukten einen hohen Stellenwert ein. Sie soll entlang des gesamten
Bandquerschnittes möglichst konstant sein. Über die verschiedenen Regelver-
fahren wird in /52/ berichtet. Weitere Literaturstellen zu diesem Thema sind
/51/ und /52/.

Da es nicht möglich ist, die Banddicke direkt im Walzspalt zu erfassen, sind
verschiedene Verfahren zu Dickenmessung im Einsatz.

- Messung des Arbeitswalzenabstandes an den Walzenzapfen mit Hilfe
  der Hydraulikzylinderposition.

- Berührungslose Messung der Banddicke hinter und/oder vor dem
  Walzspalt.

- Errechnen der Banddicke aus der Anstellposition der Arbeitswalzen
  und der Walzkraft.

Störgrößen der Dickenregelung sind das Feder-Masse-System des Walzgerüstes, die Walzenbiegung, die Exzentrizität der Walzen, die Geschwindigkeit
des Bandes vor, im und hinter dem Walzspalt sowie die veränderlichen Winkel
α_0 und α_s der Haft- und Gleitzone zwischen Walzgut und Walze
(Bild 6.40).

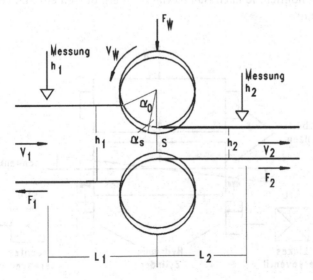

Bild 6.40   Die wichtigsten Systemgrößen des Walzvorgangs am Walzspalt

Als Stellgrößen, wie schon aus dem Bild 6.40 zu ersehen ist, können zur Beeinflussung der Dickenregelung die Walzkraft F_W und der Abstand der Walzen S herangezogen werden. Den Abstandswert erfaßt man gewöhnlich an den Walzenzapfen. Er ist jedoch nicht identisch mit dem realen Walzenabstand, da sich infolge der Walzkraft eine Abplattung und Längsbiegung der Walzen ergibt.

Bei hartem und dünnem Walzgut läßt sich mit S und F_W die Banddicke kaum beeinflussen. Man greift dann zum Bandzug als zusätzliche Stellgröße. Er führt zu einer plastischen Verformung und damit einer Dickenabnahme des Bandes. Oder man benutzt eine dickenabhängige Härtebewertung des Walzgutes.

Zur Ausregelung schneller Dickenänderungen, bedingt durch Schweißnähte aneinandergefügter Bänder o.ä., benutzt man die Dickenabweichung $\Delta h = h_s - h_i$. Sie wirkt auf den Walzspalt erhöhend oder vermindernd (siehe Bild 6.42). Da der Banddickenistwert erst in einigem Abstand vom Walzspalt gemessen werden kann, ist der Einfluß von Δh mit der Laufzeit T_t des Bandes, vom Walzspalt bis zur Meßstelle zu bewerten (siehe Abschnitt 3.1.9). Die Regelstrecke ist daher mit einer Totzeit behaftet, die die Regeldynamik einschränkt.

Eine weitere Hilfsgröße ist die Schräglage S_D (Bild 6.41). Mit ihr kann ein Verlaufen des Bandes quer zur Walzrichtung korrigiert werden. Man verfährt dabei so, daß an der Regelung für die linke Walzenseite der Wert S_D von S subtrahiert und an der rechten Walzenseite addiert wird. Der umgekehrte Fall ist ebenfalls möglich, je nach Bandverlauf. So ergibt sich ein Schwenken um die Walzenmitte.

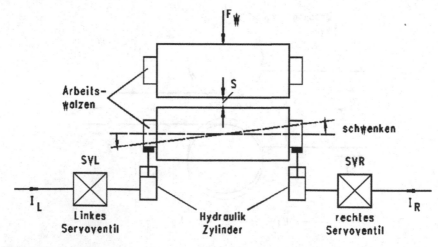

Bild 6.41   Wirkung der Schräglage auf die Arbeitswalzen-Anstellung

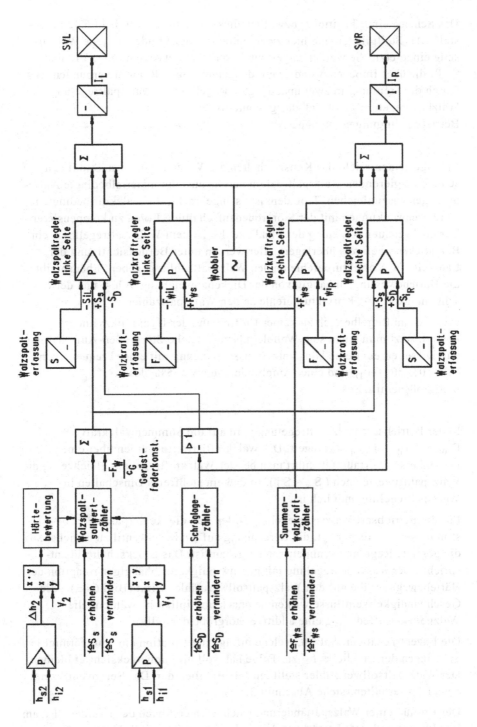

Bild 6.42   Schema der Banddickenregelung eines Walzvorgangs

Das Schema einer Positions- bzw. Banddickenregelung ist in Bild 6.42 darge-
stellt. Als Stellglieder sind hier zwei hydraulische Zylinder für jede Walzen-
seite eingesetzt. Sie werden angesteuert von zwei Servoventilen SVL und
SVR, die über Impedanzwandler mit den zugehörigen Reglern verbunden sind.
Durch die Trennung in zwei unabhängige Regelkreise (Walzspaltregelung,
Walzkraftregelung) läßt sich das gesamte System veränderlichen
Betriebsbedingungen gut anpassen.

Im allgemeinen reicht das Konstanthalten des Walzenabstandes S mit den
schnell reagierenden Walzspaltreglern bereits aus, um materialbedingte Auffe-
derungen auszugleichen. Trotzdem ist es angebracht, die walzkraftbedingten
Gerüstschwankungen mit der Störgrößenaufschaltung F_W/c_G zu kompensieren.
Zur hochgenauen Regelung der Enddicke h_2 ist dem Walzspaltregelkreis ein
Banddickenregelkreis überlagert. Hier werden unter Berücksichtigung der
Laufzeit T_t Korrekturbefehle an den Walzspaltzähler gegeben. Ebenso gibt
die Härtebewegung, abhängig von der Dickenabweichung Δh_2 und der Ge-
schwindigkeit v_2, Korrekturbefehle an den Walzspaltzähler.

Damit es im Regelbereich zu keiner Haftreibung der Hydraulikzylinder
kommt, setzt man einen sog. Wobbler als zusätzliche Störgrößen-Aufschaltung
ein. Dieser erzeugt eine konstante Sinusschwingung mit einer Frequenz von
ca. $[10 \ldots 50] \cdot \omega_D$ und einer Amplitude von etwa 5% des
Stellgrößeneinflusses.

In der Betriebsart Walzkraftregelung wird auf die Summenwalzkraft
$F_W = F_{WiL} + F_{WiR}$ geregelt. Die Walzkraftistwerte werden über eine
Druckmessung erfaßt. Oft führt man bei der Walzkraftregelung gleichzeitig die
Walzspaltistwerte nach ($S_s = S_i$), so daß ein stoßfreies Umschalten in
Walzspaltregelung möglich ist.

Für die Betriebsart Walzspaltregelung sollen nun die Reglerparameter bestimmt werden. Es genügt, die Berechnung auf ein Servoventil zu beziehen, da
die gesamte Regelung symmetrisch aufgebaut ist. Das Blockschaltbild entspricht einer Kaskadenregelung mit geschwindigkeitsabhängiger Adaption der
Härtebewegung, die auf den Walzspaltsollwertzähler wirkt (Bild 6.43). Alle
Geschwindigkeitseinflüsse wirken demnach multiplikativ, während die
Walzgerüst-Auffederung eine additive Störgröße darstellt.

Die Exzentrizität der Walzen, welche infolge der Rotation ein sinusförmiges
Schwingen der Enddicke h_2 zur Folge hat, soll hier unberücksichtigt bleiben.
Der Walzspaltsollwertzähler stellt ein Integralglied dar. Das Servoventil zeigt
etwa PT_2-Verhalten (siehe Abschnitt 3.1.8).

Der Einfluß einer Walzspaltänderung macht sich erst nach der Laufzeit T_t am
Banddickenmeßgerät bemerkbar. Die Folge ist ein Totzeitglied. Bei relativ geringer Stichabnahme $(h_1-h_2)/h_1$ gilt $v_1 \approx v_2 \approx v_W \approx v$.

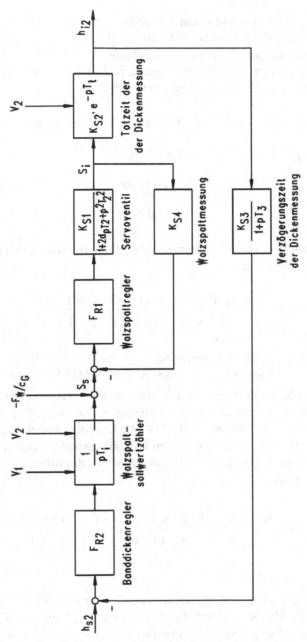

Bild 6.43   Kaskadenregelung für Banddicke und Walzspalt

Geht man von v=40m/s und einem Abstand der Dickenmeßgeräte von
L=0,8m aus, liegt die Totzeit bei $T t = 20$ ms. Die Banddickenmessung stellt
ein Verzögerungsglied I. Ordnung dar. Der Meßumformer für den Walzspalt arbeitet im Vergleich zur Banddickenerfassung praktisch verzögerungsfrei. Damit lassen sich folgende Strecken-Parameter angeben:

$$K_{S1} = 1 \qquad\qquad T_2 = 10\,\text{ms} \qquad\qquad d = 0,6$$

$$K_{S2} = 1 \qquad\qquad T t = 20\,\text{ms}$$

$$K_{S3} = 1 \qquad\qquad T_3 = 15\,\text{ms}$$

$$K_{S4} = 1 \qquad\qquad T i = 0,1\,\text{s}$$

Die Übertragungsfunktion des offenen Walzspaltregelkreises lautet bei Verwendung eines PID-Reglers

$$F_{01}(p) = \frac{K_{R1} \cdot K_{S1} \cdot K_{S4} \cdot (1 + p\,T_{N1})(1 + p\,T_{V1})}{p\,T_{N1} \cdot (1 + 2d\,p\,T_2 + p^2\,T_2^{\;2})} \quad.$$

Wählt man für die Regler-Parameter $K_{R1}=10$ und $T_{N1}=T_{V1}=0,01$s, ergibt sich
eine Durchtrittsfrequenz von $\omega_D = 998$ Hz (mit SIMLER-PC ermittelt).

Der optimierte Walzspaltregelkreis läßt sich nun als Ersatz-Regelstrecke in bekannter Weise im Banddickenregelkreis einsetzen. Die Ersatz-Regelstrecke
wurde mit Hilfe von SIMLER-PC als PT_1-Glied mit den Werten $K_{E1}=1$ und
$T_{E1}=1$ms identifiziert. Setzt man für den Banddickenregler das PID-Verhalten
ein, ergibt sich dann folgende Übertragungsfunktion des offenen
Dickenregelkreises

$$F_{02}(p) \approx \frac{K_{R2} \cdot K_{E1} \cdot K_{S2} \cdot K_{S3} \cdot (1 + p\,T_{N2})(1 + p\,T_{V2})}{p^2\,T i\,T_{N2} \cdot (1 + p\,T_{E1})(1 + p\,T_3)} \cdot e^{-p\,T t}$$

.

Die Einstellung des Banddickenreglers mit Hilfe von SIMLER-PC ist in Bild
6.44 dargestellt. Mit $K_{R2}=2$ und $T_{N2}=0,1$s sowie $T_{V2}=0,02$s erhält man eine
stabile Regelung ($\alpha_R \approx 43°$) bei einer Durchtrittsfrequenz von $\omega_D \approx 20$ Hz.
Damit liegt auch die Wobbel-Frequenz fest. Sie sollte etwa bei 200Hz liegen.
Ein simulierter Störsprung von 20%, der zwischen Regler und Strecke einwirkt, macht sich kaum bemerkbar, so daß auch das zusätzliche Wobbeln keinen Einfluß auf die Regelung ausübt.

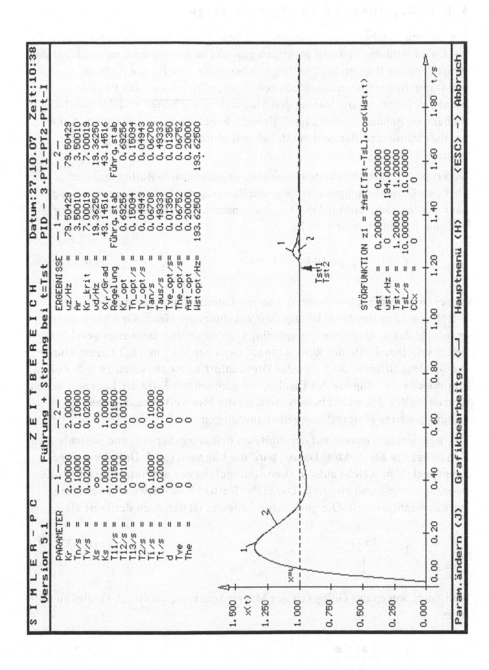

Bild 6.44   Simulation und Einstellung des Banddickenregelkreises

6.1.8 Regelung für das Streckrichten

Bänder und Bleche werden oftmals in Mehrrollen-Richtmaschinen plangerichtet. Dabei wird das Material mehrfach gewalkt und durch eine unterschiedliche Anstellung der Richtrollen die Biegung beseitigt. Der für die Richtrollen gemeinsame Antrieb ist drehzahlgeregelt. Nachteilig ist, daß das Bedienungspersonal den Richtvorgang ständig den Materialeigenschaften und der Beschaffenheit des Bandes anpassen muß. Bessere Ergebnisse werden erzielt, wenn bei durchlaufenden Bändern zusätzlich mit Hilfe des Bandzuges gestreckt wird.

Derartige Streckrichteinheiten bestehen aus mehreren S-Rollen, mit denen über den Umschlingungswinkel und die Reibung der Bandzug auf- und abgebaut werden kann (Bild 6.45). Der Zusammenhang zwischen dem Bandzug F_1 vor und F_2 hinter einer S-Rolle ist

$$F_2 = F_1 \cdot e^{\mu(\alpha_1 + \alpha_2)} \quad . \tag{6.22}$$

Dabei ist der Reibungsbeiwert μ von der Oberflächenbeschaffenheit der S-Rolle und des Bandes abhängig. Mit zunehmender Geschwindigkeit nimmt er infolge des auftretenden Aeroplanings rapide ab. Bei trockenen geschliffenen Stahlrollen dürfte der Reibungswert zwischen 0,15 und 0,2 liegen. Durch die Bandzugdifferenz als Folge der Drehzahldifferenz zwischen zwei S-Rollen ergibt sich eine Längung des Bandes, die geregelt wird. Da die Längung in den meisten Fällen 3% nicht überschreitet, ist die Meßwerterfassung des Längungswertes entsprechend genau auszulegen.

Das Regelprinzip basiert auf der digitalen Erfassung der ein- und auslaufenden Bandlängen je Meßzyklus. Daraus wird die Längung (auch Dressiergrad genannt) gebildet, welche auf die Drehzahlregelung der auslaufseitigen S-Rolle bandzugkorrigierend eingreift. Die einlaufseitige S-Rolle wird gleichzeitig starr drehzahlgeregelt. Die gemessene Längung ist demnach definiert als

$$li = \frac{la - le}{le} \tag{6.23}$$

oder auch, wegen der Gültigkeit der Massenkonstanz, als Geschwindigkeitsdifferenz

$$li = \frac{va - ve}{ve} \quad . \tag{6.24}$$

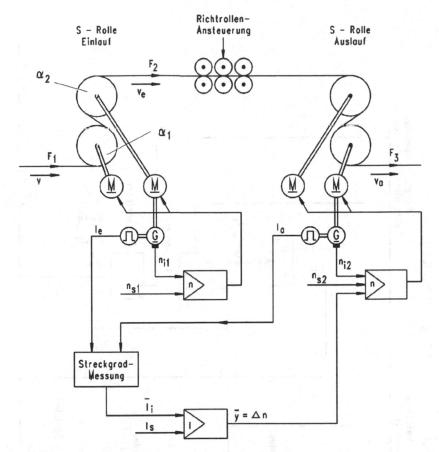

Bild 6.45   Regelschema einer Streckrichteinheit

Der digitale Teil der Regelung besteht aus zwei Winkelschrittgebern mit möglichst hoher Impulszahl/Umdrehung (≥ 2.500 Imp./Umdr.), die zwei Zähler an-
steuern (Bild 6.46). Zählt der auslaufseitige Zähler die ankommenden Impulse
vorwärts und der einlaufseitige Zähler rückwärts von einem Festwert aus, erhält man die Längung, wenn bei Ze=0 der auslaufseitige Zähler gestoppt
wird. Dann ist Za = l i und wird in einem nachgestalteten Speicher abgelegt.

Ein Subtrahierer bildet die Regeldifferenz $x_d = 1s - 1i$ und führt sie einem digitalen I-Regler zu. Die entstehende Stellgröße y wird D/A-gewandelt und
greift als Hilfsregelgröße auf den Drehzahlregler der auslaufseitigen S-Rolle
bandzugbeeinflussend ein. Es handelt sich demnach um eine digital-analog arbeitende Abtastregelung mit variabler Abtastzeit Tz.

Diese ist von der Bandgeschwindigkeit, den S-Rollendurchmessern und der
Anzahl der Impulse/Umdrehung sowie der Rechenzeit der Digitalschaltung
abhängig.

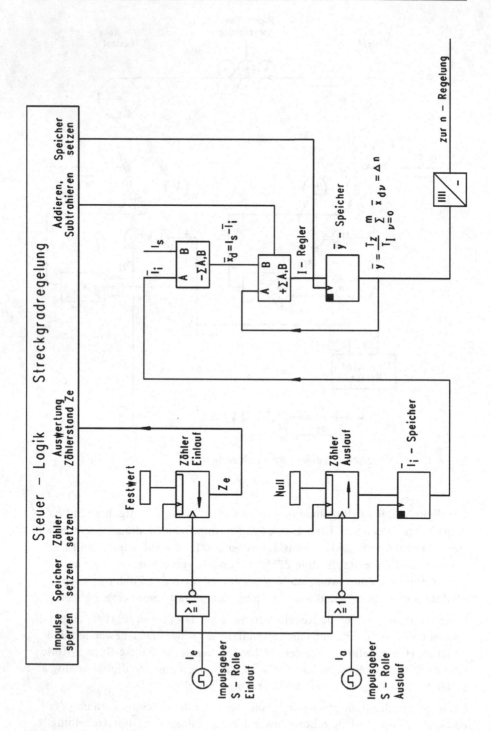

Bild 6.46   Wirkschaltplan der Streckgradmessung und -Regelung

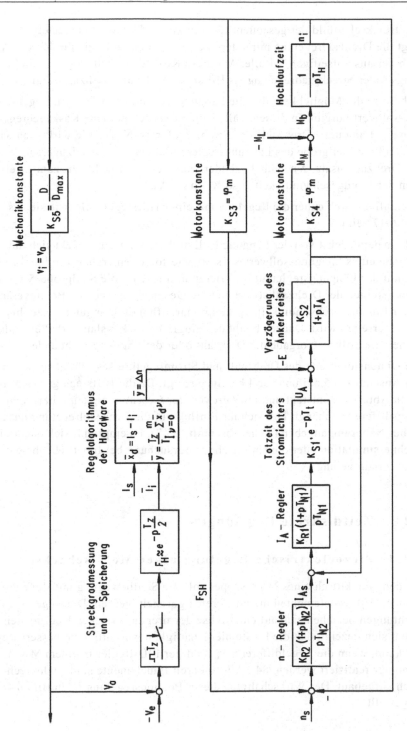

Bild 6.47   Blockschaltbild der Streckgradregelung mit Hilfsregelgröße Δn

Das Blockschaltbild der gesamten Regelung ist in Bild 6.47 dargestellt. Es zeigt die Drehzahlregelung mit unterlagertem Stromregelkreis für den GS-Antrieb der auslaufseitigen S-Rolle. Auf diese Kaskadenregelung greift die Längungs- oder Streckgradregelung als Hilfsregelgröße am Drehzahl-Regler ein.

Es besteht die Möglichkeit, daß die Längungsregelung der Drehzahlregelung den Sollwert vorgibt. In diesem Falle handelt es sich um eine Kaskadenregelung aus Längungs- Drehzahl- und Stromregelkreis. Nachteilig wirkt sich dann aus, daß die Stellgröße des Längungsreglers nicht nur den bandzugerzeugenden Drehzahlzusatz Δn enthält, sondern auch den Drehzahlwert zum Erreichen der Bandgeschwindigkeit, also $\bar{y} = n s + \Delta n$.

Es empfiehlt sich daher die Regelung mit einer Hilfsregelgröße wie sie das Bild 6.47 zeigt.

Geht man zunächst von der Längung Null und $n s = n i$ aus, macht sich die Vorgabe eines Längungssollwertes $l s > 0$ wie folgt bemerkbar. Infolge $l s > l i$ beginnt der Längungsregler zu integrieren und erzeugt die Stellgröße $\bar{y} = \Delta n$. Damit steigen der Drehzahlistwert und die Geschwindigkeit v_a. Bei unveränderter Einlaufgeschwindigkeit v_e nimmt daraufhin die Längung $l i$ zu, bis $l i = l s$ erreicht wird. Danach bleibt der Eingriff Δn=konstant erhalten, solange sich die Sollwertvorgabe der Drehzahl oder der Längung nicht ändert.

Die Dimensionierung des Drehzahl- und Stromregelkreises erfolgt so, wie in den Abschnitten 5.5.5 und 6.1.4 bereits gezeigt. Da die Hilfsregelgröße Δn durch Abtastung entsteht und ihr Wert von der Geschwindigkeits- bzw. Längungsdifferenz abhängt, läßt sich ihr Einfluß auf die Drehzahlregelung nur mit grober Näherung angeben (siehe Abschnitt 5.5.7). Es empfiehlt sich daher eine Rechnersimulation oder die empirische Untersuchung bei Inbetriebnahme der Streckgradregelung.

6.2 Zeitdiskrete Regelungen

6.2.1 Piezoelektrische Regelung einer Meßtischachse

Für den Objekttisch eines Mikroskopes soll die Stellbewegung mit Hilfe von Niedervolt-Piezoelementen im nm-Bereich geregelt werden. Die folgenden Betrachtungen beziehen sich auf eine Achse der drei kartesischen Koordinaten. Es hat sich gezeigt, daß die Positioniergenauigkeit wesentlich verbessert werden kann, wenn die Regeldifferenz x_d und der PID-Regler in einem Mikrocomputer realisiert werden /84/. Alle anderen Bauelemente sind analogtechnisch aufgebaut. Der Wirkschaltplan dieser Postionsregelung ist in Bild 6.48 dargestellt.

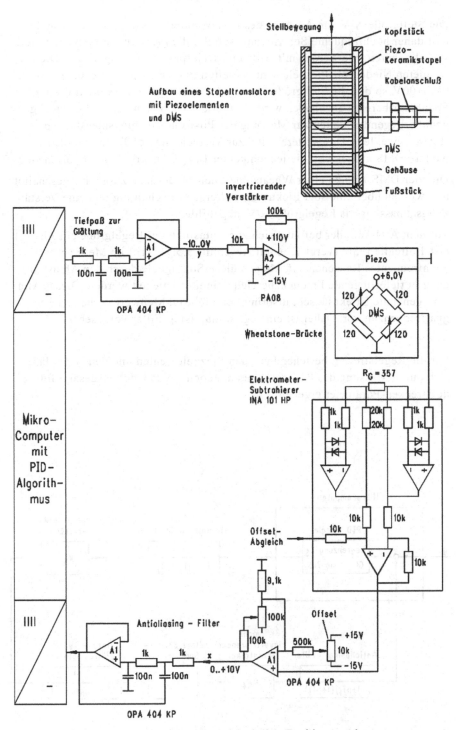

Bild 6.48   Wirkschaltplan einer piezoelektrischen Positionsregelung

Die Stellgröße y/V am Ausgang des D/A-Wandlers ist treppenförmig und enthält daher hochfrequente Schwingungsanteile, die nicht zum errechneten Stellsignal gehören. Sie werden mit Hilfe eines Tiefpasses herausgefiltert. Die verwendeten Niedervolt-Piezoelemente arbeiten in einem Spannungsbereich von 0V...100V, so daß die Stellgröße über einen Leistungsverstärker auf diesen Spannungsbereich angehoben wird. Auf jedem Piezoelement sind an zwei gegenüberliegenden Seiten zur Messung der Position Dehnungsmeßstreifen (DMS) angeklebt. Des weiteren sind zur Vermeidung der Temperaturdrift weitere DMS aufgeklebt, die jedoch keiner Längenänderung unterworfen sind.

Die vier DMS sind zu einer Wheatstoneschen Meßbrücke zusammengeschaltet und werden über eine sog. Elektrometer-Verstärkerschaltung und eine Verstärkungsanpassung als Regelgröße x/V abgebildet.

Vor dem A/D-Wandler befindet sich zur Abtastung der Regelgröße ein Abtast-Halteglied /36/ (vergleiche mit Abschnitt 5.5.7). Tritt im Meßwert x/V hochfrequentes Rauschen auf, können diese Störsignale durch den Abtastvorgang in tieferliegende Frequenzbereiche hineingespiegelt werden. Dieser Aliasing genannte Effekt täuscht ursprünglich nicht im Meßwert vorhandene Signalfrequenzen vor. Daher ist ein sog. Antialiasing-Filter vorgesehen.

Für die Regelstrecke, bestehend aus den Piezoelementen und den DMS, läßt sich durch Messung das PT_2-Verhalten angeben, so daß sich insgesamt folgende Strecken-Parameter ergeben:

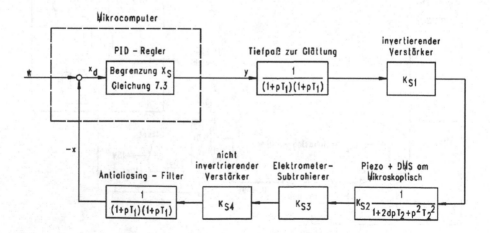

Bild 6.49   Blockschaltplan der piezoeletrischen Positionsregelung

$$K_{S1} = 9,94 \qquad\qquad T_1 = \frac{R \cdot C}{0,6436} \approx 155 \ \mu s \qquad /7/$$

$$K_{S2} = 0,0000542 \qquad T_2 = 220 \ \mu s \qquad d = 0,79$$

$$K_{S3} = 113 \qquad\qquad K_{S4} = 16,3$$

In Bild 6.49 ist der zugehörige Blockschaltplan dargestellt. Die Regelstrecke stellt demnach ein Verzögerungsglied 6. Ordnung dar, auf die der PID-Regler (siehe Abschnitt 7.2.3) optimal eingestellt werden soll.

Mit Hilfe des Programms SIMLER-PC läßt sich die gemessene Sprungantwort der Strecke bei vernachlässigbarer Abweichung als ein System 5. Ordnung identifizieren. Die daraus resultierenden Strecken-Parameter ergeben in einer nachfolgenden Simulation für den PID-Regler folgende Einstellung:

$$K_R = 1,6 \qquad T_N = 0,9 \ ms \qquad T_V = 0,2 \ ms \qquad x_S = 1,35 \ .$$

Beim Vergleich der simulierten Sprungantwort des geschlossenen Regelkreises mit der gemessenen Sprungantwort ist eine gute Übereinstimmung der Ergebnisse feststellbar (Bild 6.50). Dabei entspricht die gemessene Sprungantwort einem normierten Führungssprung von 0,83V auf 9,17V.

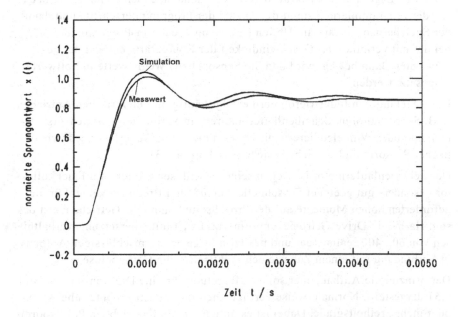

Bild 6.50   Simulierte und normierte gemessene Sprungantwort im Vergleich

Gewöhnlich liegt die Positioniergenauigkeit rein analog geregelter Mikroskop-
tische bei ca. 500 nm. Durch den Einsatz des optimierten digitalen PID-Reglers und der digitalen Nachbildung von x_d konnte die Positioniergenauigkeit
auf < 50 nm verbessert werden.

6.2.2 Regelung von Roboterantrieben mit Rechner

Industrieroboter sind freiprogrammierbare Manipulatoren mit mehreren Freiheitsgraden. Ihre Entwicklung wurde ausgelöst durch das Aufkommen der Mikrorechner in Verbindung mit hochdynamischen Antrieben.

Mögliche Einsatzgebiete der Robotik sind:

Montieren, Schrauben, Löten, Schweißen, Kleben

Schleifen, Fräsen, Bohren, Stanzen

Objekterkennung, Sortieren, Justieren, Testen

Die Steuerung wird meist mit einem problemorientierten Programm realisiert,
das auf den üblichen Speichermedien abgelegt ist.

Während bei einer Werkzeugmaschine mit CNC-Steuerung nur digitale Schalt-
und Weginformationen für die Haupt- und Nebenantriebe programmiert werden, benötigt ein Industrieroboter zusätzlich Kommunikationsinformationen
bezüglich Lage, Form, Tastkraft usw. des zu handhabenden Objektes. Je nach
Art der Programmierung steigt die Anzahl der Programmierschritte und damit
der Speicherbedarf stark an. Üblich ist die sog."Teach-in-Programmierung",
bei der mit verminderter Geschwindigkeit der Roboterarm entlang der gewünschten Bahn bewegt wird und die Sensor- bzw. Wegistwerte in Sollwerte
umgesetzt werden.

Die Regelung von Industrierobotern erfolgt häufig mit elektrischen Antrieben
(z.B. Schrittmotoren, Scheibenläufermotoren) in Verbindung mit Sensorsyste-
men und/oder Winkelcodierern zur Lage-, Form- und Wegerfassung sowie op-
tischer Sensorik und Getrieben (siehe Abschnitt 4.3.3).

Der Scheibenläufermotor ist wegen seines eisenlosen Läufers mit Flachkollek-
tor besonders gut geeignet für schnelle Anlauf- und Bremsvorgänge. Für die
geforderten hohen Momente auf der Prozeßseite kommt als Getriebe meist das
sog. Harmonic-Drive-Getriebe zum Einsatz. Es ist mit Übersetzungsverhältnis-
sen von 60...400 realisierbar und besitzt infolge des formschlüssigen Aufbaus
in Verbindung mit einem Zahnriemen praktisch keine Getriebelose.

Der prinzipielle Aufbau einer solchen Regelung für eine Drehachse ist in Bild
6.51 dargestellt. Normalerweise verfügen heutige Industrieroboter über sechs
oder mehr Freiheitsgrade. Dabei ist es üblich, die Stellantriebe in Polarkoordi-
naten zu fahren und die Eingaben in kartesischen Koordinaten vorzunehmen.

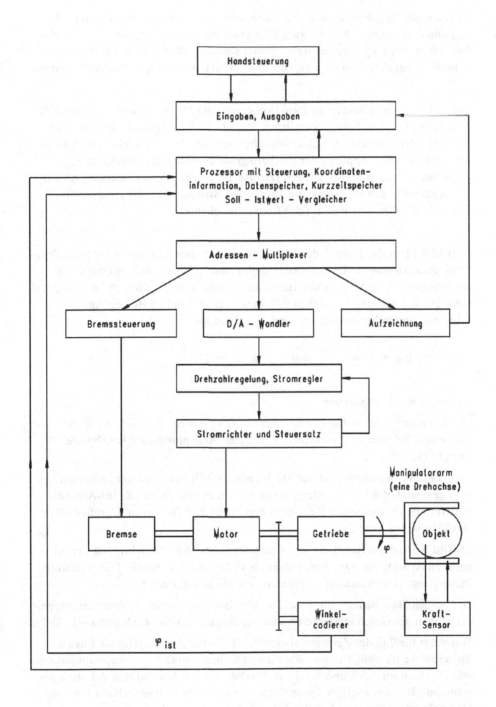

Bild 6.51   Regelschema eines Industrieroboters für einen Freiheitsgrad

Aufgabe der Regelung ist das simultane Verfahren aller für die jeweilige Bewegung notwendigen Achsen zum Erreichen eines vorgegebenen Punktes entlang einer vorgeschriebenen Bahn. Dabei sind die erforderlichen Bewegungsabläufe mit großer Geschwindigkeit und Wiederholgenauigkeit durchzuführen.

Die Sollwerte sind häufig als Punktfolge gespeichert und werden nacheinander abgerufen, mit dem Istwert verglichen und als Stellgröße der Drehzahl- und Stromregelung zugeführt. Schwierigkeiten machen die zahlreichen Nichtlinearitäten sowie die Kopplung der Freiheitsgrad-Regelungen untereinander. Nichtlinearitäten sind hier die ersatzweise als Totzeit anzunehmenden Abtast- und Zykluszeit des Rechners, die Totzeit der Stromrichter, die Ansprechschwelle der Getriebe und die der Robotermechanik.

In Bild 6.52 ist das Prinzip der Regelung eines Industrieroboters für zwei Freiheitsgrade dargestellt. Es zeigt sich, daß r und φ über die Zentripetal-Beschleunigung b_z und die Coriolis-Beschleunigung b_{cor} miteinander gekoppelt sind. Diese Kopplungen machen sich besonders bei hohen Bewegungsgeschwindigkeiten bemerkbar. b_z und b_{cor} sind als

$$b_z = r \cdot \omega^2 \qquad \text{und} \qquad b_{cor} = 2 \cdot \dot{r} \cdot \omega \qquad (6.25)$$

mit $\omega = d\varphi / dt$ angegeben.

Die Regelstrategie muß daher ein alle Achsen umfassendes Gesamtkonzept darstellen, bei dem eine nichtlineare Systementkopplung gute Ergebnisse bringt /73/, /74/.

Von zentraler Bedeutung ist der Mikrorechner. Mit ihm wird der Informationsfluß gesteuert, die Koordinatentransformation errechnet, der Regel-Algorithmus für alle Freiheitsgrad-Regelungen gebildet und die Zustandsgrößen (Weg, Winkel usw.) überwacht.

In Bild 6.53 ist die Regelung eines Roboters unter Berücksichtigung der genannten Aspekte für zwei Freiheitsgrade detailliert dargestellt. Die Aufteilung in Soft- und Hardwarekomponenten ist ebenfalls aufgezeigt.

Die beiden Stellantriebe für r und φ erhalten ihre Sollwerte vom Stromregelkreis, dem ein Geschwindigkeits- und ein Wegregelkreis überlagert sind /53/.

Wenn der Einfluß der Zentripetal- und Coriolis-Beschleunigung als lineare Störgrößen aufgefaßt werden, läßt sich näherungsweise eine Dimensionierung wie in Abschnitt 5.5.5 und 5.5.7 beschrieben vornehmen. Infolge der stark geschwindigkeitsabhängigen Systemkopplungen ergibt sich jedoch ein starkes Überschwingen der Regelgrößen beim Anfahren eines Punktes, so daß eine exakte Einstellung der Roboter-Regelung vorzunehmen ist. Hier wird auf /73/ verwiesen.

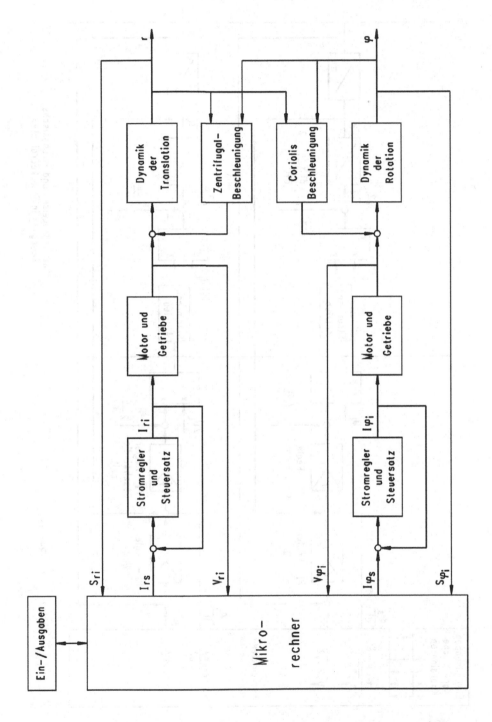

Bild 6.52   Regelung eines Roboters mit Mikrorechner für zwei Freiheitsgrade

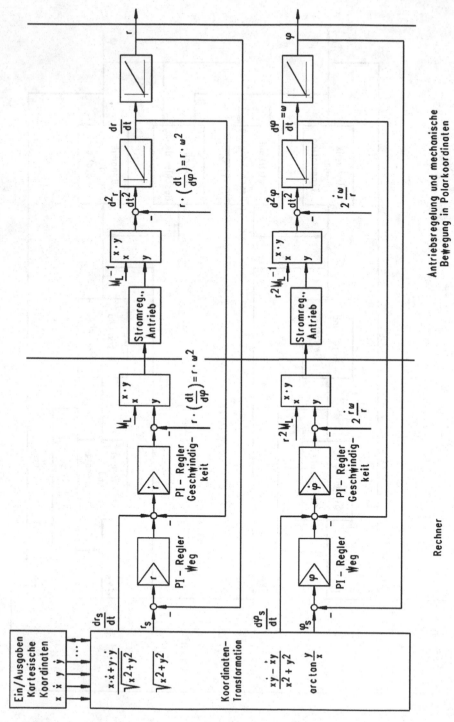

Bild 6.53　　　Detaillierter Blockschaltplan der Roboterregelung nach Bild 6.52

6.2.3 Pitch-Regelung einer Windkraftanlage

Regelungstechnisch gesehen stellen Windkraftanlagen der Megawattklasse nichtlineare Mehrgrößensysteme dar und es gibt zahlreiche Konzepte der Maschinenauslegung sowie Regelung /38/, /39/. Allen gemeinsam ist jedoch, daß Drehzahl, Blatteinstellwinkel und die Leistung bzw. davon abgeleitete Größen geregelt werden (Bild 6.54).

Die gesamte Thematik ist sehr umfangreich, daher wird des weiteren auf /54/ und /55/ verwiesen. Dieser Abschnitt beschränkt sich auf die Regelung der Blattwinkelverstellung (Pitch-Regelung) innerhalb einer drehzahlstarren, an das Netz gekoppelten Windkraftanlage (Bild 6.55). Dabei wird der Drehzahlregelkreis nur beim Hochfahren und danach zur Drehzahlbegrenzung benutzt.

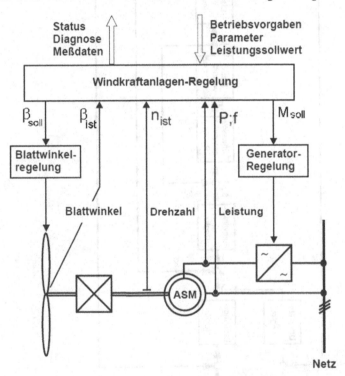

Bild 6.54   Regelungskonzept einer Windkraftanlage mit Asynchrongenerator

Bei der Pitch-Regelung werden die Rotorblätter längs der Blattachse verstellt. Der Auftrieb wird reduziert, wenn die Rotorblätter aus dem Wind gedreht werden, d.h. hin zu kleineren Anströmwinkeln. Das Stellglied zum Drehen der Blätter ist üblicherweise auf einen Arbeitsbereich von $\beta = (0°; 40°)$ beschränkt. Die Verstellgeschwindigkeit der Blätter liegt bei ca. $\beta = 10°/s$.

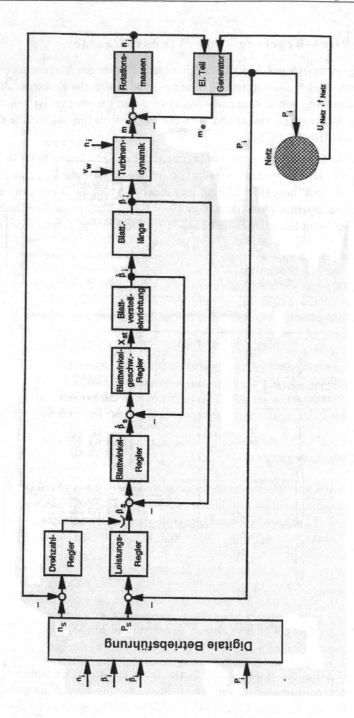

Bild 6.55   Regelstruktur der drehzahlstarren netzgekoppelten Windkraftanlage

Zwischen dem Blatteinstellwinkel β, der Anströmrichtung δ, der Profilausströmung α, der Windgeschwindigkeit am Windrad v_{wr} und der Umfangsgeschwindigkeit des Windrades v_u besteht folgende Beziehung:

$$\beta = \frac{\pi}{2} - \delta + \alpha \approx \frac{\pi}{2} - \arctan\frac{v_{wr}}{v_u} + \alpha \qquad (6.26)$$

Somit kann mit Hilfe eines Blattwinkelstellantriebs die Kraft an den Rotorblättern und damit das Drehmoment sowie die Leistung in Abhängigkeit von der Windgeschwindigkeit geregelt werden.

Es empfiehlt sich, die beteiligten nichtlinearen Systemgrößen zu linearisieren. Dies gelingt, wenn man vom Kleinsignalbetrieb ausgeht, d.h. die zu regelnden Größen befinden sich in der Nähe ihres Arbeitspunktes /18/.

Das durch den Stellantrieb an den Rotorblättern wirkende Moment M_{St} kann mit einigen vereinfachenden Randbedingungen nach /38/ wie folgt beschrieben werden:

$$\frac{M_{St}}{M_{\tau N}} = k_d \cdot \frac{d\,(\beta\,/\beta_N)}{dt} \qquad (6.27)$$

Für das normierte Rückstellmoment M_τ in Anströmrichtung am Rotorblatt, welches als Störgröße auf die Regelung der Blattwinkelverstellgeschwindigkeit $\dot\beta$ einwirkt, erhält man folgende Gleichung:

$$\frac{M_\tau}{M_{\tau N}} = k_1 + k_2 \cdot \frac{v_1}{v_{1N}} + k_3 \cdot \frac{n}{n_N} \qquad (6.28)$$

Darin sind k_1, k_2 und k_3 konstante Beiwerte für Windgeschwindigkeits- und Drehzahlanteile.

Die Regelung der Blattwinkelverstellgeschwindigkeit $\dot\beta$ soll mit einem PD-Regler erfolgen (Bild 6.56a). Praxisbezogene Parameter der Strecke sind:

$$T_{11} \approx 30\text{ms} \qquad\qquad \text{Verzögerungszeit des Stellmotors}$$

$$T_{i1} = J \cdot \frac{\dot\beta_N}{M_{\tau N}} \approx 0{,}15\text{s} \qquad \text{Integrationszeitkonstante des Blattes}$$

Setzt man beim PD-Regler $T_V = T_{11}$, ergibt sich innerhalb der Drehzahlbegrenzung $X_s = 10$ die Übertragungsfunktion des offen Regelkreises zu:

$$F_{0\dot\beta}(p) = K_{01} \cdot \frac{1}{pT_{i1}}$$

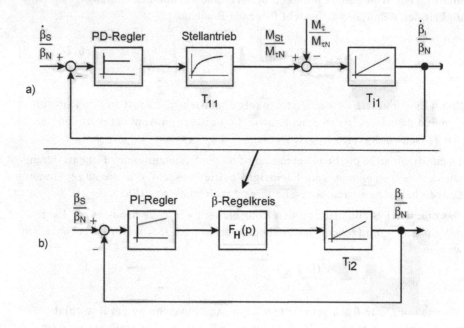

Bild 6.56   Blockschaltbilder zur Kaskaden-Pitch-Regelung

Für die übergeordnete Blattwinkelverstellregelung (Bild 6.56b) wird der innere Regelkreis entsprechend Abschnitt 5.5.5 in eine Ersatz-Regelstrecke $F_H(p)$ umgerechnet.

$$F_H(p) = \frac{F_{0\dot{\beta}}(p)}{1 + F_{0\dot{\beta}}(p)} = \frac{1}{1 + p \dfrac{T_{i1}}{K_{01}}} \qquad (6.29)$$

Die Integrationszeitkonstante der Winkelgeschwindigkeit T_{i2} ergibt sich zu:

$$T_{i2} = \frac{\beta_N}{\dot{\beta}_N} = \frac{40°}{10°}\,s = 4s \qquad \text{Verstellwinkel/Verstellgeschwindigk.}$$

Setzt man einen PI-Regler für die Blattwinkelverstellung ein, erhält man folgende Übertragungsfunktion des offenen Regelkreises:

$$F_{0\beta}(p) = K_{02} \cdot \frac{1+pT_N}{p^2 T_N T_{i2}(1+p\frac{T_{i1}}{K_{01}})} \tag{6.30}$$

Die optimierten Regler für die gesamte Pitch-Regelung sind mit Hilfe von SIMLER-PC in Bild 6.57 dargestellt. Dabei wurde zur Darstellung des Störgrößeneinflusses $M_\tau/M_{\tau N}$ eine Störung von 30% des Sollwertes angenommen (erste Simulation mit optimalem PD-Regler). Die Einstellung des überlagerten PI-Reglers ist in der zweiten Simulation dargestellt.

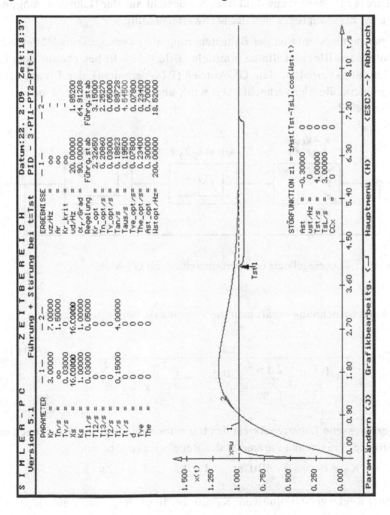

Bild 6.57   Simulation der Pitch-Regelung

6.2.4 Digitale Regelung von Fräsmaschinen mit CNC

Bei der Entwicklung neuer Produktionsmethoden in der spanenden Fertigung
werden zunehmend digitale Regelstrategien eingesetzt. Die Realisierung mit
Prozeßrechnern oder Mikrocomputern führt zu leistungsfähigen numerischen
Fertigungssystemen, die die CNC-Technik (Computerized Numerical Control)
erweitern oder ergänzen helfen. Die hier besprochene digitale Momentenregelung übernimmt folgende Aufgaben:

Abtasten der Regelgröße Schnittmoment, Errechnen des Regelalgorithmus,
Speichern und Ausgeben der Stellgröße, Verwaltung der Datenschnittstellen

Zur Wahl eines optimalen Regelalgorithmus gehört die genaue Betrachtung der
Regelstrecken-Übertragungsfunktion. Sie besteht aus der Bahnsteuerung, dem
Fräs- bzw. Zerspanprozeß und der Meßwerterfassung.

Die Übertragungsfunktion der Bahnsteuerung als Lageregelkreis läßt sich aus
dem folgenden Blockschaltplan ermitteln (Bild 6.58). Er besteht aus dem La-
geregler mit P-Verhalten, dem GS-Antrieb (PT$_2$-Verhalten), der Totzeit des
Stromrichters, die hier vernachlässigt wird, und dem Integralglied mit der
Hochlaufzeit T$_H$.

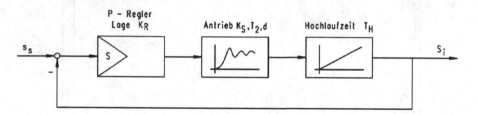

Bild 6.58   Lageregelkreis einer Fräsmaschine mit GS-Motor

Nach kurzer Rechnung erhält man die Führungs-Übertragungsfunktion

$$F_w(p) = \frac{1}{1 + \dfrac{pT_H}{K_0} + \dfrac{2dp^2 T_H T_2}{K_0} + \dfrac{p^3 T_H T_2^2}{K_0}} \qquad (6.31)$$

Der geschlossene Lagerregelkreis der Bahnsteuerung entspricht demnach einer
PT$_3$-Strecke. Praxisnahe Parameter der Regelstrecke /56/ sind:

$$K_S = 1 \qquad T_2 = 10\,ms \qquad d = 0,5 \qquad T_H = 2\,s$$

Mit einer Reglerverstärkung von K$_R$=20 ist dieser Regelkreis gut eingestellt.

Der Fräsprozeß wird durch die Schnittkraftgleichung von Kienzle /57/ mit dem
normierten Schnittmoment m beschrieben.

$$m(t) = 10^{-3c} \cdot a \cdot r \cdot k_1 \cdot \sin^{-c} \kappa \cdot sz^{(1-c)} \cdot S(t) \ . \quad (6.32)$$

Darin sind:

c: Werkstoffkonstante   a: Schnittiefe   r: Radius des Werkzeuges

k_1: Hauptwert der spezifischen Schnittkraft κ: Einstellwinkel

s z : Zahnvorschub (Schneidenvorschub)

S(t): Eingriff der einzelnen Frässchneiden als Störfunktion.

Der Zusammenhang zwischen Zahnvorschub s z und der Vorschubgeschwin-
digkeit v i wird durch die Beziehung angegeben:

$$sz = = \kappa \int\limits_{0}^{t} [\,vi(t) - vi(t - T_S / z)\,]\,dt \qquad (6.33)$$

mit   z : Zähnezahl des Fräsers ,

$T_S = n_S^{-1}$: Reziproker Wert der Hauptspindeldrehzahl.

Aus den Gleichungen 6.32 und 6.33 ist zu entnehmen, daß zwischen der Ein-
und Ausgangsgröße des Fräsprozesses ein hochgradig nichtlinearer Zusammenhang besteht. Eine mathematisch exakte Behandlung ist schwierig. Die
Gleichung 6.33 kann näherungsweise durch ein PT_2-Glied dargestellt werden.
Für einen Messerkopffräser aus Titan lassen sich mit z=10 und n_S=60/min
die Kennkreisfrequenz und die Dämpfung festlegen.

$$\omega_{0F} = \pi \cdot z \cdot n_S = 31{,}4\,Hz \qquad \text{und} \qquad d_F = 0{,}7$$

Zwischen der Ausgangsgröße s i des Lageregelkreises und der Vorschubge-
schwindigkeit v i besteht eine, durch die Werkzeug-, Werkstück- und Bahn-
geometrie gegebene Beziehung. Setzt man eine geradlinige Bewegung voraus,
kann $si \approx C \cdot vi$ gesetzt werden (C: Konstante). Der Schwingungseinfluß einzelner Zahnstöße auf das Schnittmoment kann mit Hilfe einer multiplikativen
Störfunktion $Fz = \sin(2\pi \cdot n_S \cdot t)$ simuliert werden. Die Schnittmoment-Erfas-
sung mit Hilfe von DMS zeigt PT_1-Verhalten. Die Zeitkonstante liegt bei etwa
$T_1 \approx 2\,ms$. Das Blockschaltbild der Schnittmomentregelung mit unterlagerter
Bahnsteuerung (Lageregelkreis) ist in Bild 6.59 dargestellt. Es handelt sich in
der vorliegenden Form also um eine Regelstrecke 6. Ordnung, für die es den
passenden Regelalgorithmus zu wählen gilt. Wegen der erforderlichen Dynamik des Zerspanprozesses ist eine Abtastzeit von $Tz \leq 10\,ms$ angebracht.

Ein Maß für die Funktionsfähigkeit des Regelalgorithmus ist sicher das Übergangsverhalten der Regelung bei sprunghafter Änderung der Schnittiefe a.
Kienzle /57/ hat sich mit der Entwicklung von Algorithmen für rechnergere-
gelte CNC-Werkzeugmaschinen ausführlich befaßt und kommt zu dem Schluß,
daß der PI-Regelalgorithmus den Einfluß der Störgrößen (Schnittiefe, spezifi-
sche Schnittkraft, Eingriff der Frässchneiden usw.) nicht genügend gut ausregeln kann. Weitere Regelalgorithmen werden in /33/, /73/ und /85/ besprochen.

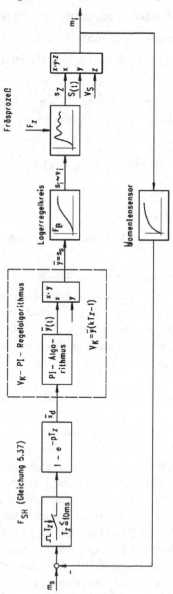

Bild 6.59   Digitale Momentenregelung einer Fräsmaschine

6.2.5 Positionsregelung mit Linearmotor

Die grundlegenden Gleichungen, welche man für eine Linearpositionierung heranziehen kann, sind:

$$F = m \cdot a = m \cdot \frac{dv}{dt} \qquad \text{Kraftwirkung beschleunigter Masse}$$

$$F = C_1 \cdot B \cdot l \cdot I \qquad \text{Kraftwirkung durch Magnetismus}$$

$$\frac{R_A \cdot I(p)}{\Delta U(p)} = \frac{1}{(1 + pT_A)} \qquad \text{Strom des Linearmotors}$$

Daraus ergibt sich für den Linearmotor bezüglich der Geschwindigkeit PT_1-I-Verhalten (entsprechend Gleichung 4.7).

Regelungen für Positionieraufgaben mit elektrodynamischen Linearmotoren werden üblicherweise als Kaskadenregelkreise ausgeführt.

Die unterlagerte Strom- bzw- Kraftregelung dient dabei zur Verbesserung der Reaktionszeit des Antriebes. Durch Kompensation der Zeitkonstante T_A mit Hilfe eines PI-Reglers ergibt sich für den geschlossenen innersten Regelkreis die Ersatzstrecke

$$F_{H1}(p) = \frac{1}{1 + p \dfrac{T_A}{K_{01}}} \quad .$$

Die Geschwindigkeitsregelung wird dazu überlagert und die äußere Regelschleife bildet schließlich den Lage- bzw. Positionsregelkreis. In Bild 6.60a ist die Regelung dargestellt.

Erfolgt die Ansteuerung des Linearmotors durch eine Puls-Breiten-Modulation PBM mit Leistungsendstufe LE, und wird die Meßwertbildung von Geschwindigkeit und Position aus einem Encodersignal gebildet, wird das Regelungsschema leicht variiert (Bild 6.60b). Der Linearmotor stellt dann nach Gleichung 4.7 PT_1-I-Verhalten dar.

Die weitere Einstellung der Regler erfolgt in gleicher Weise wie in Abschnitt 5.5.5 und Abschnitt 7.2.3 (Optimierung einer Kaskadenregelung) beschrieben. Man kann dabei praxisnah annehmen, daß die Abtastzeit des Mikrorechners für die Regleralgorithmen sehr viel kleiner als alle beteiligten Zeitkonstanten der Positionsregelung ist.

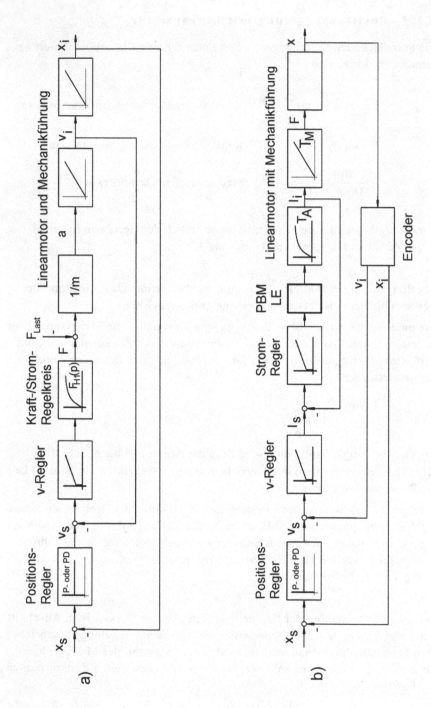

Bild 6.60   Varianten einer Kaskaden-Positionsregelung mit Linearmotor

6.2.6 pH-Wert-Regelung zur Abwasser-Neutralisation

Restabwässser aus Fabrikationsanlagen der Chemischen Industrie enthalten
häufig zahlreiche Bestandteile, deren pH-Wert eine große Schwankungsbreite
aufweist und die teilweise umweltbelastend sind. Deshalb werden diese Ab-
wässer einer Neutralisation zugeführt, bevor sie in biologisch arbeitenden
Kläranlagen behandelt werden.

Im allgemeinen Sprachgebrauch wird durch die Begriffe sauer, neutral und alkalisch die Konzentration an Wasserstoffionen einer wäßrigen Lösung beschrieben. Bei stark verdünnten Lösungen gilt für die Konzentration von H^+
und OH^- bei 25°C das Ionenprodukt

$$c\,H^+ \cdot c\,OH^- = 10^{-14}\ (\mathrm{mol}/1)^2\ .$$

Bei dem Wert $c\,H^+ = c\,OH^- = 10^{-7}$ mol/1 wird die wäßrige Lösung als neutral, bei $c\,H^+ > c\,OH^-$ als sauer und bei $c\,H^+ < c\,OH^-$ als alkalisch bezeichnet. Zweckmäßiger ist die Charakterisierung der Wasserstoffionenkon-
zentration mit Hilfe des pH-Wertes durch die Formel

$$pH = -\lg c\,H^+\ . \tag{6.34}$$

Die wäßrige Flüssigkeit gilt dann bei $pH=7$ als neutral, bei $pH<7$ als sauer
und bei $pH>7$ als alkalisch.

Die regeltechnische Aufgabe bei der Abwasser-Neutralisation besteht somit
darin, die geforderten pH-Werte (sie liegen zwischen pH6 und pH9) mit einem
entsprechenden Regelkonzept einzuhalten. Ein einfaches Regelschema ist in
Bild 6.61 abgebildet. Es zeigt die Neutralisation in einem einzigen Behälter, in
den entweder saure oder basische Lösung eingebracht wird.

Vielfach wird der PI-Regelalgorithmus verwendet, der je nach pH-Wert die
Basenpumpe Pb oder die Säurepumpe Ps ansteuert. Der Sollwert wird auf
den Wert $pH=7$ gesetzt. Ein ständiges Zusetzen von Säure oder Base wird
durch eine tote Zone (Ansprechschwelle) verhindert. Diese ist meist auf den
Bereich von $pH=[6,5\ ;\ 7,5]$ eingestellt, d.h. bei $|x_d|<0,5$ spricht der Regler
nicht an. Liegt die Regelgröße außerhalb dieses Bereiches greift der Regler ein
(vergleiche mit Abschnitt 5.4).

Der Regler-Entwurf erfolgt anhand eines vereinfachten Modells der Regelstrecke, das in /60/ näher beschrieben ist (Bild 6.62). Das vereinfachte Struk-
turbild des Mischbehälters bis zur Meßstelle für den pH-Wert entspricht einer
PT_1-Strecke mit Totzeit.

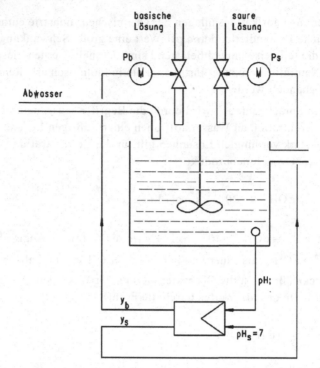

Bild 6.61　　　　Regelschema einer Abwasser-Neutralisation in einem Behälter

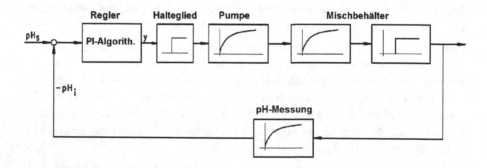

Bild 6.62　　　　Vereinfachter Blockschaltplan für eine Abwasser-Neutralisation

Die Pumpendynamik kann jeweils durch ein PT_1-Glied dargestellt werden. Dies gilt auch für die Meßwerterfassung des pH-Wertes. Das bei einer Abtastregelung notwendige Halteglied kann entsprechend Abschnitt 5.5.7 als Totzeitglied mit Gleichung 5.38 beschrieben werden. Man erhält bei der in /60/ behandelten Neutralisation schließlich folgende Strecken-Parameter:

$$K_S = 1 \quad T_t = 2,9\,s + T_z = 3s \quad T_{11} = 108\,s \quad T_{12} = 10\,s \quad T_{13} = 8\,s$$

Diese Strecke soll mit einem PI-Algorithmus geregelt werden, der auf Führungs- und Störverhalten zu optimieren ist. Die zugehörige Simulation ist in Bild 6.63 dargestellt. Wie die erste Simulation zeigt, ist es sinnvoll, die Nachstellzeit T_N des PI-Reglers der Zeitkonstanten T_{11} anzupassen. Die Reglerverstärkung wurde zunächst frei gewählt. Das Ergebnis ist eine stabile Regelung, die allerdings weit überschwingt. Nach dem Einsetzen eines Mittelwertes für die Reglerverstärkung ist das Überschwingen beseitigt (2. Simulation).

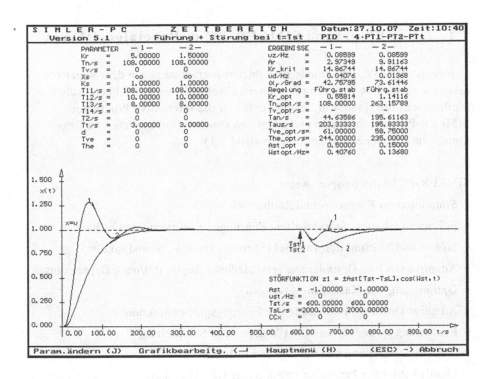

Bild 6.63   Führungs- und Störverhalten der Regelung nach Bild 6.62

7 Simulation, Optimierung mit SIMLER-PC

Zu diesem Kapitel ist im Abschnitt 10.5 vergleichbare Literatur und Software angegeben (siehe auch /47/, /59/, /60/). Alle Formelzeichen wurden so gewählt, wie sie auch im Programm SIMLER-PC auf dem Bildschirm erscheinen.

7.1 Das Programm SIMLER-PC u. Regelalgorithmen

Leistungsfähige PC's und moderne Echtzeitprogramme geben dem Regeltechniker ein sinnvolles Werkzeug für den praktischen Einsatz regeltechnischer Methoden an die Hand. Ein Beispiel dafür ist das interaktive Programm SIMLER-PC zur Simulation und adaptiven On-line-Optimierung von Regelkreisen im Frequenz- und Zeitbereich (Bild 7.1).

SIMLER-PC leistet beispielsweise:

- Simulation im Frequenz- und Zeitbereich
- Führungsverhalten, Störverhalten, Führungs- + Störverhalten +Chaos
- Störort und Störfunktion variabel (Sprung-, Impuls-, Sinusfunktion)
- Adaptive On-line-Optimierung verschiedener Regler mit/ohne Begrenzung
- Optimierung von Kaskadenregelungen
- Adaptive On-line-Optimierung der Führungsgrößenfunktion
- Einstellung einer Störfunktion ("dynamische Schmierung")
- schnelle Darstellung von Parameter-Einflüssen
- Identifikation der Parameter unbekannter Regelstrecken
- Glättung von Graphen mit dem Glättungsalgorithmus

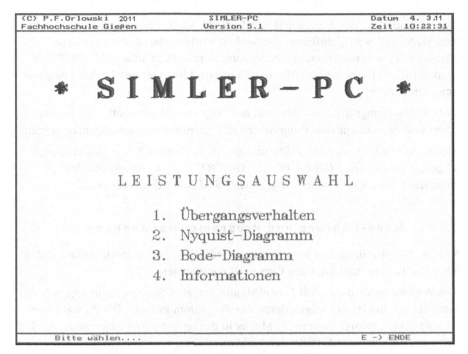

```
(C) P.F.Orlowski   2011          SIMLER-PC              Datum   4. 3.11
Fachhochschule Gießen           Version 5.1            Zeit  10:22:31




            *   S I M L E R - P C   *




            L E I S T U N G S A U S W A H L

                    1.  Übergangsverhalten
                    2.  Nyquist-Diagramm
                    3.  Bode-Diagramm
                    4.  Informationen



        Bitte wählen....                          E -> ENDE
```

Bild 7.1   Die Leistungsauswahl des Programmpakets SIMLER-PC

Das Programm SIMLER-PC ist sowohl in der Lehre als auch in der Industrie recht gut verbreitet, da es selbsterklärend abläuft und weder Programmier- noch besondere regeltechnische Kenntnisse voraussetzt.

Die sehr gebräuchlichen Regler-Einstellwerte von Ziegler/Nichols /44/ sowie Chien, Hrones, Reswick /41/ gehen entweder von der Stabilitätsgrenze der Regelung (bei einem P-Regler) aus, oder werden von einer nicht überschwingenden Sprungantwort der Strecke abgeleitet. Sie sind jedoch bei gleichbleibenden Strecken-Parametern ebenfalls unverändert gleich, also statisch, ein Nachteil, den es bei SIMLER-PC nicht gibt. Das Programm zeigt mit zunehmender Anzahl der Simulationen deutlich einen "Optimierungs-Trend", der dem Anwender für seine Problemlösung sofort Nutzen bringt.

7.1.1 Hardware und Schnittstellen

Das Programm liegt in vier Sprachen vor (Deutsch, Englisch, Französisch, Spanisch) und ist lauffähig unter allen WINDOWS-Versionen.

Der kostenlose Download ist von der Homepage unseres Fachbereichs ME an der Technischen Hochschule Mittelhessen (vormals FH-Gießen-Friedberg) möglich unter: *www.me.th-mittelhessen.de/dienstleistungen/Download* Datei Simler-PC*.ZIP

Nach Installation des Programms SIMLER-PC kann dies über das Startmenü von WINDOWS aufgerufen werden und ist weitestgehend selbsterklärend. Zusätzliche Informationen unter \Programme\SimlerPC\Simlerpc51\SIM*.DOC sind abrufbar. Das Bildschirmfenster kann mit Alt+Enter auf Vollbild umgeschaltet werden.

Jede Bildschirmgrafik kann während des Programmablaufs jederzeit gespeichert und dann in anderen Programmen mit <Einfügen> weiterbenutzt werden.

Unter WINDOWS wird die Bildschirmgrafik mit Strg+F5 bzw. AltGr+Druck abgelegt im Ordner *SIMLER-PC-XP/ DOSBOX / capture* bzw. aus dem Startmenü heraus im Ordner *Programme / SIMLER PC/ Screenshots.*

7.1.2   Menü-Führung und Programm-Handhabung

Für die Menü-Führung ist keine Maus erforderlich. Sämtliche Befehle werden über die Tastatur und/oder den Cursor-Block gegeben.

Der Anwender wird mit Pull-Down-Menüs, Befehls-Statements und gegebenenfalls mit Fehlermeldungen durch das Programm geführt. Die Anwahl von Menüpunkten erfolgt numerisch. Menüs in der unteren Bildschirmzeile werden mit <J>, <N> bzw. <ENTER> durchlaufen.

Aus jedem hierarchisch untergeordneten Menü kann in das Hauptmenü mit dem Befehlskürzel <H> und in die Leistungsauswahl mit <L> zurückgegangen werden. Die Parameter-Eingabe läßt sich mit <ESC> abbrechen und man kehrt in die Leistungsauswahl zurück.

Das Programm SIMLER-PC besteht aus folgenden drei Teilen:

BODE-Diagramm,

NYQUIST-Diagramm,

Übergangsverhalten (Zeitbereich).

Für jeden Programmteil gibt es ein Hauptmenü (Bild 7.2). Mit dem ersten Menüpunkt beginnt der Aufruf des Regler-Menüs bzw. des Strukturmenüs bei Übergangsverhalten.

Punkt zwei des Hauptmenüs dient nur zum nochmaligen Aufruf einer bereits verlassenen Grafik (sofern diese noch im Arbeitsspeicher des PC's ist). Programmspezifische Erläuterungen lassen sich unter Punkt vier des Hauptmenüs aufrufen.

Mit der Hilfetaste <F1> können bei der Parametereingabe Hinweise zur Reglereinstellung abgerufen werden.

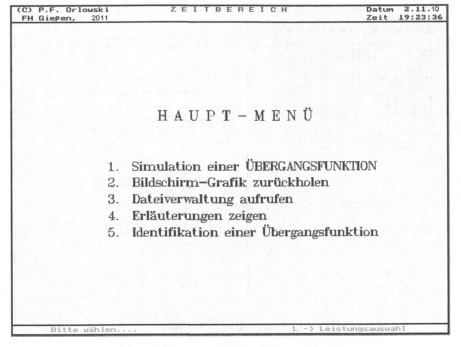

```
(C) P.F. Orlowski          Z E I T B E R E I C H        Datum  2.11.10
   FH Gießen,   2011                                     Zeit  19:23:36




                       H A U P T - M E N Ü


                  1.  Simulation einer ÜBERGANGSFUNKTION
                  2.  Bildschirm-Grafik zurückholen
                  3.  Dateiverwaltung aufrufen
                  4.  Erläuterungen zeigen
                  5.  Identifikation einer Übergangsfunktion




      Bitte wählen....                        L -> Leistungsauswahl
```

Bild 7.2   Das Hauptmenü (hier vom Programmteil Zeitbereich)

Wird vom Benutzer die Ausgabe der Grafik auf einen Plotter gewählt, folgt zusätzlich die Frage, ob der Plott-Vorgang sofort auf den Plotter erfolgen soll,
oder zunächst ein HPGL-File anzulegen ist. Dieser File kann auf jedem Spei-
chermedium abgelegt und später beispielsweise von einem DTP-Programm geladen werden.

Es können bis zu drei Graphen gleichzeitig (mit den zugehörigen Parametern,
der Stabilitäts-Aussage und den Optimierungs-Hinweisen) dargestellt werden.

Dateiverwaltung:

Aus dem Hauptmenü heraus erfolgt der Aufruf der Dateiverwaltung. Es können die mitgelieferten Beispiel-Files sowie vom Anwender erzeugte Grafiken
geladen, ausgedruckt, geplottet oder gespeichert werden. Der Befehl <E> (Edi-
tor) ist in Abschnitt 7.1.3 beschrieben (Bild 7.3).

Die Zuordnung der Files zum entsprechenden Programmteil erfolgt über die
Erweiterungen *.PTB für BODE-Diagramme, *.PTN für NYQUIST-Diagram-
me, *.PTZ Übergangsfunktionen, *.PJD Identifikationsfiles.

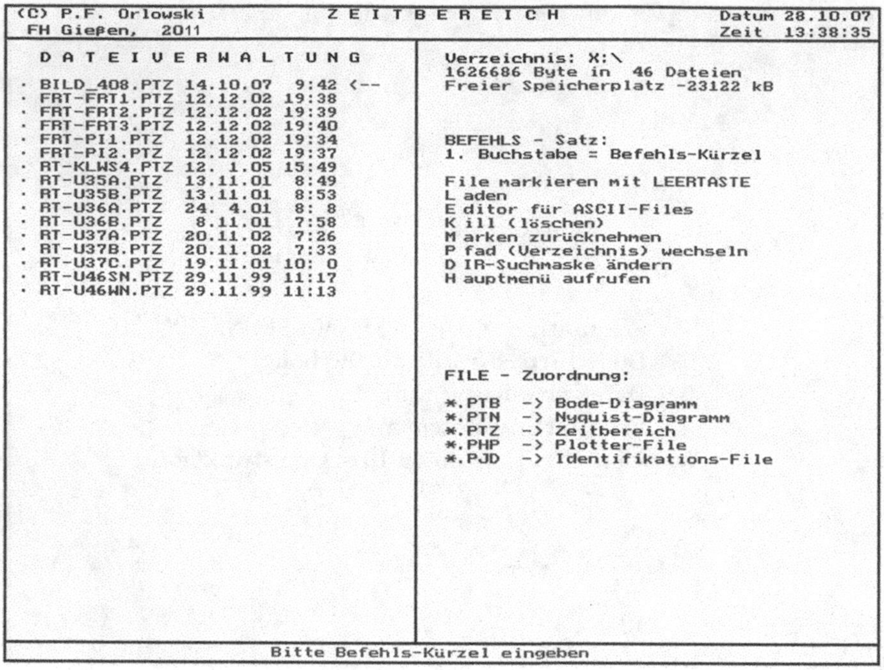

```
┌─────────────────────────────────────────────────────────────────────┐
│ (C) P.F. Orlowski      Z E I T B E R E I C H        Datum 28.10.07    │
│ FH Gießen,   2011                                   Zeit  13:38:35    │
├───────────────────────────────────┬───────────────────────────────────┤
│ D A T E I V E R W A L T U N G      │ Verzeichnis: X:\                  │
│                                    │ 1626686 Byte in  46 Dateien       │
│ · BILD_408.PTZ 14.10.07  9:42 <--  │ Freier Speicherplatz -23122 kB    │
│ · FRT-FRT1.PTZ 12.12.02 19:38      │                                   │
│ · FRT-FRT2.PTZ 12.12.02 19:39      │                                   │
│ · FRT-FRT3.PTZ 12.12.02 19:40      │                                   │
│ · FRT-PI1.PTZ  12.12.02 19:34      │ BEFEHLS - Satz:                   │
│ · FRT-PI2.PTZ  12.12.02 19:37      │ 1. Buchstabe = Befehls-Kürzel     │
│ · RT-KLWS4.PTZ 12. 1.05 15:49      │                                   │
│ · RT-U35A.PTZ  13.11.01  8:49      │ File markieren mit LEERTASTE      │
│ · RT-U35B.PTZ  13.11.01  8:53      │ L aden                            │
│ · RT-U36A.PTZ  24. 4.01  8: 8      │ E ditor für ASCII-Files           │
│ · RT-U36B.PTZ   8.11.01  7:58      │ K ill (löschen)                   │
│ · RT-U37A.PTZ  20.11.02  7:26      │ M arken zurücknehmen              │
│ · RT-U37B.PTZ  20.11.02  7:33      │ P fad (Verzeichnis) wechseln      │
│ · RT-U37C.PTZ  19.11.01 10: 0      │ D IR-Suchmaske ändern             │
│ · RT-U46SN.PTZ 29.11.99 11:17      │ H auptmenü aufrufen               │
│ · RT-U46WN.PTZ 29.11.99 11:13      │                                   │
│                                    │                                   │
│                                    │                                   │
│                                    │ FILE - Zuordnung:                 │
│                                    │                                   │
│                                    │ *.PTB  -> Bode-Diagramm           │
│                                    │ *.PTN  -> Nyquist-Diagramm        │
│                                    │ *.PTZ  -> Zeitbereich             │
│                                    │ *.PHP  -> Plotter-File            │
│                                    │ *.PJD  -> Identifikations-File    │
│                                    │                                   │
├───────────────────────────────────┴───────────────────────────────────┤
│                  Bitte Befehls-Kürzel eingeben                        │
└─────────────────────────────────────────────────────────────────────┘
```

Bild 7.3　　　　Die Dateiverwaltung

Ein für die Dateiverwaltung angelegter Befehlssatz wird stets auf der rechten
Bildschirmhälfte angezeigt und ermöglicht einen direkten Zugriff auf die
DOS-Ebene im WINODWS-Fenster aus dem Programm SIMLER-PC heraus.

Zum Laden einer Grafik wird mit Hilfe des Cursor-Blocks das Pfeilsymbol auf
die Höhe des gewünschten Files gebracht. Dann wird mit der Leertaste der File
markiert und anschließend das Befehlskürzel <L> betätigt.

Zum Löschen eines Files wird dieser mit dem Pfeilsymbol angefahren, mit der
Leertaste markiert und dann das Befehlskürzel <K> eingegeben. Es erfolgt
dann nochmals eine Abfrage "File wirklich löschen", die mit <J> oder <N> zu
beantworten ist.

Wenn eine Grafik gespeichert werden soll, ist mit <ENTER> das
Pull-Down-Menü der Grafikbearbeitung anzuwählen. Geht man dort in die
Zeile für "speichern", befindet man sich sofort in der Dateiverwaltung (nicht
in der Internet-Version). Nun kann dem File mit Hilfe der Tastatur ein Name
zugeordnet werden, der maximal acht Zeichen haben darf. Der Punkt und die
Erweiterung (z.B. PTB) werden automatisch angefügt.

Soll das Verzeichnis gewechselt werden (es wird jeweils rechts oben angezeigt), ist das Befehlskürzel <P> einzugeben. Danach erfolgt mit der Tastatur und/oder dem Cursor-Block die Eingabe eines neuen Suchpfades. Nach Bestätigen mit <ENTER> wird das neue Verzeichnis aufgesucht, falls es existiert.

Soll nach anderen Files im gleichen Verzeichnis gesucht werden, ist das Befehlskürzel <D> für eine neue Suchmaske einzugeben. Danach erfolgt mit der Tastatur und/oder dem Cursor-Block die Eingabe einer neuen Suchmaske (z.B. *.P*). Nach Betätigen von <ENTER> werden die zu dieser Suchmaske passenden Files angezeigt, falls solche existieren.

7.1.3 Identifikation und Regler-Optimierung

Die Einstellung der optimalen Regler- und Führungsgrößen-Parameter erfolgt online am Bildschirm. Dabei werden die Strecken-Parameter als bekannt vorausgesetzt.

Identifikation:

Ist die Strecke nicht bekannt, kann die Identifikation anhand der gemessenen Sprungantwort durch Approximation vorgenommen werden. Dies ist unter Punkt fünf des Hauptmenüs "Übergangsverhalten" möglich. Als Hilfsmittel für die Identifikation kann man die drei ASCII-Files IDEN_1.PJD bis IDEN_3.PJD verwenden. Sie enthalten den für das Programm SIMLER-PC notwendigen Datenkopf und 1200 beispielhaft angegebene Grafikmeßwerte im REAL-Zahlen-Format. Diese Meßwerte sind durch die tatsächlich gemessene Übergangsfunktion zu ersetzen.

Werden weniger als 1200 Werte eingelesen, verläuft die Grafik danach automatisch auf der Null-Linie weiter. Außerdem sind an den mit Klartext gekennzeichneten Stellen der Ordinaten- und Zeitmaßstab einzugeben sowie gegebenenfalls die Gesamt-Verstärkung K_s.

Als Hilfsmittel für die Bearbeitung von Files kann der DOS-Editor der Dateiverwaltung benutzt werden. Im Menü 4 "Erläuterungen zeigen" ist die Anpassung eines Meßwert-Files näher beschrieben. Ist diese Anpassung erfolgt, kann der File geladen werden.

Besonders bei Kurven mit "Rauschen" oder "Brummen" ist es sinnvoll, eine Glättung der Meßwerte vorzunehmen. Dies kann innerhalb des weiteren Menüablaufs mit dem integrierten Glättungs-Algorithmus erfolgen. Ist die Glättung zufriedenstellend verlaufen, sollte der File unter einem neuen Namen als Identifikations-File umgespeichert werden. Er liegt aber auch nach jedem Glättungs-Durchlauf als IDEN_TEM.PJD vor.

Mit der Parameter-Eingabe des Programms kann man nun interaktiv eine Näherung an den gemessenen Graphen vornehmen. Dabei werden Identifikations-Hinweise eingeblendet, die die Strecke auf ein Modell bis vierter Ordnung mit/ohne Totzeit mit/ohne Allpaß reduzieren. In vielen Fällen sind diese Hinweise recht hilfreich.

Bei zufriedenstellender Übereinstimmung entsprechen dann die ermittelten Strecken-Parameter denen der gemessenen Übergangsfunktion (Sprungantwort). Für diese Parameter kann anschließend der optimale Regler gefunden werden.

Regler-Optimierung mit SIMLER-PC:

Als Hilfsmittel für die Regelkreis-Optimierung stehen dem Anwender fünf Regler-Typen (Bild 7.4) und sechs Strecken-Varianten (Bild 7.5) zur Verfügung. Die Anzahl dieser Modelle kann jedoch durch entsprechende Wahl der Einstellwerte fast beliebig erweitert werden(siehe auch Infotexte unter \Programme\SimlerPC\Simlerpc51\SIM*.DOC).

Einige Beispiele:

- Für $T_V=0$ wird aus einem PID- ein PI-Regler.
- Für $T_N \rightarrow \infty$ (Parameter-Eingabe 10 mal die 9) und $T_V=0$ wird aus dem PID- ein P-Regler.
- Für $T_{V1}=0$ und/oder $T_{V2}=0$ wird aus einem PD_2- ein PD- oder P-Regler.
- Mit den Beiwerten A, G und K kann der F_{Ra}-Regler als Filter-Regler u.a. für Allpaßstrecken oder als PDT_1-Regler eingesetzt werden.
- Die F_{Rt}-Wurzelrekursion benötigt keine Reglerparameter und regelt Parameterschwankungen selbsttätig aus, Patent des Autors: EP10166290.6-2206
- Mit den Beiwerten xt und dx_t können Drei- und Zweipunkt-Regler mit/ohne Hysterese erzeugt werden.
- Mit $X_S = \pm(0,1 - 10)$ kann die Stellgröße y des Reglerausgangs zusätzlich auf industriell reale Werte begrenzt werden. Bei $X_S > 10$ ist der Reglerausgang unbegrenzt.
- Durch Null setzen der zugehörigen Streckenzeitkonstante lassen sich PT_1-, PT_2- und PT_t-Strecken aus den Streckenmodellen eliminieren.

Für das bessere Verständnis der Regler-Algorithmen ist ihre Übertragungs- bzw. Übergangsfunktion jeweils rechts neben Reglersymbol aufgeführt. Außerdem werden bei der erstmaligen Parameter-Eingabe Einstellhinweise für den jeweils gewählten Regler in einem speziellen Fenster angezeigt (Tabelle 7.4).

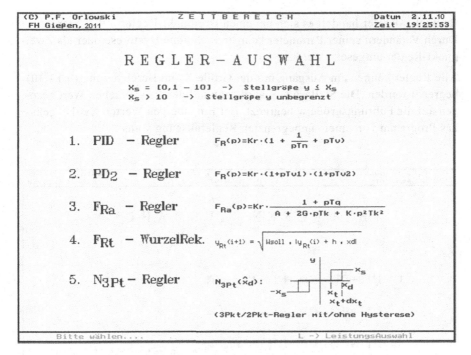

(C) P.F. Orlowski   Z E I T B E R E I C H   Datum 2.11.10
FH Gießen, 2011   Zeit 19:25:53

R E G L E R – A U S W A H L

$X_s = [0,1 - 10] \rightarrow$ Stellgröße y $\leq X_s$
$X_s > 10 \rightarrow$ Stellgröße y unbegrenzt

1. PID – Regler $F_R(p)=Kr \cdot (1 + \frac{1}{pTn} + pTv)$

2. PD$_2$ – Regler $F_R(p)=Kr \cdot (1+pTv1) \cdot (1+pTv2)$

3. F_{Ra} – Regler $F_{Ra}(p)=Kr \cdot \frac{1 + pTq}{A + 2G \cdot pTk + K \cdot p^2 Tk^2}$

4. F_{Rt} – WurzelRek. $y_{Rt}(i+1) = \sqrt{Wsoll \cdot |y_{Rt}(i)| + h \cdot xd|}$

5. N_{3Pt} – Regler $N_{3Pt}(\hat{x}_d)$:

(3Pkt/2Pkt-Regler mit/ohne Hysterese)

Bitte wählen....   L -> LeistungsAuswahl

Bild 7.4   Das Menü für die Auswahl des Reglers

Der klassische PID-Regler kann auf die bereits erwähnte Weise auch zu einem PI-, PD- oder P-Regler vereinfacht werden. Er wird quer durch die Antriebstechnik und Verfahrenstechnik eingesetzt.

Der PD$_2$-Regler ist in das Programm aufgenommen worden, weil sich mit ihm die sogenannte Aufhebungs-Kompensation sehr gut zeigen läßt. Er kann durch Nullsetzen seiner Zeitkonstanten natürlich auch als PD- oder P-Regler eingesetzt werden.

Der F_{Ra}-Regler ist in Anlehnung an Arbeiten von W. Leonhard /17/ entstanden und stellt einen Filter-Regler dar. Er ist besonders für die Regelung von Allpaß-Strecken geeignet. Er läßt sich durch Verändern seiner Koeffizienten A, G und K beispielsweise in den P-, PD-, PI-oder PIT$_1$-Regler umwandeln.

Die F_{Rt}-Wurzelrekursion ist ein Regelalgorithmus ohne jegliche Reglerparameter. Er regelt beliebige Strecken höherer Ordnung mit/ohne Totzeit und Allpaßverhalten völlig selbständig und eignet sich auch für Strecken mit schwankenden Parametern /85/.

Beim N_{3Pt}-Regler handelt es sich um einen Dreipunkt-Regler mit Hysterese. Durch Verändern seiner Parameter kann er auch ohne Hysterese oder als Zweipunkt-Regler eingesetzt werden.

Alle Regler können am Ausgang mit der Größe Xs im Bereich von ±(0,1 - 10) begrenzt werden. Die Stellgröße y wird dann auf den 0,1-10fachen Wert bezogen auf die Führungsgröße w begrenzt. Bei Eingabe von Werten Xs>10 geht das Programm von einem unbegrenzten Reglerausgang y aus.

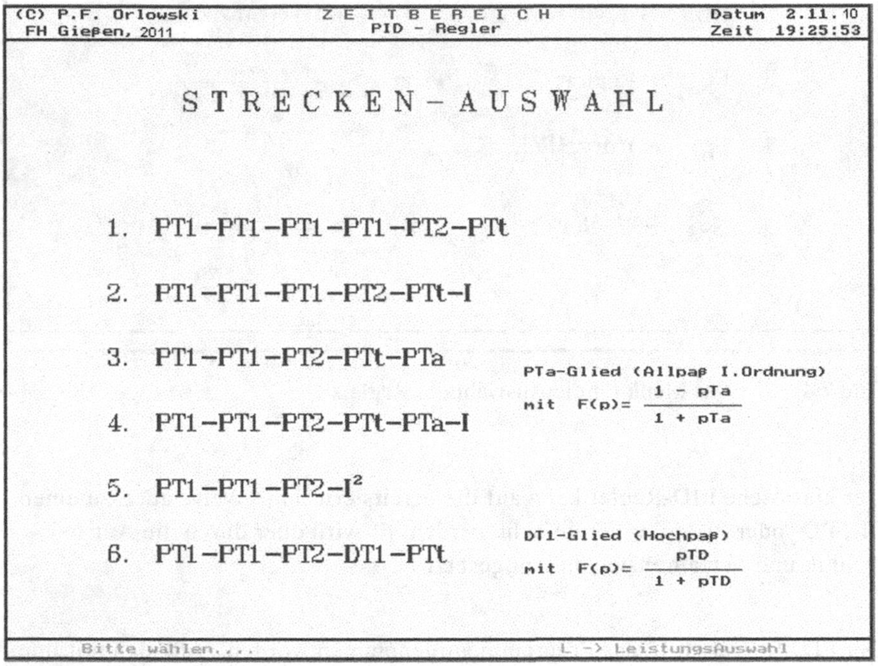

```
(C) P.F. Orlowski          Z E I T B E R E I C H            Datum  2.11.10
   FH Gießen, 2011              PID - Regler                 Zeit  19:25:53
```
```
           S T R E C K E N - A U S W A H L


          1.  PT1-PT1-PT1-PT1-PT2-PTt

          2.  PT1-PT1-PT1-PT2-PTt-I

          3.  PT1-PT1-PT2-PTt-PTa            PTa-Glied (Allpaß I.Ordnung)
                                                          1 - pTa
                                             mit  F(p)= ─────────
          4.  PT1-PT1-PT2-PTt-PTa-I                       1 + pTa

          5.  PT1-PT1-PT2-I²

                                             DT1-Glied (Hochpaß)
          6.  PT1-PT1-PT2-DT1-PTt                            pTD
                                             mit  F(p)= ─────────
                                                          1 + pTD

      Bitte wählen....                          L -> LeistungsAuswahl
```

Bild 7.5   Das Menü zur Auswahl des Streckentyps

7.1.4 Stabilitätsaussage

Die Berechnung der Stabilitätsaussage ist für alle drei Programmteile (BODE-Diagramm, NYQUIST-Diagramm, Übergangsverhalten) gleich und erfolgt nach dem vereinfachten Stabilitätskriterium von Nyquist mit den Gleichungen 5.5 bis 5.7.

Folgende Werte für die Stabilitätsaussage werden ermittelt und passend zum entsprechenden Simulationslauf in der Grafik angezeigt:

- kritische Frequenz ω_Z /Hz
- Amplitudenreserve (Amplitudenrand) Ar
- kritische Reglerverstärkung Kr_krit
- Durchtrittsfrequenz ω_d /Hz
- Phasenreserve (Phasenrand) α_R /Grad
- Statement: Regelung stabil / Stab.-Grenze / instabil

Anschließend erfolgt die Berechnung und Anzeige der An- und Ausregelzeit sowie der optimalen Regler-Parameter und (falls angewählt) der optimalen Führungsgrößenwerte für eine Fahrkurve.

7.2   Anwendungen

7.2.1   Das Bode-Diagramm

Nach der Wahl von Punkt drei in der Leistungsauswahl kann der Benutzer vom Hauptmenü aus ein neues Bode-Diagramm erstellen. Mit dem Anwählen des Punktes eins erscheint auf dem Bildschirm die Regler-Auswahl. Es kann unter fünf Reglertypen gewählt werden. Im dann folgenden Streckenmenü wird der zuvor gewählte Reglertyp im oberen Bildrahmen angezeigt.

Die Kürzel für die einzelnen Regelstrecken sind zum großen Teil allgemein bekannt. Nur der Allpaß 1. Ordnung (PTa) und der Hochpaß (DT_1) werden hier nochmals mit ihrer Übertragungsfunktion F(p) gezeigt.

PID-Regler und PT_1-PT_2-PTt-I-Strecke:

Im folgenden Beispiel wird angenommen, daß der Benutzer einen PID-Regler und den Streckentyp zwei gewählt hat (Bild 7.6). Mit dieser Konfiguration erfolgt dann die Parameter-Eingabe.

Damit sich der Anwender ein Bild von der Fehlerbehandlung des Programms SIMLER-PC machen kann, wurde hier einmal die Regler-Verstärkung Kr=0 gesetzt. Es erscheint dann etwa in der Bildmitte ein entsprechendes Fehlerfenster mit den notwendigen Korrekturhinweisen.

Im Bode-Diagramm ist aus didaktischen Gründen die Eingabe des Abszissenbeginns ω_A erforderlich. Dabei ist ω_A=0 (wegen lg0 $\to -\infty$) nicht möglich (siehe Gleichung 5.10). Hier wurde ω_A=0,01Hz gewählt.

Werden alle Parameter korrekt angegeben und mit <ENTER> bestätigt, erscheint sofort die Bildschirm-Grafik mit dem Bode-Diagramm der ersten Simulation (Bild 7.7).

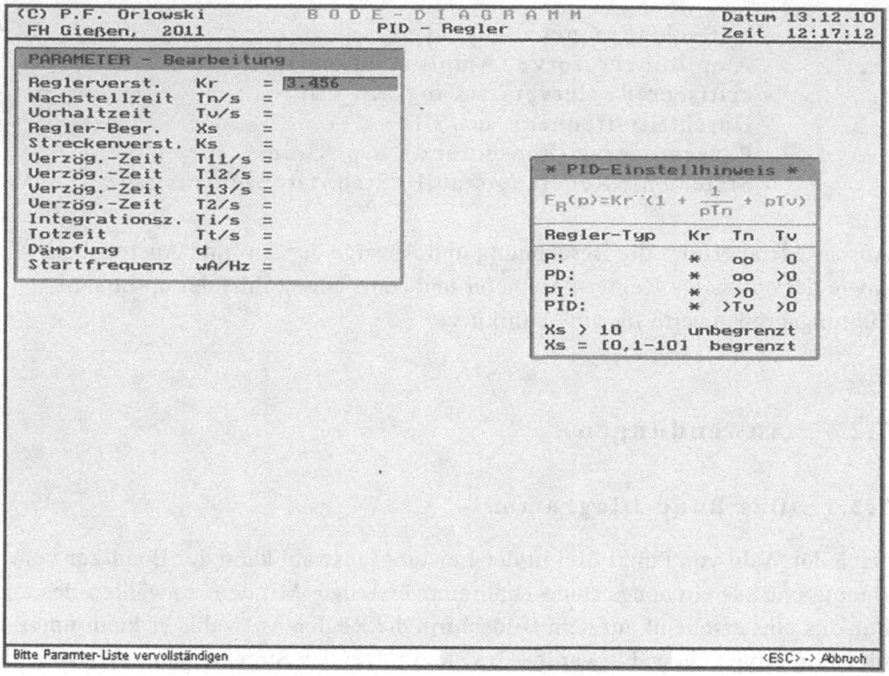

```
(C) P.F. Orlowski        B O D E - D I A G R A M M           Datum 13.12.10
   FH Gießen,  2011                PID - Regler              Zeit  12:17:12

 PARAMETER - Bearbeitung

 Reglerverst.     Kr   = │3.456            │
 Nachstellzeit    Tn/s =
 Vorhaltzeit      Tv/s =
 Regler-Begr.     Xs   =
 Streckenverst.   Ks   =
 Verzög.-Zeit     T11/s =                      ┌──────────────────────────┐
 Verzög.-Zeit     T12/s =                      │  * PID-Einstellhinweis *  │
 Verzög.-Zeit     T13/s =                      │                        1   │
 Verzög.-Zeit     T2/s =                       │ F (p)=Kr (1 +  ───  + pTv) │
 Integrationsz.   Ti/s =                       │  R             pTn         │
 Totzeit          Tt/s =                       │                            │
 Dämpfung         d    =                       │ Regler-Typ    Kr  Tn   Tv  │
 Startfrequenz    wA/Hz =                      │ P:            *   oo   0    │
                                               │ PD:           *   oo   >0   │
                                               │ PI:           *   >0   0    │
                                               │ PID:          *   >Tv  >0   │
                                               │                            │
                                               │ Xs > 10          unbegrenzt │
                                               │ Xs = [0,1-10]    begrenzt   │
                                               └──────────────────────────┘



 Bitte Paramter-Liste vervollständigen                          <ESC> -> Abbruch
```

Bild 7.6   Der Bildschirm bei Parameter-Eingabe

Im vorliegenden Beispiel wurde der PID-Regler zunächst willkürlich eingestellt und ergab eine instabile Regelung. Die zweite Simulation zeigt die Wirkung des Reglers bei vertauschten Regler-Parametern Tn und Tv sowie her-
abgesetzter Verstärkung. Es liegt nun eine stabile Regelung vor, die in der dritten Simulation mit Hilfe der Hinweise aus der Ergebnisliste optimal eingestellt
worden ist.

PID-Regler mit und ohne Begrenzung:

Ein weiteres Beispiel zeigt, wie sich im Bode-Diagramm Frequenzgangbetrag
und Phasengang eines Reglers (ohne Strecke) vergleichend darstellen lassen
(Bild 7.8). Bei dem gewählten PID-Regler wurden in der ersten und zweiten
Simulation die Parameter Tn und Tv vertauscht. Für Tn<Tv erhält man den
Frequenzgangbetrag einer Bandsperre.

Die dritte Simulation zeigt bei unveränderter Nachstell- und Vorhaltzeit die
Wirkung einer Regler-Begrenzung auf Xs =10 (20lg10 = 20dB). Auf die gleiche Weise lassen sich für Studienzwecke auch Bode-Diagramme einzelner Re-
gel-Strecken betrachten.

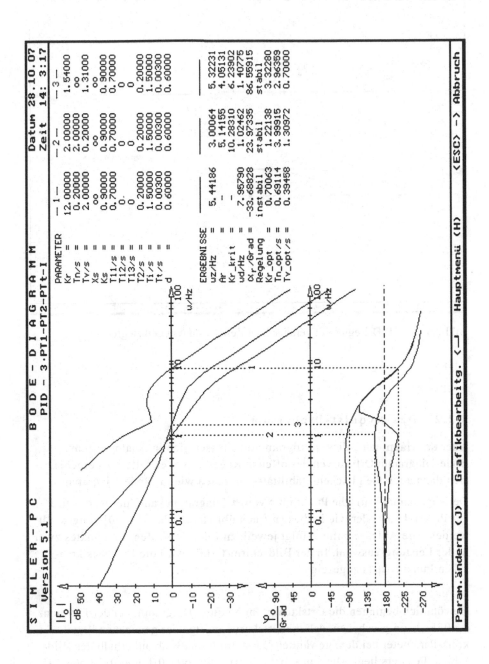

Bild 7.7   Regler-Einstellung bei einer PT₁-PT₂-PTt-I-Strecke

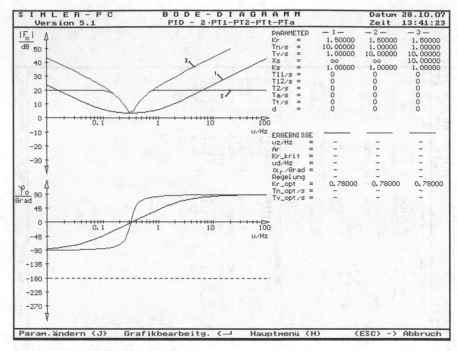

Bild 7.8   PID-Regler mit vertauschten Zeitkonstanten und Begrenzung

7.2.2   Das Nyquist-Diagramm

Über das Hauptmenü dieses Programmteils lassen sich in Analogie zum
Bode-Diagramm Ortskurven des offenen Regelkreises erstellen. Es ergeben
sich dann auch die gleichen Stabilitäts-Aussagen wie im Bode-Diagramm.

Der sogenannte kritische Punkt im Nyquist-Diagramm kann hier wahlweise
auf Pk = [-1;j0] oder wie in diesem Buch üblich auf Pk = [+1;j0] eingestellt
werden. Die Abfrage dafür erfolgt jeweils mit dem Aufrufen des Punktes zwei
in der Leistungsauswahl. In der Bildschirm-Grafik wird die Lage des kritischen Punktes stets angezeigt.

Gewöhnlich beginnen die Ortskurven im Nyquist-Diagramm bei der Frequenz
$\omega = 0$. Es kann geschehen, daß die Ortskurve infolge der gegebenen Regel-
kreis-Parameter bei dem gewählten Darstellungsmaßstab außerhalb des Bild-
schirm-Fensters liegt. Die Angabe der Werte Re[Fo(ω=0)] und Im[Fo(ω=0)]
in der Bildschirm-Grafik sind daher unerläßlich. Mit einer Maßstabs-Änderung
und/oder einer Koordinaten-Verschiebung ist dann die Ortskurve optimal
darstellbar.

Die Zahl der zu berechnenden Real- und Imaginärteile von $F_O(j\omega)$ wird durch
eine Vorabberechnung auf das gewählte Bildschirm-Fenster begrenzt. Dabei
gilt der Zusammenhang:

$$\frac{|F_0| \; - \; 1M0}{\text{Maßstabfaktor}} < 0$$

Auf diese Weise wird die Rechenzeit des Programms, besonders bei Ortskurven mit Totzeit, erheblich verkürzt. Während bei einer Maßstabsänderung alle
Ortskurven neu berechnet werden, ist dies bei einer Verschiebung des Koordi-
naten-Mittelpunktes nicht erforderlich.

PID-Regler und eine Strecke 4. Ordnung:

Im folgenden Beispiel soll eine Strecke mit PT_1-PT_1-PT_2-Verhalten mittels
PID-Regler optimal eingestellt werden (Bild 7.9). Die zunächst frei eingestellten Regler-Parameter haben bei dieser sehr schwach gedämpften Strecke eine
instabile Regelung zur Folge (erste Simulation).

Setzt man jedoch die in der Ergebnisliste nun vorliegenden Optimalwerte für
Tn und Tv ein, ergibt sich sofort eine stabile Regelung. Die Phasenreserve
beträgt nun ca. 67°.

An den Werten der Ergebnisliste läßt sich der vom Programm verfolgte Trend
bei der Optimierung ablesen. Die Regler-Verstärkung Kr sowie Tn und Tv
wurden hier verkleinert.

Als Folge des dabei ansteigenden Phasenrandes ist allerdings mit einer gerin-
gen Abnahme der Regeldynamik zu rechnen. Dies zeigt sich an der kleiner
werdenden Durchtrittsfrequenz ω_d .

Es bleibt dem Anwender überlassen weitere Simulationen zur Optimierung
vorzunehmen.

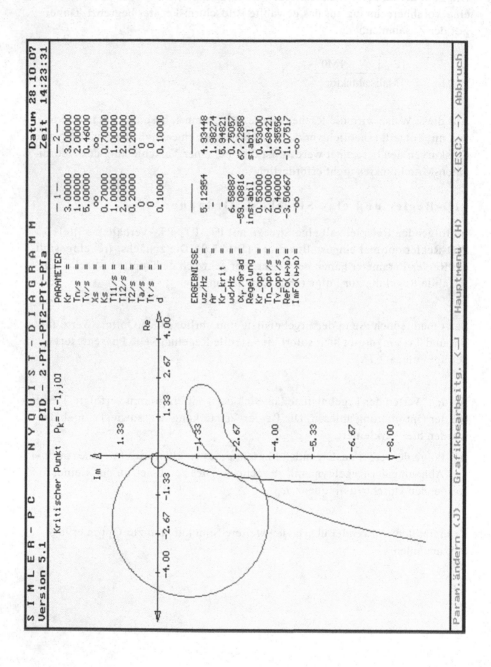

Bild 7.9   Optimierung eines PID-Reglers auf eine Strecke 4. Ordnung

7.2.3 Übergangsverhalten und Regleralgorithmen

Den sicherlich interessantesten Teil von SIMLER-PC bieten die Anwendungen im Zeitbereich. Das Übergangsverhalten einer Regelung kann hier auf verschiedenste Weise untersucht werden (Bild 7.10). Mit Hilfe des Verlaufs der Regelgröße $x(t)$ und der Stabilitätsaussage erfolgt die Modifikation und Optimierung von Regler und Fahrkurve.

Sowohl bei Führungs- als auch bei Störverhalten ist die Störfunktion

$$zS = A_{st} \cdot \cos\,(\omega_{st} T_{st}) \qquad (7.1)$$

einsetzbar. Sie kann wahlweise als Dauerstörung oder Impuls hinter dem Regler oder hinter der Strecke aufgeschaltet werden. Wird die Störfrequenz ω_{st} Null gesetzt, ergibt sich ein Störsprung der Amplitude A_{st}, andernfalls erhält man eine sinusförmige Störfrequenz, die zum Zeitpunkt T_{st} einsetzt. Auf diese Weise ist es möglich, in einem Graphen Führungs- und Störverhalten gleichzeitig zu betrachten. Zusätzlich kann während der Zeit der Störung eine Chaosfunktion aufgeschaltet werden. Bei einigen technischen Prozessen ist die Vorgabe einer gezielten Störfunktion sogar erwünscht.

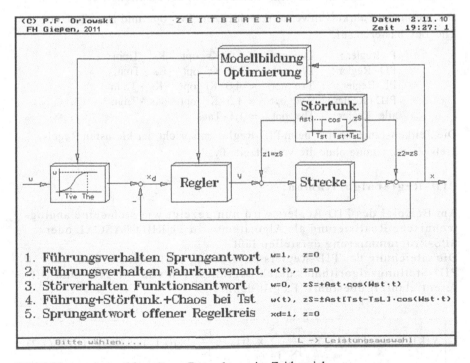

Bild 7.10   Auswahlmenü zur Betrachtung im Zeitbereich

Beispiele dafür sind hydraulische Anstellungen oder Positionieraufgaben mit Spindelantrieben, bei denen im Regelbereich Haftreibung vermieden werden soll. Man spricht in solchen Fällen häufig von der sogenannte dynamischen Schmierung. SIMLER-PC enthält für solche gezielten Störfunktionen ebenfalls eine Optimierung der Funktions-Parameter A_{st} und ω_{st} .

Als Sollwert bzw. Führungsgröße lassen sich folgende Funktionen verwenden:

- Einheitssprungfunktion
- Rampenfunktion mit Begrenzung
- Fahrkurve mit variabler Hochlauf- und Verschliffzeit.

Dabei kommt der Fahrkurve eine besondere Bedeutung zu. Sie trägt wesentlich zur Verbesserung des Übertragungsverhaltens einer Regelung bei, insbesondere bei Anfahr- und Bremsvorgängen für Folgeregelungen, bei Schienenfahrzeugen, Walzwerken und in der Fördertechnik. Für derartige Einsatzgebiete ist es sinnvoll, die Fahrkurve aus Parabel- und Geradenstücken zusammenzusetzen.

So kann beispielsweise bei einer Geschwindigkeitsregelung die zeitliche Ableitung der Fahrkurve direkt den Antrieben zur Berechnung der Beschleunigungsmomente zugeführt werden. Ähnliches gilt bei Positions-Regelungen.

Die optimalen Fahrkurvenwerte, Verschliffzeit Tve_opt und Hochlaufzeit The_opt, basieren auf:

$$
\begin{aligned}
\text{P - Regler:} \quad & \text{Tve\_opt} \approx 1{,}0 \cdot \text{Kr\_opt} \cdot \text{Ks} \cdot \text{Tmin} \\
\text{PD - Regler:} \quad & \text{Tve\_opt} \approx 1{,}5 \cdot \text{Kr\_opt} \cdot \text{Ks} \cdot \text{Tmin} \\
\text{PI - Regler:} \quad & \text{Tve\_opt} \approx 4{,}0 \cdot \text{Kr\_opt} \cdot \text{Ks} \cdot \text{Tmin} \\
\text{PID - Regler:} \quad & \text{Tve\_opt} \approx 1{,}5 \cdot \text{Kr\_opt} \cdot \text{Ks} \cdot \text{Tmin} * \\
\text{alle Regler:} \quad & \text{The\_opt} \approx 1{,}1 \cdot \text{Taus}
\end{aligned}
$$

Die Zeitkonstante Tmin* beim PID-Regler entspricht der kleinsten Regelkreis-Zeitkonstante ohne die Vorhaltzeit Tv.

PID-Regleralgorithmen:

Am Beispiel des PID-Reglers wird nun gezeigt wie sich seine analogtechnische Realisierung als Algorithmus in TURBO-PASCAL oder SPS-Programmierung darstellen läßt.
Die Gleichung des PID-Reglers (Gleichung 3.21) wird in den PID-Stellungsalgorithmus durch Digitalisieren von Integral- und Differentialanteil überführt. Es gilt dann:

$$
y(kT_z) = K_R \left\{ x_d(kT_z) + \frac{T_z}{T_N} \cdot \sum_{i=0}^{k} x_d(iT_z) + \frac{T_V}{T_z} \cdot [x_d(kT_z) - x_d(kT_z - 1)] \right\} \quad (7.2)
$$

Dieser sog. Stellungsalgortihmus läßt sich direkt als Funktionsblock in STEP 7 Software zur Programmierung von SPS (Speicher-Programmierbare-Steuerungen) der Simatic-7-Reihe abbilden /82/ (Bild 7.11 und Tabelle 7.1).

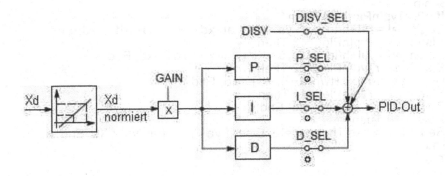

Bild 7.11   Blockschaltplan PID-Stellungsalgorithmus (P-, I-, D-Zuschaltung)

Tabelle 7.1   Funktionsblock PID-Stellungsalgorithmus für SPS

FUNCTION_BLOCK FB70   (*PID*)

(* xd(kTz)=XD xd(kTz-1)=XD1 *)

VAR_INPUT   (*Variablendefinition*)
  EIN: BOOL;
  P_SEL, I_SEL, D_SEL: BOOL;
  W, X: REAL;
  KR: REAL:=1.0; TN: REAL:=1.0;
  TV: REAL:=1.0; TZ: REAL:=1.0;

END_VAR

```
IF EIN = FALSE THEN  (*Programm des  FB70*)
  STG:=0.0;  XD1:=0.0;  XDSUM:=0.0;
  RETURN;
END_IF;
STG:=0.0;
XD:=KR*(W - X);
XDSUM:=XDSUM + XD;
STGI:=XDSUM*TZ/TN;
STGD:=TV/TZ*(XD - XD1);
XD1:=XD;
```

Die Programmierung in TURBO-PASCAL (entspricht dem Quelltext der Programmiersoftware *Delphi*) ist in Tabelle 7.2 für SIMLER-PC dargestellt. Dabei werden die Parameter Tn und Tv mit Flags (a2_rTyp[nPlot]) abgefragt und entschieden, ob der Benutzer einen PID-, PI-, PD- oder P-Regler eingegeben hat. Der Reglerausgang kann mit dem Parameter Xs im Bereich von $\pm(0{,}1 - 10)$ begrenzt werden. Die Eingabe Xs>10 bedeutet unbegrenzter Reglerausgang.

Tabelle 7.2   PID-Stellungsalgorithmus in TURBO-PASCAL

```
Procedure ya_PID(Var Kr,tn,tv,xd1,xd2,xd,yal,ya:Real);
Var      i,k : Integer;
Begin
h:=MAbszisse[nPlot]/nPunkt; (*Abszissenmaßstab/Punktzahl*)
If (a1<>5') Then
 Begin
  If a2_rTyp[nPlot]=14 Then
  Begin yal:=yal+h/tn*xd1; ya:=Kr*(yal+xd+tv/h*dxd); xd1:=xd; End
  Else If a2_rTyp[nPlot]=13 Then
  Begin yal:=yal+h/tn*xd1; ya:=Kr*(yal+xd); xd1:=xd; End
  Else If a2_rTyp[nPlot]=12 Then
  Begin ya:=Kr*(xd+tv/h*dxd); xd1:=xd; End
  Else If a2_rTyp[nPlot]=11 Then
  Begin ya:=Kr*xd; xd1:=xd; End;
  If Xs<=10 Then
  Begin If ya>=Xs Then ya:=Xs Else If ya<-Xs Then ya:=-Xs; End;
 End;
End;
```

Der Stellungsalgorithmus ist nicht rekursiv. Die zu berechnenden Werte können zu unerwünscht langen Rechenzyklen führen. Es bietet sich daher an, jeweils den Zuwachs (die zeitliche Änderung) der Stellgröße zu berechnen und diesen dem bereits ermittelten Wert aufzuaddieren. Man erhält so den sog. PID-Geschwindigkeitsalgorithmus, der eine rekursive Gleichung darstellt.

$$\boxed{y_a(kTz) = y_a(kTz\text{-}1) + \Delta y_a(kTz)} \qquad (7.3)$$

mit der Stellgrößenänderung

$$\Delta y_a(kTz) = K_R \cdot [x_d(kTz)(1 + \frac{Tz}{Tn} + \frac{Tv}{Tz}) - x_d(kTz\text{-}1)(1 + \frac{2Tv}{Tz}) + x_d(kTz\text{-}2)\frac{Tv}{Tz}]$$

und $y_a(kTz)$:   Stellgröße
      $\Delta y_a(kTz)$:   Zuwachs der Stellgröße
      $x_d(kTz)$:   Regeldifferenz
      K_R :   Regler-Verstärkung
      Tn :   Nachstellzeit
      Tv :   Vorhaltzeit
      Tz :   Rechenschrittweite bzw. Abtastzeit
      kT_z: Abtastzeitpunkt

Die Programmierung in TURBO-PASCAL ist in Tabelle 7.3 dargestellt. Bei der Realisierung muß der Grundalgorithmus jeoch erweitert werden, um Sättigungs- bzw. Informationsverlusteffekte beim Erreichen von Stellgliedbegrenzung zu vermeiden („Windup-Effekt").

Tabelle 7.3   PID-Geschwindigkeitsalgorithmus in TURBO-PASCAL

```
Procedure ya_PID(Var Kr,tn,tv,xd1,xd2,xd,ya:Real);
Var      i,k : Integer;
Begin
h:=MAbszisse[nPlot]/nPunkt; (*Abszissenmaßstab/Punktzahl*)
If (a1<>5') Then
 Begin
  If a2_rTyp[nPlot]=14 Then
  Begin
   xd:=w-x; dxd:=xd-xd1; dxd2:=xd-2*xd1+xd2;
   dy:=Kr*(dxd+h/tn*xd+tv/h*dxd2); xd2:=xd1; xd1:=xd; ya:=ya+dy;
  End;
  If Xs<=10 Then
  Begin If ya>=Xs Then ya:=Xs Else If ya<-Xs Then ya:=-Xs; End;
 End;
End;
```

Das Struktogramm des PID-Geschwindigkeitsalgorithmus zeigt Bild 7.12. Für den praktischen Einsatz sind, je nach Rechnerarchitektur der SPS, einige Bedingungen bezüglich der Minimal- und Maximalwerte sowie der Meßwertauflösung zu beachten.

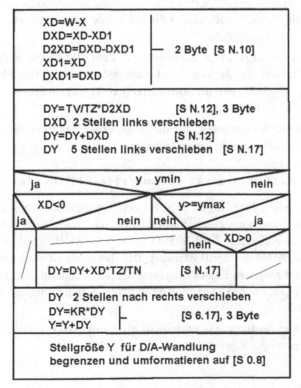

Bild 7.12   Struktogramm der PID-Geschwindigkeitsalgorithmus für SPS

Sprungantwort P-, PI- und PID-Regler:

Eine Regelstrecke 4. Ordnung mit Totzeit, deren Zeitkonstanten nahe beieinander liegen, soll mit den drei oben genannten Reglern auf ihr Führungsverhalten hin untersucht werden. Das Ergebnis dieses Vergleichs ist in Bild 7.13 dargestellt.

Die erste Simulation zeigt die Sprungantwort einer stabilen Regelung bei Verwendung des P-Reglers ($Tn = \infty$ und $Tv = 0$). Wie zu erwarten, ist eine bleibende Regeldifferenz

$$x_d(\infty) = w \cdot [\, 1 - \frac{Ko}{1 + Ko}\,] \qquad\qquad (7.4)$$

wegen des fehlenden Integralanteils in der Regelung unvermeidlich. Mit $w = 1$ (entspricht einem Führungsgrößensprung von 100%) und $Ko = Kr \cdot Ks = 1$ ergibt sich $x_d(\infty) = 0{,}5$.

Erst mit dem Integralanteil des PI-Reglers (zweite Simulation), für den hier $Tn = 3s$ gewählt wurde, verschwindet die bleibende Regeldifferenz bei einer Ausregelzeit von $Taus = 40{,}8s$.

Wesentlich bessere Ergebnisse lassen sich mit dem PID-Regler erzielen (dritte Simulation), für den $Tn = 3s$ und $Tv = 1s$ eingestellt wurde. Der Phasenrand steigt auf $\alpha_R = 54{,}383°$ und die Ausregelzeit sinkt wegen der nachlassenden Schwingung auf $Taus = 10{,}55s$.

Es sei noch darauf hingewiesen, daß die Begrenzung des Reglerausgangs hier stets auf $Xs = \infty$ (unbegrenzt) eingestellt war.

Fahrkurvenantwort nicht optimierter PID-Regler:

Ein frei eingestellter PID-Regler wird auf eine totzeitbehaftete, schwingungsfähige Strecke 3. Ordnung geschaltet. Es soll das Führungsverhalten mit Hilfe einer Fahrkurve verbessert werden (Bild 7.14). Für $Tve = The = 0$ erhält man in der ersten Simulation die Sprungantwort. Die Regelung ist zwar stabil, zeigt jedoch einen sehr starken Einschwingvorgang. Setzt man nun die Fahrkurven-Parameter ein, die nahe bei den Optimalwerten liegen, ist die Schwingung völlig gedämpft.

Es zeigt sich hier deutlich, wie vorteilhaft die Fahrkurve eingesetzt werden kann, ohne direkt eine Regler-Optimierung vorzunehmen.

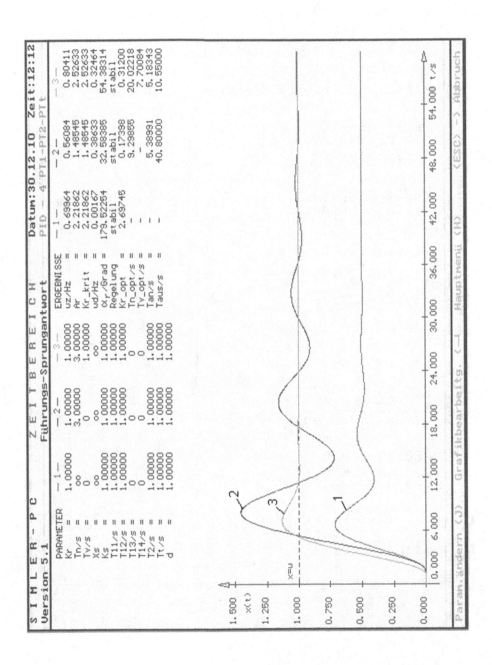

Bild 7.13   Sprungantwort von P-, PI- und PID-Regler im Vergleich

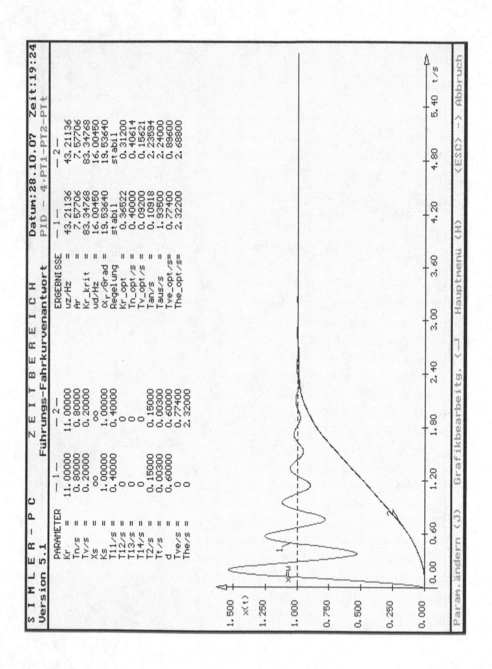

Bild 7.14 Nicht optimierter PID-Regler mit optimaler Fahrkurve

Störsprung nach der PT_3-Strecke:

Aus Bild 7.10 ist zu ersehen, daß die Störfunktion vor oder nach der Regelstrecke aufgeschaltet werden kann. Der jeweils gewählte Störeingriff wird dem Benutzer in der Grafik als z1 oder z2 angezeigt.

In Bild 7.15 ist die Störsprungantwort einer Strecke dritter Ordnung für den P-, PI- und PID-Regler dargestellt. Die gewählte Störfunktion entspricht wegen $\omega_{st} = 0$ einem Störsprung der Amplitude $A_{st} = 1$ (entspricht 100%).

Aus der ersten Simulation ist ersichtlich, daß die Störung ohne einen I-Anteil im Regler nicht beseitigt werden kann. Erst beim PI- und PID-Regler wird der Störsprung nach ca. 150s eliminiert. Auf eine Regler-Optimierung wurde hier verzichtet. Die hier frei eingesetzte Vorhaltzeit von Tv=2s bringt keine signifikante Verbesserung des Übergangsverhaltens.

Fahrkurvenantwort + Störung bei t=Tst:

Die meisten Simulations-Programme lassen nur die getrennte Untersuchung verschiedener Führungsgrößen und des Störverhaltens zu. Hier nun ein Beispiel für das Führungsverhalten bei Vorgabe einer Fahrkurve und dem Aufschalten einer Störfunktion zur Zeit t=Tst einschließlich der Optimierung von Regler und Fahrkurve (Bild 7.16).

Es wird angenommen, daß es sich um eine Positions-Regelung handelt. Zunächst wird für die PT_1-PT_2-PTt-I-Strecke ein PD-Regler mit Kr=5 und Tv=0,8s gewählt, sowie die Fahrkurve frei auf Tve=0,2s und The=1s eingestellt. Dazu kommt ein Störsprung am Ende des Reglers (zS=z1) mit der Amplitude Ast=0,2 nach Tst=30s.

Die Übergangsfunktion schwingt in der ersten Simulation unzulässig stark über und die aufgeschaltete Störung wird wegen des fehlenden Integralanteils im Regler nicht ausgeregelt. Setzt man nun die optimierten Regler-Parameter und die optimalen Fahrkurvenwerte ein, verschwindet jede Schwingung beim Hochlauf der Regelgröße. Der nach 30s einsetzende Störsprung hat wegen des I-Anteils im Regler nun einen abklingenden Verlauf.

In der dritten Simulation ist auch eine optimierte sinusförmige Störfunktion von $\omega_{st} = 12,3$Hz aufgeschaltet worden. Im vorliegenden Beispiel soll diese Störfunktion den Haftreibungsbereich eines Spindelantriebs vermeiden helfen, der zur Positionierung eingesetzt wird. Für einen verbesserten Vergleich der Störfunktionen wurde die dritte erst nach 48s aufgeschaltet. Bei sprunghafter und sinusförmiger Störfunktion (zweite und dritte Simulation) erhält man die gleiche Regeldynamik für Führungsverhalten. Es wird jedoch durch die dauernd aufgeschaltete 12,3Hz-Schwingung Haftreibung vermieden und die Störamplitude verschwindet.

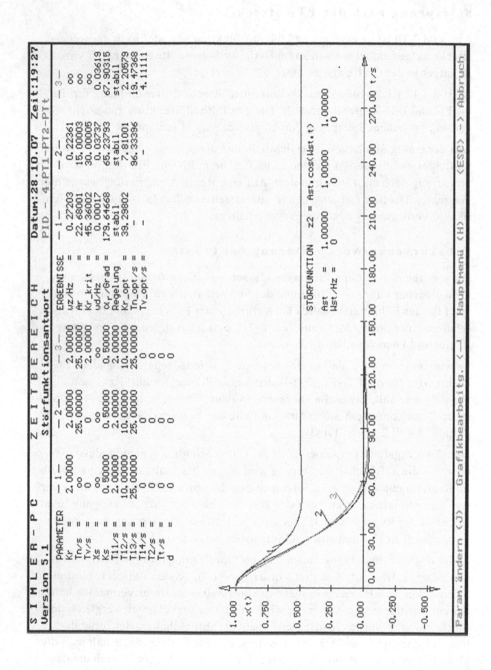

Bild 7.15   Störsprung nach der Strecke bei drei Reglertypen

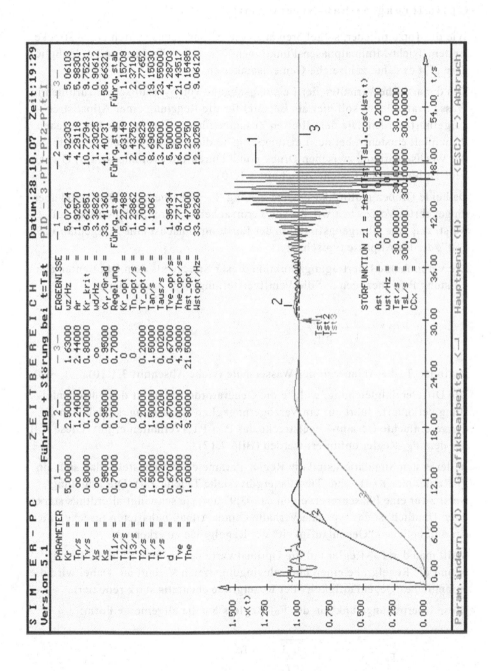

Bild 7.16   Optimierung von PID-Regler, Fahrkurve und Störfunktion

Optimierung Allpaß-Strecke mit F_{Ra}-Regler:

Wie die Totzeitglieder, so gehören auch die Allpaßeigenschaften einer Strecke zu den "Nicht-Minimalphasen-Funktionen". Zwischen Totzeit- und Allpaßgliedern gibt es daher zahlreiche Gemeinsamkeiten.

Das dynamische Verhalten der Leistungsabgabe von hydraulischen Turbinen in Wasserkraftanlagen soll hier als Beispiel für die Regelung einer Allpaßstrecke aufgeführt werden. Die detaillierten Zusammenhänge sind in /64/ beschrieben. Prinzipiell entstehen bei der Leistungsabgabe die Allpaßeigenschaften infolge der Wechselwirkung zwischen Druck p und Durchfluß (Volumenstrom) Q vor dem Turbineneinlauf (siehe Abschnitt 3.1.10).

Da beide Größen multiplikativ zur Leistung P_T beitragen, der Druckstoß aber umgekehrtes Vorzeichen wie die ihn verursachende Durchflußänderung aufweist, zeigt die Übergangsfunktion der Leistung zunächst eine "Gegenläufigkeit", die für Allpässe typisch ist.

Die vereinfachte Übertragungsfunktion dieser Strecke als dem Quotienten aus Leistung $P_T(p)$ bezogen auf die Ventilverstellung $y(p)$ lautet dann:

$$F(p) = \frac{1 - p\,T_a}{1 + p\,T_a}$$

Darin ist T_a die Anlaufzeit der Wassersäule (siehe Abschnitt 3.1.10).

Die Differentialgleichung, welche die Generatordrehzahl mit der Turbinenleistung verknüpft, führt auf ein Verzögerungsglied 1. Ordnung, so daß sich für die vereinfachte Gesamt-Regelstrecke das PTa-PT$_1$-Verhalten ergibt. Diese soll mit dem F_{Ra}-Regler optimiert werden (Bild 7.17).

In der ersten Simulation sind die Regler-Parameter so eingestellt, daß sich ein PI-Regler mit Kr=1 und Tn=19s ergibt (siehe Tabelle 7.4). Die Regelung weist zwar eine Phasenreserve von ca. 43,9° auf, sie schwingt allerdings stark über. Deutlich ist das typische Verhalten einer Allpaß-behafteten Strecke, mit der anfänglichen "Gegenläufigkeit" der Regelgröße zu erkennen.

Stellt man den F_{Ra}-Regler auf die Optimalwerte der zweiten Simulation ein, nimmt die Regelgröße einen überschwingungsfreien Verlauf an. Dabei wird die anfängliche "Gegenläufigkeit" der Regelgröße ebenfalls stark reduziert.

Diese Übertragungsfunktion des F_{Ra}-Reglers hat die allgemeine Form:

$$F_{Ra}(p) = \frac{1 + p\,T_k}{A + 2\,G\,p\,T_k + p^2\,T_k^2} \qquad (7.5)$$

In Bild 7.17 wurden A=0 und G=K=1 gesetzt.

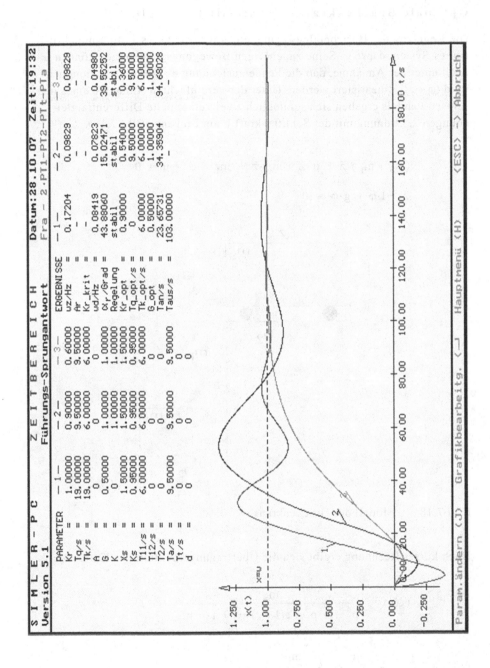

Bild 7.17 Allpaß-PT$_1$-Strecke mit F$_{Ra}$-Regler

Optimale Brückenkranregelung mit F_{Ra}-Regler:

Die Regelung der Horizontalbewegung eines Brückenkrans stellt ein nichtlineares System dar /63/. Seine zugehörigen Bewegungsgleichungen können jedoch unter der Annahme, daß die Pendelauslenkung als gering angenommen wird ($\varphi \ll 1$), linearisiert werden. Unter der vereinfachten Annahme eines masselosen Pendels ergeben sich schließlich zwei verkoppelte Differentialgleichungen 2. Ordnung mit der Schlittenkraft F am Eingang (Bild 7.18).

$$(m_S + m_L) \cdot \ddot{z} + \mu \cdot \dot{z} + m_L \cdot \dot{z} + m_L \cdot l \cdot \ddot{\varphi} - u = 0$$

$$\ddot{z} + l \cdot \ddot{\varphi} + g \cdot \varphi = 0$$

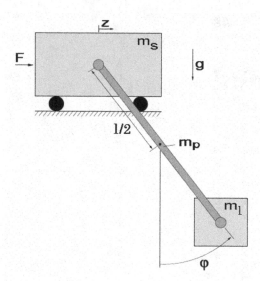

Bild 7.18   Modell des Brückenkrans

Nach kurzer Rechnung ergibt sich die Übertragungsfunktion des Kranmodells.

$$F_S(p) = \frac{\dfrac{a}{m_S}}{p^4 + b \cdot p^3 + a(1+c) \cdot p^2 + a \cdot b \cdot p}$$

mit $a = \dfrac{g}{l}$; $b = \dfrac{\mu}{m_S}$; $c = \dfrac{m_L}{m_S}$

Führt man die in /63/ eingesetzten konkreten Werte ein, läßt sich die Übertragungsfunktion auf die Form bringen:

$$F_S(p) = K_S \frac{1}{pT_i\,(1+pT_{11})(1+2dpT_2+p^2T_2^2)}$$

Darin ist K_S=0,0001666 ; T_i=1s ; T_{11}=1s ; T_2=0,4472s ; d=0,4472

In /63/ werden verschiedene Regleransätze vorgestellt. Der F_{Ra}-Regler zeigt jedoch für die getroffenen Annahmen bzw. Linearisierungen bei Führungs- und Störverhalten bessere Ergebnisse (Bild 7.19).

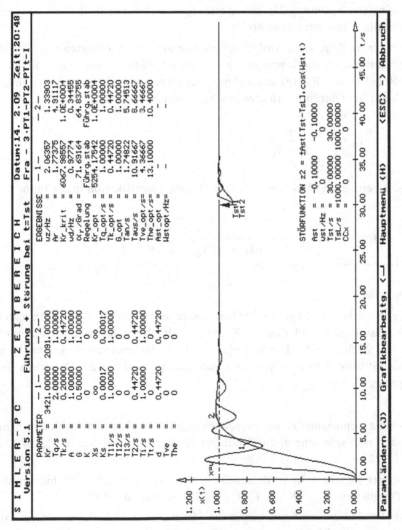

Bild 7.19   Optimierte Regelung eines Brückenkrans mit F_{Ra}-Regler

Optimierung einer Kaskadenregelung:

Es soll die in Bild 7.20a dargestellte Regelung für einen Gleichstromantrieb optimal eingestellt werden. Es handelt sich um eine Drehzahlregelung mit unterlagertem Ankerstromregelkreis.

Der Ankerkreis enthält den totzeitbehafteten Stromrichter (T_t=2ms) und ein PT_1-Glied mit der Ankerkreiszeitkonstanten T_A=0,22s, sowie einen Tiefpaß für die Glättung des Ankerstromistwertes (T_{12}=10ms). Setzt man eine konstante Erregung Φ_H voraus und nimmt weiter an, daß der Drehzahleinfluß auf die induzierte Spannung U_i gering ist, ergibt sich der in Bild 7.20b dargestellte Ankerstromregelkreis.

Dieser innere Regelkreis wird üblicherweise mit einem unbegrenzten PI-Regler eingestellt. Für die Umrechnung des inneren Regelkreises in eine Ersatz-Regelstrecke $F_H(p)$ des äußeren Regelkreises ist folgende Bedingung zu beachten. Bei Führungsverhalten gilt bekanntlich:

$$F_w(p) = \frac{F_0(p)}{1 + F_0(p)}$$

Diese Übertragungsfunktion muß sich für eine Identifikation in die Form

$$F_w(p) = F_H(p) = \frac{1}{1 + pT_1 + p^2T_2^2 + \cdots + p^nT_n^n} \qquad (7.6)$$

bringen lassen.

Im Falle der hier vorliegenden Ankerstromregelung gelingt dies, wenn man für die Nachstellzeit des PI-Reglers T_{N1}=T_A wählt. Die zugehörige Simulation ist in Bild 7.21 dargestellt. Die Sprungantwort des Ankerstromregelkreises ist nun als Identifikations-File zu speichern und anschließend von der Dateiverwaltung aus zu laden.

Durch die Approximation der geladenen Grafik mit Hilfe der Parameter-Eingabe erhält man sehr schnell die Parameter der Ersatz-Regelstrecke $F_H(p)$ (Bild 7.22).

Die Ersatz-Regelstrecke ist demnach ein Verzögerungsglied 2. Ordnung mit den Parametern $K_S = K_H = 1$, $T_2 \approx 0,021$ s und $d \approx 0,85$.

Diese Werte übernimmt man nun in die Simulation des überlagerten Drehzahlregelkreises (Bild 7.24).

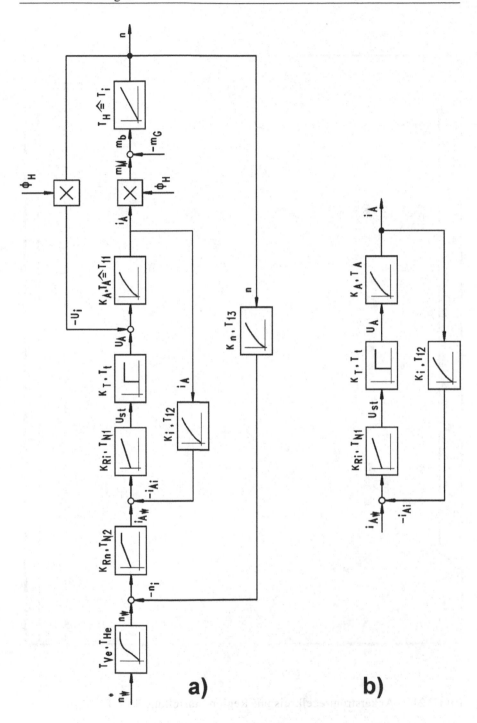

Bild 7.20 Drehzahlregelung mit unerlagertem Ankerstromregelkreis

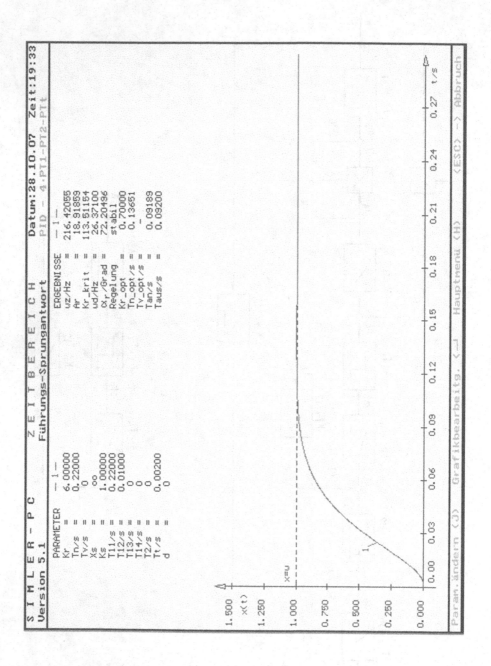

Bild 7.21　　Ankerstromregelkreis mit Regler-Einstellung $T_{N1}=T_A=T_{11}$

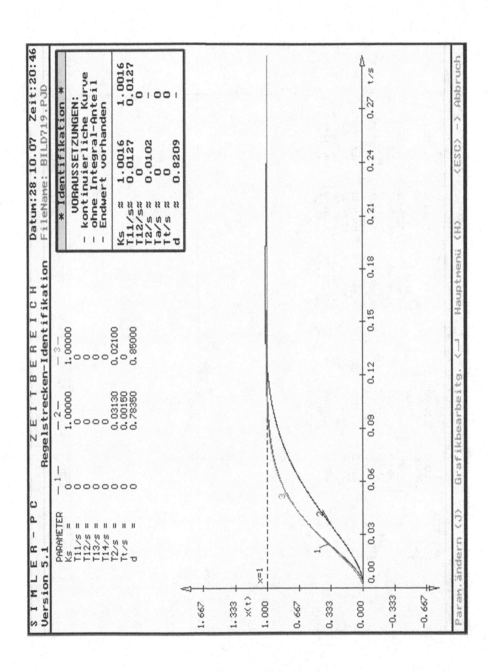

Bild 7.22   Optimerter Ankerstromregelkreis als PT$_2$-Strecke identifiziert

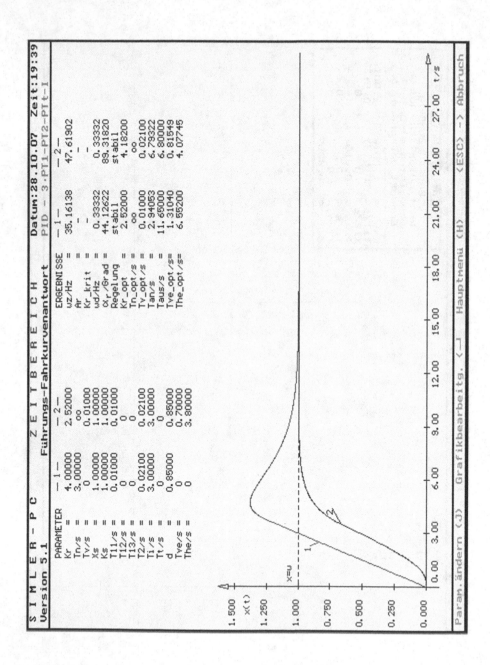

Bild 7.23   Optimierung des Drehzahlregelkreises

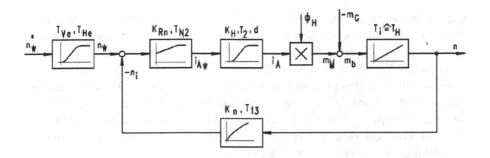

Bild 7.24   Drehzahlregelkreis einschließlich der Ersatz-Regelstrecke $F_H(p)$

Mit zwei weiteren zulässigen Vereinfachungen (siehe Bild 7.20b)

$$e^{-pT_t} \approx \frac{1}{1+pT_t} \qquad \text{sowie} \qquad \frac{1}{(1+pT_{12})(1+pT_t)} \approx \frac{1}{1+pT_K}$$

läßt sich der Ankerstromregelkreis auch rechnerisch in eine Ersatz-Regelstrekke umwandeln. Man erhält dann mit $T_K \approx T_{12}+T_t$

$$F_w(p) = F_H(p) \approx \frac{1}{1 + p\dfrac{T_A}{K_0} + p^2 \dfrac{T_A T_K}{K_0}} \quad .$$

Damit der Ankerstrom-Regler nicht an die Stellgrenze geht, wird der zunächst gewählte PI-Drehzahl-Regler mit der Begrenzung Xs=1 (Begrenzung auf 100% von y) versehen. Außerdem soll die optimale Fahrkurve ermittelt werden.

Die Sprungantwort des Drehzahl-Regelkreises ist in Bild 7.23 aufgezeigt (erste Simulation). Setzt man nun in der zweiten Simulation die Regler-Parameter für einen PD-Regler ein und benutzt die optimalen Fahrkurven-Parameter, ergibt sich eine für Führungsverhalten sehr gut eingestellte Kaskadenregelung.

Einstellwerte PID-Regler im Vergleich:

Die Einstellwerte für den Regler nach Ziegler, Nichols sollen mit denen von
SIMLER-PC anhand eines Beispiels bei Führung und Störung verglichen werden. Die Stellgröße soll jeweils auf Xs=1,36 begrenzt werden. Es liegt eine
vereinfachte Positionsregelung mit Scheibenläufermotor vor. Der Motor hat
eine Hochlaufzeit (Integrationszeitkonstante) von Ti=0,03s. Die schwingungsfähige Mechanik wird als Verzögerungsglied zweiter Ordnung mit T_2=0,02s
und einer Dämpfung von d=0,5 dargestellt. Die Meßwerterfassung der Position soll durch ein Tiefpaßfilter mit T_{11}=0,05s entstört werden. Die Gesamtverstärkung der Regelstrecke soll K_S=1 betragen.

Die Einstellwerte nach Ziegler, Nichols basieren bekanntlich auf der kritischen
Regler-Verstärkung K_{r_krit} (bei Verwendung eines P-Reglers) und der zugehörigen kritischen Zeitkonstante T_{krit}. Dazu wird die Regelstrecke mit einem
P-Regler in Dauerschwingung versetzt. Wie in Bild 7.25 dargestellt, erhält
man bei einer willkürlich eingestellten Verstärkung (erste Simulation) aus der
Ergebnisliste die gesuchte Verstärkung K_{r_krit}=1,19388 und kann sie in die
zweite Simulation einsetzen. Die Zeitkonstante T_{krit} kann direkt am Bildschirm
bestimmt werden. Mit Hilfe des Abszissen-Fahrstrahls fährt man zum ersten
Maximum der Dauerschwingungsperiode und drückt <INS>, dann zum nächsten Maximum und drückt <DEL>. Im Bildschirmfenster wird dann
dt / s ≈ T_{krit} angezeigt. Aus der kritischen Frequenz ω_Z der Ergebnisliste läßt
sich T_{krit} exakt ermitteln. Es ergibt sich dann $T_{krit} = 2\,\pi\,/\,\omega_z = 0,2351s$. Nach
Ziegler/Nichols erhält man damit folgende Regler-Einstellwerte:

$$K_R = 0,45 \cdot K_{r\_krit} = 0,5372$$
$$T_N = 0,83 \cdot T_{krit} = 0,1951s \qquad \text{(PI-Regler)}$$

$$K_R = 0,6 \cdot K_{r\_krit} = 0,7163$$
$$T_N = 0,5 \cdot T_{krit} = 0,1175s$$
$$T_V = 0,125 \cdot T_{krit} = 0,0294s \qquad \text{(PID-Regler)}$$

Die ersten zwei Simulationen (Bild 7.26) zeigen, daß die PI- und PID-Reg-
ler-Einstellung nach Ziegler, Nichols ungeeignet ist. Zur Regler-Einstellung
mit SIMLER-PC werden die optimalen Zeitkonstanten der ersten Simulation
beibehalten und die Reglerverstärkung der dritten Simulation benutzt:

$$K_{r\_opt} = 1,0$$
$$T_{n\_opt} = 0,23459s$$
$$T_{v\_opt} = 0,02s \qquad \text{(PID-Regler)}$$

Verwendet man zusätzlich die optimierte Fahrkurven-Einstellung, läßt sich
insgesamt ein sehr gutes Führungsverhalten (ohne Überschwingen) sowie ein
passables Störverhalten erzielen.

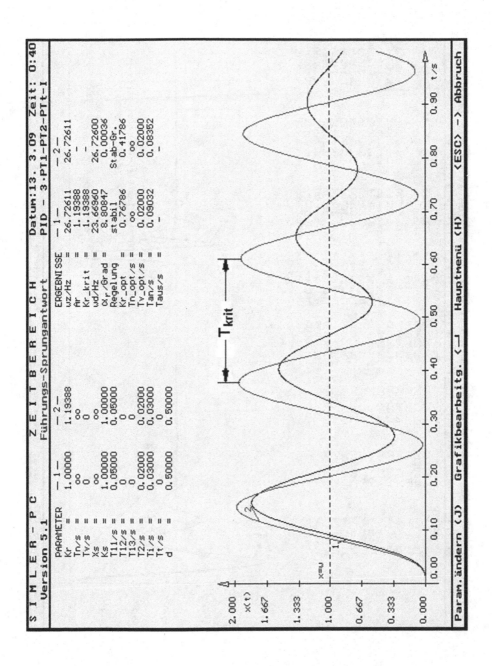

Bild 7.25   Ermitteln von K_{r_krit} und T_{krit}

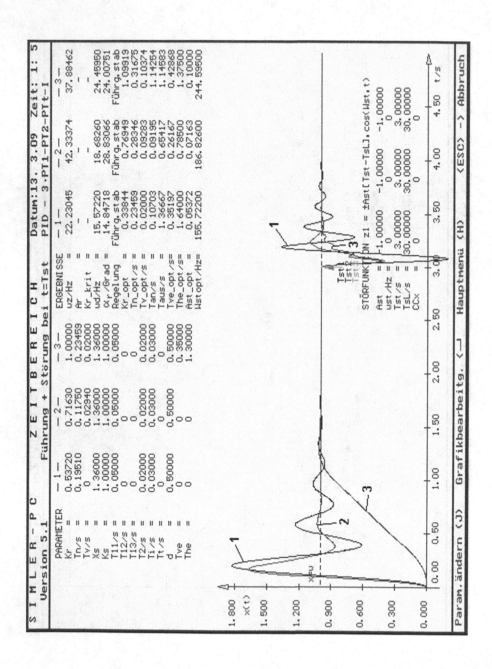

Bild 7.26   Regler-Parameter im Vergleich bei Führung und Störung

Regleralgorithmus F_{Rt}-Wurzelrekursion:

Der Regleralgorithmus besteht aus einer rekursiven Wurzelfunktion (für Strecken mit Ausgleich). Es sind **keine Reglerparameter** erforderlich. Er paßt sich selbständig auch veränderlichen Streckenparametern an (Patent des Autors: EP10166290.6-2206). Die Gewichtung h wird als Festwert (h=0,001 - 1 , empfohlen) oder adaptiv eingegeben. Eine Variante des Patentes stellt die Gleichung 7.7 dar.

$$y(i+1) = \sqrt{w \cdot |y(i)/Ks + h \cdot x_d|} \quad \text{Strecken mit Ausgleich} \tag{7.7}$$

$$y(i+1) = w^2 - w\,|y(i)\cdot K_S + h\cdot x_d| \quad \text{Strecken ohne Ausgleich}$$

Dieser Algorithmus ist dem klassischen PID-Regler in vielen Fällen überlegen, besonders dann, wenn es sich um sehr stark schwingende Prozesse handelt. Dazu ein Beispiel, bei dem eine sehr schwach gedämpfte Strecke 4. Ordnung mit Totzeit auf Führung und Störimpuls am Ende der Strecke geregelt werden soll (Bild 7.27). Der PID-Regler kann nur mit einer Verstärkung $K_r<1$ eingestellt werden, sonst ergibt sich ein zu starkes Schwingen. Dann reagiert die Regelung jedoch sehr langsam. Dies ändert sich mit der F_{Rt}-Wurzelrekursion (Bild 7.28 oben). Selbst eine Veränderung der Zeitkonstanten T_2 und der Dämpfung d (hin zu stärkerer Schwingungsneigung) in der Simulation mit MATLAB Simulink (Bild 7.28 unten) kann die Stabilität nicht gefährden. Die Regelung zeigt in beiden Fällen besseres Führungs- und Störverhalten.

Einziger Nachteil der Wurzelrekursion ist, daß ein Störimpuls am Ende der Strecke vom Regelalgorithmus adaptiert wird (als zum System gehörig angenommen wird) und somit auf meßtechnische Weise eliminiert werden muß. Die Wurzelrekursion spiegelt auch die wirksamen Regleralgorithmen biologischer Systeme wider, die bekanntlich ohne die Einstellung von Reglerparametern auskommen und aus sich selbst funktionieren. Ebenso lassen sich mit dem Algorithmus philosophisch-religiöse Grundaussagen erklären /86/.

Aufgabe 7.1

Mit Hilfe der Identifikationshilfsmittel von SIMLER-PC sind die Parameter einer unbekannten Strecke (File IDEN36-3.PJD , Download von SIMLER-PC) zu ermitteln und ein passender Regler zu finden.

Aufgabe 7.2

Woher kommst Du, wer bist Du, wohin gehst Du? /86/

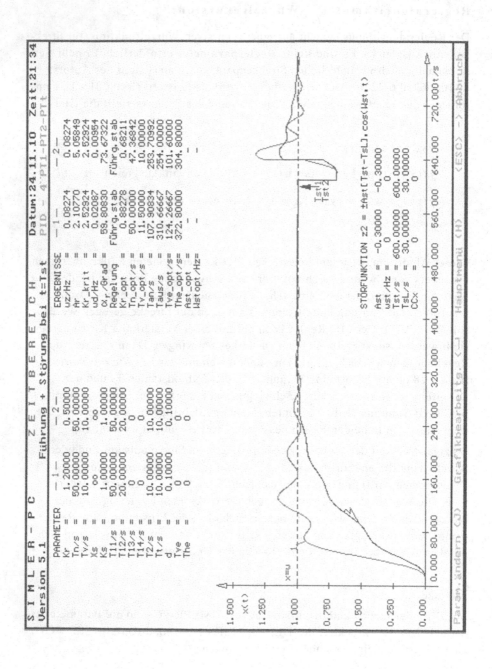

Bild 7.27   Der PID-Regler für eine stark schwingende Strecke 3. Ordnung

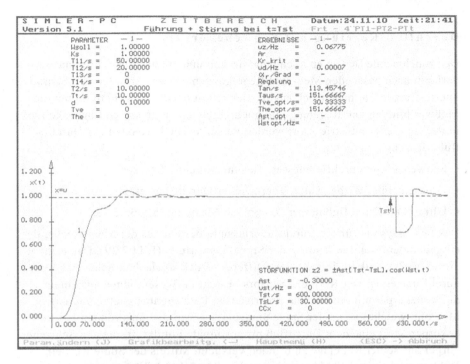

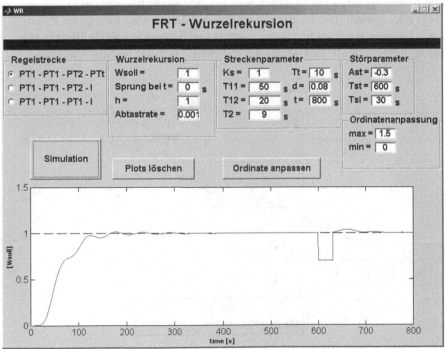

Bild 7.28   Die F_{Rt}-Wurzelrekursion bei stark schwingender Strecke
             a) SIMLER-PC und b) MATLAB Simulink u. stärkerer Schwingung

Durchfluß-Regelung mit Schwebekörper:

Der zunehmende Bedarf an hochdynamischen und präzisen Durchflußmessern
verlangt nach passenden Meß- und Regelkonzepten. Die Arbeiten von Schrag
und Haflinger /58/ haben sich ausführlich damit befaßt. Es geht darin um die
Meßwertbildung und Regelung von hochreinen und aggressiven Flüssigkeiten
in der Halbleiterindustrie. Dort werden verschiedene Methoden zur Durchflußerfassung eingesetzt.

- Schwebekörperdurchflußmesser, Turbinendurchflußmesser
- Drosselgeräte, Wirbelzähler, Thermischer Durchflußmesser
- Ultraschall-Durchflußmesser, Karyolyse-Massedurchflußmesser

Das Sensorsystem für die Durchflußerfassung besteht aus der Messstrecke, der
eingebetteten Elektronik sowie der Signalauswertung (Bild 7.29). Das Prinzip
dieser Meßtechnik basiert auf dem Differenzdruck sowie dem Schwebekörperdurchflußmesser. Der Kern des Sensors besteht im Wesentlichen aus einem
Schwebekörper mit einem axial polarisierten Permanentmagneten und einem
Meerohr, welches von einer Spule umgeben ist. Auf den umströmten Schwebekörper wirkt eine dem Durchfluß proportionale Fluidkraft, die den Schwebekörper aus seiner Ruhelage zu bringen versucht. Mittels der Spule wird ein
elektromagnetisches Feld erzeugt, welches den Schwebekörper entweder an-
zieht oder abstößt. Die Position des Schwebekörpers wird über einen Regelkreis konstant gehalten und somit kann aus dem durch die Spule fliessenden
Strom die Fluidkraft, und daraus der Durchfluß Q exakt bestimmt werden.

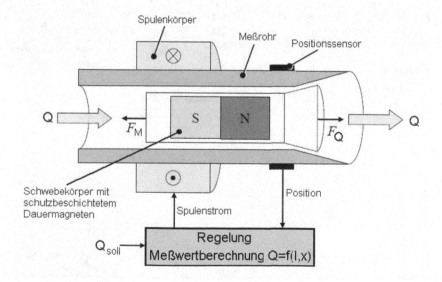

Bild 7.29   Sensorsystem und Regelung zur Durchflußerfassung

Eine hohe Dynamik für den Durchfluß wird mit einer Kaskadenregelung aus Spulenstrom-, Schwebekörperpositions- und Durchflußregelkreis erreicht (Bild 7.30a).

Der geschlossene Spulenstromregelkreis geht für die PI-Reglerdimensionierung $K_{01} \approx 1$, $T_{N1} = T_{Sp} \approx 1\,\text{ms}$ in eine PT_1-Ersatzstrecke über. Die weitere Regelstrecke enthält zwei Integratoren mit der negativen Rückkopplung der Flüssigkeitsdämpfung d_Q und der Flüssigkeitskraft F_Q als Störgröße (Bild 7.30b). Entsprechend Gleichung 4.4 unterscheidet sich die magnetische Kraft vom Strom am Stromregelkreisausgang nur durch den Proportionalitätsfaktor k, also $F_M = ki \cdot I$. Damit ergibt sich die Übertragungsfunktion:

$$F_S(p) = \frac{x(p)}{I(p)} = \frac{ki}{d_Q \cdot p(1 + p\frac{m}{d_Q})} = K_S \cdot \frac{1}{pTi \cdot (1 + pT_{11})}$$

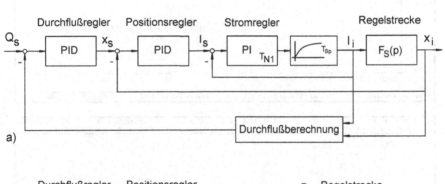

a)

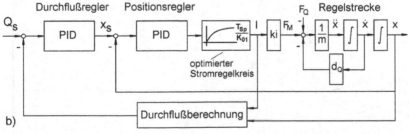

b)

Bild 7.30   Regelstrukturen der Kaskaden-Durchflußregelung

Der überlagerte PID-Positionsregler hat somit eine PT_1-PT_1-I-Strecke zu regeln. Die Positionsregelung ist in Bild 7.31a für Führung- und Störverhalten dargestellt. Mit SIMLER-PC läßt sich der geschlossene Positionsregelkreis in eine PT_2-Ersatzstrecke mit $T_2 \approx 0,0012\text{s}$ und $d \approx 0,5$ überführen, die mit einem PID-Durchflußregler optimal eingestellt werden kann (Bild 7.31b).

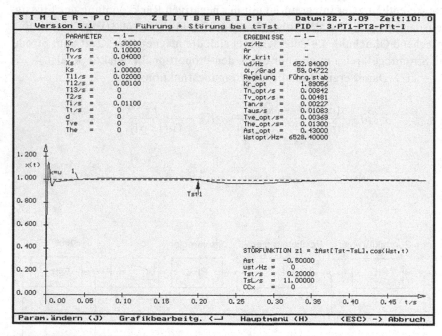

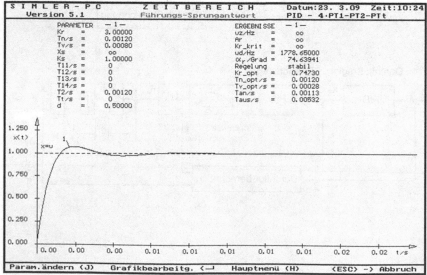

Bild 7.31   Einstellung der Postions- und Durchflußregelung

Tabelle 7.4   Einstellhinweise für die fünf Reglertypen in SIMLER-PC

```
┌─────────────────────────────────────────┐
│      * PID-Einstellhinweis *             │
│                                          │
│                    1                     │
│   F (p)=Kr·(1 + ──── + pTv)              │
│    R               pTn                   │
│                                          │
├─────────────────────────────────────────┤
│   Regler-Typ       Kr    Tn    Tv        │
│                                          │
│   P:               *     oo     0        │
│   PD:              *     oo    >0        │
│   PI:              *     >0     0        │
│   PID:             *     >Tv   >0        │
│                                          │
│   Xs > 10          unbegrenzt            │
│   Xs = [0,1-10]    begrenzt              │
└─────────────────────────────────────────┘
```

```
┌─────────────────────────────────────────┐
│      * PD2-Einstellhinweis *             │
│                                          │
│   F (p)=Kr·(1+pTv1)·(1+pTv2)             │
│    R                                     │
├─────────────────────────────────────────┤
│              Verwendung:                 │
│                                          │
│   Dieser Regler ist für die              │
│   sog. Aufhebungskompensation            │
│   geeignet.                              │
│                                          │
│   Mit Fo(p)=Z(p)/N(p)                    │
│   für Grad[N(p)] ≥ Grad[Z(p)]            │
└─────────────────────────────────────────┘
```

```
┌─────────────────────────────────────────┐
│      * Fra-Einstellhinweis *             │
│                           1 + pTq        │
│   F  (p)=Kr·─────────────────────        │
│    Ra           A+2GpTk+Kp²Tk²           │
│                                          │
│   Ko    Tq    Tk    A    G    K          │
│   »1    Tmin  ΣT    1    »1   0          │
├─────────────────────────────────────────┤
│         Andere Regler       A   G   K    │
│                                          │
│   P:    Tq=Tk=0             1   *   0    │
│   PD:   Tq=Tv,Tk=0          1   1   1    │
│   PDT1: Tq=Tv,Tk=T1         1   ½   0    │
│   PDT2: Tq=Tv,Tk=T2         1   d   1    │
│   I:    Tq=0,Tk=Ti          0   ½   0    │
│   PI:   Tq=Tk=Tn            0   ½   0    │
│   PIT1: Tq=Tn=Tk=T1         0   ½   1    │
└─────────────────────────────────────────┘
```

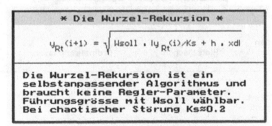

```
┌─────────────────────────────────────────┐
│      * Die Wurzel-Rekursion *            │
│                                          │
│   y  (i+1) = √ Wsoll · |y  (i)/Ks + h·xdl│
│    Rt                    Rt               │
│                                          │
├─────────────────────────────────────────┤
│   Die Wurzel-Rekursion ist ein           │
│   selbstanpassender Algorithmus und      │
│   braucht keine Regler-Parameter.        │
│   Führungsgrösse mit Wsoll wählbar.      │
│   Bei chaotischer Störung Ks≈0.2         │
└─────────────────────────────────────────┘
```

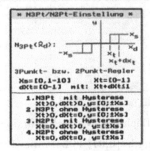

8   Simulation mit MATLAB Simulink

Die in diesem Buch verwendeten Benutzeroberflächen für die Simulation mit
der F_{Rt}-Wurzelrekursion und dem PID-Algorithmus bei verschiedenen Strek-
kentypen basieren auf dem Programm MATLAB Simulink /13/, /23/.

8.1   Anwendungen

Die Benutzeroberfläche für die F_{Rt}-Wurzelrekursion nach Gleichung 7.7 ist in
Bild 8.1 mit Beispiel dargestellt. Es können Strecken höherer Ordnung mit
Totzeit oder Integralanteil auf Führungs- und Störverhalten untersucht werden.

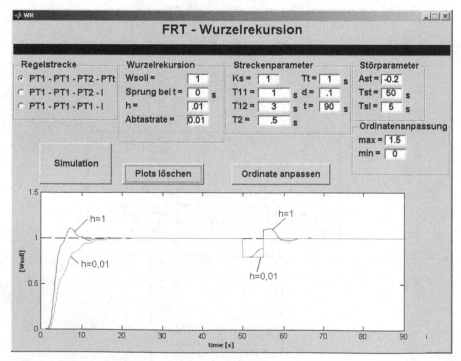

Bild 8.1   Benutzeroberfläche F_{Rt}-Wurzelrekursion für verschiedene Werte
der Gewichtung h=[0,01; 1] bei einer PT_1-PT_1-PT_2-PTt-Strecke

Die zugehörigen regeltechnischen Modelle zeigt Bild 8.2. Damit erspart sich der Anwender den nicht unerheblichen Programmieraufwand.

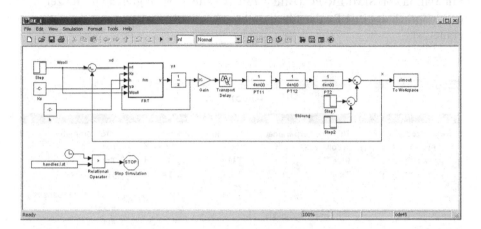

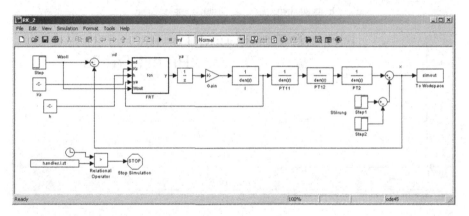

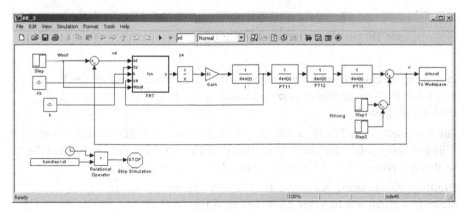

Bild 8.2   Modelle F_{Rt}-Wurzelrekursion mit PTn-Strecke und Totzeit / Integral

Die Benutzeroberfläche für den PID-Algorithmus nach Gleichung 7.2 ist in
Bild 8.3 an einem Beispiel dargestellt. Das gezeigte Beispiel ist direkt mit der
Simulation von SIMLER-PC (Bild 7.13 auf Seite 375) vergleichbar. Es zeigt,
daß lediglich der PID-Regler für diese Strecke vierter Ordnung mit Totzeit geeignet ist.

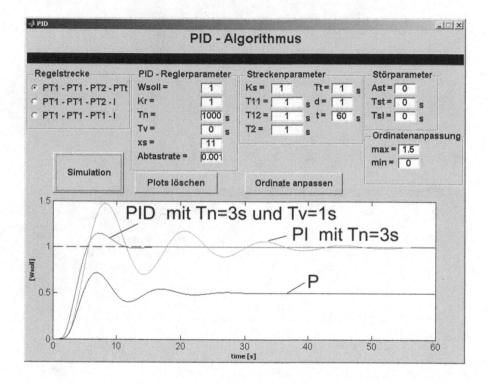

Bild 8.3   Benutzeroberfläche PID-Algorithmus für eine Strecke 4. Ordnung

mit Totzeit (Variation P-, PI-, PID-Regler)

In den regeltechnischen Modellen nach Bild 8.2 ist dann lediglich der F_{Rt}-
durch den PID-Algorithmus auszutauschen. Seine Programmstruktur ist in
Bild 8.4 dargestellt.

Für Nachstellzeiten $T_N > 10^5$ schaltet der Algorithmus auf PD-Verhalten (bei
Eingabe von $T_V > 0$) oder auf P-Verhalten (bei Eingabe von $T_V = 0$) um. Auf diese Weise werden die vier bekannten Grundreglertypen realisiert.

Die Reglerbegrenzung Xs sowie der Eingriff von Störgrößen (am Ende der
Strecke) werden wie in SIMLER-PC gehandhabt (siehe dazu Abschnitte 7.1.3
und 7.2.3). Xs wird mit einem Schalter umgangen, wenn die Begrenzung den
Wert Xs>10 (zehnfache Amplitude der Stellgröße y) annimmt.

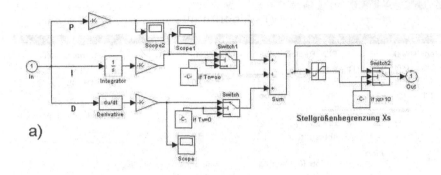

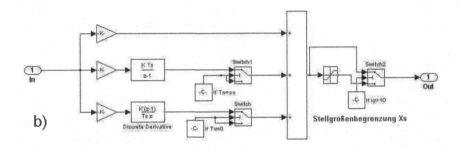

Bild 8.4   Struktur des PID-Algorithmus mit Stellgrößenbegrenzung Xs

a) Laplace-transformierte Form b) z-transformierte (diskrete) Form

In einem weiteren Beispiel soll eine Strecke dritter Ordnung mit Integralanteil auf Führungs- und Störverhalten bezüglich der Reglerparameter und der Abtastzeit T_z optimal eingestellt werden.

Da die Strecke bereits einen I-Anteil enthält, ist der PD-Regler die richtige Wahl. Mit einer Reglerverstärkung von Kr=0,35 und der Vorhaltzeit von T_V=0,3s kann die Regelung ohne Überschwingen eingestellt werden. Dabei wurde die Begrenzung der Stellgröße auf Xs=1,2 eingestellt. Die impulsförmige Störgröße am Ende der Strecke, die nach Tst=15s einsetzt, wird ebenfalls gut ausgeregelt (Bild 8.5).

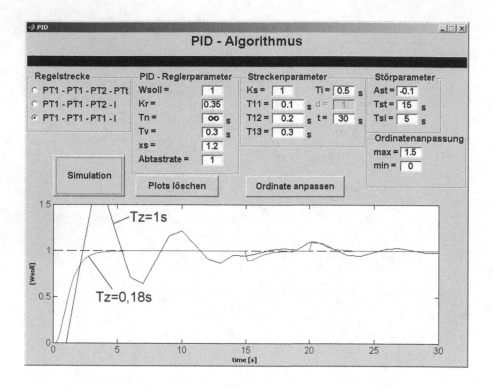

Bild 8.5   PD-Regler mit PT$_3$-I-Strecke bei verschiedenen Abtastzeiten

Errechnet man die optimale Abtastzeit anhand der Durchtrittsfrequenz der Regelung (mit Hilfe von SIMLER-PC), ergibt sich entsprechend Abschnitt 5.5 Gleichung 5.38 folgender Wert:

$$T_z = 0,125 / \omega_D \approx 0,18s$$

Eine erhebliche Vergrößerung dieser Abtastzeit führt wie zu erwarten zu unerwünscht starkem Überschwingen der Regelung.

Die Programm-Files für die Benutzeroberfläche des PID-Algorithmus stehen auf der Homepage unseres Fachbereichs ME an der Technischen Hochschule Mittelhessen (vormals FH-Gießen-Friedberg) zur freien Verfügung unter:

www.me.th-mittlehessen.de/dienstleistungen/Download

Dort die Datei: MATLAB-PID-Algorithmus.ZIP

9 Lösungen zu Aufgaben und Klausuren

9.1 Aufgaben

Aufgabe 2.1 (S. 16)

Durch verlegen der Störgrößen hinter die Regelstrecke erhält man das Blockschaltbild (Bild 9.1) und kann sofort Gleichung 2.8 anwenden. Es wird

$$x = \frac{K_0}{1 + K_0} \cdot w + \frac{1}{1 + K_0} \cdot (z_3 + K_{S2} \cdot z_2 - K_S \cdot z_1) \quad .$$

Mit $K_0 = K_R \cdot K_S = 50$ folgt

$$x = \frac{50}{51} \cdot 10\,V + \frac{1}{51} \cdot (0{,}01 + 0{,}2 - 4)\,V = 9{,}7296\,V$$

und somit $x_d = w - x = 0{,}2704\,V$. Damit entspricht die Regeldifferenz $x_d = 35{,}15\ °C$. Bezogen auf den Sollwert von 1300°C sind das lediglich 2,7%, da der Störgrößeneinfluß durch den Quotienten $1/(1+K_0)$ fast eliminiert wird.

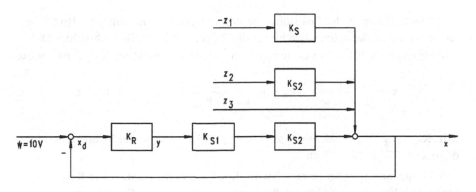

Bild 9.1   Vereinfachtes Blockschaltbild der Aufgabe 2.1

Aufgabe 2.2 (S. 17)

Der Operationsverstärker-Regler läßt sich mit Hilfe von Gleichung 2.10 als
Regler-Block einschließlich der Summationsstelle für x_d darstellen. Wählt man
den Widerstand für Führungsgröße w und Regelgröße x gleich (R_1), wird

$$y = -R_2 / R_1(w - x) = -K_R \cdot x_d \ .$$

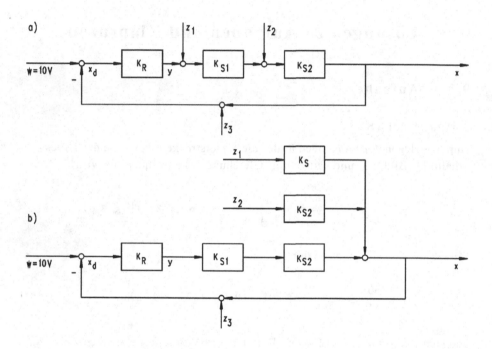

Bild 9.2   Blockschaltpläne nach Bild 2.9

Der Blockschaltplan der Positionsregelung entspricht dann zunächst Bild 9.2a.
Durch verlegen der Störgrößen hinter die Regelstrecke ergibt sich Bild 9.2b.
Die Störgröße z_3 bleibt davon ausgenommen (siehe Gleichung 2.9). Damit wird

$$x = \frac{K_0}{1 + K_0} \cdot (w - z_3) + \frac{1}{1 + K_0} \cdot (K_{S2} \cdot z_2 + K_S \cdot z_1) \ .$$

Mit $K_0 = K_R \cdot K_S = 200$ ergibt sich $x = 9{,}9225$ V. Die Regeldifferenz beträgt
dann $x_d = 77{,}51$ mV $\hat{=}\, 3{,}1$ cm.

Der Störgrößeneinfluß von z1, z2 wird durch die hohe Verstärkung Ko=200
praktisch eliminiert. Die Störgröße z3 geht jedoch voll in die Regelung ein.
Zum exakten Anfahren der Position benötigt man daher den PI-Regler.

Aufgabe 2.3 (S. 32)

Mit $\sum U = 0$ erhält man eine inhomogene Differentialgleichung I. Ordnung mit konstanten Koeffizienten

$$U e = i(t) \cdot R + L \cdot \frac{d i(t)}{dt} \quad ,$$

oder $\quad i(t) = \dfrac{U e - L \cdot \dfrac{d i(t)}{dt}}{R} \quad .$

Eingeteilt in einen stationären und einen abklingenden Teil des Stromes

$$i(t) = i_{st} + i_f$$

sowie der Anfangsbedingung $i(0) = 0$, folgt für den stationären Anteil

$$i_{st} = \frac{U e}{R} \quad .$$

Mit dem bekannten Exponentialansatz ergibt sich schließlich nach kurzer Rechnung die Sprungantwort des Stromes

$$i(t) = \frac{U e}{R} \cdot (1 - e^{-\frac{R \cdot t}{L}}) \quad .$$

Sie ist in Bild 9.3 mit den gegebenen Werten dargestellt.

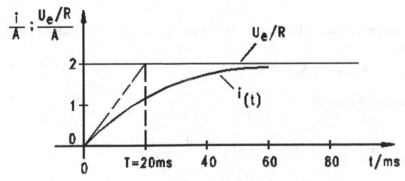

Bild 9.3   Sprungantwort des Stromes i nach Bild 2.25

Aufgabe 2.4 (S. 32)

Mit $\sum F = 0$ ergibt sich die inhomogene Differentialgleichung 2. Ordnung

$$F_e = r \cdot \frac{d s_a}{dt} + m \cdot \frac{d^2 s_a}{dt^2} \quad .$$

Für die homogene Teillösung gilt der Ansatz

$$s_{a\,hom} = C_1 e^{p_1 t} + C_2 e^{p_2 t} \quad .$$

Die charakteristische Gleichung lautet

$$p^2 + \frac{r}{m} \cdot p = 0 \qquad \text{bzw.} \qquad p(p + \frac{r}{m}) = 0 \quad .$$

Damit ergeben sich die Nullstellen zu $p_1 = 0$ und $p_2 = -r/m$, so daß man

$$s_{a\,hom} = C_1 + C_2 e^{-\frac{r}{m} t}$$

erhält. Bei dem hier angenommenen energielosen Anfangszustand, also $s_a(0) = 0$ folgt dann für die Konstanten

$$C_1 + C_2 = 0 \qquad \text{bzw.} \qquad C_1 = - C_2 \quad .$$

Somit lautet die homogene Teillösung

$$s_{a\,hom} = - C_2 + C_2 e^{-\frac{r}{m} t} \quad .$$

Für die partikuläre Teillösung der Differentialgleichung wählt man hier den Ansatz

$$s_{a\,par} = A + B \cdot t \quad .$$

Damit erhält man für

$$\frac{d s_{a\,par}}{dt} = B \qquad \text{und} \qquad \frac{d^2 s_{a\,par}}{dt^2} = 0 \quad .$$

Eingesetzt in die gegebene Differentialgleichung II. Ordnung ergibt sich

$$F_e = r \cdot B + m \cdot 0 \quad .$$

Daraus folgt $B = F_e/r$ und $A = 0$, also lautet die partikuläre Teillösung

$$s_{a\,par} = \frac{F_e}{r} \cdot t$$

Die Lösung der Differentialgleichung entspricht der Summe aus partikulärer und homogener Lösung. Sie ergibt sich zu

$$s_a(t) = s_{a\,hom} + s_{a\,par} = -C_2 + C_2\, e^{-\frac{r}{m} t} + \frac{F_e}{r} \cdot t \quad ,$$

und ist in Bild 9.4 dargestellt.

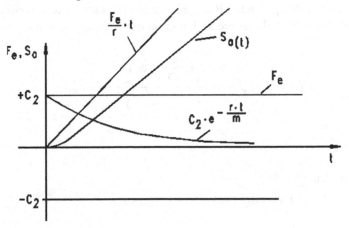

Bild 9.4   Sprungantwort $s_a(t)$

Aufgabe 2.5 (S. 38)

Nach der Spannungsteilerregel verhalten sich die Spannungen wie die zugehörigen Impedanzen (Wechselstromwiderstände), so daß sich hier folgender Zusammenhang ergibt:

$$\frac{U_a(j\omega)}{U_e} = \frac{\dfrac{R/j\omega C}{R + 1/j\omega C}}{R + \dfrac{1}{j\omega C} + \dfrac{R/j\omega C}{R + 1/j\omega C}} \quad .$$

Nach dem Beseitigen der Doppelbrüche erhält man

$$\frac{U_a(j\omega)}{U_e} = \frac{R}{R+(1+j\omega RC)(R+\dfrac{1}{j\omega C})} \quad ,$$

$$= \frac{R}{3R + j\omega R^2 C + \dfrac{1}{j\omega C}} \quad ,$$

$$= \frac{1}{3 + j(\omega T - \dfrac{1}{\omega T})}$$

mit $T = R \cdot C$.

Wendet man auf den gesamten Bruch die konjugiert komplexe Erweiterung an, ergibt sich schließlich die gesuchte Funktion der Ausgangsspannung

$$U_a(j\omega) = U_e \cdot \frac{3 + j(\dfrac{1}{\omega T} - \omega T)}{9 + (\dfrac{1}{\omega T} - \omega T)^2} \quad .$$

Aufgabe 2.6 (S. 38)

Für $T_1=T_2=T_3=T$ lautet die Funktion

$$\underline{F} = \frac{1 + j\omega T}{1 + j(\omega T - \omega^3 T^3)} \quad .$$

Bei der Berechnung des Frequenzgangbetrages geht man grundsätzlich so vor:

---

1. Man zerlegt Zähler und Nenner von $F(j\omega)$ jeweils in Real- und Imaginärteil.

2. Jeder Real- und Imaginärteil von Zähler und Nenner wird für sich quadriert.

3. Aus dem gesamten Bruch wird die Wurzel gezogen.

Auf diese Weise erspart man sich die konjugiert komplexe Erweiterung, die sonst zur Berechnung von $|F(j\omega)|$ herangezogen wird.

Die Lösung lautet somit sofort:

$$\underline{F} = \sqrt{\frac{1 + \omega^2 T^2}{1 + (\omega T - \omega^3 T^3)^2}} \; \cdot$$

Aufgabe 2.7 (S. 50)

Die Störfunktion $x_e(t)$ Laplace-Transformiert ist x_{e0} (siehe Tabelle 2.2 Korrespondenz Nr.1). Damit lautet die Bildfunktion

$$p \cdot T \cdot x_a(p) + x_a(p) = x_{e0} \; \cdot$$

Die so algebraisierte Gleichung ergibt sofort die Übertragungsfunktion

$$F(p) = \frac{x_a(p)}{x_{e0}} = \frac{1}{1 + pT} = \frac{a}{p + a}$$

mit $a = 1/T$.

Mit Hilfe der Korrespondenz Nr. 6, Tabelle 2.2 erhält man die gesuchte Sprungantwort

$$x_a(t) = x_{e0} \cdot (1 - e^{-t/T}) \; ,$$

die in Bild 9.5 dargestellt ist. Sie entspricht der Sprungantwort eines PT$_1$-Gliedes (vergleiche mit Abschnitt 3.1.7), d.h. das System enthält einen unabhängigen Energiespeicher.

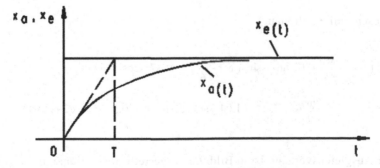

Bild 9.5 Sprungantwort zu der gegebenen Differentialgleichung

Aufgabe 2.8 (S. 50)

Die sinusförmige Anregung läßt sich mit der Korrespondenz Nr. 18, Tabelle 2.2 in den Bildbereich transformieren. Es gilt dann

$$x_e(p) = \hat{x}_e \cdot \frac{\omega p}{p^2 + \omega^2} \quad .$$

Für den energielosen Anfangszustand läßt sich dann direkt die Bildfunktion aus der gegebenen Differentialgleichung angeben. Mit p=d/dt folgt

$$x_a(p)[m \cdot p^2 + r \cdot p + c_f] = \hat{x}_e \cdot \frac{\omega p}{p^2 + \omega^2} \quad .$$

Nach $x_a(p)$ umgestellt ergibt sich schließlich

$$x_a(p) = \frac{\hat{x}_e}{c_f} \cdot \frac{\omega p}{p^2 + \omega^2} \cdot \frac{\dfrac{c_f}{m}}{p^2 + \dfrac{r}{m} p + \dfrac{c_f}{m}} \quad .$$

Setzt man für die Kennkreisfrequenz $\omega_0^2 = c_f / m$ und weiter $2a = r/m$, so läßt sich mit Hilfe der Korrespondenz Nr. 31, Tabelle 2.2 der zeitliche Verlauf $x_a(t)$ angeben. Läßt man nun praxisnah die Vereinfachungen

$$\varphi_0 = -\omega_e t = -\frac{\pi}{6} \qquad \text{sowie} \qquad a = \frac{\omega_0}{2} \qquad \text{und} \qquad \omega_0 = 3\omega$$

zu, so wird die Eigenkreisfrequenz

$$\omega_e = 0{,}7071 \cdot \omega_0 \quad .$$

Für diesen Fall erhält man

$$x_a(t) = \frac{\hat{x}_e}{c_f} \cdot [0{,}986 \cdot \sin(\omega t - \frac{\pi}{6}) - 0{,}37 \cdot \cos(\omega t - \frac{\pi}{6}) +$$

$$+ \frac{\omega_0}{\sqrt{2}} \cdot e^{-\omega_0 t/2} \cdot (1{,}04 \cdot \sin \sqrt{2}\,\omega_0 t - 0{,}5 \cdot \cos \sqrt{2}\,\omega_0 t)] \quad .$$

Dieser Ausgleichsvorgang ist in Bild 9.6 dargestellt. Im stationären Zustand bleibt lediglich der erste Term der Gleichung erhalten.

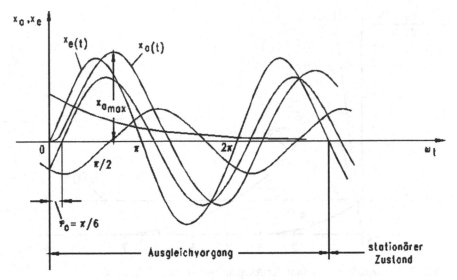

Bild 9.6   Zeitlicher Verlauf der Ausgangsgröße xa(t)

Aufgabe 2.9 (S. 50)

Mit Hilfe der Gleichung 2.10 läßt sich die Bildfunktion der Ausgangsspannung bestimmen. Es handelt sich um einen Bandpaß.

$$\frac{U_a(p)}{U_e} = -\frac{\dfrac{R_2 \cdot \dfrac{1}{pC_2}}{R_2 + \dfrac{1}{pC_2}}}{R_1 + \dfrac{1}{pC_1}} = -\frac{R_2}{R_1} \cdot \frac{1}{(1 + \dfrac{1}{pT_1})(1 + pT_2)}$$

mit $K_p = R_2/R_1$; $T_1 = R_1 \cdot C_1$; $T_2 = R_2 \cdot C_2$.

Formt man die Gleichung mit $a = a_1 = a_2 = 1/T_1 = 1/T_2 = 1/T$ um, folgt

$$\frac{U_a(p)}{U_e} = -a K_p \cdot \frac{p}{(p+a)^2} \quad .$$

Die Korrespondenzen Nr. 1 und Nr. 5, Tabelle 2.2 liefern dann den zeitlichen Verlauf der Ausgangsspannung, der in Bild 9.7 dargestellt ist.

$$U_a(t) = -10 U_e \cdot \frac{t}{T} \cdot e^{-\frac{t}{T}} \quad .$$

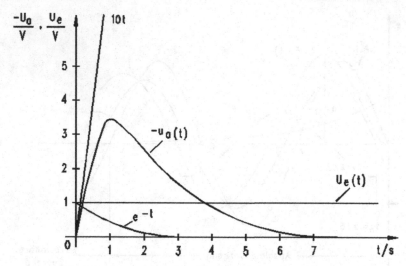

Bild 9.7   Zeitlicher Verlauf der Ausgangsgröße nach Bild 2.34

Aufgabe 2.10 (S. 51)

Dieser Ausgleichsvorgang läßt sich durch die Überlagerung zweier Ausgleichsvorgänge berechnen (Bild 9.8); einen Einschaltvorgang mit

$$U_1(t) = U \cdot \sigma_0(t)$$

und einen Ausschaltvorgang mit

$$U_2(t) = U \cdot \sigma_0(t-t_1) \quad .$$

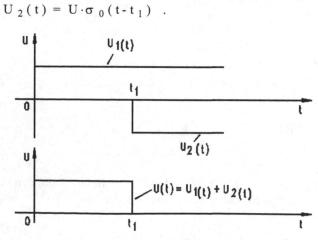

Bild 9.8   Impuls-Bildung durch Überlagerung zweier Sprungfunktionen

Mit $\sum U = 0$ erhält man für das Einschalten

$$U_1(p) = i_1(p)(R + pL) \quad ,$$

bzw.

$$i_1(p) = \frac{U_1(p)}{R} \cdot \frac{a}{p+a} = \frac{U}{R} \cdot \frac{a}{p \mid a} \qquad \text{\textbackslash}$$

mit $a = 1/T = R/L$.

Die Korrespondenz Nr. 6, Tabelle 2.2 liefert den zeitlichen Verlauf des Stromes

$$i_1(t) = \frac{U}{R} \cdot (1 - e^{-t/T}) \quad .$$

Für den Ausschaltvorgang gilt

$$U_2(p) = i_2(p)(R + pL) = -\frac{U}{R} \cdot \sigma_0(t - t_1)(R + pL) \quad ,$$

bzw.

$$i_2(p) = -\frac{U}{R} \cdot \frac{a}{p+a} \cdot \sigma_0(t - t_1) \quad .$$

Mit Hilfe des Verschiebungssatzes der Carson-Laplace-Transformation (Tabelle 2.1, Nr. 4) folgt für die Bildfunktion des Stromes $i_2(p)$

$$i_2(p) = -\frac{U}{R} \cdot \frac{a}{p+a} \cdot e^{-pt_1} \quad .$$

Die Rücktransformation in den Zeitbereich erfolgt ebenfalls mit dem Verschiebungssatz sowie der Korrespondenz Nr. 6, Tabelle 2.2, so daß der zeitliche Verlauf des Stromes $i_2(t)$ lautet:

$$i_2(t) = -\frac{U}{R} \cdot [1 - e^{-(t-t_1)/T}] \qquad \text{für} \qquad t \geq t_1 \quad .$$

Der Gesamtstrom entspricht der Zusammenfassung aus den beiden Teilströmen und ist in Bild 9.9 dargestellt.

$$i(t) = i_1(t) + i_2(t) \quad .$$

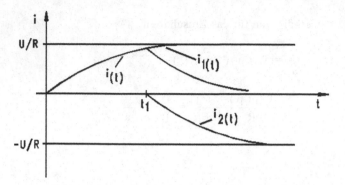

Bild 9.9   Zeitlicher Verlauf des Stromes i(t) nach Bild 2.35

Es wäre auch möglich gewesen, den gesamten Ausgleichsvorgang mit Hilfe
der impulsförmigen Spannung

$$U(t) = U \cdot [\sigma_0(t) - \sigma_0(t-t_1)]$$

direkt zu berechnen. Sie liegt im Bildbereich als Korrespondenz Nr. 2 in der
Tabelle 2.2 vor.

Aufgabe 2.11 (S. 51)

Mit Hilfe der Gleichung 2.10 läßt sich die Bildfunktion F(p) als Quotient des
Gegenkopplungs- zum Eingangs-Netzwerk bestimmen.

$$F(p) = \frac{U_a(p)}{U_e(p)} = - \frac{\dfrac{R_n \cdot (R_r + \dfrac{1}{pC_r})}{R_n + R_r + \dfrac{1}{pC_r}}}{\dfrac{R_e \cdot (R_g + \dfrac{1}{pC_e})}{R_e + R_g + \dfrac{1}{pC_e}}} \quad .$$

Nach dem Beseitigen der Doppelbrüche und dem Einsetzen von p=jω , erhält
man den Frequenzgang

$$F(j\omega) = - K_p \cdot \frac{(1 + j\omega T_N)[1 + j\omega(T_V + T_g)]}{(1 + j\omega T_g)[1 + j\omega(T_N + T_k)]}$$

mit

$$K_p = \frac{R_n}{R_e} \qquad T_N = R_r C_r \qquad T_V = R_e C_e \qquad T_g = R_g C_e \qquad T_k = R_n C_r$$

und wie in Aufgabe 2.6 sofort:

$$|F(j\omega)| - K_p \cdot \sqrt{\frac{[1-\omega^2(T_g T_N + T_V T_N)]^2 + \omega^2(T_g + T_V + T_N)^2}{[1-\omega^2(T_g T_N + T_g T_k)]^2 + \omega^2(T_g + T_k + T_N)^2}} \ .$$

Aufgabe 3.1 (S. 120)

Die Reihenschaltung von Regelkreisgliedern entspricht der Multiplikation ihrer Übertragungsfunktionen. Daher folgt hier

$$F(p) = K_0 \cdot \frac{1 + p T_N + p^2 T_N T_V}{p T_N (1 + p T_1)} \ .$$

Diese gebrochene rationale Funktion in p läßt sich in drei Partialbrüche zerlegen.

$$F(p) = K_0 \cdot [\frac{1}{p^2 T_N T_1 + p T_N} + \frac{1}{1 + p T_1} + \frac{p T_V}{1 + p T_1}] \ .$$

Mit $a_1 = 1/T_1$, $a_N = 1/T_N$ und $a_V = 1/T_V$ folgt

$$F(p) = K_0 \cdot [\underbrace{\frac{a_1 \cdot a_N}{p(p + a_1)}}_{= A} + \underbrace{\frac{a_1}{p + a_1}}_{= B} + \underbrace{\frac{a_1}{a_V} \cdot \frac{p}{p + a_1}}_{= C}]$$

Der Partialbruch A läßt sich mit dem Faltungssatz (Tabelle 2.1, Nr. 7) lösen, wenn man setzt:

$$F_1(p) = a_N \qquad \text{und} \qquad F_2(p) = \frac{a_1}{p + a_1} \ .$$

Oder man benutzt die Korrespondenz Nr. 9, Tabelle 2.2 und erhält

$$f_A(t) = a_N \cdot t - \frac{a_N}{a_1}(1 - e^{-a_1 t}) \ .$$

Der Partialbruch B ist mit Hilfe der Korrespondenz Nr. 6, Tabelle 2.3 in den Zeitbereich rücktransformierbar

$$f_B(t) = 1 - e^{-a_1 t} \quad .$$

Für den Partialbruch C erhält man mit Korrespondenz Nr. 5, Tabelle 2.3

$$f_C(t) = \frac{a_1}{a_N} \cdot e^{-a_1 t} \quad .$$

Somit lautet die Sprungantwort der Reihenschaltung aus PID-Regler und PT_1-Glied

$$x_a(t) = x_e \cdot K_0 \cdot \left[1 - \frac{T_1}{T_N} + \frac{t}{T_N} - \left(1 - \frac{T_1}{T_N} - \frac{T_V}{T_1} \right) \cdot e^{-t/T_1} \right] \quad .$$

Aufgabe 3.2 (S. 120)

Die Übertragungsfunktion dieser Reihenschaltung läßt sich direkt angeben mit

$$F(p) = K_0 \cdot \frac{1 + p\,T_N}{p\,T_N \cdot (1 + p\,T_1)} = K_0 \cdot \frac{a_1}{p} \cdot \frac{p + a_N}{p + a_1}$$

mit $a_1 = 1/T_1$ und $a_N = 1/T_N$.

Mit dem Faltungssatz (Tabelle 2.1, Nr. 7) läßt sich die Sprungantwort errechnen, wenn man setzt:

$$F_1(p) = K_0 \cdot a_1 \qquad \text{und} \qquad F_2(p) = \frac{p + a_N}{p + a_1} \quad .$$

Tabelle 2.2 Korrespondenz Nr. 1 und Nr. 12 liefern die beiden zugehörigen Originalfunktionen

$$f_1(t) = \frac{K_0}{T_1} \qquad \text{und} \qquad f_2(t) = \frac{T_1}{T_N} + \left(1 - \frac{T_1}{T_N} \right) \cdot e^{-t/T_1} \quad .$$

Die beiden Originalfunktionen werden in das Faltungsintegral eingesetzt und integriert. Nach kurzer Rechnung erhält man die gesuchte Sprungantwort

$$f(t) = \frac{x_a(t)}{x_e} = K_0 \cdot [1 - \frac{T_1}{T_N} + \frac{t}{T_N} - (1 - \frac{T_1}{T_N}) \cdot e^{-\frac{t}{T_1}}],$$

die in Bild 9.10 für $T_1 = T_N/2$ und $K_0 = 0,5$ dargestellt ist. Es handelt sich demnach um ein Beispiel für die Sprungantwort eines realen PI-Reglers.

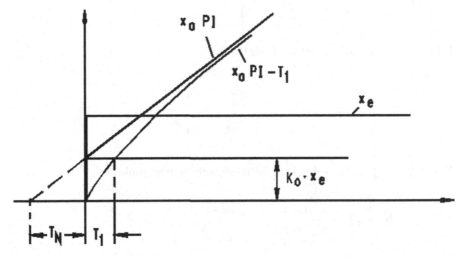

Bild 9.10   Sprungantwort eines PI-PT$_1$-Gliedes

Aufgabe 3.3 (S. 135)

Die statische Kennlinie der Parabel für positive und negative Eingangssignale ist eine ungerade Funktion, so daß für die Fourier-Koeffizienten gilt

$$a_1 = 0,$$

$$b_1 = \frac{1}{\pi} \int_0^\pi x_a(\varphi) \cdot \sin\varphi \cdot d\varphi + \frac{1}{\pi} \int_0^{2\pi} x_a(\varphi) \cdot \sin\varphi \cdot d\varphi.$$

Die Ausgangsgröße nimmt bei der Parabel folgende Werte an (Bild 9.11).

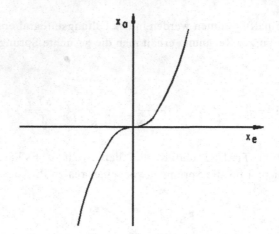

Bild 9.11   Statische Kennlinie einer Parabel

$$
x_a = \begin{cases} x_e^2 & \text{für} \quad x_e \geq 0 \\ -x_e^2 & \text{für} \quad x_e < 0 \end{cases}
$$

Mit $x_e = \hat{x}_e \cdot \sin \varphi$ folgt dann für die Beschreibungsfunktion

$$
N(\hat{x}_e) = \frac{x_a(\varphi)}{x_e(\varphi)} = \frac{b_1 \cdot \sin \varphi}{\hat{x}_e \cdot \sin \varphi} \quad .
$$

Setzt man den Fourier-Koeffizienten in diese Gleichung ein und integriert, erhält man schließlich die Beschreibungsfunktion der Parabel

$$
N(\hat{x}_e) = \frac{8 \cdot \hat{x}_e}{3\pi} \quad .
$$

Aufgabe 3.4 (S. 136)

Die Übertragungsfunktion des PT_1-Gliedes mit $K_p = 2$ lautet

$$
F(p) = 2 \cdot \frac{1}{1 + p T_1} \quad .
$$

Geht man nach der Umformregel Nr. 11, Tabelle 3.5 vor, entspricht die Übertragungsfunktion einer Gegenkopplung der Größe $p T_1$. Es ergibt sich somit das folgende Blockschaltbild (Bild 9.12).

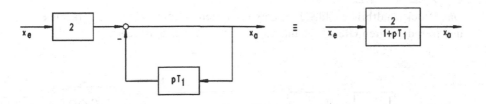

Bild 9.12   Blockschaltbild eines umgeformten PT1-Gliedes

Aufgabe 3.5 (S. 136)

Rechnerisch läßt sich aus dem Bild 9.13a die Übertragungsfunktion des geschlossenen Kreises wie folgt ermitteln.

$$x_a(p) = x_e(p) \cdot \frac{\frac{1}{pTi}}{1 + \frac{1}{pTi}} \quad .$$

Damit lautet die Übertragungsfunktion

$$F(p) = \frac{x_a(p)}{x_e(p)} = \frac{1}{1 + pTi}$$

und entspricht der eines PT_1-Gliedes (vergleiche mit Umformregel Nr. 12, Tabelle 3.5).

a)   b)

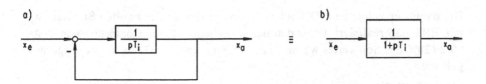

Bild 9.13   Blockschalbild eines I-Gliedes mit der Gegenkopplung Eins

Aufgabe 3.6 (S. 136)

Das Blockschaltbild (Bild 9.14a) entspricht dem vereinfachten Ankerkreis eines fremderregten Gleichstrommotors für Φ = konst. und Leerlauf.

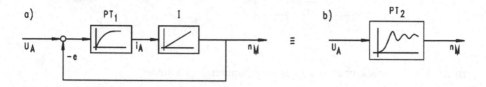

Bild 9.14   Umformung des Ankerkreises zu einem PT$_2$-Glied

Mit $F_0(p) = K_0 \cdot \dfrac{1}{p\,T_i \cdot (1 + p\,T_1)}$ folgt

$$F_w(p) = \frac{n_M(p)}{U_A} = \frac{F_0(p)}{1 + F_0(p)} = \frac{1}{1 + p\,\dfrac{T_i}{K_0} + p^2\,\dfrac{T_i T_1}{K_0}} \quad .$$

Die Führungs-Übertragungsfunktion $F_w(p)$ entspricht hier einem PT$_2$-Glied. Dieser Zusammenhang läßt sich in gleicher Weise auch mit der Umformregel Nr. 12, Tabelle 3.5 bestimmen.

Aufgabe 4.1 (S. 152)

Mit Hilfe von SIMLER-PC wird die gegebene Strecke mit einem P-Regler an die Stabilitätsgrenze gebracht. Es ergeben sich die notwendigen Werte K_{Rkrit}=1,3333 und T_{Krit}=2 π / ω_z = 1945s aus der ersten Simulation. Damit läßt sich die Regler-Einstellung nach Ziegler und Nichols vornehmen (siehe Tabelle 4.3).

Die daraus errechneten PID-Regler-Parameter sind in der zweiten Simulation von Bild 9.15 realisiert. Es ist deutlich zu sehen, daß der Störsprung von Ast= –0.2 (20% des Sollwertes w) am Ende der Strecke (zS=z2) recht gut ausgeregelt wird.

SIMLER-PC liefert in der Liste der Ergebnisse Optimalwerte für den Regler, die dann in der dritten Simulation benutzt wurden.

Mit Hilfe der optimalen Fahrkurvenwerte Tve_opt und The_opt kann das Führungsverhalten schließlich optimal eingestellt werden.

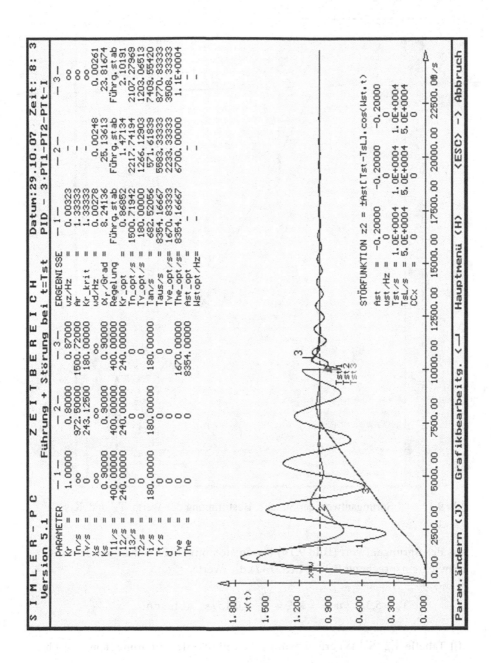

Bild 9.15   Regler-Einstellung nach Ziegler/Nichols und SIMLER-PC

Aufgabe 4.2 (S. 152)

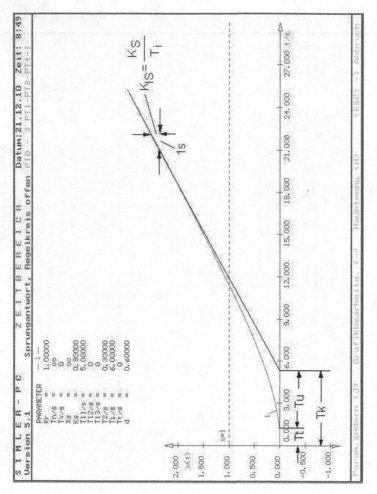

Bild 9.16   Sprungantwort der Strecke, Bestimmung der Werte T_k und K_{IS}

Aus der Sprungantwort (Bild 9.16) lassen sich mit Hilfe von Chien, Hrones,
Reswick entsprechend Bild 4.7 (S. 147) die Werte

$$T_k \approx 5,3s \quad \text{und} \quad K_{IS} = \frac{K_S}{T_i} = 0,15/s \quad \text{ablesen.}$$

Mit Tabelle 4.2 (S.148) erhält man für den PD-Regler (Führung, aperiodisch):

$$K_R = \frac{0,5}{K_{iS} \cdot T_k} \approx 0,63 \quad \text{und} \quad T_V = 0,5 \cdot T_k \approx 2,65s$$

Die Simulation mit SIMLER-PC ist in Bild 9.17 dargestellt. Die bessere Regler-Einstellung liefert die 2. Simulation mit: $K_R \approx 6,5$ und $T_V \approx 5s$

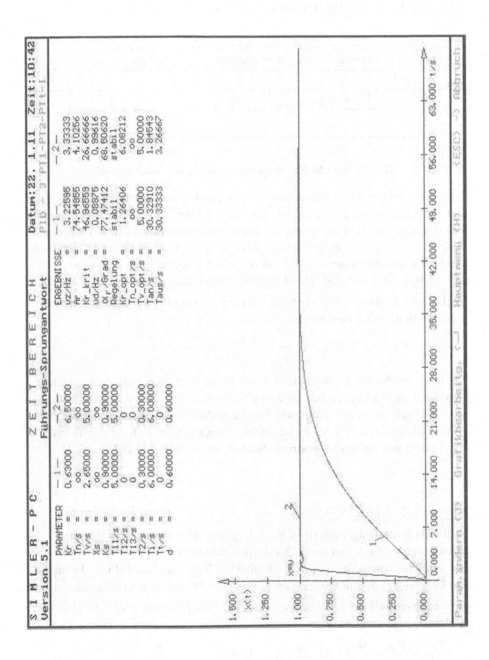

Bild 9.17   Regler-Einstellung nach Chien/Hrones/Reswick und SIMLER-PC

Aufgabe 5.1 (S. 194)

Das Blockschaltbild der Temperaturregelung mittels Wärmetauscher ist in Bild 9.18, das zugehörige Bode-Diagramm in Bild 9.19 dargestellt.

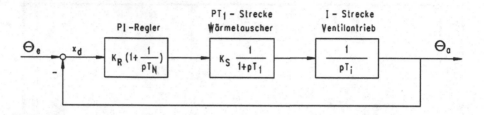

Bild 9.18   Blockschaltbild der Temperaturregelung mit Wärmetauscher

Zunächst wird der Abszissenanfang ω_A entsprechend Gleichung 5.10 festgelegt. Er liegt hier bei dem Wert $\omega_A \approx 0,1 \cdot \omega i = 1\,Hz$. Anschließend zeichnet man die asymptotische Näherung des Frequenzgangbetrages und des Phasenwinkels der jeweiligen Regelkreisglieder und addiert diese. Es ergibt sich dann bei der Durchtrittsfrequenz $\omega_D \approx 100\,Hz$ ein Phasenrand von $\alpha_R \approx 24°$, so daß die Regelung stabil ist. Der Amplitudenrand beträgt $A_R \approx 44\,dB \,\hat{=}\, 158,49$.

Nach dem Schnittpunktkriterium (Gleichung 5.9) ergibt sich aus der Übertragunsfunktion des offenen Regelkreises

$$F_0(p) = K_0 \cdot \frac{1 + p\,T_N}{p^2\,T_N\,Ti(1 + p\,T_1)} \quad ,$$

daß keine Nullstelle des Nennerpolynoms in der rechten p-Halbebene vorliegt, also $n_r = 0$ ist. Es liegt jedoch eine zweifache Nullstelle bei $p=0$ vor, also $n i = 2$. Damit lautet die Bedingung für die Stabilität $S_p - S_n = 0,5$. Diese ist erfüllt, wie aus dem Bild 9.19 zu ersehen, denn es ergibt sich für den Bereich $|\underline{F}_0| > 0\,dB$ nur ein halber positiver Schnittpunkt bei $\varphi_0 = -180°$.

Aufgabe 5.2 (S. 194)

In diesem Bode-Diagramm (Bild 9.20) liegt der Abszissenanfang liegt bei $\omega_A \approx 0,1 \cdot \omega_{E1} = 1\,Hz$. Bei einer Durchtrittsfrequenz von $\omega_D \approx 65\,Hz$ ergibt sich ein Phasenrand von $\alpha_R < 0°$, so daß die Regelung instabil ist. Der in dieser Aufgabe geforderte Phasenrand von $\alpha_R^* = 45°$ läßt sich realisieren, wenn die Reglerverstärkung um den Wert $\Delta K_0 = 32\,dB$ reduziert wird. Mit Hilfe der Gleichung 5.11 folgt dann:

$$\frac{K_R^*}{dB} = \frac{K_R}{dB} - \frac{\Delta K_0}{dB} = 35 - 32 = 3 \qquad bzw. \qquad K_R^* = \frac{K_R}{\Delta K_0} = \frac{56,23}{39,81} \approx 1,41$$

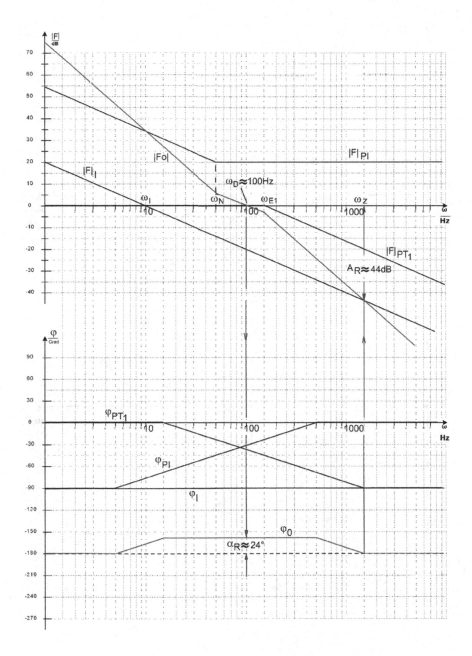

Bild 9.19   Bode-Diagramm der Temperaturregelung mit Wärmetauscher

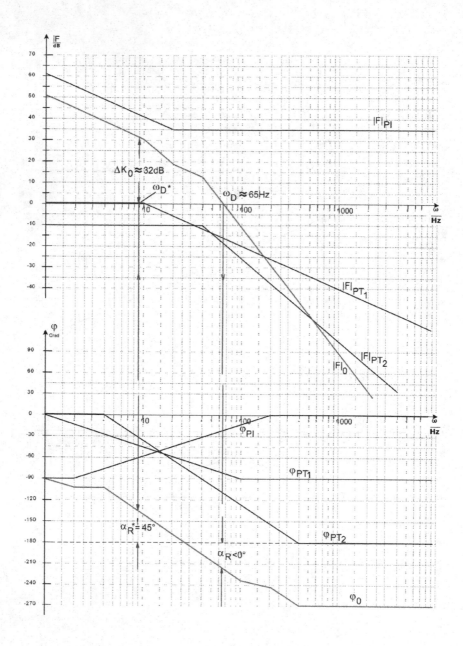

Bild 9.20   Bode-Diagramm der Regelung eines Roboter-Freiheitsgrades

Aufgabe 5.3 (S. 195)

Das Bode-Diagramm (Bild 9.21) ergibt eine stabile Regelung mit $\alpha_R \approx 56,5°$ bei einer Durchtrittsfrequenz von $\omega_D \approx 4,6$ Hz. Zur Verbesserung der Regeldynamik muß ΔK_0 rechts von ω_D abgetragen werden. Der neue Graph von $|F|_0$ wird dann an der Stelle $\omega_D{}^* \approx 8,3$ Hz die Abszisse schneiden und einen ähnlich guten Phasenrand von $\alpha_R{}^* \approx 51°$ ergeben.

Die zugehörige Reglerverstärkung errechnet sich dann zu:

$$K_R{}^* = K_R \cdot \Delta K_0 = 1,778 \cdot 1,778 \approx 3,162$$

$$\text{mit} \quad \Delta K_0 = 10^{\frac{\Delta K_0/dB}{20}} = 1,778$$

Die kritische Verstärkung ergibt:

$$K_{Rkrit} = K_R \cdot A_R = 1,778 \cdot 10 \approx 17,78 \quad \text{bei} \quad \omega_z \approx 51 \text{ Hz}$$

$$\text{mit} \quad A_R = 10^{\frac{A_R/dB}{20}} = 10$$

Aufgabe 5.4 (S. 196)

Die Ergebnisse sind in Bild 9.22 dargestellt. Mit Hilfe von SIMLER-PC erhält man in der ersten Simulation bei unbegrenztem Regler einen stabilen Regelkreis mit einem Maximum von $\alpha_R \approx 46,3°$.

Eine unbegrenzt wirkende Stellgröße y ist jedoch technisch nicht realisierbar, daher wird die Stellgröße auf $x \leq 1,5$ begrenzt. Dieser Wert entspricht 150% des maximal möglichen Sollwertes. Damit reduziert sich der Phasenrand auf $\alpha_R \approx 25,84°$ bei einer ebenfalls reduzierten Durchtrittsfrequenz von $\omega_D \approx 0,49$ Hz (zweite Simulation). In der dritten Simulation wurde eine Integrationszeitkonstante durch die Vorhaltzeit T_V des Reglers kompensiert. Auf diese Weise läßt sich der Phasenrand erhöhen und liegt nun bei $\alpha_R \approx 45,12°$.

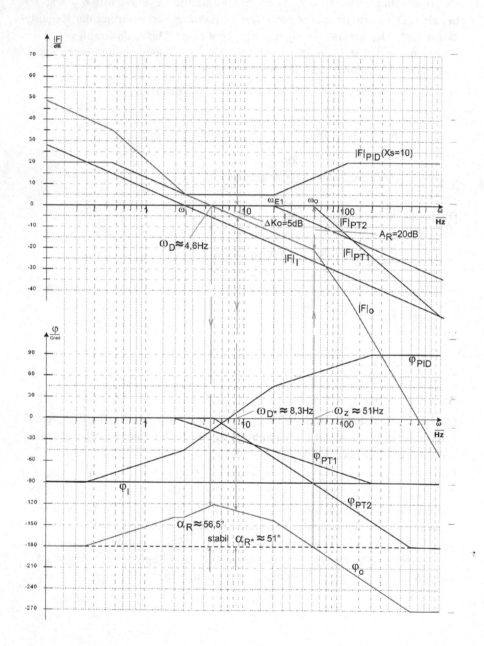

Bild 9.21   Regelung einer PT$_1$-PT$_2$-I-Strecke mit begrenztem PID-Regler

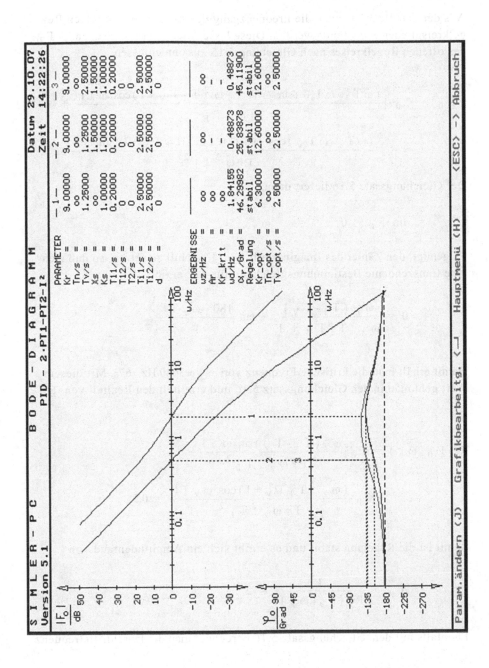

Bild 9.22   Rollwinkel-Regelung eines Flugzeuges

Aufgabe 5.5 (S. 210)

Aus der Tabelle 3.1 können die Frequenzganggleichungen der einzelnen Regelkreisglieder entnommen werden. Diese lassen sich zum Frequenzgang $\underline{F}_0$ des offenen Regelkreises nach Gleichung 5.15 zusammenfassen.

$$\underline{F}_0 = K_0 \cdot \left[\frac{(\omega T_1 - \omega T_V)\sin \omega Tt - (\omega^2 T_1 T_V + 1)\cos \omega Tt}{1 + \omega^2 T_1^2} + \right.$$
$$\left. + j \cdot \frac{(\omega T_1 - \omega T_V)\cos \omega Tt + (\omega^2 T_1 T_V + 1)\sin \omega Tt}{1 + \omega^2 T_1^2} \right].$$

Der Gleichungssatz 5.16 liefert dann:

$$\text{Im } \underline{F}_0 = 0 \quad \rightarrow \quad \omega_z$$

Es genügt, den Zähler des Imaginärteils von $\underline{F}_0$ Null zu setzen, so daß sich eine transzendente Bestimmungsgleichung für ω_z ergibt

$$0 = \frac{\omega_z \cdot (T_1 - T_V)}{\omega_z^2 T_1 T_V + 1} + \tan \frac{180° \cdot \omega_z Tt}{\pi} .$$

Damit erhält man die kritische Frequenz von $\omega_z \approx 3080 \text{ Hz}$ /67/. Mit diesem Wert geht man in den Gleichungssatz 5.16 und ermittelt den Realteil von $\underline{F}_0$.

$$\text{Re}[\underline{F}_0(\omega_z)] = K_0 \cdot \frac{\omega_z(T_1 - T_V)\sin \omega_z Tt}{1 + \omega_z^2 T_1^2}$$
$$- K_0 \cdot \frac{(\omega_z^2 T_1 T_V + 1)\cos \omega_z Tt}{1 + \omega_z^2 T_1^2} = 0,5 .$$

Somit ist die Regelung stabil und es ergibt sich ein Amplitudenrand von

$$A_R = \frac{1}{\text{Re}[\underline{F}_0(\omega_z)]} = 2 .$$

Ebenfalls mit dem Gleichungssatz 5.16 berechnet man die Durchtrittsfrequenz.

$$|\underline{F}_0| = 1 \quad \rightarrow \quad \omega_D$$

Man entnimmt zunächst aus der Tabelle 3.1 die Gleichungen der einzelnen
Frequenzgangbeträge und erhält sofort

$$|\underline{F}_0| = K_0 \cdot \sqrt{\frac{1 + \omega_D^2 T_v^2}{1 + \omega_D^2 T_1^2}} = 1 \quad .$$

Aus dieser Bestimmungsgleichung läßt sich die Durchtrittsfrequenz explizite
angeben

$$\omega_D = \sqrt{\frac{K_0^2 - 1}{T_1^2 - K_0^2 T_v^2}} = 114{,}89 \, \text{Hz} \quad .$$

Der Gesamtphasenwinkel φ_0 an der Stelle ω_D liefert die Phasenreserve
dieses Regelkreises

$$\alpha_R = \varphi_0(\omega_D) + 180° = \varphi_R(\omega_D) + \varphi_S(\omega_D) + 180° \approx 118{,}3° \quad .$$

Mit den gegebenen Parametern erhält man die in Bild 9.23 gezeichnete Ortskurve. Es ist der qualitative und exakte Verlauf dargestellt. Wie aus dem Bild
9.23b zu ersehen ist, kann die Phasenreserve und der Amplitudenrand auch
graphisch ermittelt werden.

Der Beginn der Ortskurve bei $\omega = 0$ ist aus dem Frequenzgang des offenen
Regelkreises leicht zu entnehmen und wird in der Grafik Bild 9.23a bestätigt.
Es gilt

$$\underline{F}_0(\omega = 0) = -K_0 + j0 \quad .$$

Da die Regelung ein Totzeitglied enthält, muß der Frequenzgang des offenen
Regelkreises für große Werte von ω in eine Spirale oder einen Kreis um Null
übergehen.

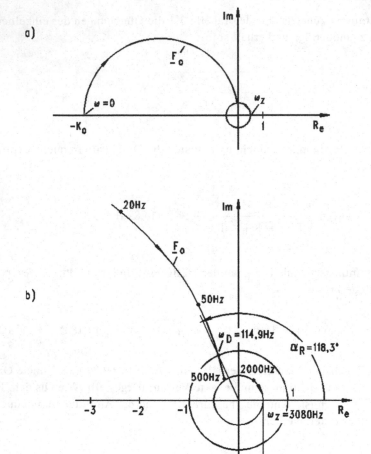

Bild 9.23   Ortskurven der Regelung aus PD-Regler und PT₁-PTt-Strecke

Aufgabe 5.6 (S. 210)

Aus der Tabelle 3.1 lassen sich die Frequenzganggleichungen des PID-Reglers und der PT1-Strecke entnehmen. Entsprechend Gleichung 5.15 miteinander multipliziert erhält man den Frequenzgang

$$\underline{F}_0 = \frac{K_0}{1 + \omega^2 T_1^2} \cdot \left[\frac{T_1}{T_N} - \omega^2 T_1 T_V - 1 + j\left(\omega T_1 - \omega T_V + \frac{1}{\omega T_N} \right) \right]$$

des offenen Regelkreises. Der Gleichungssatz 5.16 liefert:

$$\text{Im } \underline{F}_0 = 0 \qquad \rightarrow \qquad \omega_z$$

$$0 = \omega_z (T_1 - T_V) - \frac{1}{\omega_z T_N} \ .$$

Wie aus dem qualitativen Verlauf der Ortskurve (Bild 9.24a) sichtbar ist, kommt nur die Lösung $\omega_z = \infty$ in Frage. Mit diesem Wert geht man in den Gleichungssatz 5.16 und ermittelt den Wert des Realteils von $\underline{F}_0$.

$$\text{Re} \left[\underline{F}_0 (\omega_z) \right] = - K_0 \cdot \frac{T_V}{T_1} = -0,8 \ .$$

Ebenfalls mit Gleichungssatz 5.16 wird die Durchtrittsfrequenz berechnet.

$$|\underline{F}_0| = 1 \qquad \rightarrow \qquad \omega_D \ .$$

Man entnimmt zunächst aus der Tabelle 3.1 die Gleichungen der einzelnen Frequenzgangbeträge und erhält damit

$$1 = K_0^2 \cdot \frac{1 + \left(\omega_D T_V - \dfrac{1}{\omega_D T_N} \right)^2}{1 + \omega_D^2 T_1^2} \ .$$

Es entsteht eine Gleichung 4. Grades, für die sich eine Durchtrittsfrequenz von $\omega_D = 149,49$ Hz ergibt. Damit erhält man entsprechend dem Gleichungssatz 5.16 für den Phasenrand

$$\alpha_R = \varphi_0 (\omega_D) + 180° = \varphi_R (\omega_D) + \varphi_S (\omega_D) + 180° \approx 146,1° \ .$$

Demnach ist die Regelung stabil. Für den Beginn der Ortskurve $\underline{F}_0$ bei $\omega = 0$ erhält man

$$\underline{F}_0(\omega = 0) = K_0 \cdot \left(\frac{T_1}{T_N} - 1\right) \ .$$

Aus Bild 9.24a ist auch zu ersehen, wie eine Ortskurve für $T_V > T_1$ verläuft. Es gibt in diesem Fall keinen Schnittpunkt mit dem Einheitskreis, so daß sich auch kein Wert für ω_D angeben läßt.

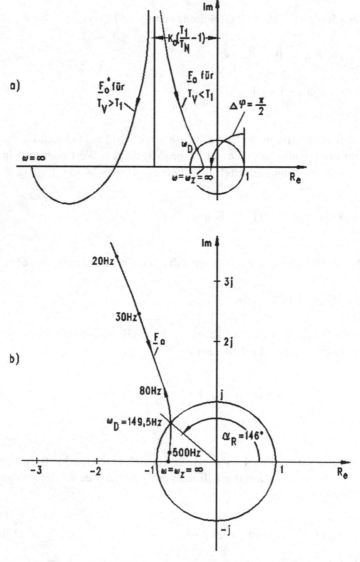

Bild 9.24   Ortskurven der Regelung aus PID-Regler und PT$_1$-Strecke

Aufgabe 5.7 (S. 210)

Aus der Tabelle 3.1 ergibt sich mit dem PD-Regler und der PT_1-I^2-Strecke durch Multiplikation der Frequenzgang des offenen Regelkreises

$$\underline{F}_0 = -\underline{F}_R \cdot \underline{F}_S = K_0 \cdot \frac{1 + \omega^2 T_1 T_V + j(\omega T_V - \omega T_1)}{\omega^2 T i^2 (1 + \omega^2 T_1^2)} \quad .$$

Mit Hilfe des Gleichungssatzes 5.16 erhält man die Bestimmungsgleichung für die kritische Frequenz ω_z.

$$\text{Im } \underline{F}_0 = 0 \qquad \rightarrow \qquad \omega_z \quad ,$$

$$0 = \frac{\omega_z (T_V - T_1)}{\omega_z^2 T i^2 + \omega_z^4 T_1^2 T i^2} \qquad \rightarrow \qquad \omega_z = \infty \quad .$$

Bei dieser Regelung liegt ein Doppelpol im Ursprung vor. Es ist daher angebracht die Stabilität mit dem vollständigen Nyquist-Kriterium zu überprüfen. Man könnte nämlich fälschlicherweise annehmen, daß der Regelkreis wegen

$$\text{Re } [\underline{F}_0 (\omega_z)] = 0$$

stabil sei. Es zeigt sich jedoch, wenn man den Phasenrand berechnet, daß dies nicht der Fall ist. Mit

$$|\underline{F}_0| = 1 \qquad \rightarrow \qquad \omega_D$$

ergibt sich

$$1 = K_0^2 \cdot \frac{1 + \omega_D^2 T_V^2}{\omega^4 T i^4 (1 + \omega_D^2 T_1^2)} \quad .$$

Diese Gleichung führt auf die Durchtrittsfrequenz von $\omega_D = 29{,}725\,\text{Hz}$. Somit läßt sich für den Phasenrand

$$\alpha_R = \varphi_0(\omega_D) + 180° = \varphi_R(\omega_D) + \varphi_S(\omega_D) + 180° \approx -19{,}5°$$

angeben (siehe Bild 9.25b). Die Regelung ist also instabil.

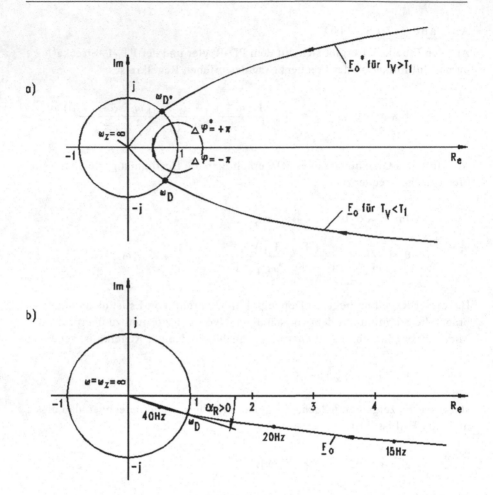

Bild 9.25   Ortskurven der Regelung aus PD-Regler und PT_1-I^2-Strecke

Das vollständige Nyquist-Kriterium (Gleichung 5.13) liefert mit
$n_r = 0$ und $n_i = 2$, die sich aus dem qualitativen Verlauf der Ortskurve
(Bild 9.25a) ersehen lassen, die Stabilitätsbedingung

$$\Delta \varphi (\omega) = \pi \ .$$

Diese Bedingung ist nicht erfüllt, da sich aus der Graphik eine Winkeländerung von $\Delta \varphi (\omega) = - \pi$ ergibt.

Somit bestätigt das vollständige Nyquist-Kriterium, daß die Regelung instabil
ist. Sie wird erst stabil, wenn man für die Vorhaltzeit des Reglers den Wert
$T_V > T_1$ wählt (siehe Bild 9.25a).

Aufgabe 5.8 (S. 210)

Aus der Tabelle 3.1 ergibt sich mit dem PI-Regler und der I-PTt-Strecke durch Multiplikation der Frequenzgang des offenen Regelkreises

$$\underline{F}_0 = \frac{K_0}{\omega T i}[\sin \omega T t + \frac{\cos \omega T t}{\omega T_N} + j(\cos \omega T t - \frac{\sin \omega T t}{\omega T_N})] \ .$$

Mit Hilfe des Gleichungssatzes 5.16 erfolgt auch hier die Berechnung der Stabilitätsaussage

$$\text{Im } \underline{F}_0 = 0 \qquad \rightarrow \qquad \omega_z \ ,$$

$$0 = \omega_z T_N - \tan \omega_z T t \ .$$

Diese transzendente Gleichung ergibt $\omega_z \approx 155$ Hz. Somit folgt für den Realteil von $\underline{F}_0$

$$\text{Re}[\underline{F}_0(\omega_z)] = 0,65 \ = \frac{1}{A_R} \ .$$

Die Regelung ist demnach stabil und es liegt eine Amplitudenreserve von $A_R \approx 1,55$ vor. Mit

$$|\underline{F}_0| = 1 \qquad \rightarrow \qquad \omega_D$$

ergibt sich

$$1 = K_0^2 \cdot \frac{1 + \frac{1}{\omega_D^2 T_N^2}}{\omega_D^2 T i^2} \ .$$

Somit erhält man eine Durchtrittsfrequenz von $\omega_D \approx 100$ Hz. Diese ergibt eine Phasenreserve von

$$\alpha_R = \varphi_0(\omega_D) + 180° = \varphi_R(\omega_D) + \varphi_S(\omega_D) + 180° \ \approx 30,4° \ .$$

Diese Ergebnisse werden auch in der Graphik (Bild 9.26) bestätigt. Soll die Phasenreserve erhöht werden, genügt es, die Reglerverstärkung aus der Ergebnis-Liste der ersten Simulation $K_R=45,58$ für den zweiten Rechnerlauf zu verwenden. Dabei erhöht sich auch der Amplitudenrand auf $A_R \approx 3,44$ bei gleichzeitig abnehmender Durchtrittsfrequenz.

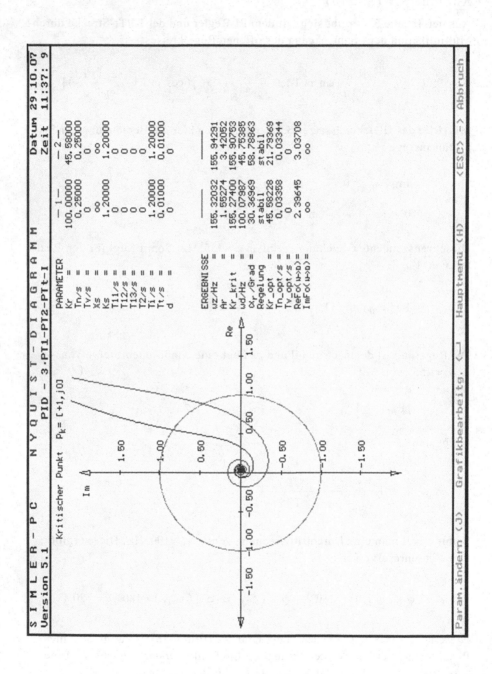

Bild 9.26   Simulation der Ortskurven nach Aufgabe 5.8

Aufgabe 5.9 (S. 223)

Aus der Tabelle 3.1 entnimmt man die Frequenzgangbetrag-Gleichungen für den PID-Regler sowie die PT_1-PTt-Strecke und erhält mit Hilfe der Formel 5.18 eine Bestimmungsgleichung für ω_D

$$K_R^2 \cdot [1 + (\omega_D T_V - \frac{1}{\omega_D T_N})^2] = \frac{1 + \omega_D^2 T_1^2}{K_S} \; .$$

Mit Hilfe eines Nullstellenprogramms ergibt sich eine Durchtrittsfrequenz von $\omega_D \approx 30,152$ Hz. Ausgehend von den komplexen Gleichungen

$$\underline{F}_R = K_R \cdot [1 + j(\omega T_V - \frac{1}{\omega T_N})] \; ,$$

$$\frac{-1}{\underline{F}_S} = \frac{1}{K_S} \cdot [\omega T_1 \sin \omega T t - \cos \omega T t - j(\omega T_1 \cos \omega T t + \sin \omega T t)]$$

läßt sich entsprechend Gleichung 5.19 der Phasenrand

$$\alpha_R = \arctan (\omega_D T_V - \frac{1}{\omega_D T_N})$$

$$- \arctan \frac{-\omega_D T_1 \cos \omega_D T t - \sin \omega_D T t}{\omega_D T_1 \sin \omega_D T t - \cos \omega_D T t}$$

$$= -31,09° - (84,76° - 180°) = 64,15°$$

angeben. Die Regelung ist demnach stabil. Mit Hilfe der Gleichung 5.20 läßt sich ω_z bestimmen. Es folgt mit

$$\omega_z T_V - \frac{1}{\omega_z T_N} = - \frac{\omega_z T_1 \cos \omega_z T t + \sin \omega_z T t}{\omega_z T_1 \sin \omega_z T t - \cos \omega_z T t}$$

eine kritische Frequenz von $\omega_z \approx 190,57$ Hz. Jetzt lassen sich mit Hilfe der Gleichung 5.21 die Real- und Imaginärteile an der Stelle ω_z errechnen, die ebenfalls zur Stabilitätsausssage herangezogen werden können.

$$Re[\underline{F}_R(\omega_z)] = 10 \quad < \quad Re[\frac{-1}{\underline{F}_S}](\omega_z) = 29,455 \quad ,$$

oder $\quad Im[\underline{F}_R(\omega_z)] = 2,76 \quad < \quad Im[\frac{-1}{\underline{F}_S}](\omega_z) = 8,133 \; .$

Die Gleichung 5.22 liefert den Amplitudenrand, der den Wert

$$A_R = Re\,[\frac{-1/\underline{F}_S}{\underline{F}_R}]\,(\omega_z) = 2{,}946$$

annimmt und den Verstärkungsabstand bis zum Erreichen der Stabilitätsgrenze angibt. Setzt man die komplexen Gleichungen $\underline{F}_R$ und $-1/\underline{F}_S$ an der Stelle ω_z gleich, läßt sich die kritische Verstärkung K_{Rkrit} angeben

$$K_{Rkrit} = \frac{1}{K_S}\cdot\sqrt{\frac{1+\omega_z{}^2 T_1{}^2}{1+(\omega_z T_V - \frac{1}{\omega_z T_N})^2}} = 29{,}46 \quad .$$

Die ermittelten Ergebnisse sind auch aus der Grafik (Bild 9.27) zu ersehen. Dort ist auch die Ortskurve des Reglers für $K_R = K_{Rkrit}$ dargestellt.

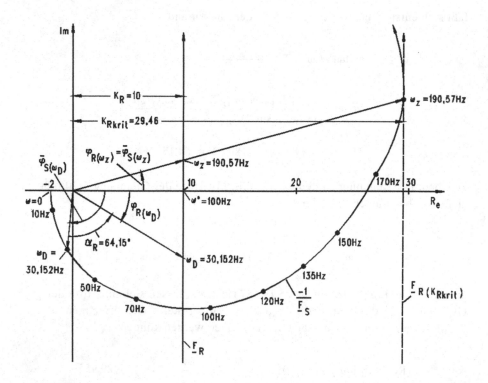

Bild 9.27   Ortskurven der Regelung aus PID-Regler und PT$_1$-PTt-Strecke

Aufgabe 5.10 (S. 223)

Aus der Tabelle 3.1 entnimmt man die Frequenzgangbetrag-Gleichungen für den PD-Regler sowie die PTt-I^2-Strecke und erhält mit Hilfe der Formel 5.18 eine Bestimmungsgleichung für ω_D

$$K_R^2 (1 + \omega_D^2 T_V^2) = K_S^2 \cdot \omega_D^4 T_i^4 .$$

Diese Gleichung vierten Grades läßt sich als gemischt quadratische Gleichung explizite lösen und ergibt einen Wert von $\omega_D = 60,099$ Hz .

Damit erhält man entsprechend Gleichung 5.19 einen Phasenrand von

$$\alpha_R = \arctan \omega_D T_V - \frac{180° \cdot \omega_D T_t}{\pi} = 8,46° ,$$

so daß die Regelung gerade noch stabil ist.

Ausgehend von den komplexen Gleichungen

$$\underline{F}_R = K_R \cdot (1 + j\omega T_V) ,$$

$$\frac{-1}{\underline{F}_S} = -\frac{\omega^2 T_i^2}{K_S} \cdot (\cos \omega T_t + j \sin \omega T_t)$$

läßt sich die kritische Frequenz ω_z mit Hilfe der Gleichung 5.20 bestimmen. Es folgt die transzendente Gleichung

$$\omega_z T_V = \tan \omega_z T_t ,$$

welche den Wert $\omega_z \approx 204,366$ Hz ergibt. Damit kann die Amplitudenreserve berechnet werden

$$A_R = \text{Re} \left[\frac{-1/\underline{F}_S}{\underline{F}_R} \right]_{(\omega_z)} = 6,7 .$$

Die errechneten Werte sind in die Grafik eingetragen (Bild 9.28).

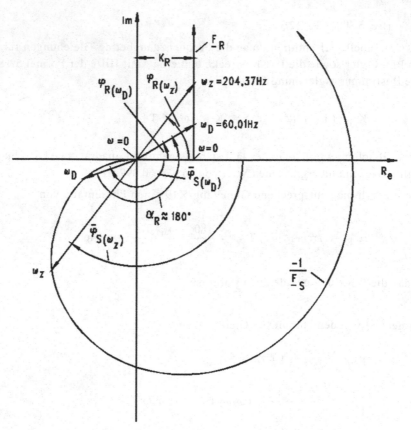

Bild 9.28   Ortskurven der Regelung aus PD-Regler und PTt-I²-Strecke

Aufgabe 5.11 (S. 223)

Die Ortskurve der Nichtlinearität "Signalbegrenzung" ist mit Hilfe der Gleichung 3.45 darstellbar. Für $\hat{x}_e = 10\,V$ und $x\,s\,/\,V$ erhält man

$$N(\hat{x}_e) = \frac{1}{90} \cdot \arcsin \frac{x\,s}{10\,V} + \frac{2 \cdot x\,s}{\pi \cdot 10\,V} \cdot \sqrt{1 - \left(\frac{x\,s}{10\,V}\right)^2}\,.$$

Für die Zusammenfassung der Frequenzgänge aus PD-Regler und PT₂-I-Strecke ergibt sich der Gesamtfrequenzgang

$$\frac{1}{\underline{F}_0} = \frac{-1}{\underline{F}_R \cdot \underline{F}_S} =$$

$$= \frac{\omega\,T\,i(\omega^2\,T_2\,T_V - \omega\,T_V + 2d\,\omega\,T_2) + j\omega\,T\,i(\omega^2\,T_2{}^2 - 2d\,\omega^2\,T_2\,T_V - 1)}{K_0 \cdot (1 + \omega^2\,T_V{}^2)} \ .$$

Die zugehörigen Ortskurven für $N(\hat{x}_e)$ und $1/\underline{F}_0$ sind in Bild 9.29 dargestellt. Die kritische Frequenz ω_z läßt sich mit

$$\text{Im } \frac{1}{\underline{F}_0} = 0 \qquad \rightarrow \qquad \omega_z$$

explizite angeben. Es wird

$$0 = \omega_z{}^2\,T_2{}^2 - 2d\,\omega_z{}^2\,T_2\,T_V - 1 \ ,$$

so daß

$$\omega_z = \sqrt{\frac{1}{T_2{}^2 - 2d\,T_2\,T_V}} \approx 5{,}025 \text{ Hz} \ .$$

Mit dieser Frequenz führt der Regelkreis für $K_0 = 8$ Dauerschwingungen aus, wie aus dem Bild 9.30 im Zeitbereich ersichtlich ist. Die Zeiger $N(\hat{x}_e)$ und $1/\underline{F}_0$ sind an der Stelle ω_z gleich groß, so daß sich daraus der Wert der Signalbegrenzung x_s berechnen läßt

$$\text{Re } N(\hat{x}_e) = \text{Re } [\frac{1}{\underline{F}_0}](\omega_z) \approx 0{,}631 \ .$$

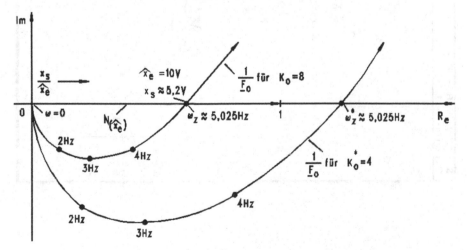

Bild 9.29   Ortskurven der Reglung aus PD-Regler mit x_s und PT_2-I-Strecke

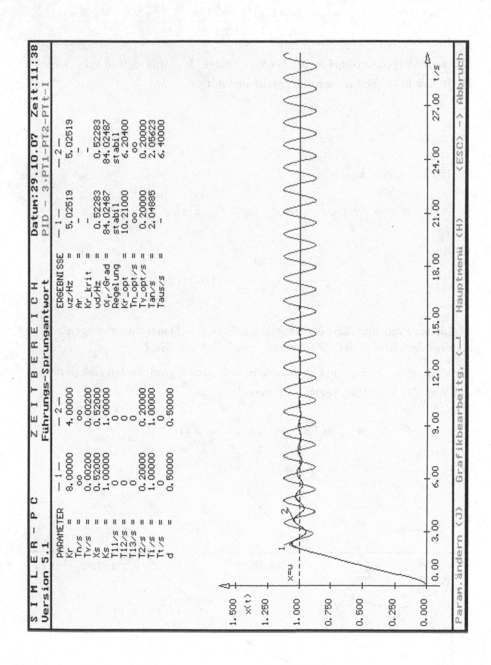

Bild 9.30   Simulationen im Zeitbereich mit $K_0 = 8$ und $K_0^* = 4$

Daraus ergibt sich die Bestimmungsgleichung für x s

$$\frac{1}{90} \cdot \arcsin \frac{x\,s}{10\,V} + \frac{2 \cdot x\,s}{\pi \cdot 10\,V} \cdot \sqrt{1 - (\frac{x\,s}{10\,V})^2} \approx 0{,}631 \quad .$$

Somit folgt $x\,s \approx 5{,}2\,V$. Im Programm SIMLER-PC ist dieser Wert als Reg-ler-Begrenzung einstellbar. Er muß auf 10V bezogen eingegeben werden, also $x\,s \approx 0{,}52$ (siehe Bild 9.30).

Bei $K_0{*}=4$ erhält man keinen Schnittpunkt zwischen den Ortskurven $N(\hat{x}_e)$ und $1/\underline{F}_0$, somit ist die Regelung stabil. Dies läßt sich auch aus der zweiten Simulation des Bildes 8.30 ersehen.

Aufgabe 5.12 (S. 232)

Mit der Einheitssprungfunktion als Sollwert, also $w(t) = C \cdot \sigma_0(t)$, lautet die Regeldifferenz im Bildbereich

$$x_d(p) = C - x(p) \quad .$$

Aus der Führungsübertragungsfunktion (Gleichung 2.45) läßt sich $x(p)$ be-rechnen

$$x(p) = \frac{F_0(p)}{1 + F_0(p)} \cdot C \quad .$$

Somit erhält man für die Regeldifferenz im Bildbereich

$$x_d(p) = C \cdot [1 - \frac{F_0(p)}{1 + F_0(p)}] \quad .$$

Und weiter

$$x_d(p) = C \cdot [1 - \frac{\dfrac{K_0(1 + p\,T_N)}{p\,T_N(1 + p\,T_1)(1 + p\,T_2)}}{1 + \dfrac{K_0(1 + p\,T_N)}{p\,T_N(1 + p\,T_1)(1 + p\,T_2)}}] \quad ,$$

$$x_d(p) = C \cdot \frac{p\,T_N(1 + p\,T_1)(1 + p\,T_2)}{p\,T_N(1 + p\,T_1)(1 + p\,T_2) + K_0(1 + p\,T_N)} \quad .$$

Daraus ergibt sich mit Gleichung 5.25 die lineare Regelfläche

$$I_L = C \cdot \lim_{p \to 0} \ [0 - \frac{T_N(1+pT_1)(1+pT_2)}{pT_N(1+pT_1)(1+pT_2) + K_0(1+pT_N)}] \ ,$$

$$I_L = - \frac{C \cdot T_N}{K_R \cdot K_S} = \text{Min.} \ .$$

Das absolute Minimum der linearen Regelfläche würde sich bei $K_R \to \infty$ ergeben. Geht man jedoch von einer Dämpfung des Systems $d=1$ aus und setzt

$$d = \frac{T_1}{2T_2 \sqrt{1+K_0}} \ ,$$

erhält man aus dieser Formel einen realisierbaren Wert der Reglerverstärkung

$$K_R = \frac{1}{K_S} \cdot (\frac{T_1^2}{4T_2^2} - 1) \ ,$$

der eine lineare Regelfläche von

$$I_L = \frac{4CT_2^2 T_N}{4T_2^2 - T_1^2}$$

ergibt.

Aufgabe 5.13 (S. 232)

Setzt man für die Störfunktion die Einheitssprungfunktion mit der Amplitude C an, gilt $z(p)=C$. Die Gleichung 2.46 der Störübertragungsfunktion liefert dann

$$x(p) = C \cdot \frac{1}{1+F_0(p)} = C \cdot \frac{1}{1 + \frac{K_S}{pTi(1+pT_1)^2}} \ ,$$

$$x(p) = C \cdot \frac{pTi + 2p^2 TiT_1 + p^3 TiT_1^2}{K_S + pTi + 2p^2 TiT_1 + p^3 TiT_1^2} \ .$$

Da die Regeldifferenz hier den Wert $x_d(p)=-x(p)$ aufweist, läßt sich der Wert $x_d(\infty)$ mit Hilfe des Grenzwertsatzes (Tabelle 2.1) berechnen

$$x_d(\infty) = \lim_{p \to 0} x_d(p) = -\lim_{p \to 0} x(p) = 0 \quad .$$

Das Integral der quadratischen Regelfläche (Gleichung 5.28) läßt sich mit der Tabelle 5.3 lösen. Die höchste Potenz der Bildfunktion $x(p)$ ist drei, so daß sich für $n=3$ folgende Koeffizienten ergeben.

$$a_0 = 0 , \qquad b_0 = K_S ,$$

$$a_1 = b_1 = T i ,$$

$$a_2 = b_2 = 2 T i T_1 ,$$

$$a_3 = b_3 = T i T_1^2 \quad .$$

Somit ist

$$I_Q = \frac{5 C^2 T i}{2 T_1 (2 T i - K_S T_1)} = \text{Min.} \quad .$$

Diese Gleichung stellt für $T i = 0$ ein Minimum dar. Dieser Wert ist sicher nicht sinnvoll. Eine bessere Aussage über die Integrationszeitkonstante des I-Reglers erhält man über das Differential von I_Q

$$\frac{\delta I_Q}{\delta T_1} = 0 = T i (T i - K_S T_1) \quad .$$

Daraus folgt der verbesserte Wert $T i = K_S T_1$.

Aufgabe 5.14 (S. 232)

Setzt man für die Störfunktion die Einheitssprungfunktion mit der Amplitude C an, gilt $z(p)=C$. Die Gleichung 2.46 der Störübertragungsfunktion liefert dann

$$x(p) = C \cdot \frac{1}{1 + F_0(p)} = C \cdot \frac{1}{1 + \dfrac{K_0(1 + p T_N)}{p T_N (1 + p T_1)^2}} \quad ,$$

$$x(p) = C \cdot \frac{p\,T_N + 2p^2\,T_N\,T_1 + p^3\,T_N\,T_1{}^2}{K_0 + p\,T_N\,(1+K_0) + 2p^2\,T_N\,T_1 + p^3\,T_N\,T_1{}^2}$$

.

Da die Regeldifferenz hier den Wert $x_d(p) = -x(p)$ aufweist, läßt sich der Wert $x_d(\infty)$ mit Hilfe des Grenzwertsatzes (Tabelle 2.1) berechnen

$$x_d(\infty) = \lim_{p \to 0} x_d(p) = -\lim_{p \to 0} x(p) = 0 \;\;.$$

Das Integral der quadratischen Regelfläche (Gleichung 5.28) läßt sich mit der Tabelle 5.3 lösen. Die höchste Potenz der Bildfunktion $x(p)$ ist drei, so daß sich für $n=3$ folgende Koeffizienten ergeben.

$$a_0 = 0 \,, \qquad\qquad b_0 = K_0 \,,$$

$$a_1 = T_N \,, \qquad\qquad b_1 = T_N(1+K_0) \,,$$

$$a_2 = b_2 = 2\,T_N\,T_1 \,,$$

$$a_3 = b_3 = T_N\,T_1{}^2 \;\;.$$

Somit ist

$$I_Q = \frac{C^2\,T_N(5+4K_0)}{2\,T_1(2\,T_N + 2\,K_0\,T_N - K_0\,T_1)} = \text{Min.} \;\;.$$

Mit

$$\frac{\delta I_Q}{\delta K_0} = 0 = T_N(4\,T_1\,TN - 10\,T_1{}^2)$$

erhält man hier eine gute Einstellformel für die Nachstellzeit T_N. Daraus folgt

$$T_N = \frac{5\,T_1}{2} \;\;.$$

Aufgabe 5.15 (S.232)

Setzt man für die Störfunktion die Einheitssprungfunktion mit der Amplitude C an, gilt $z(p) = C$.

Die Störübertragungsfunktion für das Angreifen der Störung zwischen Regler und Strecke liefert dann

$$x(p) = C \cdot \frac{F_S(p)}{1 + F_0(p)} \quad ,$$

$$x(p) = C \cdot \frac{p\, K_S T_N}{K_0 + p\, T_N (1 + K_0) + 3\, p^2 T_1 T_N + 3\, p^2 T_1^2 T_N + p^4 T_1^3 T_N} \quad .$$

Da die Regeldifferenz hier den Wert $x_d(p) = -x(p)$ aufweist, läßt sich der Wert $x_d(\infty)$ mit Hilfe des Grenzwertsatzes (Tabelle 2.1) berechnen

$$x_d(\infty) = \lim_{p \to 0} x_d(p) = -\lim_{p \to 0} x(p) = 0 \quad .$$

Das Integral der quadratischen Regelfläche (Gleichung 5.28) läßt sich mit der Tabelle 5.3 lösen. Die höchste Potenz der Bildfunktion $x(p)$ ist vier, so daß sich für $n=4$ schließlich ergibt

$$I_Q = \frac{3\, C^2 K_S^2 T_N^3}{18\, T_1 T_N^3 (1 + K_0) - 18\, K_0 T_1^2 T_N^2 - 2\, T_1 T_N^3 (1 + K_0)^2}$$

.

Mit $\dfrac{\delta I_Q}{\delta T_1} = 0$

erhält man eine gemischt quadratische Gleichung für K_R.

$$K_R = \frac{1}{K_S} \cdot \left[\frac{7\, T_N - 18\, T_1}{2\, T_N} \pm \sqrt{\left(\frac{7\, T_N - 18\, T_1}{2\, T_N} \right)^2 + 8} \right] \quad .$$

Trägt man diese über dem Quotienten T_N/T_1 auf (Bild 9.31), ergibt sich bei

$$T_N = 2{,}5714 \cdot T_1$$

ein Maximum der Reglerverstärkung mit dem Wert $K_R = 2{,}828$. Dies gilt für eine Streckenverstärkung von $K_S = 1$.

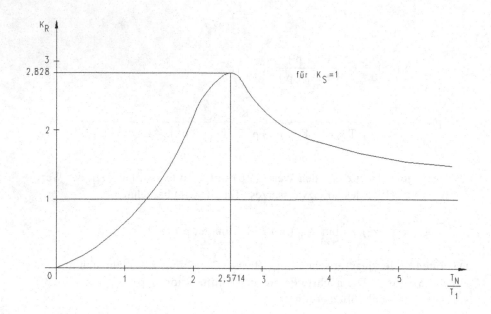

Bild 9.31   Verlauf der Reglerverstärkung als Funktion von T_N / T_1

Aufgabe 5.16 (S. 240)

Die Übertragungsfunktion des offenen Regelkreises lautet

$$F_0(p) = K_0 \cdot \frac{1 + p\,T_N}{p\,T_N\,(1 + p\,T_{11})(1 + p\,T_{12})} \ .$$

Da $T_{11} \gg T_{12}$ ist, läßt sich $F_0(p)$ mit Hilfe der Umformregel Nr. 14, Tabelle 3.5 auf die Form der Gleichung 5.30 bringen.

$$F_0(p) \approx K_0 \cdot \frac{1 + p\,T_N}{p^2\,T_{11}\,T_N\,(1 + p\,T_{12})} \ .$$

Die Gleichung 5.31 liefert durch Koeffizientenvergleich $T_b = T_{12}$, so daß für $\alpha_R = 55°$ eine Nachstellzeit von

$$T_N = m^2 \cdot T_{12} = 100{,}59 \text{ ms}$$

ermittelt wird. Die Gleichung 5.32 erbringt damit eine Durchtrittsfrequenz von

$$\omega_D = \frac{1}{m\,T_b} = \frac{1}{m\,T_{12}} = 31,53\,\text{Hz} \quad .$$

Die Reglerverstärkung läßt sich mit Hilfe der Gleichung 5.33 angeben

$$K_R = \frac{T_a}{m\,K_S\,T_b} = \frac{T_{11}}{m\,K_S\,T_{12}} = 19,97 \quad .$$

Zum Schluß ist die Randbedingung $\omega_D\,T_{11} >> 1$ der hier benutzten Umformregel Nr. 14 zu prüfen. Es ergibt sich $\omega_D\,T_{11} = 59,907$, so daß diese
Umformung erlaubt ist.

Aufgabe 5.17 (S. 240)

Die Übertragungsfunktion des offenen Regelkreises lautet für $T_N > T_V$

$$F_0(p) \approx \frac{K_0(1+p\,T_N)(1+p\,T_V)}{p\,T_N(1+p\,T_{11})(1+p\,T_{12})(1+p\,T_{13})(1+p\,T_{14})} \quad .$$

Da $T_{11} >> T_{12}, T_{13}, T_{14}$ ist, kann die Umformregeln Nr. 14 Tabelle 3.5 zur Bildung eines I-Gliedes angewendet werden, so folgt:

$$F_0(p) \approx \frac{K_0(1+p\,T_N)(1+p\,T_V)}{p^2\,T_N T_{11}(1+p\,T_{12})(1+p\,T_{13})(1+p\,T_{14})}$$

Lösung A:

Wählt man $T_V = T_{12} = 0,1s$, läßt sich ein Verzögerungsglied mit dem Term
$(1+p\,T_V)$ kürzen. Mit Umformregeln Nr. 13 Tabelle 3.5 ergibt sich dann für
$T_K = T_{13} + T_{14} = 0,02s$

$$F_0(p) \approx K_0 \cdot \frac{1+p\,T_N}{p^2\,T_{11}\,T_N(1+p\,T_K)} \quad .$$

Die Gleichungssatz 5.31 - 5.34 liefert durch Koeffizientenvergleich die ge-
suchten Parameter.

$$T_N = m^2 \cdot T_K = 0,279\,s$$

$$\omega_D = \frac{1}{m\,T_K} = 13{,}397\,\text{Hz} \ .$$

$$K_R = \frac{T_{11}}{m\,K_S\,T_K} = 3{,}148 \ .$$

Die beiden zu überprüfenden Randbedingungen $T_N > T_V$ und $\omega_D T_{11} \gg 1$ sind erfüllt. Weitere Lösungen ergeben sich für $T_V = T_{13}$ sowie $T_V = T_K = T_{13} + T_{14}$.

Die Simulation entsprechend Lösung A mit der tatsächlichen PT_4-Strecke und dem PID-Regler ist in Bild 9.32 dargestellt. Dabei zeigt sich, daß die geforderte Phasenreserve von $\alpha_R = 60°$ sogar noch überschritten wird. Die Durchtrittsfrequenz, die ein Maß für die Dynamik der Reglung darstellt, liegt in der errechneten Größenordnung. Der Verlauf der Sprungantwort geht für eine Antriebregelung sicher in Ordnung. Die kritische Reglerverstärkung ist erreicht, wenn die Phasenreserve $\alpha_R = 0°$ ist. Dann wird m=1, so daß gilt:

$$K_{Rkrit} = \frac{T_{11}}{K_S\,T_K} = 11{,}75 \ .$$

Aufgabe 5.18 (S. 240)

Die Übertragungsfunktion des offenen Regelkreises lautet:

$$F_0(p) = K_0 \cdot \frac{(1 + pT_N)(1 + pT_V)}{p^2 T_N T i (1 + pT_{11})(1 + pT_{12})} e^{-pT_t} \quad \text{für } T_N \geq 2{,}5 \cdot T_V$$

$$\text{Mit} \quad e^{-pT_t} \approx \frac{1}{1 + pT_t} \quad \text{für} \quad \omega_D T_t \leq 0{,}1 \quad \text{folgt:}$$

$$F_0(p) \approx K_0 \frac{(1 + pT_N)(1 + pT_V)}{p^2 T_N T i (1 + pT_{11})(1 + pT_{12})(1 + pT_t)}$$

<table>
<tr><td>Lösung **A**</td><td>Lösung B</td></tr>
<tr><td>Mit $T_V = Tt = 0{,}001\,\text{s}$</td><td>Mit $T_V = T_K = T_{12} + Tt = 0{,}021\,\text{s}$</td></tr>
<tr><td>und $T_K = T_{11} + T_{12} = 0{,}32\,\text{s}$</td><td></td></tr>
</table>

folgt:

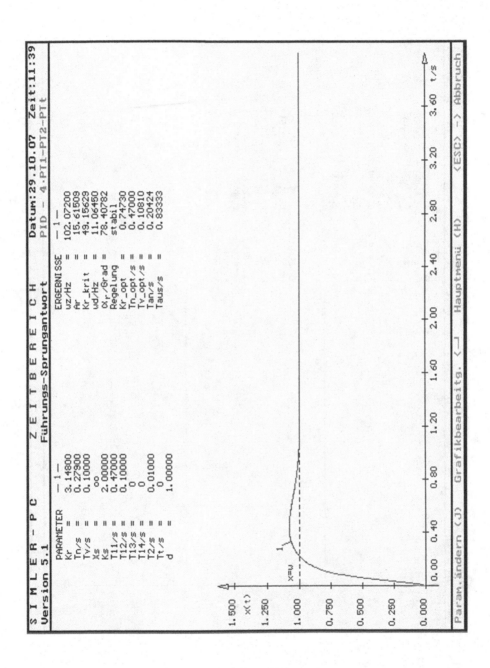

Bild 9.32   Simulation der Sprungantwort mit PID-Regler und PT4-Strecke

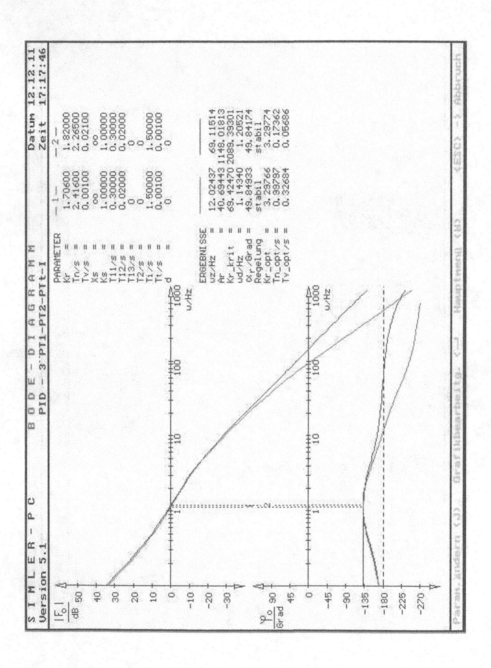

Bild 9.33   Bode-Diagramme der Lösungsvarianten A und B

$$F_0(p) = K_0 \cdot \frac{1 + pT_N}{p^2 T_N T\,i\,(1 + pT_K)} \qquad\qquad F_0(p) = K_0 \cdot \frac{1 + pT_N}{p^2 T_N T\,i\,(1 + pT_{11})}$$

und damit ergeben sich die Reglerparameter zu:

$$T_N = m^2 T_K = 2{,}416\,s \qquad\qquad T_N = m^2 T_{11} = 2{,}265\,s$$

$$\omega_D = \frac{1}{m\,T_K} = 1{,}137\,Hz \qquad\qquad \omega_D = \frac{1}{m\,T_{11}} = 1{,}213\,Hz$$

$$K_R = \frac{T\,i}{m\,K_S\,T_K} = 1{,}706 \qquad\qquad K_R = \frac{T\,i}{m\,K_S\,T_{11}} = 1{,}82$$

Beide Lösungsvarianten erfüllen die Randbedingungen (Bild 9.33).

Bei K_{Rkrit} ist $\alpha_R = 0°$, so daß $m=1$ wird. Damit ergibt sich beispielsweise für die Lösung B der Wert $K_{Rkrit} = \dfrac{T\,i}{K_S T_{11}} = 5{,}0$.

Aufgabe 5.19 (S. 242)

Bei der Aufhebungskompensation mit dem PD$_2$-Regler lassen sich zwei Regelstrecken mit PT$_1$-Verhalten kompensieren.

Drei Simulationen zeigen im Vergleich die verschiedenen Einstellwerte des PD$_2$-Reglers (Bild 9.34). Bei den Werten $T_{V1}=T_{11}=10\,s$ und $T_{V2}=T_{12}+T_{13}=8\,s$ erhält man einen nicht überschwingenden Verlauf.

Aufgabe 7.1 (S. 393)

Die Parameter dieser Strecke lassen sich nicht direkt mit Hilfe der Identifikationshinweise von SIMLER-PC identifizieren (Bild 9.35). Sie zeigt starkes Rauschen und Meßwerteinbrüche. Es ist jedoch zu sehen, daß die Strecke eine große Verzögerungszeitkonstante enthält, die von einer abklingenden Schwingung überlagert wird. Eine Totzeit ist ebenfalls zu erkennen. Diesen Sachverhalt kann man sich bei der Identifikation zu Nutze machen.

Aus der verrauschten Sprungantwort der Strecke kann mit dem Glättungsalgorithmus zunächst die Hauptzeitkonstante T_{11} ermittelt werden (Glättung auf Fensterbreite 100, 2 Durchläufe). Es ergibt sich dann (Bild 9.35 oben):

$$K_S \approx 1 \quad \text{und} \quad T_{11} \approx 9{,}3\,s \quad \text{sowie} \quad T_t \approx 0{,}7\,s$$

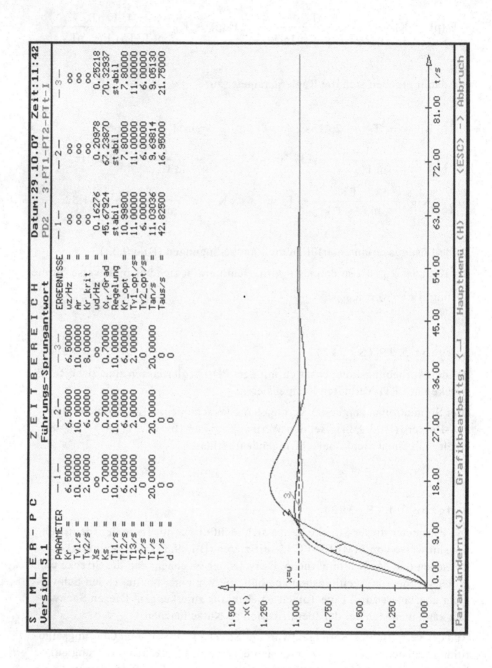

Bild 9.34   Simulationen zur Aufhebungskompensation

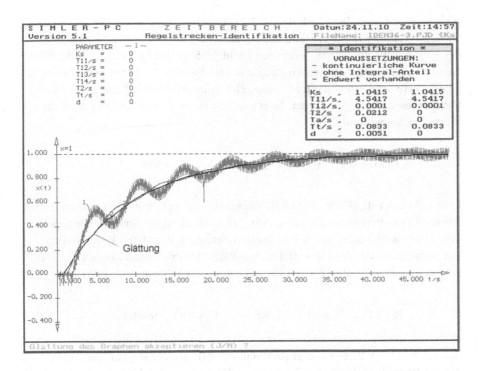

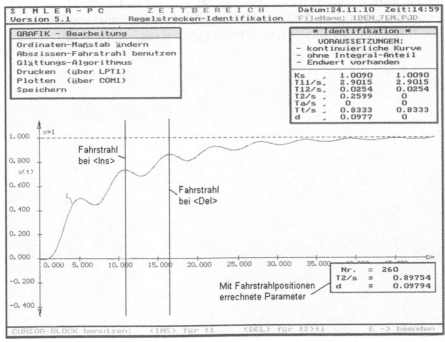

Bild 9.35   Ermitteln der Parameter T_{11}, T_t, T_2 und d mit Hilfe von SIMLER-PC

Anschließend wird der File IDEN36-3.PJD nochmals geladen. Mit Hilfe einer anderen Glättung (Fensterbreite 20, 1 Durchlauf) kann man die Schwingung des PT_2-Anteils der Strecke erkennen (Bild 9.35 unten, File IDEN_TEM.PJD). Nun auf eine Kuppe der Schwingung mit dem Fahrstrahl fahren und mit der Taste <Ins> markieren, dann auf eine zeitlich nachfolgende Kuppe fahren und mit der Taste <Del> markieren. Jetzt erscheinen im Fenster unten rechts die Werte der Schwingung.

$$T_2 \approx 0{,}898\,s \quad \text{und die Dämpfung} \quad d \approx 0{,}098$$

Lädt man den File IDEN_TEM.PJD nochmals und geht mit allen gefundenen Werten in die Parameter-Eingabe, läßt sich nach ein paar Versuchen eine sehr gute Übereinstimmung mit der zu identifizierenden Regelstrecke herstellen. Die Sprungantwort des Files IDEN36-3.PJD stellt demnach insgesamt eine schwach gedämpfte PT_1-PT_2-PT_t-Strecke dar, deren Parameter lauten:

$$K_S \approx 1 \quad T_{11} \approx 9{,}3\,s \quad T_t \approx 0{,}5s \quad T_2 \approx 0{,}91\,s \quad d \approx 0{,}05$$

Bei der Wahl des Reglers zeigt sich, daß ein PID-Regler ungeeignet ist. Erst die F_{Rt}-Wurzelrekursion (Gl. 7.7) bringt das gewünschte Ergebnis (Bild 9.36). Es wurde zusätzlich nach 120s ein Störimpuls zwischen Regler und Strecke von 20% Amplitude eingebracht, der ebenfalls gut ausgeregelt wird.

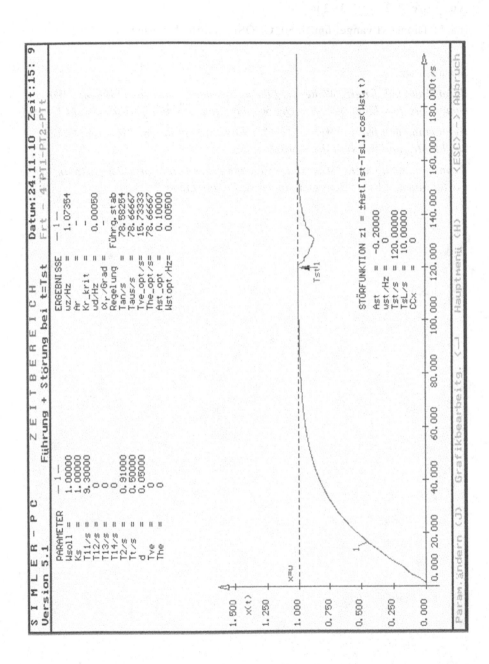

Bild 9.36   Simulation der Ergebnisse mit der F_{Rt}-Wurzelrekursion

Aufgabe 7.2 (S. 393)

[nach: Thomas-Evangelium Nr.50, GNOSIS, Pattloch-Verlag] und /86/

Jesus sprach:

Wenn man euch fragt: "Woher seid ihr gekommen?", antwortet ihnen: "Wir kamen aus dem Licht, von dem Ort, wo das Licht aus sich selbst entsteht."

Wenn man euch fragt: "Wer seid ihr?", so antwortet ihnen: "Wir sind Söhne des Lichtes und wir sind die Erwählten des VATERS."

Wenn man euch fragt: "Was ist das Zeichen eures Vaters an euch?", so antwortet ihnen: "Es ist Bewegung in der Stille aus Liebe."

9.2   Klausuren

Zum weiteren Einüben des Stoffes sind im Folgenden einige typische Klausuren für Studierende mit den Lösungen aufgeführt.

Für die Aufgaben des Symmetrischen Optimums hier die Zusammenfassung der benötigten Gleichungen 5.30 - 5.34.

$$F_0(p) = K_0 \cdot \frac{1 + pT_N}{p^2 T_N T_a \cdot (1 + pT_b)}$$

$$m = \frac{1 + \sin \alpha_R}{\cos \alpha_R}$$

$$T_N = m^2 \cdot T_b$$

$$\omega_D = \frac{1}{m \cdot T_b}$$

$$K_R = \frac{T_a}{m \cdot K_S \cdot T_b}$$

Zur näherungsweisen Umrechnung der PT_1- in eine I-Strecke, des Totzeitgliedes in eine PT_1-Strecke, der Zusammenfassung von kleinen Zeitkontanten und bei Einsatz des PID-Reglers werden folgende Umrechnungen benutzt:

$$\frac{1}{1 + pT_1} \approx \frac{1}{pT_1} \quad \text{mit} \quad \omega_D T_1 >> 1$$

$$e^{-pT_t} \approx \frac{1}{1 + pT_t} \quad \text{mit} \quad \omega_D T_t << 1$$

$$\frac{1}{(1 + pT_1)(1 + pT_2) \cdots (1 + pT_n)} \approx \frac{1}{1 + pT_K} \quad \text{mit} \quad T_K = \sum_{i=1}^{n} T_i$$

$$F_R(p) = K_R \cdot \frac{(1 + pT_N)(1 + pT_V)}{pT_N} \quad \text{für} \quad T_N \geq 2{,}5 \cdot T_V$$

REGELTECHNIK   Klausur A

1. Aufg

Es ist die lineare Differentialgleichung $\ddot{u} + b^2\dot{u} = b^2\dot{w}$ gegeben.

Ermitteln Sie $F(p)=u(p)/w(p)$ sowie $f(t)$.

2. Aufg.

Für die folgende Schaltung ist die Übertragungsfunktion $F(p)=Ua(p)/Ue(p)$ gesucht.

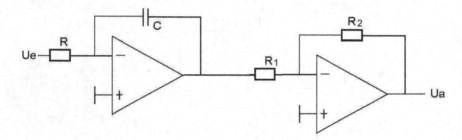

3. Aufg.

Es wurde die Sprungantwort einer Regelstrecke aufgenommen. Ermitteln Sie die Streckenparameter und geben den passenden Reglertyp an.

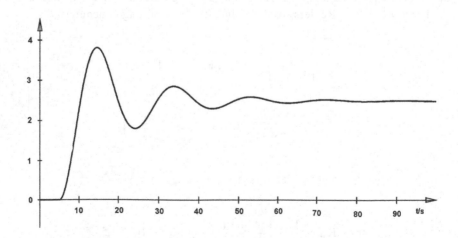

4. Aufg.

Es sind mit dem Symmetrischen Optimum (S.O.) die Werte K_R, T_N und T_V eines Reglers zu bestimmen.

geg.: $K_S=0{,}6$ $T_{11}=19s$ $T_{12}=136s$ $T_{13}=4s$ $Tt=0{,}2s$ $\alpha_R = 50°$

ges.: a) Fo(p); Fo(p) auf das S.O. angepaßt; Reglerparameter u. ω_D

   b) Wie groß wäre die Durchtrittsfrequenz für einen funktionie-

   renden Fall (Randbedingungen des S.O. erfüllt), wenn sich

   die Regelung an der Stabilitätsgrenze befindet?

5. Aufg.

Es ist ein Regelkreis mit Hilfe des BODE-Diagramms zu untersuchen.

geg.: $K_R=1{,}78$ $\omega_V = 0{,}25Hz$ $X_S=5{,}623$

   $K_{S1}=1$ $\omega_{E11} = 8Hz$

   $K_{S2}=0{,}562$ $\omega_0 = 0{,}4Hz$

        $\omega_i = 0{,}7Hz$

ges.: a) ω_D ; α_R ; stabil ?

   b) K_{Rkrit} und ω_z

   c) $K_R{}^*$ für $\omega_D{}^*=0{,}35Hz$ sowie $\alpha_R{}^*$.

REGELTECHNIK   Klausur B

1. Aufg.

Für die Differentialgleichung $\ddot{x} + k\cdot\ddot{x} + m\cdot\dot{x} + k\cdot m\cdot x = \dot{w}$ sind
$F(p)=x(p)/w(p)$ und $f(t)$ gesucht.

2. Aufg.

Für zwei in Reihe liegende identische PT_1-Strecken wurde bei der Eckfrequenz
ω_{E1} ein $|F|=3,162$ gemessen. Ermitteln Sie die Gesamtstreckenverstärkung
K_S.

3. Aufg.

Es wurde die Sprungantwort einer Strecke ohne Ausgleich aufgenommen. Geben Sie die Reglerparameter für einen P-Regler bei aperiodischem Führungsverhalten mit Hilfe der Einstellwerte von Chien, Hrones, Reswick an.

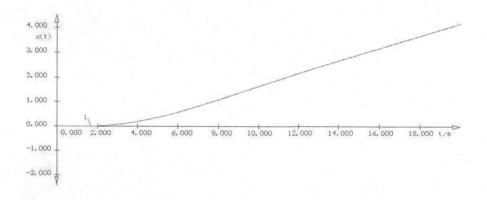

4. Aufg.

Es sind mit dem Symmetrischen Optimum die Reglerparameter K_R, T_N und T_V zu bestimmen.

weg.: K=2 T_{11}=9s T_{12}=0,2s T_2=0,3s d=1 T_t=0,03s α_R = 30°

ges.: a) F(p); F(p) auf das S.O. angepaßt; Reglerparameter u. ω_D

      b) Wie groß wäre die Ersatzzeitkonstante T *(bei funktionie-rendem Fall)*, wenn die Randbedingung des PID-Reglers gerade noch erfüllt ist?

5. Aufg.

Es ist ein Regelkreis mit Hilfe des BODE-Diagramms zu untersuchen.

geg.: K_R=3,162 ω_N = 0,15Hz ω_V = 2,5Hz X_S=5,623

    K_{S1}=K_{S2}=1 ω_{E11} = ω_{E12} = 0,2 Hz

    K_{S3}=1,78 T_t = 0,1s

ges.: a) ω_D ; α_R ; stabil ?

    b) K_{Rkrit} und ω_z

    c) K_{R*} für ω_D* =0,1Hz sowie α_R * .

REGELTECHNIK   Klausur C

1. Aufg.

Es ist die Differentialgleichung $\ddot{x} + \dot{x}(a+3) + 3a \cdot x = \dot{z}$ gegeben. Errechnen Sie die Übertragungsfunktion $F(p)=x(p)/z(p)$ sowie f(t).

2. Aufg.

Die folgende Gleichung ist in ein reguläres PT_2-Glied umzurechnen (Einheiten unberücksichtigt). Geben Sie die Verstärkung K_S sowie die zugehörigen Formeln für T_2 und d an.

$$F(p) = \frac{1}{p^2 + 2p + 5}$$

3. Aufg.

Es wurde die Sprungantwort eines geschlossenen Regelkreises mit P-Regler aufgenommen ($K_{Rkrit}=7$). Die Regelung ist für einen PID-Regler nach Ziegler-Nichols zu optimieren.

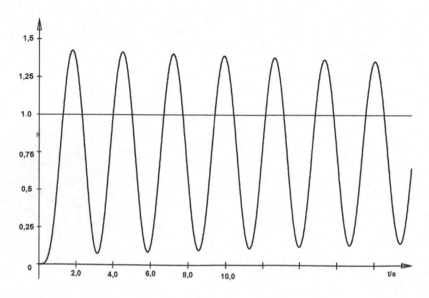

4. Aufg.

Es ist mit Hilfe des Symm. Optimums. ein Regler mit K_R, T_N, T_V zu optimieren.

geg.: $K_S=0,4$ $T_{11}=53s$ und drei gleiche PT_1-Glieder mit $T_{12}=1,8s$
   sowie $Tt=0,15s$ für $\alpha_R = 60°$

ges.: a) Fo(p); Fo(p) auf das S.O. angepaßt; Reglerparameter u. ω_D

   b) Für welches "m" wird die Randbedingung des PID-Reglers

   gerade noch erfüllt (bei einem *funktionierenden* Fall)?

5. Aufg.

Es ist ein Regelkreis mit Hilfe des BODE-Diagramms zu untersuchen.

geg.: $K_R-3,162$ $\omega_N - 25Hz$ $\omega_V = 100Hz$ $X_S=7,5$

   $K_{S1}=K_{S2}=1$ $\omega_{E11} = \omega_{E12} = 30Hz$

   $K_{S3}=1$ $\omega_0 = 90Hz$

ges.: a) ω_D ; α_R ; stabil ?

   b) K_{Rkrit} und ω_z

   c) K_R^* für $\alpha_R^* = 45°$ bei reduzierter Regeldynamik sowie ω_D^*

Lösungen   Klausur A

1. Aufg.

$$F(p) = \frac{b^2}{p+b^2} \qquad\qquad f(t) = 1 - e^{-b^2 t}$$

2. Aufg.

Mit Gleichung (2.10) folgt

$$F(p) = K_p \cdot \frac{1}{pT_i} \quad mit \quad K_p = \frac{R_2}{R_1} \quad und \quad T_i = R \cdot C$$

3. Aufg.

Mit den Formeln aus S. 96 ergeben sich aus der Graphik die Parameter d und T_2. Geeignet ist für die Strecke der PI- oder PID-Regler.

4. Aufg. (siehe Abschnitt 5.5.2)

$$Fo(p) = Ko \cdot \frac{(1+pT_N)(1+pT_V)}{pT_N(1+pT_{11})(1+pT_{12})(1+pT_{13})} \cdot e^{-pTt} \qquad für \qquad T_N > T_V$$

Mit $\quad \dfrac{1}{1+pT_{12}} \approx \dfrac{1}{pT_{12}} \qquad für \qquad \omega_D T_{12} \gg 1$

und $\quad e^{-pTt} \approx \dfrac{1}{1+pT_t} \qquad für \qquad \omega_D T_t \ll 1$

folgt $\quad Fo(p) = Ko \cdot \dfrac{(1+pT_N)(1+pT_V)}{p^2 T_N T_{12}(1+pT_{11})(1+pT_{13})(1+pT_t)}$

Variante 1

Für $\quad T_V = T_{13} \quad$ und $\quad T_K = T_{11} + T_t \quad$ folgt

$$Fo(p) \approx Ko \cdot \frac{1+pT_N}{p^2 T_N T_{12}(1+pT_K)}$$

$$T_N = m^2 T_K \qquad \omega_D = \frac{1}{m \cdot T_K} \qquad K_R = \frac{T_{12}}{m \cdot K_S \cdot T_K} \qquad \text{Randbed. erfüllt}$$

Variante 2

Für $T_V=T_K=T_{11}+T_t$ folgt

$$Fo(p) \approx Ko \cdot \frac{1+pT_N}{p^2 T_N T_{12}(1+pT_{13})}$$

$$T_N=m^2 T_{13} \qquad \omega_D = \frac{1}{m \cdot T_{13}} \qquad K_R = \frac{T_{12}}{m \cdot K_S \cdot T_{13}} \qquad$$ Randbed. für den PID-
Regler nicht erfüllt

Variante 3

$$T_V=T_{11} \quad \text{und} \quad T_K=T_{13}+T_t$$

b) $\omega_D = \dfrac{1}{T_K}$ da $m=1$ an der Stabilitätsgrenze

5. Aufg.

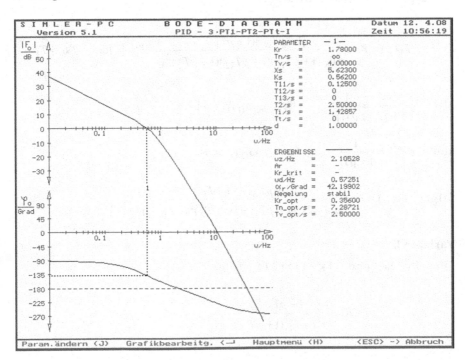

Lösungen   Klausur B

1. Aufg.

$$F(p) = \frac{p}{(p+k)(p+m)} \qquad f(t) = \frac{e^{-mt} - e^{-kt}}{k-m}$$

2. Aufg.

Mit Gleichung (2.10) folgt

$$|F(j\omega)| = 3{,}162 = K_S \cdot \frac{1}{2} \qquad \text{d.h.} \qquad K_S = 6{,}324$$

3. Aufg. (siehe Abschnitt 4.1.2 Bild 4.7 b und Tabelle 4.2)

$$T_k \approx 3{,}8s \quad und \quad K_{iS} \approx 0{,}15s^{-1} \quad damit \quad K_R = \frac{0{,}3}{K_{iS}T_k} \approx 0{,}53$$

4. Aufg. (siehe Abschnitt 5.5.2)

$$Fo(p) = Ko \cdot \frac{(1+pT_N)(1+pT_V)}{pT_N(1+pT_{11})(1+pT_{12})(1+pT_2)^2} \cdot e^{-pTt} \qquad \text{für} \qquad T_N > T_V$$

Mit $\quad \dfrac{1}{1+pT_{11}} \approx \dfrac{1}{pT_{11}} \qquad$ für $\qquad \omega_D T_{11} \gg 1$

und $\quad e^{-pTt} \approx \dfrac{1}{1+pT_t} \qquad$ für $\qquad \omega_D T_t \ll 1$

folgt $\quad Fo(p) = Ko \cdot \dfrac{(1+pT_N)(1+pT_V)}{p^2 T_N T_{11}(1+pT_{12})(1+pT_2)^2(1+pT_t)}$

Variante 1

Für $\quad T_V = T_t \quad$ und $\quad T_K = T_{12} + 2T_2 \quad$ folgt

$$Fo(p) \approx Ko \cdot \frac{1+pT_N}{p^2 T_N T_{11}(1+pT_K)}$$

$$T_N = m^2 T_K \qquad \omega_D = \frac{1}{m \cdot T_K} \qquad K_R = \frac{T_{11}}{m \cdot K_S \cdot T_K} \qquad \text{Randbed. erfüllt}$$

Variante 2

Für $T_V=T_{12}$ und $T_K=T_t+2T_2$ folgt

$$Fo(p) \approx Ko \cdot \frac{1+pT_N}{p^2 T_N T_{11}(1+pT_K)}$$

$$T_N=m^2 T_K \qquad \omega_D = \frac{1}{m \cdot T_K} \qquad K_R = \frac{T_{11}}{m \cdot K_S \cdot T_K}$$

Variante 3

$$T_V=T_K=T_t+2T_2$$

b) $T_N=2,5T_V=m^2 T_K$ daher $T_K = \dfrac{2,5T_V}{m^2}$

5. Aufg.

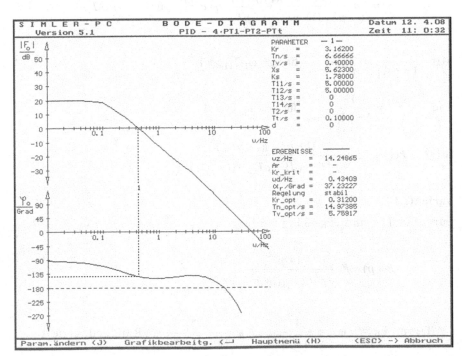

Lösungen   Klausur C

1. Aufg.

$$F(p) = \frac{p}{(p+a)(p+3)} \qquad f(t) = \frac{e^{-3t} - e^{-at}}{a-3}$$

2. Aufg.

Durch Koeffizientenvergleich mit Gleichung (3.30) folgt

$$K_S = \frac{1}{5} \qquad T_2 = \frac{1}{\sqrt{5}} \qquad d = \frac{1}{5T_2}$$

3. Aufg.

Die Formeln aus Tabelle 4.3 Seite 149 ergeben für $T_{Krit} \approx 2,7s$ (aus der Graphik abgemessen) die Parameter des PID-Reglers.

4. Aufg. (siehe Abschnitt 5.5.2)

$$Fo(p) = Ko \cdot \frac{(1+pT_N)(1+pT_V)}{pT_N(1+pT_{11})(1+pT_{12})^3} \cdot e^{-pTt} \quad \text{für} \quad T_N > T_V$$

Mit $\quad \dfrac{1}{1+pT_{11}} \approx \dfrac{1}{pT_{11}} \qquad$ für $\qquad \omega_D T_{11} \gg 1$

und $\quad e^{-pTt} \approx \dfrac{1}{1+pT_t} \qquad$ für $\qquad \omega_D T_t \ll 1$

folgt $\quad Fo(p) = Ko \cdot \dfrac{(1+pT_N)(1+pT_V)}{p^2 T_N T_{11}(1+pT_{12})^3(1+pT_t)}$

Variante 1

Für $\quad T_V = T_t \quad$ und $\quad T_K = 3T_{12} \quad$ folgt

$$Fo(p) \approx Ko \cdot \frac{1+pT_N}{p^2 T_N T_{11}(1+pT_K)}$$

$$T_N = m^2 T_K \qquad \omega_D = \frac{1}{m \cdot T_K} \qquad K_R = \frac{T_{11}}{m \cdot K_S \cdot T_K} \qquad \text{Randbed. erfüllt}$$

Variante 2

Für $T_V = T_{12}$ und $T_K = T_t + 2T_{12}$ folgt

$$Fo(p) \approx Ko \cdot \frac{1 + pT_N}{p^2 T_N T_{11}(1 + pT_K)}$$

$$T_N = m^2 T_K \qquad \omega_D = \frac{1}{m \cdot T_K} \qquad K_R = \frac{T_{11}}{m \cdot K_S \cdot T_K} \qquad \text{Randbed. erfüllt}$$

Variante 3

$$T_V = T_K = T_t + 2T_{12}$$

b) $\quad m = \sqrt{\dfrac{2{,}5 T_V}{T_K}}$

5. Aufg

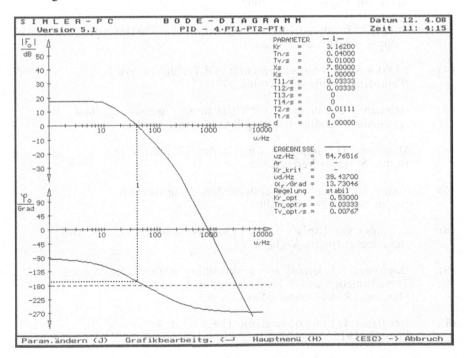

10 Literaturverzeichnis

10.1 Mathematische und Elektrotechnische Grundlagen

(1)   Bronstein, I.; Semendjajew, K.: Taschenbuch der Mathematik.6. Aufl.
        Frankfurt/M.: Verlag H. Deutsch 2005.

(2)   Bartsch, H.J.: Kleine Formelsammlung Mathematik.
        München: Hanser-Verlag 2003.

(3)   Stingl, P.: Einstieg in die Mathematik für Fachhochschulen.
        Leipzig: Fachbuchverlag 2001.

(4)   Enzyklopädie Naturwissenschaft und Technik. 2. Aufl.
        Weinheim: Zweiburgen-Verlag 2003.

(5)   Heumann, K.; Stumpe, A.C.: Thyristoren-Eigenschaften und
        Anwendung. Stuttgart: Verlag B.G. Teubner 1974.

(6)   Meschede, D.; Gerthesen, Ch.: Physik. 23. Aufl.
        Berlin: Springer-Verlag 2005.

(7)   Tietze, U.; Schenk, C.: Halbleiter-Schaltungstechnik.
        Berlin: Springer-Verlag 2005.

(8)   Föllinger, O..: Laplace-, Fourier und z-Transformation. 8. Aufl.
        Heidelberg: Hüthig-Verlag 2003.

(9)   Doetsch, G.: Anleitung zum praktischen Gebrauch der Laplace-
        Transformation und Z-Transformation. 5. Aufl.
        München: R. Oldenbourg-Verlag 1985.

(10)   Heaviside, O.: Electromagnetic Theory. Bd. 3.
        London: 1912

(11)   Carson, J.R.: Elektrische Ausgleichsvorgänge und Operatoren-
       rechnung. New York: 1953

(12)   Wagner, K.W.: Operatorenrechnung und Laplacesche Transfor-
       mation. 3. Aufl. Leipzig: J.A. Barth-Verlag 1962.

10.2 Bücher zu den Grundlagen der Regeltechnik

(13)   Lutz, H.; Wendt, W.: Taschenbuch der Regelungstechnik.
       7. Aufl. Frankfurt/M.: Harri Deutsch-Verlag 2007.

(14)   Enders, H.; Xander, K.: Regelungstechnik mit elektronischen
       Bauelementen. 3. Aufl. Düsseldorf: Werner-Verlag 1981.

(15)   Föllinger, O.; Dörrschiedt, F.; Klittich, M.: Regelungstechnik.
       Heidelberg: Hüthig-Verlag 2005.

(16)   Gassmann, H.: Theorie der Regelungstechnik. Eine Einführung.
       Frankfurt/M.: Verlag H. Deutsch 2003.

(17)   Leonhard, W., Schumacher, W.: Regelung elektrischer Antriebe.
       Berlin: Springer-Verlag 2000.

(18)   Leonhard, W.: Einführung in die Regelungstechnik.
       6. Aufl. Braunschweig: Vieweg-Verlag 2002.

(19)   Mann, H.; Schiffelgen, H.: Einführung in die Regelungstechnik.
       10. Aufl. München: Hanser-Verlag 2005.

(20)   Stölting, H.-D.; Kallenbach, E.: Handbuch Elektrische Kleinantriebe.
       3. Aufl. München: Hanser-Verlag 2006.

(21)   Oppelt, W.: Kleines Handbuch technischer Regelvorgänge.
       Weinheim/Bergstr.: Verlag Chemie 1972.

(22)   Tröster, F.: Steuerungs- und Regelungstechnik für Ingenieure.
       2. Aufl. München: Oldenbourg-Verlag 2005.

(23)   Reuter, M.; Zacher, S.: Regelungstechnik für Ingenieure,
       Simulation und Entwurf von Regelkreisen.
       13. Aufl. Braunschweig: ViewegVerlag 2010.

(24)   Schlitt, H.: Regelungstechnik, Physikalisch orientierte Darstellung
       fachübergreifender Prinzipien.
       Würzburg: Vogel Buchverlag 1993.

478 10 Literaturverzeichnis

(25) Unbehauen, H.: Regelungstechnik I.
15. Aufl. Braunschweig: Vieweg-Verlag 2008.

(26) Weinmann, A.: Regelungstechnik I.
3. Aufl. Wien: Springer-Verlag 1998.

(27) Arbeitskreis der Dozenten für Regeltechnik: Regelungstechnik in der Versorgungstechnik. Karlsruhe: C.F. Müller-Verlag 2002.

10.3 Vertiefende Bücher zur Regeltechnik

(28) Ackermann, J.: Robust Control. The Parameter Space Approach. London: Springer-Verlag 2002.

(29) Hoffmann, Jörg: Taschenbuch der Messtechnik.
5. Aufl. München: Hanser-Verlag 2007.

(30) Föllinger, O.: Lineare Abtastsysteme.
5. Aufl. München: Oldenbourg-Verlag 1993.

(31) Föllinger, O.: Nichtlineare Regelungen. Bd I.
8. Aufl. München: Oldenbourg-Verlag 1998.

(32) Föllinger, O.: Optimierung dynamischer Systeme.
München: R. Oldenbourg-Verlag 1985.

(33) Isermann, R.: Identifikation dynamischer Systeme II.
2. Aufl. Berlin: Springer-Verlag 1992.

(34) Kümmel, F.: Elektrische Antriebstechnik 2. Leistungsstellglieder. Berlin: VDE-Verlag 2001.

(35) Meyer, M.: Elektrische Antriebstechnik Bd.1 und Bd.2. Berlin: Springer-Verlag 1985, 1987.

(36) Orlowski, P. F.: Praktische Elektronik.
1. Aufl. Heidelberg: Springer-Verlag 2013.

(37) Böhmer, E.; Ehrhardt, D.; Oberschelp, W.: Elemente der angewandten Elektronik. 16. Aufl. Wiesbaden: Vieweg+Teubner-Verlag 2010.

(38) Heier, S.: Windkraftanlagen. Systemauslegung, Netzintegration und Regelung. 4. Aufl. Stuttgart: Teubner-Verlag 2005.

(39) Gasch, R.; Twele, Jochen: Windkraftanlagen. Grundlagen, Entwurf, Planung und Betrieb. 5. Aufl. Stuttgart: Teubner-Verlag 2007.

(40) Weck, M.: Werkzeugmaschinen 3. Mechatronische Systeme. Berlin: Springer-Verlag 2006.

10.4 Aufsätze und Datenblätter

(41)   Chien,K.L.; Hrones, J.R.; Reswick, J.B.: On the Automatic Control
        of Generalized Passive Systems.
        Trans. ASME 74 (1952), S. 175...185.

(42)   Kessler, C.: Über die Vorausberechnung optimal abgestimmter
        Regelkreise.
        Regelungstechnik 2 (1954), S. 274...281 und RT 3 (1955), S. 16...22;
        sowie: Das symmetrische Optimum.
        Regelungstechnik 6 (1958), S. 395...400 und S. 432...436.

(43)   Nyquist, H.: Regeneration Theory.
        Bell Syst.-Techn. J.11 (1932), S. 126...147.

(44)   Ziegler, J.G.; Nichols, n.B.: Optimum Settings for Automatic
        Controllers.
        Trans. ASME 64 (1952), S. 759.

(45)   Arend, H.O.: Mikroprozessorgesteuerte Regelung für multivalente
        Heizungsanlagen.
        BMFT-Forschungsbericht T 81-076, 1981.

(46)   Schwarz, H.: Vorschläge zur Elimination von Kopplungen in
        Mehrfachregelkreisen.
        Regelungstechnik (1961), S. 454...459 und S. 505...510.

(47)   Kessler, G.; Brandenburg, G.; Schlosser, W.; Wolfermann, W.:
        Struktur und Regelung bei Systemen mit durchlaufenden elasti-
        schen Stoffbahnen und Mehrmotoren-Antrieben.
        Regelungstechnik 8 (1984), S. 251...266.

(48)   Schörner, J.: Regelung von Drehstromaufzuganlagen mit
        Drehstromteller. Regelungstechnik 4 (1980), S. 110...116.

(49)   Lehmann, H.; Miteenzwei, K.: Moderne Ausrüstung für Gleich-
        strom-Schachtförderbetriebe.
        BBC-Nachrichten H.11 (1977), S. 477...484.

(50)   Orlowski, P. F.: Elektrische Ausrüstung und Regelung von Bund-
        optimierungslinien.
        BBC-Nachrichten H.8 (1979), S. 267...273.

(51)   Hügle, K.; Orlowski, P.F.: Antriebsregelungen und Automati-
        sierung einer zweigerüstigen Dressierstraße.
        BBC-Nachrichten H.5 (1980), S. 159...167.

(52)   Schönert, D.; Thome, H.J.: Hydraulische Walzenanstellung und
        Banddickenregelung in Kaltwalzwerken.
        Sonderdruck aus Stahl und Eisen H.5 (1974).
        BBC-Druckschrift-Bestell-Nr. D GJA 40217 D.

(53)   Leonhard, W.: Elektrische Regelantriebe für den Maschinenbau.
        VDI-Z 123 Nr.10 (1981), S. 423...424.

(54)   Geyler, M.; Caselitz, P.: Regelung von drehzahlvariablen
        Windkraftanlagen.
        at (Automatisierungstechnik) H.12 (2008), S. 614...635.

(55)   Baur, M.: Modellierung und Regelung nichtlinearer dynamischer
        Mehrgrößensysteme auf der Basis von fuzzy-verknüpften lokalen
        linearen Modellen. Diss. Technische Universität Chemnitz 2003.

(56)   Stof, P.: Lageregelung- Lageregelkreis-Grundlagen. "Die Lagere-
        gelung an Werkzeugmaschinen". Hrsg. von Prof. Dr.-Ing. G. Stute,
        Stuttgart: ISW Selbstverlag 1975.

(57)   Kienzle, O.: Die Bestimmung von Kräften und Leistungen an
        spanenden Werkzeugen und Werkzeugmaschinen.
        VDI-Z. 94 Nr.11/12 (1952), S. 229...305.

(58)   Häflinger, M.: Beiträge zur Durchfluß-Regelung von hochreinen
        und aggressiven Flüssigkeiten.
        Dissertation ETH Zürich 2006.
        sowie
        Schrag, D.: Durchflussmesser für hochreine aggressive Flüssigkeiten.
        Dissertation Nr. 15720 ETH Zürich 2004.

(59)   Königschulte, M.; Orlowski, P.F.: Fahrkurvenrechner mit Ein-
        platinen-Computer. Elekltronik H.19 (1985), S. 83...89.
        sowie:
        Orlowski, P. F.; Studer, N.: Mikrocomputergestützter Fahrkurven-
        rechner (MFR). Elektrotechnik Ausg. B H.6 (1988), S. 62...67.

(60)   Sommer, R.: Entwurf eines Reglers für eine Abwasser-
        Neutralisationsanlage.
        Regelungstechnik H.9 (1981), S. 315...320.
        sowie:
        Huber, D.; Rode, M.; Sjödahl, H.: Vereinfachtes rationelles
        Einstellen und optimierter Betrieb von biotechnischen Regel-
        kreisen.
        ABB Technik H.2 (1993), S.9...14.

(61)   Röper, R.: Regelung von elektrohydraulischen Servoventilen.
        Ölhydraulik + Pneumatik Nr.9 (1990), S. 601...610.

(62)   Winterhalter, P.: Servoventile in der Hydraulik.
        Ölhydraulik + Pneumatik Nr.6 (1991), S. 484...489.

(63)   Hertkorn, K.; Kögel, M.; Scheu, H.; Wieland, P.: Regelung der
        horizontalen Bewegung eines Brückenkrans.
        UNI-Stuttgart. Inst. f. Systemtheorie und Regelungstechnik (2006).

(64)   Wutsdorff, P.: Nachweis der zuverlässigen Energieversorgung
        durch Kraftwerksblöcke mit Abschaltversuchen.
        VDI-Bericht Nr.454 (1982), S. 55...63.

10.5 Zum Rechnergestützten Regelkreisentwurf

(65) Bossel, H.: Systeme, Dynamik, Simulation.
Books on Demand GmbH: 2004.

(66) Kletpsch, Th.: Sensorlose Lageregelung permanentmagneterregter
Synchroservomotoren..
Shaker-Verlag 1995..

(67) Desch, E.: Das Programmpaket SIMDAT-PC - Meßwerterfassung,
Datenanalyse und Identifikation im Frequenz- und Zeitbereich mit
FFT und anderen Hilfsmitteln für IBM-PC und Kompatible.
Fachhochschule Gießen, Fachbereich MMEW 2006.

(68) Dost, M.: Simulation dynamischer Systeme mit DSL/VS.
IBM-Hochschulkongress Berlin 1987, Vortrag 712.

(69) Dotzauer, E.: Grundlagen der Digitalen Simulation.
München: Hanser-Verlag 1987.

(70) Grupp, F. und F.: MATLAB 7 für Ingenieure. Grundlagen und
Programmierbeispiele.
München: Oldenbourg-Verlag 2004.

(71) Scherf, H. E.: Modellbildung und Simulation dynamischer Systeme.
München: Oldenbourg-Verlag 2004.

(72) Nelles, O.: Nonlinear System Identification.
Berlin: Springer-Verlag 2000.

(73) Isermann, R.: Rechnergestützter Entwurf digitaler Regelungen mit
Prozeßidentifikation.
Regelungstechnik H.6 (1984), S. 179...189 und H.7, S. 227...234.

(74) Rusin, Vadym: Adaptive Regelung von Robotersystemen in Kontakt-.
Aufgaben.
Dissertation Otto-von-Guericke-Universität Magdeburg 2007.

(75) Litz, L.; Benninger, N.F.: PILAR - Programmsystem zur interakti-
ven Lösung von Aufgabenstellungen der Regelungstechnik.
Regelungstechnik H.10 (1984), S. 335...342.

(76) Bossel, H.: Modellbildung und Simulation. 2. Aufl.
Mit dem Programm SIMPAS.
Braunschweig: Vieweg-Verlag 1994.

(77) Bernstein, H.: Professionelle Schaltungssimulation mit MultiSIM.
Poing: Franzis-Verlag 2005.

(78) Orlowski, P. F.: Interaktive Optimierung komplexer Regelkreise.
Messen Steuern Regeln & Automatisieren H.6 (1998), S. 56...57.

(79)   Orlowski, P. F.: Das Programmpaket SIMLER-PC 5.1 - Simulation
         und Optimierung von Regelkreisen im Zeit- und Frequenzbereich,
         sowie Regelstrecken-Identifikation (viersprachig).
         TH-Mittelhessen (vormals FH-Gießen), Fachbereich ME (2011).
         Download: www.me.th-mittelhessen.de/dienstleistungen/Download
         Datei Simler-PC *.ZIP.

(80)   Schaedel, H. M.: SIMID und SIMTool. Programme für digitale
         Regelungen. Fachhochschule Köln (2006).

(81)   Müller, J.; Neumann, F.; Pfeifer, B.: Regeln mit SIMATIC.
         Praxisbuch für Regelungen mit SIMATIC S7 und PCS7.
         Publicis Corporate Publishing (2004).

(82)   Wellenreuther, G., Zastrow, D.: Automatisieren mit SPS.
         Wiesbaden: Vieweg-Teubner 4.Aufl. 2008.

(83)   Berndt, H.-J.; Kainka, B.: Messen, Steuern und Regeln mit WORD
         und EXEL. VBA-Markos für die serielle Schnittstelle.
         Poing: Franzis-Verlag 2001.

(84)   Poganietz, U.: Digitale Regelung des Stellantriebs eines optischen
         Mikroskopes. Neubearbeitung.
         Diplom-Arbeit Fachhochschule Gießen, Fachbereich MMEW 2004.

(85)   Orlowski, P. F.: Regeln ohne Parameter: Die F_{Rt}-Wurzelrekursion.
         Messen, Steuern, Regeln und Automatisieren (MSR Magazin) H.5
         (2000), S. 60...62.

10.6 Kleine Wegbegleitung

(86)   Orlowski, P. F.: Wisse Vollendung nach den Wurzeln der Heilung.
         Marburg: Diagonal-Verlag 2007.